非线性差分方程的动力学

孙太祥　王　琦　洪　亮
秦　斌　粟光旺　席鸿建　著

科学出版社
北　京

内 容 简 介

本书是作者近十年来对非线性差分方程和方程组的一些研究成果，内容包括：非线性差分方程和方程组的基本概念、全局性质、周期解的吸引域的拓扑结构；极大型差分方程和方程组、模糊差分方程的周期性等. 内容安排由浅入深，叙述和证明既详细又通俗易读.

本书可作为数学专业高年级本科生及研究生教材，也可供从事动力系统、差分方程研究的教师和其他科研工作者参考.

图书在版编目(CIP)数据

非线性差分方程的动力学/孙太祥等著. —北京：科学出版社，2018.6

ISBN 978-7-03-057330-8

Ⅰ.①非… Ⅱ.①孙… Ⅲ.①非线性-差分方程-动力学 Ⅳ.①O241.3

中国版本图书馆 CIP 数据核字(2018) 第 092070 号

责任编辑：李 欣 赵彦超／责任校对：彭珍珍

责任印制：张 伟／封面设计：陈 敬

科学出版社 出版

北京东黄城根北街 16 号

邮政编码：100717

http://www.sciencep.com

北京凌奇印刷有限责任公司 印刷

科学出版社发行 各地新华书店经销

*

2018 年 6 月第 一 版 开本：720 × 1000 1/16

2020 年 1 月第三次印刷 印张：18 3/4

字数：378 000

定价：128.00 元

(如有印装质量问题，我社负责调换)

前　言

差分方程是在离散时段上描述现实世界中变化过程的数学模型. 现实中的问题通常是连续变化的, 但我们常常只能在离散的时间点上对其进行观测和描述. 为了表述这一类数学模型, 我们引入了差分方程的方法. 例如, 在经济与管理及其他实际问题中, 许多数据都是以等间隔时间周期统计的, 银行中的定期存款是按所设定的时间等间隔计息, 外贸出口额按月统计, 国民收入按年统计, 产品的产量按月统计等, 这些量是变量, 通常称这类变量为离散型变量. 描述离散型变量之间的关系的数学模型称为离散型模型. 对取值是离散化的经济变量, 差分方程是研究它们之间变化规律的有效方法.

差分方程不仅广泛应用于建立的离散数学模型过程中, 而且在连续型模型化为离散模型的数值计算中也有着十分重要而广泛的应用, 如微分方程与偏微分方程的数值解法、人口物种问题、供求关系问题、概率问题等, 需要建立离散的数学模型 (差分方程模型), 找出递推关系后再直接利用差分方程理论求解, 即可简便、有效地得到解的性质. 从本质上来说, 凡是变量的离散值存在某种递推关系的现象, 都涉及差分方程, 而且离散模型更有利于计算机进行数字模拟和迭代计算. 随着科学技术的进步与发展, 在物理学、种群动力学、自动控制、生物学、医学和经济学等许多自然科学和边缘学科的领域中提出了大量由差分方程描述的具体数学模型 (见 [1]).

随着计算机的广泛应用, 出现了大量的差分方程. 17 世纪到 18 世纪, 伯努利、欧拉、斯特林、牛顿等在研究函数补差法和组合计数问题的同时建立了差分方程理论体系. 后来, 随着对数值分析、离散数学以及各种数学物理问题的深入研究, 差分方程理论得到了进一步的发展 (见 [2]). 近几十年来, 人们致力于各种差分方程的理论和计算方法、误差分析等研究, 目前这一领域已经出版多本专著以及一系列研究论文 [3—9]. 其中文献 [4, 5, 7, 9] 全面介绍了差分方程的基本理论, 总结已有研究成果与方法, 并在此基础之上提出了许多公开问题与猜想, 供人们研究和探讨. 差分方程专业期刊 *J. Diff. Equ. Appl.* 和 *Adv. Diff. Equ.* 的创立更加推动了差分方程理论的研究和发展, 为差分方程的交流与合作提供了一个专业平台. 尤其是 *J. Diff. Equ. Appl.* 主编 Ladas, 他把人们在差分方程研究中所遇到的不能解决的问题以“公开问题与猜想”的形式在该刊物上提出来, 供人们去研究. 本书的目的是对差分方程理论进行深入研究.

全书分为九章. 第 1 章介绍了差分方程的基本概念和有关定理; 第 2 章讨论了

一类非线性差分方程的振荡性和循环长度，并得到了一类非线性差分方程的单调正解的存在性准则；第 3 章研究了几类非线性差分方程和方程组的收敛性，得到了其解收敛于周期解的条件；第 4 章研究了几类非线性差分方程的全局稳定性，得到了这些方程是全局渐近稳定的条件；第 5 章研究了几类二阶有理差分方程的非负周期解的吸引域，得到了这些非负周期解的吸引域的拓扑结构；第 6 章研究了几类高阶有理差分方程的有界性，得到了这些方程的周期解的全局稳定性；第 7 章研究了几类高阶有理差分方程的全局性质；第 8 章研究了几类极大型差分方程和方程组的周期性；第 9 章研究了几类模糊差分方程的周期性.

近十多年来，我们对非线性差分方程和方程组的性质作过一些研究，编著本书其目的就是对过去的研究工作做一个总结. 本书的研究成果和出版得到国家自然科学基金项目 (NO: 10861002; NO: 11261005; NO: 11461003; NO: 11761011)、广西自然科学基金项目 (NO: 桂科自 0728002; NO: 2011GXNSFA018135; NO: 2012GXNSFDA 276040; NO: 2016GXNSFBA380235; NO: 2016GXNSFAA380286) 和广西财经学院博士科研启动基金的资助，在此表示感谢.

由于作者水平有限，本书对差分方程及方程组的性质的介绍还存在许多不够全面和深入之处，敬请读者多加指正.

作　者
广西财经学院
2017 年 10 月

目　　录

第 1 章 差分方程的基本概念

在本书中, 总假定 $\mathbf{Z}$ 是整数集, $\mathbf{N}$ 是自然数集, $\mathbf{N}_0 = \mathbf{N} \cup \{0\}$, $\mathbf{Z}(a,b) = \{a, \cdots, b\}$ $(a < b, a, b \in \mathbf{Z})$, $\mathbf{R}$是实数集, $\mathbf{R}_+ = (0, +\infty)$, $\mathbf{R}_0 = [0, +\infty)$. 设 I 是个区间, $k \in \mathbf{N}_0$, $f: I^{k+1} \to \mathbf{R}$ 是连续函数, 称

$$x_{n+1} = f(x_n, x_{n-1}, \cdots, x_{n-k}) \quad (n \in \mathbf{N}_0) \tag{1.1}$$

为具有初始值 x_{-k}, $x_{-k+1}, \cdots, x_0 \in I$ 的差分方程.

对任一组初始值 x_{-k}, $x_{-k+1}, \cdots, x_0 \in I$, 通过方程 (1.1), 我们得到一个数列 $\{x_n\}_{n=-k}^{\infty}$ (或 $\{x_n\}_{n \geqslant -k}$, 或 $\{x_n\}$), 称 $\{x_n\}_{n=-k}^{\infty}$ 为方程 (1.1) 的一个解.

定义 1.1 对于方程 (1.1). 如果点 $\overline{x}$ 满足 $\overline{x} = f(\overline{x}, \overline{x}, \cdots, \overline{x})$, 则称点 $\overline{x}$ 是 (1.1) 的一个平衡点. 由于 $x_n = \overline{x}$ $(n \geqslant -k)$ 是该方程的一个解, 所以称 $x_n = \overline{x}$ $(n \geqslant -k)$ 是 (1.1) 的一个平凡解.

定义 1.2 设 $\{x_n\}_{n=-k}^{\infty}$ 为方程 (1.1) 的一个解. 若存在 $p \in \mathbf{N}$, 使得对任意 $n \geqslant -k$, 都有 $x_{p+n} = x_n$, 则称 $\{x_n\}_{n=-k}^{\infty}$ 是方程 (1.1) 的一个 p 周期解. 若存在 $p, N \in \mathbf{N}$, 使得对任意 $n \geqslant N$, 都有 $x_{p+n} = x_n$, 则称 $\{x_n\}_{n=-k}^{\infty}$ 是方程 (1.1) 的一个终于 p 周期解.

定义 1.3 一个实数序列 $\{x_n\}$ 称为关于 0 振荡的, 或者简单的称为是振荡的, 是指序列的项 x_n 既非终于正, 也非终于负.

定义 1.4 一个实数序列 $\{x_n\}$ 称为严格振荡的, 是指对于任意 $n_0 \in \mathbf{N}_0$, 存在 $n_1 > n_0$ 及 $n_2 > n_0$, 使得 $x_{n_1} < 0$ 和 $x_{n_2} > 0$.

定义 1.5 一个实数序列 $\{x_n\}$ 称为关于实数 $\overline{x}$ 振荡的 (严格振荡的), 是指 $\{x_n - \overline{x}\}$ 关于 0 是振荡的 (严格振荡的).

定义 1.6 如果对于所有的 $n \in \mathbf{Z}(r,s)$, 有 $x_n - \overline{x} \geqslant 0$ 和 $x_{r-1} - \overline{x} < 0$ 及 $x_{s+1} - \overline{x} < 0$, 则称 $x_n(n \in \mathbf{Z}(r,s))$ 组成了一个长为 $s - r + 1$ 的正半循环. 如果对于所有的 $n \in \mathbf{Z}(r,s)$, 有 $x_n - \overline{x} < 0$ 和 $x_{r-1} - \overline{x} \geqslant 0$ 及 $x_{s+1} - \overline{x} \geqslant 0$, 则称 x_n $(n \in \mathbf{Z}(r,s))$ 组成了一个长为 $s - r + 1$ 的负半循环.

设 $f(u_0, u_1, \cdots, u_k)$ 可微，差分方程 (1.1) 关于平衡点 $\bar{x}$ 的线性化方程为

$$Z_{n+1} = a_0 Z_n + a_1 Z_{n-1} + \cdots + a_k Z_{n-k} \quad (n \in \mathbf{N}_0), \tag{1.2}$$

这里, 对于任意 $i \in \mathbf{Z}(0,k)$,

$$a_i = \frac{\partial f}{\partial u_i}(\bar{y}, \bar{y}, \cdots, \bar{y}).$$

(1.2) 的特征方程是

$$\lambda^{k+1} - a_0\lambda^k - a_1\lambda^{k-1} - \cdots - a_{k-1}\lambda - a_k = 0. \tag{1.3}$$

定义 1.7 设 $\overline{x}$ 是方程 (1.1) 的平衡点.

(1) 若对任意 $\varepsilon > 0$, 存在 $\delta > 0$, 使得当 $x_{-k}, x_{-k+1}, \cdots, x_0 \in I$ 且 $\sum\limits_{i=-k}^{0} |x_i - \overline{x}| < \delta$ 时, 对一切 $n \geqslant -k$, 有

$$|x_n - \overline{x}| < \varepsilon,$$

则称 $\overline{x}$ 是稳定的.

(2) 若 $\overline{x}$ 是稳定的, 并且存在 $\gamma > 0$, 使得当 $x_{-k}, x_{-k+1}, \cdots, x_0 \in I$ 且 $\sum\limits_{i=-k}^{0} |x_i - \overline{x}| < \gamma$ 时, 有

$$\lim_{n\to\infty} x_n = \overline{x},$$

则称 $\overline{x}$ 是局部渐近稳定的.

(3) 若对任意 $x_{-k}, x_{-k+1}, \cdots, x_0 \in I$, 有

$$\lim_{n\to\infty} x_n = \overline{x},$$

则称 $\overline{x}$ 为全局吸引子.

(4) 若 $\overline{x}$ 是稳定的且为全局吸引子, 则称 $\overline{x}$ 为全局渐近稳定的.

(5) 若 (1.3) 没有模为 1 的根, 则称 $\bar{x}$ 为双曲的, 否则称 $\bar{x}$ 为非双曲的.

(6) 若 $\bar{x}$ 不是局部稳定的, 则称 $\bar{x}$ 为不稳定的.

(7) 若 $\bar{x}$ 是双曲的, 且 (1.3) 存在一个根的绝对值大于 1, 一个根的绝对值小于 1, 则称 $\bar{x}$ 是一个鞍点平衡点.

在本书中, 我们将用到下面几个定理 (见 [5]).

定理 1.1 (线性稳定定理) (1) 若方程 (1.3) 所有根的绝对值都小于 1, 则方程 (1.1) 的平衡点 $\bar{x}$ 是局部渐近稳定的.

(2) 若方程 (1.3) 至少有一个绝对值大于 1 的根, 则方程 (1.1) 的平衡点 $\bar{x}$ 是不稳定的.

定理 1.2 设 $\{x_n\}_{n=-k}^{\infty}$ 是方程 (1.1) 的一个解. 记

$$\begin{cases} s = \liminf\limits_{n\to\infty} x_n, \\ S = \limsup\limits_{n\to\infty} x_n. \end{cases}$$

并设 $s, S \in I$. 设 L 是 $\{x_n\}_{n=-k}^{\infty}$ 的一个极限点, 则下述结论成立:

(1) 存在方程 (1.1) 的一个解 $\{L_n\}_{n=-\infty}^{\infty}$, 称为 $\{x_n\}_{n=-k}^{\infty}$ 的全极限序列, 满足 $L_0 = L$ 且 $L_m(m \in \mathbf{Z})$ 是 $\{x_n\}_{n=-k}^{\infty}$ 的极限点. 特别地, 对任意 $m \in \mathbf{Z}$, 有 $s \leqslant L_m \leqslant S$.

(2) 对任意 $i_0 \in \mathbf{Z}$, 存在 $\{x_n\}_{n=-k}^{\infty}$ 的一个子列 $\{x_{r_i}\}_{i=0}^{\infty}$, 使得对任意 $m \geqslant i_0$, $L_m = \lim_{i\to\infty} x_{r_i+m}$.

定理 1.3　若

$$\sum_{i=0}^{k} |a_i| < 1,$$

则方程 (1.3) 的每个根的绝对值都小于 1.

定理 1.4　实系数二次方程

$$\lambda^2 + a_0\lambda + a_1 = 0$$

的根落在复平面单位圆内的充分必要条件是

$$|a_0| < a_1 + 1 < 2.$$

定理 1.5　对于二阶有理差分方程

$$x_{n+1} = \frac{\alpha + \beta x_n + \gamma x_{n-1}}{A + B x_n + C x_{n-1}} \quad (n \in \mathbf{N}_0), \tag{1.4}$$

其中 $\alpha,\ \beta,\ \gamma,\ A,\ B,\ C \in \mathbf{R}_+$.

(1) 若方程 (1.4) 没有基本 2 周期解 (即最小周期为 2 的周期解), 且

$$\alpha \neq \frac{(\gamma - \beta - A)[B(\gamma - \beta - A) - C(\gamma + 3\beta - A)]}{4C^2},$$

则方程 (1.4) 的正平衡点是局部渐近稳定的.

(2) 若方程 (1.4) 有一个正的基本 2 周期解, 则 (1.4) 的正平衡点是不稳定的. 事实上是一个鞍点.

定理 1.6　设 $\alpha,\ \beta,\ \gamma,\ A,\ B,\ C \in \mathbf{R}_+$, 则方程 (1.4) 有一个基本 2 周期解的充分必要条件是 $\gamma > \beta + A,\ B > C$ 且

$$\alpha < \frac{(\gamma - \beta - A)[B(\gamma - \beta - A) - C(\gamma + 3\beta - A)]}{4C^2}.$$

第 2 章　非线性差分方程的振荡性

2.1　方程 $x_{n+1}=\dfrac{f(x_n,x_{n-1},\cdots,x_{n-k+1})}{x_{n-k}}$ 的振荡性

在这一节, 我们研究差分方程

$$x_{n+1}=\frac{f(x_n,x_{n-1},\cdots,x_{n-k+1})}{x_{n-k}}\quad(n\in\mathbf{N}_0)\tag{2.1}$$

的振荡性和循环长度. 其中 $k\in\mathbf{N}$ 且 f 满足下面的条件:

(H_1) $f\in C(\mathbf{R}_+^k,\mathbf{R}_+)$.

(H_2) 存在 $s\in\mathbf{Z}(0,k-1)$, 使得 $f(u_0,\cdots,u_{k-1})$ 对 u_s 和 u_{k-1} 是严格递增的, 对 $u_i(i\in\mathbf{Z}(0,k-1)-\{s,k-1\})$ 是递增的.

(H_3) 方程 (2.1) 有唯一正平衡点, 记为 $\overline{x}$.

(H_4) 函数 $f(x,\cdots,x)/x$ 在 $\mathbf{R}_+$ 上是递减的.

2.1.1　方程 (2.1) 的 (严格) 振荡性

定理 2.1　如果方程 (2.1) 满足条件 $(H_1)-(H_4)$, 那么它的每一个非平凡解都关于 $\overline{x}$ 严格振荡.

证明　假设方程 (2.1) 存在一个非平凡解 $\{x_n\}_{n=-k}^{\infty}$, 它关于 $\overline{x}$ 不严格振荡, 则存在 n_0, 使得对所有的 $n\geqslant n_0$, 有 $x_n\geqslant\overline{x}$, 或对所有的 $n\geqslant n_0$, 有 $x_n\leqslant\overline{x}$.

不妨设第一种情形成立, 即对于所有的 $n\geqslant n_0$, 有 $x_n\geqslant\overline{x}$. 记 $B=\{x_{n_0},\cdots,x_{n_0+k}\}$, 设

$$j=\max\{r:r\in\mathbf{Z}(n_0,n_0+k),x_r=\max B\}.$$

由于 $\{x_n\}$ 是一个非平凡解, 则有 $x_j>\overline{x}$. 记 $C=\{x_{n_0+k+1},\cdots,x_{n_0+2k}\}$, 设

$$j'=\min\{r:r\in\mathbf{Z}(n_0+k+1,n_0+2k),\ x_r=\max C\}.$$

我们断言 $x_j=x_{j'}$. 事实上, 若 $x_j<x_{j'}$, 则由 (H_2) 可知

$$\begin{aligned}x_{j'-k-1}&=\frac{f(x_{j'-1},\cdots,x_{j'-s-1},\cdots,x_{j'-k})}{x_{j'}}\\&<\frac{f(x_{j'},\cdots,x_{j'})}{x_{j'}}\end{aligned}$$

$$
\begin{aligned}
&\leqslant \frac{f(\overline{x},\cdots,\overline{x})}{\overline{x}}\\
&=\overline{x},
\end{aligned}
$$

这就导致了矛盾. 若 $x_j > x_{j'}$, 则由 (H_2) 可知

$$
\begin{aligned}
x_{j+k+1}&=\frac{f(x_{j+k},\cdots,x_{j+k-s},\cdots,x_{j+1})}{x_j}\\
&<\frac{f(x_j,\cdots,x_j)}{x_j}\\
&\leqslant \frac{f(\overline{x},\cdots,\overline{x})}{\overline{x}}\\
&=\overline{x},
\end{aligned}
$$

这也导致矛盾. 断言证毕.

同理可证 $\max\{x_{n_0+2k+1},\cdots,x_{n_0+3k}\}=x_j$. 因为

$$
\begin{aligned}
x_{j'+k+1}&=\frac{f(x_{j'+k},\cdots,x_{j'+k-s},\cdots,x_{j'+1})}{x_{j'}}\\
&\leqslant \frac{f(x_{j'},\cdots,x_{j'})}{x_{j'}}\\
&\leqslant \frac{f(\overline{x},\cdots,\overline{x})}{\overline{x}}\\
&=\overline{x}
\end{aligned}
$$

且

$$
\begin{aligned}
x_{j'-k-1}&=\frac{f(x_{j'-1},\cdots,x_{j'-1-s},\cdots,x_{j'-k})}{x_{j'}}\\
&\leqslant \frac{f(x_{j'},\cdots,x_{j'})}{x_{j'}}\\
&\leqslant \frac{f(\overline{x},\cdots,\overline{x})}{\overline{x}}\\
&=\overline{x},
\end{aligned}
$$

所以由 (H_2) 可得

$$
x_{j'+k-s}=x_{j'-s-1}=x_{j'}>\overline{x}.
$$

从而有

$$
\begin{aligned}
x_{j'+k-s}&=\frac{f(x_{j'+k-s-1},\cdots,x_{j'+k-1-2s},\cdots,x_{j'-s})}{x_{j'-1-s}}\\
&\leqslant \frac{f(x_{j'},\cdots,x_{j'})}{x_{j'}}
\end{aligned}
$$

$$
\begin{aligned}
&\leqslant \frac{f(\overline{x},\cdots,\overline{x})}{\overline{x}} \\
&=\overline{x},
\end{aligned}
$$

这就导致矛盾. 证毕.

2.1.2　方程 (2.1) 的循环长度

现在, 我们研究方程 (2.1) 的循环长度. 首先证明以下两个引理.

引理 2.1　若方程 (2.1) 满足 $(H_1)-(H_4)$, 则它的解 $\{x_n\}_{n=-k}^{\infty}$ 的任意负半循环的长度至多为 $2k+1$.

证明　用反证法. 假设存在 $2k+2$ 个相邻点 $x_n(n\in\mathbf{Z}(n_0-k-1,n_0+k))$, 使得 $x_n<\overline{x}$. 设

$$
B=\{x_{n_0-k-1},\cdots,x_{n_0+k}\}
$$

和

$$
j=\min\{r:r\in\mathbf{Z}(n_0-k-1,n_0+k),x_r=\min B\},
$$

则有 $x_j<\overline{x}$. 分下面两种情形考虑.

情形 1　$j\geqslant n_0$. 这时有

$$
\begin{aligned}
x_{j-k-1}&=\frac{f(x_{j-1},\cdots,x_{j-1-s},\cdots,x_{j-k})}{x_j} \\
&\geqslant \frac{f(x_j,\cdots,x_j)}{x_j} \\
&\geqslant \frac{f(\overline{x},\cdots,\overline{x})}{\overline{x}} \\
&=\overline{x},
\end{aligned}
$$

矛盾.

情形 2　$j\leqslant n_0-1$. 这时有

$$
\begin{aligned}
x_{j+k+1}&=\frac{f(x_{j+k},\cdots,x_{j+k-s},\cdots,x_{j+1})}{x_j} \\
&\geqslant \frac{f(x_j,\cdots,x_j)}{x_j} \\
&\geqslant \frac{f(\overline{x},\cdots,\overline{x})}{\overline{x}} \\
&=\overline{x},
\end{aligned}
$$

矛盾. 证毕.

引理 2.2　设 $x_{n_0-k-1},\cdots,x_{n_0+k}$ 是长为 $2k+2$ 的相邻点, 它们包含在方程 (2.1) 的非平凡解 $\{x_n\}_{n=-k}^{\infty}$ 的一个正半循环中. 若条件 $(H_1)-(H_4)$ 成立, 则对任意 $i\in\mathbf{Z}(1,k)$, 有 $x_{n_0-i}=x_{n_0}>\overline{x}$, 并且对任意 $i\in\mathbf{Z}(1,k)$, 有 $x_{n_0+i}=x_{n_0-k-1}=\overline{x}$.

证明　记

$$j=\min\{r:r\in\mathbf{Z}(n_0-k-1,n_0+k),x_r=\max\{x_{n_0-k-1},\cdots,x_{n_0+k}\}\}.$$

若 $j\geqslant n_0$, 则由方程 (2.1) 和 (H_2) 可得

$$\begin{aligned}x_{j-k-1}&=\frac{f(x_{j-1},\cdots,x_{j-1-s},\cdots,x_{j-k})}{x_j}\\&<\frac{f(x_j,\cdots,x_j)}{x_j}\\&\leqslant\frac{f(\overline{x},\cdots,\overline{x})}{\overline{x}}\\&=\overline{x},\end{aligned}$$

这与 $x_{j-k-1}\geqslant\overline{x}$ 矛盾, 故 $j<n_0$.

对某个 $i\in\mathbf{Z}(1,k+1)$, 设 $j=n_0-i$, 则

$$\begin{aligned}x_{n_0+k-i+1}&=\frac{f(x_{n_0+k-i},\cdots,x_{n_0-i+1})}{x_{n_0-i}}\\&\leqslant\frac{f(x_j,\cdots,x_j)}{x_j}\\&\leqslant\frac{f(\overline{x},\cdots,\overline{x})}{\overline{x}}\\&=\overline{x}.\end{aligned}$$

由于 $x_{n_0+k-i+1}\geqslant\overline{x}$, 则有 $x_{n_0+k-i+1}=\overline{x}$ 且

$$x_j=x_{n_0-i}=x_{n_0-i+1}.$$

若 $i\geqslant 2$, 则同理可得

$$\begin{aligned}x_{n_0+k-i+2}&=\frac{f(x_{n_0+k-i+1},\cdots,x_{n_0-i+2})}{x_{n_0-i+1}}\\&\leqslant\frac{f(x_j,\cdots,x_j)}{x_j}\\&\leqslant\frac{f(\overline{x},\cdots,\overline{x})}{\overline{x}}\\&=\overline{x}.\end{aligned}$$

由于 $x_{n_0+k-i+2}\geqslant\overline{x}$, 从而有 $x_{n_0+k-i+2}=\overline{x}$ 且

$$x_j=x_{n_0-i}=x_{n_0-i+1}=x_{n_0-i+2}.$$

仿此继续下去, 可得

$$\begin{aligned} x_{n_0+k-i+1} &= x_{n_0+k-i+2} = \cdots \\ &= x_{n_0+k-1} = x_{n_0+k} \\ &= \overline{x}, \\ x_{n_0-i} &= x_{n_0-i+1} = \cdots \\ &= x_{n_0-1} = x_{n_0} \\ &= x_j. \end{aligned}$$

从而

$$\begin{aligned} x_{n_0-k-1} &= \frac{f(x_{n_0-1},\cdots,x_{n_0-k})}{x_{n_0}} \\ &\leqslant \frac{f(x_j,\cdots,x_j)}{x_j} \\ &\leqslant \frac{f(\overline{x},\cdots,\overline{x})}{\overline{x}} \\ &= \overline{x}. \end{aligned}$$

由于 $x_{n_0-k-1} \geqslant \overline{x}$, 则有 $x_{n_0-k} = x_j$ 且 $i = k$. 证毕.

定理 2.2 若 $(H_1)-(H_4)$ 成立, 且 $s \in \mathbf{Z}(0, k-2)$, 则方程 (2.1) 的非平凡解 $\{x_n\}_{n=-k}^{\infty}$ 的每一个半循环的长度至多为 $2k+1$.

证明 由引理 2.1 可知, 我们只需考虑正半循环时的情形. 用反证法, 我们设 $x_{n_0-k-1},\cdots,x_{n_0+k}$ 是包含在一个正半循环中的 $2k+2$ 个相邻点. 记

$$B = \{x_{n_0-k-1},\cdots,x_{n_0+k}\}$$

和

$$j = \min\{r : r \in \mathbf{Z}(n_0-k-1, n_0+k), x_r = \max B\},$$

则有 $x_j > \overline{x}$. 由引理 2.2 可知

$$\begin{aligned} x_{n_0+1} &= x_{n_0+2} = \cdots \\ &= x_{n_0+k-1} = x_{n_0+k} \\ &= \overline{x}, \\ x_{n_0-k} &= x_{n_0-k+1} = \cdots \\ &= x_{n_0-1} = x_{n_0} \\ &= x_j. \end{aligned}$$

由于 $n_0+1 \leqslant n_0+k-s-1$, 则有 $x_{n_0+k-s-1}=\overline{x}$, 从而

$$\begin{aligned}x_{n_0+k}&=\frac{f(x_{n_0+k-1},\cdots,x_{n_0+k-s-1},\cdots,x_{n_0})}{x_{n_0-1}}\\&<\frac{f(x_j,\cdots,x_j)}{x_j}\\&\leqslant\frac{f(\overline{x},\cdots,\overline{x})}{\overline{x}}\\&=\overline{x},\end{aligned}$$

矛盾. 证毕.

定理 2.3　如果 $(H_1)-(H_4)$ 成立且 $s=k-1$, 则方程 (2.1) 的非平凡解 $\{x_n\}_{n=-k}^{\infty}$ 的每一个半循环的长度至多为 $2k+2$.

证明　由引理 2.1 可知, 我们只需考虑正半循环时的情形. 用反证法, 我们考察一个包含了 $2k+3$ 个相邻点 $x_{n_0-k-1},\cdots,x_{n_0+k+1}$ 的正半循环. 记

$$B=\{x_{n_0-k-1},\cdots,x_{n_0+k+1}\}$$

及

$$j=\min\{r:r\in\mathbf{Z}(n_0-k-1,n_0+k+1),x_r=\max B\},$$

则有 $x_j>\overline{x}$. 由引理 2.2 可知

$$\begin{aligned}x_{n_0+1}&=x_{n_0+2}=\cdots\\&=x_{n_0+k-1}=x_{n_0+k}\\&=\overline{x},\\x_{n_0-k}&=x_{n_0-k+1}=\cdots\\&=x_{n_0-1}=x_{n_0}\\&=x_j.\end{aligned}$$

从而有

$$\begin{aligned}x_{n_0+k+1}&=\frac{f(x_{n_0+k},\cdots,x_{n_0+1})}{x_{n_0}}\\&<\frac{f(x_j,\cdots,x_j)}{x_j}\\&\leqslant\frac{f(\overline{x},\cdots,\overline{x})}{\overline{x}}\\&=\overline{x},\end{aligned}$$

其中 $x_{n_0+k+1}\in B$, 这是矛盾的. 证毕.

2.2 方程 $x_{n+1}=f(x_{n-k},x_{n-k+1},\cdots,x_n)$ 的单调解的存在性

在这一节, 我们研究差分方程

$$x_{n+1}=f(x_{n-k},x_{n-k+1},\cdots,x_n)\quad(n\in\mathbf{N}_0)\tag{2.2}$$

的单调正解的存在性. 其中 $k\in\mathbf{N}$, 初始值 $x_{-k},x_{-k+1},\cdots,x_0\in\mathbf{R}_+$. 我们假设 f 满足下面的条件:

(H_1) $f\in C(E^{k+1},E)$, $f(z_0,z_1,\cdots,z_k)$ 关于 z_0 严格递增, 其中 $k\in\mathbf{N}$, $E\in\{\mathbf{R}_+,\mathbf{R}_0\}$.

(H_2) 方程 (2.2) 存在唯一的非负平衡解 $\overline{x}$.

(H_3) $A=\{(z_0,z_1,\cdots,z_k):z_0\geqslant z_1\geqslant\cdots\geqslant z_k\geqslant f(z_0,z_1,\cdots,z_k)\geqslant\overline{x}\}$ 是一个无界连通集.

定理 2.4 设 f 满足条件 $(H_1)-(H_3)$. 假设存在 $g\in C([\overline{x},+\infty)^{k+1},[\overline{x},+\infty))$, 使得下面两个条件成立:

(H_4) $A\subset B=\{(z_0,z_1,\cdots,z_k):g(z_0,z_1,\cdots,z_k)\geqslant z_0\geqslant z_1\geqslant\cdots\geqslant z_k\geqslant\overline{x}\}$.

(H_5) 对任意 $(z_0,z_1,\cdots,z_k)\in[\overline{x},+\infty)^{k+1}$, 有 $z_k=f(g(z_0,z_1,\cdots,z_k),z_0,z_1,\cdots,z_{k-1})$.

则方程 (2.2) 存在一个单调且收敛于平衡解 $\overline{x}$ 的正解.

证明 定义 $F:A\to B$ 为: 对任意 $(z_0,z_1,\cdots,z_k)\in A$,

$$\begin{aligned}F(z_0,z_1,\cdots,z_k)&=(u_0,u_1,\cdots,u_k)\\&\equiv(z_1,z_2,\cdots,z_k,f(z_0,z_1,\cdots,z_k)).\end{aligned}\tag{2.3}$$

断言 1 F 是有意义的.

断言 1 的证明 通过 (2.3) 和 A 的定义, 有

$$\begin{cases}u_i=z_{i+1}\quad(i\in\mathbf{Z}(0,k-1)),\\u_k=f(z_0,z_1,\cdots,z_k)\geqslant\overline{x}.\end{cases}\tag{2.4}$$

从 (2.4) 和 (H_5) 知

$$\begin{aligned}f(z_0,u_0,\cdots,u_{k-1})&=u_k\\&=f(g(u_0,u_1,\cdots,u_k),u_0,u_1,\cdots,u_{k-1}).\end{aligned}$$

由条件 (H_1) 得

$$g(u_0,u_1,\cdots,u_k)=z_0\geqslant u_0\geqslant\cdots\geqslant u_k\geqslant\overline{x}.$$

所以 $(u_0,u_1,\cdots,u_k)\in B$. 断言 1 得证.

断言 2　F 是从 A 到 B 的双射.

断言 2 的证明　设 $z=(z_0,z_1,\cdots,z_k),y=(y_0,y_1,\cdots,y_k)\in A$, 且 $z\neq y$. 若对某个 $i\in\mathbf{Z}(1,k)$, 有 $z_i\neq y_i$, 则 $F(y)\neq F(z)$. 若 $z_0\neq y_0$, 且对所有的 $i\in\mathbf{Z}(1,k)$, 有 $z_i=y_i$, 则通过 (H_1), 有

$$f(z_0,z_1,\cdots,z_k)\neq f(y_0,z_1,\cdots,z_k),$$

这就证明了 $F(y)\neq F(z)$.

另一方面, 对任意的 $u=(u_0,u_1,\cdots,u_k)\in B$, 有

$$g(u_0,u_1,\cdots,u_k)\geqslant u_0\geqslant u_1\geqslant\cdots\geqslant u_k\geqslant\overline{x}. \tag{2.5}$$

设

$$\begin{aligned}z&=(z_0,z_1,\cdots,z_k)\\&\equiv(g(u_0,u_1,\cdots,u_k),u_0,u_1,\cdots,u_{k-1}).\end{aligned} \tag{2.6}$$

由 (2.5), (2.6) 和 (H_5), 有

$$\begin{aligned}z_k&=u_{k-1}\geqslant u_k\\&=f(g(u_0,u_1,\cdots,u_k),u_0,u_1,\cdots,u_{k-1})\\&=f(z_0,z_1,\cdots,z_k)\geqslant\overline{x},\end{aligned}$$

由此可得 $z\in A$. 再由 (2.3) 和 (H_5), 有

$$\begin{aligned}F(z)&=(z_1,\cdots,z_k,f(z_0,z_1,\cdots,z_k))\\&=(u_0,\cdots u_{k-1},f(g(u_0,u_1,\cdots,u_k),u_0,u_1,\cdots,u_{k-1}))\\&=(u_0,u_1,\cdots,u_k)\\&=u.\end{aligned}$$

断言 2 证毕.

进一步可知

$$F^{-1}(u_0,u_1,\cdots,u_k)=(g(u_0,u_1,\cdots,u_k),u_0,u_1,\cdots,u_{k-1})$$

是连续的, 所以 F 是从 A 到 B 的一个同胚. 又因为 $A\subset B$, 所以

$$F^{-1}(A)\subset F^{-1}(B)=A.$$

由此归纳得, 对任意 $n \in \mathbf{N}$,

$$\overline{\mathbf{x}} = (\overline{x}, \overline{x}, \cdots, \overline{x}) \in F^{-n}(A) \subset F^{-n+1}(A).$$

因为 A 是无界连通闭集, 所以对任意 $n \in \mathbf{N}$, $F^{-n}(A)$ 也是无界连通闭集. 记

$$S = \bigcap_{i=0}^{\infty} F^{-i}(A).$$

断言 3　S 是无界连通集.

断言 3 的证明　假设 S 是有界连通闭集, 则存在 $\beta > 0$, 使得

$$S \subset B(\overline{\mathbf{x}}, \beta) \equiv \{x \in E^{k+1} : d(\overline{\mathbf{x}}, \mathbf{x}) < \beta\}.$$

又因为对任意 $n \in \mathbf{N}$, $F^{-n}(A)$ 也是无界连通闭集, 记

$$K_n = [\{x : d(\overline{\mathbf{x}}, \mathbf{x}) \leqslant 2\beta\} - B(\overline{\mathbf{x}}, \beta)] \cap F^{-n}(A) \neq \varnothing,$$

所以 K_n 是有界连通闭集. 设 $x_n \in K_n$, 则存在正整数 $n_1 < n_2 < \cdots < n_k < \cdots$ 和点 $\mathbf{v} \in \{\mathbf{x} : d(\overline{\mathbf{x}}, \mathbf{x}) \leqslant 2\beta\} - B(\overline{\mathbf{x}}, \beta)$, 使得 $\lim\limits_{k\to\infty} \mathbf{x}_{n_k} = \mathbf{v}$, 这里 $\mathbf{v} \notin S$. 另一方面, 对每个 $n \in \mathbf{N}$, 存在 N, 使得当 $n_k > N$ 时, 有 $\mathbf{x}_{n_k} \in F^{-n}(A)$, 这就意味着 $\mathbf{v} \in F^{-n}(A)$, 因此 $\mathbf{v} \in S$. 这是矛盾的. 断言 3 得证.

现在设 $\{x_n\}_{n=-k}^{\infty}$ 是方程 (2.2) 的一个正解且 $(x_{-k}, \cdots, x_0) \in S - \overline{\mathbf{x}}$, 则对所有的 $n \in \mathbf{N}$, 有

$$F^n(x_{-k}, \cdots, x_0) = (x_{n-k}, x_{n-k+1}, \cdots, x_n) \in A.$$

因此 $\{x_n\}_{n=-k}^{\infty}$ 是一个单调正解. 设

$$\lim_{n\to\infty} x_n = a,$$

则

$$a = f(a, a, \cdots, a) \geqslant \overline{x}.$$

由条件 (H_2) 知 $a = \overline{x}$. 因此 $\{x_n\}_{n=-k}^{\infty}$ 是一个非平凡的单调正解且收敛于平衡解 $\overline{x}$. 证毕.

注记 2.1　从定理 2.4 的证明可知, 方程 (2.2) 有无穷多个单调收敛于平衡解 $\overline{x}$ 的正解.

例 2.1　考虑方程

$$x_{n+1} = p + \frac{a + x_{n-k}}{b + \sum\limits_{i=0}^{k-1} a_i x_{n-i}} \quad (n \in \mathbf{N}_0), \tag{2.7}$$

其中 $k \in \mathbf{N}$, $s = \sum\limits_{i=0}^{k-1} a_i > 0$, $a_i \geqslant 0$, 初始条件为 $x_{-k}, \cdots, x_0 \in \mathbf{R}_+$. 如果非负数 a, b, p 满足下面两个条件之一:

(1) $a = 0$.

(2) $b/s \geqslant a > 0$.

则方程 (2.7) 存在单调收敛于唯一非负平衡解的正解.

证明　若 $b = 0$, 则令 $E = \mathbf{R}_+$; 若 $b > 0$, 则令 $E = \mathbf{R}_0$. 定义 $f \in C(E^{k+1}, E)$ 为: 对任意 $(z_0, z_1, \cdots, z_k) \in E^{k+1}$,

$$f(z_0, z_1, \cdots, z_k) = p + \frac{a + z_0}{b + \sum\limits_{i=0}^{k-1} a_i z_{k-i}},$$

则方程 (2.7) 存在唯一非负平衡解

$$\overline{x} = \frac{1 + ps - b + \sqrt{(1 + ps - b)^2 + 4s(pb + a)}}{2s} \geqslant p.$$

设

$$A = \{(z_0, z_1, \cdots, z_k) : z_0 \geqslant z_1 \geqslant \cdots \geqslant z_k \geqslant f(z_0, z_1, \cdots, z_k) \geqslant \overline{x}\}.$$

对任意 $(z_0, z_1, \cdots, z_k) \in [\overline{x}, +\infty)^{k+1}$, 定义

$$g(z_0, z_1, \cdots, z_k) = (z_k - p)\left(b + \sum_{i=0}^{k-1} a_i z_{k-i-1}\right) - a,$$

则有

$$\begin{aligned} g(z_0, z_1, \cdots, z_k) &\geqslant (\overline{x} - p)(b + s\overline{x}) - a \\ &= \frac{a + \overline{x}}{b + s\overline{x}}(b + s\overline{x}) - a \\ &= \overline{x}. \end{aligned}$$

因此 $g \in C([\overline{x}, +\infty)^{k+1}, [\overline{x}, +\infty))$.

容易验证方程 (2.7) 满足 $(H_1), (H_2)$ 和 (H_5), 所以 A 是无界连通集. 由条件 (1) 和 (2) 得 $b \geqslant as$, 则

$$\begin{aligned} f(x, x, \cdots, x) &= p + \frac{a + x}{b + xs} \\ &= p + \frac{1}{s} - \frac{b - as}{s(b + sx)}. \end{aligned}$$

又

$$\begin{aligned}F(x)&=x-f(x,x,\cdots,x)\\&=\frac{sx^2-(ps-b+1)x-pb-a}{b+sx}\end{aligned}$$

在 $[\overline{x},+\infty)$ 上关于 x 单调递增, 所以对任意的 $c\geqslant\overline{x}$, 有

$$c\geqslant c\geqslant\cdots\geqslant c\geqslant f(c,c,\cdots,c)\geqslant\overline{x},$$

即 $(c,c,\cdots,c)\in A$ 且 A 是无界的. 设 $(z_0,z_1,\cdots,z_k)\in A$, 且

$$A_i=\{(z_0,\cdots,z_0,tz_0+(1-t)z_i,z_{i+1},\cdots,z_k):0\leqslant t\leqslant 1\}\quad(i\in\mathbf{Z}(0,k)),$$

则 A_i 是一个连通集. 又因为

$$z_0\geqslant z_1\geqslant\cdots\geqslant z_k\geqslant f(z_0,z_1,\cdots,z_k)\geqslant\overline{x}$$

且

$$f(x,x,\cdots,x)=p+\frac{a+x}{b+xs}$$

关于 x 单调递增, 所以有

$$\begin{aligned}z_0&\geqslant\cdots\geqslant z_0\geqslant tz_0+(1-t)z_i\\&\geqslant z_{i+1}\geqslant\cdots\geqslant z_k\\&\geqslant f(z_0,z_1,\cdots,z_k)\\&\geqslant f(z_0,\cdots,z_0,tz_0+(1-t)z_i,z_{i+1},\cdots,z_k)\\&\geqslant f(z_0,\cdots,z_0)\\&\geqslant\overline{x},\end{aligned}$$

从而 $A_i\subset A$. 又因 $(z_0,\cdots,z_0,z_{i+1},\cdots,z_k)\in A_i\cap A_{i+1}(i\in\mathbf{Z}(0,k-1))$, $\bigcup_{i=0}^{k}A_i\cup\{(c,c,\cdots,c):c\geqslant\overline{x}\}$ 是 A 的一个连通子集, 且 $(z_0,z_1,\cdots,z_k)\in A_0$, 所以 A 是一个无界连通集, 即条件 (H_3) 成立.

另一方面, 设 $z=(z_0,z_1,\cdots,z_k)\in A$, 则

$$\begin{aligned}z_0&\geqslant z_1\geqslant\cdots\geqslant z_k\\&\geqslant f(z_0,z_1,\cdots,z_k)\\&=p+\frac{a+z_0}{b+\sum\limits_{i=0}^{k-1}a_iz_{k-i}}\\&\geqslant\overline{x}.\end{aligned}\tag{2.8}$$

由此得

$$
\begin{aligned}
g(z_0,z_1,\cdots,z_k)&=(z_k-p)\left(b+\sum_{i=0}^{k-1}a_iz_{k-i-1}\right)-a\\
&\geqslant\frac{a+z_0}{b+\sum\limits_{i=0}^{k-1}a_iz_{k-i}}\left(b+\sum_{i=0}^{k-1}a_iz_{k-i}\right)-a\\
&=z_0,
\end{aligned}
$$

这就意味着

$$
z\in B=\{(z_0,z_1,\cdots,z_k):g(z_0,z_1,\cdots,z_k)\geqslant z_0\geqslant z_1\geqslant\cdots\geqslant z_k\geqslant\overline{x}\},
$$

即条件 (H_4) 成立. 由定理 2.4 我们知道, 方程 (2.7) 存在单调收敛于唯一非负平衡解

$$
\overline{x}=[1+ps-b+\sqrt{(1+ps-b)^2+4s(pb+a)}]/2s
$$

的正解. 证毕.

例 2.2　考虑下面三个方程

$$
\begin{aligned}
x_{n+1}&=f(x_{n-k},x_{n-k+1},\cdots,x_n)\\
&=\frac{x_{n-k}^3}{x_n}\quad(n\in\mathbf{N}_0),
\end{aligned}\tag{2.9}
$$

$$
\begin{aligned}
x_{n+1}&=f(x_{n-k},x_{n-k+1},\cdots,x_n)\\
&=\frac{x_n^2}{1+\sum\limits_{i=0}^{k-1}a_ix_{n-i-1}}\quad(n\in\mathbf{N}_0),
\end{aligned}\tag{2.10}
$$

$$
\begin{aligned}
x_{n+1}&=f(x_{n-k},x_{n-k+1},\cdots,x_n)\\
&=\frac{x_{n-k}}{\frac{1}{2}+\sum\limits_{i=0}^{k-1}a_ix_{n-i}}\quad(n\in\mathbf{N}_0),
\end{aligned}\tag{2.11}
$$

其中 $k\in\mathbf{N}$, $a_i\geqslant 0$ $(i\in\mathbf{Z}(0,k-1))$, 且 $\sum\limits_{i=0}^{k-1}a_i=1$, 初始条件为 $x_{-k},\cdots,x_0\in\mathbf{R}_+$, 则

(1) 方程 (2.9) 满足条件 $(H_1),(H_2)$. 因 $z_0\geqslant z_1\geqslant\cdots\geqslant z_k\geqslant z_0^3/z_k\geqslant\overline{x}=1$ 可推出 $z_0=z_1=\cdots=z_k=1$, 故有

$$
A=\{(z_0,z_1,\cdots,z_k):z_0\geqslant z_1\geqslant\cdots\geqslant z_k\geqslant f(z_0,z_1,\cdots,z_k)\geqslant\overline{x}\}=\{(\overline{x},\overline{x},\cdots,\overline{x})\},
$$

所以方程 (2.9) 不满足条件 (H_3).

(2) 类似于例 2.1 的证明, 容易验证方程 (2.10) 满足条件 $(H_2),(H_3)$, 但 $f(z_0, z_1,\cdots,z_k)$ 关于 z_0 单调递减, 这就意味着方程 (2.10) 不满足条件 (H_1).

(3) 方程 (2.11) 满足条件 (H_1), 并存在两个非负平衡解 $\overline{x}_1=0, \overline{x}_2=1/2$, 所以不满足条件 (H_2). 类似于例 2.1 的证明, 我们知道

$$A=\{(z_0,z_1,\cdots,z_k): z_0\geqslant z_1\geqslant\cdots\geqslant z_k\geqslant f(z_0,z_1,\cdots,z_k)\geqslant\overline{x}_2\}$$

是个无界连通集.

注记 2.2　由例 2.2 可知, 条件 $(H_1),(H_2),(H_3)$ 是必要的, 也就是说其中任何两个条件均不能推出第三个条件.

注记 2.3　如果 $k=0$ 且 $(H_1),(H_2),(H_3)$ 都满足, 则方程 $x_{n+1}=f(x_n)$ 存在单调正解且该解收敛于 $\overline{x}$.

第 3 章　非线性差分方程的收敛性

3.1　方程 $x_{n+1}=f(x_{n-ls+1},x_{n-2ks+1})$ 的收敛性

在本节, 我们考虑非线性差分方程

$$x_{n+1}=f(x_{n-ls+1},x_{n-2ks+1})\quad (n\in \mathbf{N}_0) \tag{3.1}$$

的收敛性, 其中 $s,k,l\in \mathbf{N}$, $2k\neq l$, $\gcd(2k,l)=1$, 初始值 $x_{-\alpha},x_{-\alpha+1},\cdots,x_0\in \mathbf{R}_+$ $(\alpha=\max\{ls-1,2ks-1\})$ 且 f 满足以下条件:

(H_1) $f\in C(E^2,\mathbf{R}_+)$, $a=\inf_{(u,v)\in E^2}f(u,v)\in E$, 其中 $E\in\{\mathbf{R}_+,\mathbf{R}_0\}$.

(H_2) $f(u,v)$ 关于 u 严格递减, 关于 v 严格递增.

(H_3) 存在一个严格递减的函数 $g\in C((a,+\infty),(a,+\infty))$, 使得

(i) 对任意 $x>a$, $g(g(x))=x$ 且 $x=f(g(x),x)$.

(ii) $\lim\limits_{x\to a^+}g(x)=+\infty$ 且 $\lim\limits_{x\to+\infty}g(x)=a$.

不妨设 $l<2k$ ($l>2k$ 的情形可类似讨论), 则

$$\{l,2l,3l,\cdots,2kl\}=\mathbf{Z}(0,2k-1)\mod 2k,$$

并且方程 (3.1) 可以变为

$$x_{ns+i+1}=f(x_{ns+i-ls+1},x_{ns+i-2ks+1})\quad (i\in \mathbf{Z}(0,s-1),\ n\in\mathbf{N}_0). \tag{3.2}$$

引理 3.1　设 $\{x_n\}_{n=-\alpha}^{\infty}$ 是方程 (3.1) 的任一正解, 则存在 $L\in(a,+\infty)$, 使得 $L\leqslant x_n\leqslant g(L)$ (对任意 $n\in\mathbf{N}$). 进一步, 对每一个 $i\in\mathbf{Z}(0,s-1)$, 记

$$\begin{cases}\limsup\limits_{n\to\infty}x_{ns+i}=M_i,\\ \liminf\limits_{n\to\infty}x_{ns+i}=m_i,\end{cases}$$

则 $M_i=g(m_i)$ 且 $m_i=g(M_i)$.

证明　由 (H_1) 和 (H_2) 可知, 对任意 $i\in\mathbf{Z}(1,\alpha+1)$,

$$\begin{aligned}x_i&=f(x_{i-ls},x_{i-2ks})\\&>f(x_{i-ls}+1,x_{i-2ks})\\&\geqslant a,\end{aligned}$$

从而存在 $L \in (a, +\infty)$, 使得 $L < g(L)$ 且

$$L \leqslant x_i \leqslant g(L) \quad (i \in \mathbf{Z}(1, \alpha + 1)). \tag{3.3}$$

由 (3.3) 及 (H_3) 可知

$$\begin{aligned} g(L) &= f(L, g(L)) \\ &\geqslant x_{\alpha+2} \\ &= f(x_{\alpha+2-ls}, x_{\alpha+2-2ks}) \\ &\geqslant f(g(L), L) \\ &= L. \end{aligned}$$

使用归纳法, 可以证明: 对任意的 $n \in \mathbf{N}$, 有 $L \leqslant x_n \leqslant g(L)$.

对每个 $i \in \mathbf{Z}(0, s-1)$, 记

$$\begin{cases} \limsup\limits_{n\to\infty} x_{ns+i} = M_i, \\ \liminf\limits_{n\to\infty} x_{ns+i} = m_i, \end{cases}$$

则存在 $A_i, B_i, C_i, D_i \in [m_i, M_i]$ 和序列 $t_n^i \geqslant 1$ $(r_n^i \geqslant 1)$, 使得

$$\begin{cases} \lim\limits_{n\to\infty} x_{t_n^i s+i} = M_i, \\ \lim\limits_{n\to\infty} x_{t_n^i s+i-ls} = A_i, \\ \lim\limits_{n\to\infty} x_{t_n^i s+i-2ks} = B_i, \\ \lim\limits_{n\to\infty} x_{r_n^i s+i} = m_i, \\ \lim\limits_{n\to\infty} x_{r_n^i s+i-ls} = C_i, \\ \lim\limits_{n\to\infty} x_{r_n^i s+i-2ks} = D_i. \end{cases}$$

因此由 (3.1), (H_2) 和 (H_3) 可得

$$\begin{cases} f(g(M_i), M_i) = M_i = f(A_i, B_i) \\ \qquad\qquad\qquad \leqslant f(m_i, M_i), \\ f(g(m_i), m_i) = m_i = f(C_i, D_i) \\ \qquad\qquad\qquad \geqslant f(M_i, m_i), \end{cases}$$

从而

$$\begin{cases} g(M_i) \geqslant m_i, \\ g(m_i) \leqslant M_i. \end{cases}$$

由 (H_3) 有

$$\begin{cases} m_i = g(g(m_i)) \geqslant g(M_i), \\ M_i = g(g(M_i)) \leqslant g(m_i). \end{cases}$$

因此, $M_i = g(m_i)$ 且 $m_i = g(M_i)$. 证毕.

定理 3.1　方程 (3.1) 的每一个正解都收敛于 $2s$ 周期解.

证明　设 $\{x_n\}_{n=-\alpha}^{\infty}$ 是方程 (3.1) 的任一正解. 由引理 3.1 知, 对任意的 $i \in \mathbf{Z}(0, s-1)$, 有

$$\begin{aligned} a < \liminf_{n\to\infty} x_{ns+i} &= m_i \\ &= g(M_i) \leqslant \limsup_{n\to\infty} x_{ns+i} \\ &= M_i < +\infty. \end{aligned}$$

显然, 每一个序列

$$L_0, L_1, \cdots, L_{s-1}, g(L_0), g(L_1), \cdots, g(L_{s-1}), L_0, L_1, \cdots, L_{s-1}, \cdots$$

是方程 (3.1) 的一个 $2s$ 周期解, 其中 $L_i \in \{M_i, m_i\}$ ($i \in \mathbf{Z}(0, s-1)$).

当 $i=0$ 时, 通过取子序列, 不妨设存在 $t_n \geqslant 2kl+1$, 使得

$$\begin{cases} \lim\limits_{n\to\infty} x_{t_n s} = M_0\ (= A_0), \\ \lim\limits_{n\to\infty} x_{(t_n - j)s} = A_j \in [g(A_0), A_0] \quad (j \in \mathbf{Z}(1, 2kl)). \end{cases} \tag{3.4}$$

由 (3.1), (3.4) 及 (H_3) 可得

$$\begin{aligned} f(g(A_0), A_0) = A_0 &= f(A_l, A_{2k}) \\ &\leqslant f(g(A_0), A_0), \end{aligned}$$

因此

$$A_l = g(A_0), \quad A_{2k} = A_0.$$

同理可得

$$\begin{cases} f(g(A_0), A_0) = A_0 = A_{2k} \\ \qquad = f(A_{2k+l}, A_{4k}) \\ \qquad \leqslant f(g(A_0), A_0), \\ f(A_0, g(A_0)) = g(A_0) = A_l \\ \qquad = f(A_{2l}, A_{l+2k}) \\ \qquad \geqslant f(A_0, g(A_0)), \end{cases}$$

从而

$$\begin{aligned} &A_{4k} = A_{2k} = A_{2l} = A_0, \\ &A_{2k+l} = A_l = g(A_0). \end{aligned}$$

使用归纳法, 可证

$$\begin{cases} A_{j2k} = A_0, & j \in \{1, 2, \cdots, l\}, \\ A_{jl} = g(A_0), & j \in \{1, 3, \cdots, 2k-1\}, \\ A_{jl} = A_0, & j \in \{0, 2, \cdots, 2k\}, \\ A_{jl+i2k} = A_{jl}, & j \in \{0, 1, \cdots, 2k\}, i \in \{0, 1, \cdots, l\} \text{ 且 } jl + i2k \leqslant 2kl. \end{cases} \tag{3.5}$$

因对任意的 $i \in \mathbf{Z}(0, 2k-1)$, 都存在 $j_i \in \mathbf{Z}(0, 2k-1)$ 和 $p_i \in \mathbf{Z}(0, l-1)$, 使得 $j_i l = 2kp_i + i$, 故由 (3.5) 可得

$$A_{2k(l-1)+i} = A_{j_i l} = \begin{cases} A_0, & i \in \{0, 2, 4, \cdots, 2k-2\}, \\ g(A_0), & i \in \{1, 3, \cdots, 2k-1\} \end{cases} \tag{3.6}$$

且

$$\begin{cases} \lim\limits_{n\to\infty} x_{(t_n-2k(l-1)-j)s} = A_0, & j \in \{0, 2, \cdots, 2k\}, \\ \lim\limits_{n\to\infty} x_{(t_n-2k(l-1)-j)s} = g(A_0), & j \in \{1, 3, \cdots, 2k-1\}. \end{cases} \tag{3.7}$$

因此对任意的 $0 < \varepsilon < A_0 - a$, 都存在 $t_\beta \geqslant 4kl$, 使得

$$\begin{cases} A_0 - \varepsilon < x_{(t_\beta-2k(l-1)-j)s} < A_0 + \varepsilon, & j \in \{0, 2, \cdots, 2k\}, \\ g(A_0 + \varepsilon) < x_{(t_\beta-2k(l-1)-j)s} < g(A_0 - \varepsilon), & j \in \{1, 3, \cdots, 2k-1\}. \end{cases} \tag{3.8}$$

由 (3.1) 和 (3.8), 有

$$\begin{aligned} x_{(t_\beta-2k(l-1)+1)s} &= f(x_{(t_\beta-2k(l-1)-l+1)s}, x_{(t_\beta-2kl+1)s}) \\ &< f(A_0 - \varepsilon, g(A_0 - \varepsilon)) \\ &= g(A_0 - \varepsilon). \end{aligned} \tag{3.9}$$

另一方面, 由 (3.1), (3.8) 和 (3.9) 可推出

$$\begin{aligned} x_{(t_\beta-2k(l-1)+2)s} &= f(x_{(t_\beta-2k(l-1)-l+2)s}, x_{(t_\beta-2kl+2)s}) \\ &> f(g(A_0 - \varepsilon), A_0 - \varepsilon) \\ &= A_0 - \varepsilon. \end{aligned}$$

使用归纳法, 可得对任意的 $n \in \mathbf{N}_0$,

$$\begin{cases} x_{(t_\beta-2k(l-1)+2n)s} > A_0 - \varepsilon, \\ x_{(t_\beta-2k(l-1)+2n+1)s} < g(A_0 - \varepsilon). \end{cases}$$

从而

$$\begin{cases} \lim\limits_{n\to\infty} x_{2ns} = A_0, \\ \lim\limits_{n\to\infty} x_{(2n+1)s} = g(A_0). \end{cases}$$

或

$$\begin{cases}\lim\limits_{n\to\infty} x_{2ns}=g(A_0),\\ \lim\limits_{n\to\infty} x_{(2n+1)s}=A_0.\end{cases}$$

同理可证, 对任意的 $i\in\mathbf{Z}(1,s-1)$,

$$\begin{cases}\lim\limits_{n\to\infty} x_{2ns+i}=M_i,\\ \lim\limits_{n\to\infty} x_{(2n+1)s+i}=g(M_i),\end{cases}$$

或

$$\begin{cases}\lim\limits_{n\to\infty} x_{2ns+i}=g(M_i),\\ \lim\limits_{n\to\infty} x_{(2n+1)s+i}=M_i.\end{cases}$$

证毕.

例 3.1　考虑差分方程

$$x_{n+1}=\frac{p+x_{n-2ks+1}}{1+x_{n-ls+1}}\quad (n\in\mathbf{N}_0),\tag{3.10}$$

其中 $s,k,l\in\mathbf{N}$, $2k\neq l$, $\gcd(2k,l)=1$, 初始值 $x_{-\alpha},x_{-\alpha+1},\cdots,x_0\in\mathbf{R}_+$ ($\alpha=\max\{ls-1,2ks-1\}$) 且 $p\in\mathbf{R}_+$. 取 $E=\mathbf{R}_0$, 定义

$$f(x,y)=\frac{p+y}{1+x}\quad (x\geqslant 0,y\geqslant 0),\quad g(x)=\frac{p}{x}\quad (x>0).$$

容易验证方程 (3.10) 满足条件 $(H_1)-(H_3)$. 由定理 3.1 知, 方程 (3.10) 的每个正解收敛于 $2s$ 周期解.

例 3.2　考虑差分方程

$$x_{n+1}=1+\frac{x_{n-2ks+1}}{x_{n-ls+1}}\quad (n\in\mathbf{N}_0),\tag{3.11}$$

其中 $s,k,l\in\mathbf{N}$, $2k\neq l$ 且 $\gcd(2k,l)=1$, 初始值 $x_{-\alpha},x_{-\alpha+1},\cdots,x_0\in\mathbf{R}_+$ ($\alpha=\max\{ls-1,2ks-1\}$). 取 $E=\mathbf{R}_+$,

$$f(x,y)=1+\frac{y}{x}\quad (x>0,y>0),\quad g(x)=\frac{x}{x-1}\quad (x>1).$$

容易验证方程 (3.11) 满足条件 $(H_1)-(H_3)$. 由定理 3.1 知, 方程 (3.11) 的每一个正解收敛于 $2s$ 周期解.

例 3.3　考虑差分方程

$$x_{n+1}=p+\frac{A+x_{n-2ks+1}}{q+x_{n-ls+1}}\quad (n\in\mathbf{N}_0),\tag{3.12}$$

其中 $s,k,l\in\mathbf{N}$, $2k\neq l$, $\gcd(2k,l)=1$, 初始值 $x_{-\alpha},x_{-\alpha+1},\cdots,x_0\in\mathbf{R}_+$ ($\alpha=\max\{ls-1,2ks-1\}$), $A\in\mathbf{R}_+$, $p,q\in[0,1]$ 且 $p+q=1$. 如果 $p>0$, 取 $E=\mathbf{R}_+$; 如果 $p=0$, 取 $E=\mathbf{R}_0$. 设

$$f(x,y)=p+\frac{A+y}{q+x},\quad g(x)=\frac{pq+px+A}{x-p}\quad (x>p).$$

则 $a=\inf_{(x,y)\in E^2}f(x,y)=p$. 容易验证方程 (3.12) 满足条件 $(H_1)-(H_3)$. 由定理 3.1 知, 方程 (3.12) 的每一个正解收敛于 $2s$ 周期解.

3.2　方程 $x_{n+1}=f(p_n,x_{n-m},x_{n-t(k+1)+1})$ 的收敛性

在本节, 我们考虑非线性差分方程

$$x_{n+1}=f(p_n,x_{n-m},x_{n-t(k+1)+1})\quad (n\in\mathbf{N}_0)\tag{3.13}$$

的收敛性, 其中 $0\leqslant m<t(k+1)-1$ ($t\in\mathbf{N}$), 初始值 $x_{-t(k+1)+1},x_{-t(k+1)+2},\cdots,x_0\in\mathbf{R}_+$, p_n 是周期为 $k+1$ 的正数序列且 f 满足以下条件:

(H_1) 对每个 $i\in\mathbf{N}_0$, $f(p_i,u,v)\in C(E^2,\mathbf{R}_+)$, $a_i=\inf_{(u,v)\in E^2}f(p_{i-1},u,v)\in E$, 其中 $E\in\{\mathbf{R}_+,\mathbf{R}_0\}$.

(H_2) 对每个 $i\in\mathbf{N}_0$, $f(p_i,u,v)$ 关于 u 严格递减, 关于 v 严格递增.

(H_3) 对每个 $i\in\mathbf{N}_0$, $f(p_i,a_{i-m},x)$ 在 $(a_{i+1},+\infty)$ 内有唯一的不动点, 记作 A_{i+1}. 其中 $a_{j(k+1)+i}=a_i$ (对每个 $i\in\mathbf{Z}(0,k)$ 及 $j\in\mathbf{Z}$).

(H_4) 对每个 $i\in\mathbf{Z}(0,k)$ 及 $j\in\mathbf{Z}$, 记 $y_{j(k+1)+i}=y_i$, 系统

$$\begin{cases}y_1=f(p_0,y_{-m},y_1),\\ y_2=f(p_1,y_{1-m},y_2),\\ \cdots\cdots\\ y_k=f(p_{k-1},y_{k-1-m},y_k),\\ y_0=f(p_k,y_{k-m},y_0)\end{cases}$$

有唯一的正解 $y_i=\overline{y}_i(i\in\mathbf{Z}(0,k))$.

(H_5) $f(p_i,a_{i-m},x)/x$ 在 $(a_{i+1},+\infty)$ 内不增且 $f(p_i,\overline{y}_{i-m},x)/x$ 在 E 内不增. 对每个 $i\in\mathbf{Z}(0,k)$ 及 $j\in\mathbf{Z}$, 记

$$p_{j(k+1)+i}=p_i,\quad a_{j(k+1)+i}=a_i,$$
$$A_{j(k+1)+i}=A_i,\quad \overline{y}_{j(k+1)+i}=\overline{y}_i.$$

定理 3.2　设 $\{x_n\}_{n=-t(k+1)+1}^{\infty}$ 是方程 (3.13) 的任一正解, 则存在 $N\in\mathbf{N}$, 使

得当 $n \geqslant N$ 时, 对每个 $i \in \mathbf{Z}(0,k)$, 有

$$
\begin{aligned}
f(p_{i-1}, A_{i-1-m}, a_i) &\leqslant x_{n(k+1)+i} \\
&\leqslant f(p_{i-1}, a_{i-1-m}, A_i) \\
&= A_i.
\end{aligned}
$$

证明　由 (H_1) 知, 对每个 $i \in \mathbf{Z}(0,k)$, 都有

$$
\begin{aligned}
\overline{y}_i &= f(p_{i-1}, \overline{y}_{i-1-m}, \overline{y}_i) \\
&> f(p_{i-1}, \overline{y}_{i-1-m}+1, \overline{y}_i) \\
&\geqslant a_i.
\end{aligned}
$$

断言 1　对每个 $i \in \mathbf{Z}(0,k)$, 有

$$
\begin{aligned}
(p_{i-1}, A_{i-1-m}, a_i) &< \overline{y}_i \\
< f(p_{i-1}, a_{i-1-m}, A_i) &= A_i.
\end{aligned}
$$

断言 1 的证明　用反证法. 假设对某 $i \in \mathbf{Z}(0,k)$, 有 $\overline{y}_i \geqslant A_i$. 由 (H_1), (H_2) 及 (H_4) 可知

$$
\begin{aligned}
A_i &= f(p_{i-1}, a_{i-1-m}, A_i) \\
&> f(p_{i-1}, \overline{y}_{i-1-m}, A_i) \\
&= \frac{f(p_{i-1}, \overline{y}_{i-1-m}, A_i)}{A_i} A_i \\
&\geqslant \frac{f(p_{i-1}, \overline{y}_{i-1-m}, \overline{y}_i)}{\overline{y}_i} A_i \\
&= A_i.
\end{aligned}
$$

矛盾. 所以对每个 $i \in \mathbf{Z}(0,k)$, 都有 $\overline{y}_i < A_i$. 从而

$$
\begin{aligned}
A_i > \overline{y}_i &= f(p_{i-1}, \overline{y}_{i-1-m}, \overline{y}_i) \\
&> f(p_{i-1}, A_{i-1-m}, a_i).
\end{aligned}
$$

断言 1 得证.

断言 2　对 $i \in \mathbf{Z}(0,k)$ 和 $n \in \mathbf{N}_0$, 有

(1) 若 $x_{n(k+1)+i} \leqslant A_i$, 则 $x_{(n+t)(k+1)+i} \leqslant A_i$.

(2) 若 $x_{n(k+1)+i} > A_i$, 则 $x_{(n+t)(k+1)+i} \leqslant x_{n(k+1)+i}$.

断言 2 的证明　对每个 $i \in \mathbf{Z}(0,k)$, 如果 $x_{n(k+1)+i} \leqslant A_i$, 由 (H_1) 可知

$$\begin{aligned}x_{(n+t)(k+1)+i} &= f(p_{i-1}, x_{(n+t)(k+1)+i-1-m}, x_{n(k+1)+i})\\ &\leqslant f(p_{i-1}, a_{i-1-m}, x_{n(k+1)+i})\\ &\leqslant f(p_{i-1}, a_{i-1-m}, A_i)\\ &= A_i.\end{aligned}$$

如果 $x_{n(k+1)+i} > A_i$, 由 (H_1) 和 (H_4) 可知

$$\begin{aligned}x_{(n+t)(k+1)+i} &= f(p_{i-1}, x_{(n+t)(k+1)+i-1-m}, x_{n(k+1)+i})\\ &\leqslant f(p_{i-1}, a_{i-1-m}, x_{n(k+1)+i})\\ &= \frac{f(p_{i-1}, a_{i-1-m}, x_{n(k+1)+i})}{x_{n(k+1)+i}} x_{n(k+1)+i}\\ &\leqslant \frac{f(p_{i-1}, a_{i-1-m}, A_i)}{A_i} x_{n(k+1)+i}\\ &= x_{n(k+1)+i}.\end{aligned}$$

断言 2 得证.

断言 3　对每个 $i \in \mathbf{Z}(0,k)$, 都存在 N_i, 使得当 $n > N_i$ 时, $x_{n(k+1)+i} \leqslant A_i$.

断言 3 的证明　用反证法. 假设对某个 $i \in \mathbf{Z}(0,k)$, 断言 3 不成立. 由断言 2 知, 存在 $p \in \mathbf{N}$, 使得对每个 $n \in \mathbf{N}$, 总有

$$\begin{aligned}x_{(p+nt)(k+1)+i} &\geqslant x_{(p+(n+1)t)(k+1)+i}\\ &> A_i.\end{aligned}$$

不妨设 $\lim\limits_{n\to+\infty} x_{(p+nt)(k+1)+i} = B_i$, 显然 $B_i \geqslant A_i$. 由断言 1 知, $\{x_{(p+nt)(k+1)+i-1-m}\}_{n=0}^{+\infty}$ 有界, 设

$$\begin{cases}\limsup\limits_{n\to+\infty} x_{(p+nt)(k+1)+i-1-m} = C_{i-1-m},\\ \lim\limits_{l\to+\infty} x_{(p+n_l t)(k+1)+i-1-m} = C_{i-1-m}.\end{cases}$$

从

$$x_{(p+n_l t)(k+1)+i} = f(p_{i-1}, x_{(p+n_l t)(k+1)+i-1-m}, x_{(p+(n_l-1)t)(k+1)+i})$$

可得

$$\begin{aligned}B_i &= f(p_{i-1}, C_{i-1-m}, B_i)\\ &\leqslant f(p_{i-1}, a_{i-1-m}, B_i)\\ &= \frac{f(p_{i-1}, a_{i-1-m}, B_i)}{B_i} B_i\\ &\leqslant \frac{f(p_{i-1}, a_{i-1-m}, A_i)}{A_i} B_i\\ &= B_i.\end{aligned}$$

从而 $C_{i-1-m}=a_{i-1-m}$, 即

$$\lim_{l\to+\infty} x_{(p+nt)(k+1)+i-1-m}=a_{i-1-m}.$$

类似地可证 $\{x_{(p+nt)(k+1)+i-2-2m}\}_{n=0}^{+\infty}$ 也有界, 设

$$\begin{cases}\limsup\limits_{n\to+\infty} x_{(p+nt)(k+1)+i-2-2m}=C_{i-2-2m},\\ \lim\limits_{s\to+\infty} x_{(p+r_st)(k+1)+i-2-2m}=C_{i-2-2m}\end{cases}$$

在

$$x_{(p+r_st)(k+1)+i-1-m}=f(p_{i-2-m},x_{(p+r_st)(k+1)+i-2-2m},x_{(p+(r_s-1)t)(k+1)+i-1-m})$$

两边取极限得

$$\begin{aligned}a_{i-1-m}&=f(p_{i-2-m},C_{i-2-2m},a_{i-1-m})\\&>f(p_{i-2-m},C_{i-2-2m}+1,a_{i-1-m})\\&\geqslant a_{i-1-m}.\end{aligned}$$

矛盾. 断言 3 得证.

由断言 3, 取 $N=\max\{N_0,N_1,\cdots,N_k\}+(t(k+1))^2$, 则当 $n\geqslant N$ 时, 对 $i\in\mathbf{Z}(0,k)$, 有

$$\begin{aligned}f(p_{i-1},A_{i-1-m},a_i)&\leqslant x_{n(k+1)+i}\\&\leqslant f(p_{i-1},a_{i-1-m},A_i)\\&=A_i.\end{aligned}$$

证毕.

定理 3.3　对每个 $i\in\mathbf{Z}(0,k)$ 及 $j\in\mathbf{Z}$, 记 $I_i=[m_i,M_i]$ 且 $I_{j(k+1)+i}=I_i$. 如果 $f_i\in C(I_{i-m-1}\times I_i,I_i)$ 满足下列条件:

(L_1) $f_i(u,v)$ 关于 u 严格递减, 关于 v 严格递增.

(L_2) 若 $d_i,D_i\in I_i$ 是系统

$$\begin{cases}D_0=f_0(d_{-1-m},D_0),\\ \cdots\cdots\\ D_k=f_k(d_{k-1-m},D_k),\\ d_0=f_0(D_{-1-m},d_0),\\ \cdots\cdots\\ d_k=f_k(D_{k-1-m},d_k)\end{cases}$$

的解，则 $d_i = D_i$. 其中 $d_{j(k+1)+i} = d_i$, $D_{j(k+1)+i} = D_i$ (对每个 $i \in \mathbf{Z}(0,k)$ 及 $j \in \mathbf{Z}$).

那么系统

$$\begin{cases} x_{n(k+1)} = f_0(x_{n(k+1)-m-1}, x_{(n-t)(k+1)}), \\ x_{n(k+1)+1} = f_1(x_{n(k+1)-m}, x_{(n-t)(k+1)+1}), \\ \cdots\cdots \\ x_{n(k+1)+k} = f_k(x_{n(k+1)+k-1-m}, x_{(n-t)(k+1)+k}) \end{cases}$$

有唯一的平衡点 $(\bar{y}_0, \bar{y}_1, \cdots, \bar{y}_k)$, 并且每个以 $x_{l(k+1)+i} \in I_i$ $(i \in \mathbf{Z}(1, k+1), l \in \mathbf{Z}(-t,-1))$ 为初始值的解 $\{x_n\}_{n=-t(k+1)+1}^{+\infty}$ 收敛于 $(\bar{y}_0, \bar{y}_1, \cdots, \bar{y}_k)$.

证明　记 $M_i^0 = M_i, m_i^0 = m_i$ $(i \in \mathbf{Z}(0,k))$. 对任意 $n \in \mathbf{N}$, $i \in \mathbf{Z}(0,k)$ 及 $j \in \mathbf{Z}$, 记

$$\begin{cases} m_{j(k+1)+i}^n = m_i^n, \\ M_{j(k+1)+i}^n = M_i^n. \end{cases}$$

定义

$$\begin{cases} M_i^n = f_i(m_{i-1-m}^{n-1}, M_i^{n-1}), \\ m_i^n = f_i(M_{i-1-m}^{n-1}, m_i^{n-1}). \end{cases} \tag{3.14}$$

由 (L_1) 知, 对任意的 $i \in \mathbf{Z}(0,k)$, 都有

$$\begin{aligned} m_i &= m_i^0 \leqslant m_i^1 \\ &= f_i(M_{i-1-m}^0, m_i^0) \\ &\leqslant f_i(m_{i-1-m}^0, M_i^0) \\ &= M_i^1 \leqslant M_i^0. \end{aligned}$$

类似可得

$$\begin{aligned} m_i^1 &= f_i(M_{i-1-m}^0, m_i^0) \\ &\leqslant f_i(M_{i-1-m}^1, m_i^1) \\ &= m_i^2 \leqslant f_i(m_{i-1-m}^1, M_i^1) \\ &= M_i^2 \leqslant f_i(m_{i-1-m}^0, M_i^0) \\ &= M_i^1. \end{aligned}$$

使用归纳法, 可以证明

$$\begin{aligned} m_i &= m_i^0 \leqslant m_i^1 \leqslant m_i^2 \leqslant \cdots \\ &\leqslant m_i^n \leqslant \cdots \leqslant M_i^n \leqslant \cdots \end{aligned}$$

$$
\begin{aligned}
&\leqslant M_i^2 \leqslant M_i^1 \\
&\leqslant M_i^0 = M_i.
\end{aligned}
$$

不妨设

$$
\begin{cases}
\lim\limits_{n\to+\infty} m_i^n = d_i, \\
\lim\limits_{n\to+\infty} M_i^n = D_i.
\end{cases}
\tag{3.15}
$$

由 $x_{l(k+1)+i} \in [m_i, M_i]$ $(i \in \mathbf{Z}(1, k+1), l \in \mathbf{Z}(-t, -1))$ 可知

$$
\begin{aligned}
m_i^1 &= f_i(M_{i-1-m}^0, m_i^0) \\
&\leqslant x_i = f_i(x_{i-m-1}, x_{i-t(k+1)}) \\
&\leqslant f_i(m_{i-1-m}^0, M_i^0) \\
&= M_i^1.
\end{aligned}
$$

使用归纳法, 可以证明, 对 $n \in \mathbf{N}_0$, 有

$$
m_i^{n+1} \leqslant x_{n(k+1)+i} \leqslant M_i^{n+1}.
$$

设 $d_{j(k+1)+i} = d_i$, $D_{j(k+1)+i} = D_i$ (对每个 $i \in \mathbf{Z}(1, k+1)$ 及 $j \in \mathbf{Z}$). 由 (3.14), (3.15) 及 f_i 的连续性可得

$$
\begin{cases}
D_0 = f_0(d_{k-m}, D_0), \\
\cdots\cdots \\
D_k = f_k(d_{k-1-m}, D_k), \\
d_0 = f_0(D_{k-m}, d_0), \\
\cdots\cdots \\
d_k = f_k(D_{k-1-m}, d_k).
\end{cases}
$$

由 (L_2) 可知, $d_i = D_i = \overline{y}_i$, 从而 $\lim\limits_{n\to+\infty} x_{n(k+1)+i} = \overline{y}_i$. 证毕.

由定理 3.2 和定理 3.3 可以得到下面定理.

定理 3.4　考虑差分方程

$$
x_{n+1} = f(p_n, x_{n-m}, x_{n-t(k+1)+1}). \tag{3.16}
$$

若方程 (3.16) 满足 $(H_1)-(H_5)$ 并且系统

$$
\begin{cases}
D_0 = f(p_k, d_{k-m}, D_0), \\
\cdots\cdots \\
D_k = f(p_{k-1}, d_{k-1-m}, D_k), \\
d_0 = f(p_k, D_{k-m}, d_0), \\
\cdots\cdots \\
d_k = f(p_{k-1}, D_{k-1-m}, d_k)
\end{cases}
$$

有唯一的正解 $d_i = D_i = \overline{y}_i \in [f(p_{i-1}, A_{i-1-m}, a_i), A_i]$ $(i \in \mathbf{Z}(0,k))$, 其中 $d_{j(k+1)+i} = d_i$, $D_{j(k+1)+i} = D_i$ (对每个 $i \in \mathbf{Z}(0,k)$ 及 $j \in \mathbf{Z}$). 则方程 (3.16) 的每一个正解都收敛于其 $k+1$ 周期解 $\overline{y}_0, \overline{y}_1, \cdots, \overline{y}_k, \overline{y}_0, \overline{y}_1, \cdots, \overline{y}_k, \cdots$.

例 3.4　考虑差分方程

$$x_{n+1} = p_n + \frac{x_{n-t(k+1)+1}}{x_{n-m}} \quad (n \in \mathbf{N}_0), \tag{3.17}$$

其中 $0 \leqslant m < t(k+1)-1$ $(t \in \mathbf{N})$, 初始值 $x_{-t(k+1)+1}, x_{-t(k+1)+2}, \cdots, x_0 \in \mathbf{R}_+$, $p_n > 1$ 是 $k+1$ 周期序列, 则方程 (3.17) 的每一个正解收敛于它的唯一的 $k+1$ 周期解.

证明　取 $E = \mathbf{R}_+$. 容易验证方程 (3.17) 满足条件 $(H_1)-(H_4)$. 下面验证方程 (3.17) 满足条件 (H_5) 和 (L_2).

对每个 $i \in \mathbf{Z}(0,k)$ 及每个 $j \in \mathbf{Z}$, 设

$$\begin{cases} p_{j(k+1)+i} = p_i, \\ y_{j(k+1)+i} = y_i. \end{cases} \tag{3.18}$$

考虑系统

$$\begin{cases} y_0 = p_k + \dfrac{y_0}{y_{k-m}}, \\ y_1 = p_0 + \dfrac{y_1}{y_{k+1-m}}, \\ \cdots\cdots \\ y_k = p_{k-1} + \dfrac{y_k}{y_{2k-m}}, \end{cases} \tag{3.19}$$

由 (3.18) – (3.19) 知, 对每个 $j \in \mathbf{Z}$,

$$y_j = \frac{p_{j-1} y_{j-(m+1)}}{y_{j-(m+1)} - 1}. \tag{3.20}$$

设 $A_1^j = 1$, 对任意自然数 $n \geqslant 2$, 设

$$A_n^j = A_{n-1}^j p_{j-1-(n-1)(m+1)} + (-1)^{n-1}.$$

容易验证, $A_n^j > 0$ (对任意 $n \in \mathbf{N}$). 由 (3.20) 知, 对每个 $j \in \mathbf{Z}$, 有

$$\begin{aligned} y_j &= \frac{p_{j-1} p_{j-1-(m+1)} \cdots p_{j-1-k(m+1)} y_{j-(k+1)(m+1)}}{A_{k+1}^j y_{j-(k+1)(m+1)} + (-1)^{k+1}} \\ &= \frac{p_{j-1} p_{j-1-(m+1)} \cdots p_{j-1-k(m+1)} y_j}{A_{k+1}^j y_j + (-1)^{k+1}}. \end{aligned}$$

所以系统 (3.19) 有唯一的正解

$$y_j = \frac{p_{j-1} p_{j-1-(m+1)} \cdots p_{j-1-k(m+1)} + (-1)^k}{A_{k+1}^j} \quad (j \in \mathbf{Z}(0,k)).$$

即方程 (3.17) 满足条件 (H_5).

对每个 $i \in \mathbf{Z}(0,k)$ 及每个 $j \in \mathbf{Z}$, 设

$$\begin{cases} d_{j(k+1)+i} = d_i, \\ D_{j(k+1)+i} = D_i. \end{cases} \tag{3.21}$$

考虑方程组

$$\begin{cases} D_0 = p_k + \dfrac{D_0}{d_{k-m}}, \\ \cdots\cdots \\ D_k = p_{k-1} + \dfrac{D_k}{d_{k-1-m}}, \\ d_0 = p_k + \dfrac{d_0}{D_{k-m}}, \\ \cdots\cdots \\ d_k = p_{k-1} + \dfrac{d_k}{D_{k-1-m}}. \end{cases} \tag{3.22}$$

由 (3.21) – (3.22) 知, 对每个 $j \in \mathbf{Z}$, 有

$$\begin{cases} D_j = \dfrac{d_{j-(m+1)}}{d_{j-(m+1)} - 1} p_{j-1}, \\ d_j = \dfrac{D_{j-(m+1)}}{D_{j-(m+1)} - 1} p_{j-1}, \end{cases} \tag{3.23}$$

即

$$\begin{cases} D_j = \dfrac{p_{j-1} p_{j-1-(m+1)} D_{j-2(m+1)}}{(p_{j-1-(m+1)} - 1) D_{j-2(m+1)} + 1}, \\ d_j = \dfrac{p_{j-1} p_{j-1-(m+1)} d_{j-2(m+1)}}{(p_{j-1-(m+1)} - 1) d_{j-2(m+1)} + 1}. \end{cases} \tag{3.23'}$$

由 (3.23′) 知, 对每个 $j \in \mathbf{Z}$, 有

$$\begin{aligned} D_j &= \frac{p_{j-1} p_{j-1-(m+1)} \cdots p_{j-1-(2k+1)(m+1)} D_{j-2(k+1)(m+1)}}{A_{2k+2}^{j} D_{j-2(k+1)(m+1)} + 1} \\ &= \frac{p_{j-1} p_{j-1-(m+1)} \cdots p_{j-1-(2k+1)(m+1)} D_j}{A_{2k+2}^{j} D_j + 1}, \end{aligned}$$

且

$$\begin{aligned} d_j &= \frac{p_{j-1} p_{j-1-(m+1)} \cdots p_{j-1-(2k+1)(m+1)} d_{j-2(k+1)(m+1)}}{A_{2k+2}^{j} d_{j-2(k+1)(m+1)} + 1} \\ &= \frac{p_{j-1} p_{j-1-(m+1)} \cdots p_{j-1-(2k+1)(m+1)} d_j}{A_{2k+2}^{j} d_j + 1}. \end{aligned}$$

所以系统 (3.22) 有唯一的正解

$$D_j = d_j = \overline{y_j} = \frac{p_{j-1}p_{j-1-(m+1)}\cdots p_{j-1-(2k+1)(m+1)}-1}{A^j_{2k+2}} \quad (j\in \mathbf{Z}(0,k)).$$

即方程 (3.17) 满足条件 (L_2).

由定理 3.2 和定理 3.4 知, 方程 (3.17) 的每一个正解收敛于它的唯一的 $k+1$ 周期解 $\overline{y_0},\overline{y_1},\cdots,\overline{y_k},\overline{y_0},\overline{y_1},\cdots,\overline{y_k},\cdots$. 证毕.

例 3.5　考虑差分方程

$$x_{n+1}=\frac{q+x_{n-t(k+1)+1}}{p_n+x_{n-m}} \quad (n\in \mathbf{N}_0), \tag{3.24}$$

其中 $0\leqslant m<t(k+1)-1$ $(t\in\mathbf{N})$, 初始值 $x_{-t(k+1)+1},x_{-t(k+1)+2},\cdots,x_0\in\mathbf{R}_+$, $q\in\mathbf{R}_+$, $p_n>1$ 是 $k+1$ 周期序列, 则方程 (3.24) 的每一个正解收敛于它的唯一的 $k+1$ 周期解.

证明　取 $E=\mathbf{R}_0$. 容易验证方程 (3.24) 满足条件 $(H_1)-(H_4)$. 下面验证方程 (3.24) 满足条件 (H_5) 和 (L_2).

对每个 $i\in\mathbf{Z}(0,k)$ 及每个 $j\in\mathbf{Z}$, 设

$$\begin{cases} p_{j(k+1)+i}=p_i, \\ y_{j(k+1)+i}=y_i. \end{cases} \tag{3.25}$$

考虑系统

$$\begin{cases} y_0=\dfrac{q+y_0}{p_k+y_{k-m}}, \\ y_1=\dfrac{q+y_1}{p_0+y_{k+1-m}}, \\ \cdots\cdots \\ y_k=\dfrac{q+y_k}{p_{k-1}+y_{2k-m}}. \end{cases} \tag{3.26}$$

由 (3.25) 和 (3.26) 可知, 对每个 $j\in\mathbf{Z}$,

$$y_j=\frac{q}{p_{j-1}-1+y_{k-m+j}}. \tag{3.27}$$

设

$$B_j=p_{j-1}-1>0,\quad a^j_1=q,\quad b^j_1=0,\quad c^j_1=B_j,\quad d^j_1=1.$$

对任意自然数 $n\geqslant 2$, 设

$$\begin{aligned} a^j_n&=a^j_{n-1}B_{(n-1)(m-k)+j}+b^j_{n-1}q,\\ b^j_n&=a^j_{n-1},\\ c^j_n&=c^j_{n-1}B_{(n-1)(m-k)+j}+d^j_{n-1}q,\\ d^j_n&=d^j_{n-1}. \end{aligned}$$

容易验证, $a_n^j = q, b_n^j = 0, c_n^j = B_j, d_n^j = 1$ (对任意自然数 $n \geqslant 2$). 由 (3.27) 知, 对每个 $j \in \mathbf{Z}$, 有

$$y_j = \frac{a_{k+1}^j + b_{k+1}^j y_{(k+1)(k-m)+j}}{c_{k+1}^j + d_{k+1}^j y_{(k+1)(k-m)+j}} = \frac{a_{k+1}^j + b_{k+1}^j y_j}{c_{k+1}^j + d_{k+1}^j y_j}.$$

所以系统 (3.26) 有唯一的正解

$$y_j = \frac{b_{k+1}^j - c_{k+1}^j + \sqrt{(b_{k+1}^j - c_{k+1}^j)^2 + 4a_{k+1}^j d_{k+1}^j}}{2d_{k+1}^j} \quad (j \in \mathbf{Z}(0,k)).$$

即方程 (3.24) 满足条件 (H_5).

对每个 $i \in \mathbf{Z}(0,k)$ 及每个 $j \in \mathbf{Z}$, 设

$$\begin{cases} y_{j(k+1)+i} = y_i, \\ Y_{j(k+1)+i} = Y_i. \end{cases} \tag{3.28}$$

考虑方程组

$$\begin{cases} Y_0 = \dfrac{q + Y_0}{p_k + y_{k-m}}, \\ \cdots\cdots \\ Y_k = \dfrac{q + Y_k}{p_{k-1} + y_{2k-m}}, \\ y_0 = \dfrac{q + y_0}{p_k + Y_{k-m}}, \\ \cdots\cdots \\ y_k = \dfrac{q + y_k}{p_{k-1} + Y_{2k-m}}. \end{cases} \tag{3.29}$$

由 (3.28) – (3.29) 知, 对每个 $j \in \mathbf{Z}$, 有

$$\begin{cases} y_j = \dfrac{q}{p_{j-1} - 1 + Y_{k-m+j}}, \\ Y_j = \dfrac{q}{p_{j-1} - 1 + y_{k-m+j}}. \end{cases} \tag{3.30}$$

即

$$\begin{cases} Y_j = \dfrac{a_2^j + b_2^j Y_{2(k-m)+j}}{c_2^j + d_2^j Y_{(2)(k-m)+j}}, \\ y_j = \dfrac{a_2^j + b_2^j y_{2(k-m)+j}}{c_2^j + d_{k+1}^j y_{2(k-m)+j}}. \end{cases} \tag{3.30'}$$

由 (3.30′) 知, 对每个 $j\in\mathbf{Z}$, 有

$$\begin{aligned}y_j&=\frac{a_{2k+2}^j+b_{2k+2}^j y_{2(k+1)(k-m)+j}}{c_{2k+2}^j+d_{2k+2}^j y_{2(k+1)(k-m)+j}}\\&=\frac{a_{2k+2}^j+b_{2k+2}^j y_j}{c_{2k+2}^j+d_{2k+2}^j y_j},\end{aligned}$$

且

$$\begin{aligned}Y_j&=\frac{a_{2k+2}^j+b_{2k+2}^j Y_{2(k+1)(k-m)+j}}{c_{2k+2}^j+d_{2k+2}^j Y_{2(k+1)(k-m)+j}}\\&=\frac{a_{2k+2}^j+b_{2k+2}^j Y_j}{c_{2k+2}^j+d_{2k+2}^j Y_j}.\end{aligned}$$

所以系统 (3.29) 有唯一的正解

$$Y_j=y_j=\frac{b_{k+1}^j-c_{k+1}^j+\sqrt{(b_{k+1}^j-c_{k+1}^j)^2+4a_{k+1}^j d_{k+1}^j}}{2d_{k+1}^j}\quad(j\in\mathbf{Z}(0,k)).$$

即方程 (3.24) 满足条件 (L_2).

由定理 3.2 和定理 3.4 知, 方程 (3.24) 的每一个正解收敛于它的唯一的 $k+1$ 周期解 $\overline{y_0},\overline{y_1},\cdots,\overline{y_k},\overline{y_0},\overline{y_1},\cdots,\overline{y_k},\cdots$. 证毕.

3.3 方程 $x_{n+1}=f_n(x_n,x_{n-1})$ 的收敛性

本节研究差分方程

$$x_{n+1}=f_n(x_n,x_{n-1})\quad(n\in\mathbf{N}_0),\tag{3.31}$$

其中初始条件 $(x_{-1},x_0)\in\mathbf{R}_+^2$, 函数 f_n 满足下列条件:

(H_1) $f_n(x,y)\in C(\mathbf{R}_+^2,\mathbf{R}_+)$ 且 $a_n=\inf_{(x,y)\in\mathbf{R}_+^2}f_n(x,y)>0$ $(n\in\mathbf{N}_0)$.

(H_2) 存在 $k\in\mathbf{N}$, 使得对所有 $(x,y)\in\mathbf{R}_+^2$ 及 $n\in\mathbf{N}_0$,$f_{n+k}(x,y)=f_n(x,y)$.

(H_3) 函数 $g_n(x,y)=f_n(f_{n-1}(x,y),x)$ 关于 x 和 y 都是严格递减的.

设 $\{x_n\}_{n=-1}^{\infty}$ 是方程 (3.31) 的一个正解. 由方程 (3.31) 和 (H_1),(H_2),(H_3) 知, 对所有 $n\in\mathbf{N}$, 有

$$\begin{aligned}a_n&\leqslant x_{n+1}=f_n(x_n,x_{n-1})\\&=f_n(f_{n-1}(x_{n-1},x_{n-2}),x_{n-1})\\&=g_n(x_{n-1},x_{n-2}),\end{aligned}\tag{3.32}$$

$$\begin{aligned}g_{n+k}(x,y)&=f_{n+k}(f_{n+k-1}(x,y),x)\\&=f_n(f_{n-1}(x,y),x)=g_n(x,y),\end{aligned}\tag{3.33}$$

$$a_{n+k}=a_n.\tag{3.34}$$

引理 3.2　设 f_n 满足 (H_1), (H_2), (H_3) 及下面条件:
(H_4) 若 $\{l^0,l^1,\cdots,l^{k-1},L^0,L^1,\cdots,L^{k-1}\}$ 是方程组

$$\begin{cases}L^0=g_i(l^{k-2},l^{k-3}),\\l^0=g_i(L^{k-2},L^{k-3}),\\L^1=g_i(l^{k-1},l^{k-2}),\\l^1=g_i(L^{k-1},L^{k-2}),\\\cdots\cdots\\L^{k-1}=g_i(l^{k-3},l^{k-4}),\\l^{k-1}=g_i(L^{k-3},L^{k-4})\end{cases}$$

的一个正解, 则对每个 $i\in\mathbf{Z}(0,k-1)$, 有 $l^i=L^i$.
则方程 (3.31) 的正解 $\{x_n\}_{n=-1}^{\infty}$ 满足

$$\lim_{n\to\infty}x_{kn+i+1}=l^i=L^i\quad(i\in\mathbf{Z}(0,k-1)).$$

证明　设

$$l_i=a_i,\quad L_i=g_i(a_{k+i-2},a_{k+i-3})\ \ (i\in\mathbf{Z}(0,k-1)).$$

由 f_n 的性质以及 (3.32)—(3.34) 知, 对所有 $i\in\mathbf{Z}(0,k-1)$ 和所有 $n\in\mathbf{N}_0$, 有

$$\begin{aligned}l_i=a_i&\leqslant x_{kn+i+1}\\&=g_{kn+i}(x_{kn+i-1},x_{kn+i-2})\\&\leqslant g_i(a_{k+i-2},a_{k+i-3})\\&=L_i,\end{aligned}$$

即

$$\begin{aligned}l_0=a_0&\leqslant x_{kn+1}\\&\leqslant g_0(a_{k-2},a_{k-3})\\&=L_0,\\l_1=a_1&\leqslant x_{kn+1+1}\\&\leqslant g_0(a_{k+1-2},a_{k+1-3})\end{aligned}$$

$$
\begin{aligned}
&= L_1, \\
&\quad\cdots\cdots \\
l_{k-1} &= a_{k-1} \leqslant x_{kn+(k-1)+1} \\
&\leqslant g_0(a_{k+(k-1)-2}, a_{k+(k-1)-3}) \\
&= L_{k-1}.
\end{aligned}
$$

定义

$$
\begin{cases} l_{kj+i} = g_i(L_{kj+i-2}, L_{kj+i-3}), \\ L_{kj+i} = g_i(l_{kj+i-2}, l_{kj+i-3}), \end{cases} \qquad j \in \mathbf{N}_0, \tag{3.35}
$$

则有

$$
\begin{aligned}
l_0 \leqslant l_k &= g_0(L_{k-2}, L_{k-3}) \\
&\leqslant x_{kn+k+1} \\
&= g_{kn+k}(x_{kn+k-1}, x_{kn+k-2}) \\
&\leqslant g_0(l_{k-2}, l_{k-3}) = L_k \\
&\leqslant L_0, \\
l_1 \leqslant l_{k+1} &= g_1(L_{(k+1)-2}, L_{(k+1)-3}) \\
&\leqslant x_{kn+(k+1)+1} \\
&\leqslant g_1(l_{(k+1)-2}, l_{(k+1)-3}) = L_{k+1} \\
&\leqslant L_1, \\
&\quad\cdots\cdots \\
l_{k-1} \leqslant l_{2k-1} &= g_{k-1}(L_{2k-3}, L_{2k-4}) \\
&\leqslant x_{kn+(2k-1)+1} \\
&\leqslant g_{k-1}(l_{2k-3}, l_{2k-4}) = L_{2k-1} \\
&\leqslant L_{k-1},
\end{aligned}
$$

按此递推下去可得, 对所有 $i \in \mathbf{Z}(0, k-1)$, 有

$$
l_i \leqslant l_{k+i} \leqslant l_{2k+i} \leqslant \cdots \leqslant L_{2k+i} \leqslant L_{k+i} \leqslant L_i, \tag{3.36}
$$

且对所有 $n \in \mathbf{N}_0$, 有

$$
l_{jk+i} \leqslant x_{kn+(jk+i)+1} \leqslant L_{jk+i}. \tag{3.37}
$$

由 (3.36) 知, 对所有 $i \in \mathbf{Z}(0, k-1)$, 必存在 l^i 和 L^i, 使得

$$\begin{cases} l^i = \lim\limits_{j\to\infty} l_{jk+i}, \\ L^i = \lim\limits_{j\to\infty} L_{jk+i}. \end{cases}$$

再根据 g_i 的连续性以及 (3.35) 得

$$\begin{cases} L^0 = g_i(l^{k-2}, l^{k-3}), \\ l^0 = g_i(L^{k-2}, L^{k-3}), \\ L^1 = g_i(l^{k-1}, l^{k-2}), \\ l^1 = g_i(L^{k-1}, L^{k-2}), \\ \qquad \cdots\cdots \\ L^{k-1} = g_i(l^{k-3}, l^{k-4}), \\ l^{k-1} = g_i(L^{k-3}, L^{k-4}). \end{cases}$$

由性质 (H_4) 和 (3.37) 易得

$$\lim_{n\to\infty} x_{nk+i+1} = l_i = L_i.$$

证毕.

定理 3.5　若条件 (H_1) – (H_4) 成立, 且方程组

$$\begin{cases} y_0 = f_{k-1}(y_{k-1}, y_{k-2}), \\ y_1 = f_0(y_0, y_{k-1}), \\ y_2 = f_1(y_1, y_0), \\ \cdots\cdots \\ y_{k-1} = f_{k-2}(y_{k-2}, y_{k-3}) \end{cases}$$

有唯一的正解, 则方程 (3.31) 的每个正解收敛于唯一的 k 周期解.

证明　由方程 (3.31) 以及引理 3.2 即得. 证毕.

例 3.6　考虑差分方程

$$x_{n+1} = p_n + \frac{x_n}{x_{n-1}} \quad (n \in \mathbf{N}_0), \tag{3.38}$$

其中初始条件 $x_{-1}, x_0 \in \mathbf{R}_+$, $\{p_n\}_{n=0}^{+\infty}$ 是一个 2 周期数列且满足

$$p_n = \begin{cases} a, & n\text{为偶数}, \\ b, & n\text{为奇数}, \end{cases}$$

其中 $a, b \in \mathbf{R}_+$. 则方程 (3.38) 的每个正解都收敛于唯一的 2 周期解 $\cdots, M, L, M, L, \cdots$.

证明　容易验证方程 (3.38) 满足条件 $(H_1)-(H_4)$. 由引理 3.2 知, 必存在 $M, L \in \mathbf{R}_+$, 使得

$$\begin{cases} \lim\limits_{n\to\infty} x_{2n+1} = M, \\ \lim\limits_{n\to\infty} x_{2n} = L. \end{cases} \tag{3.39}$$

再由方程 (3.38) 及 (3.39) 得

$$\begin{cases} M = a + \dfrac{L}{M}, \\ L = b + \dfrac{M}{L}. \end{cases} \tag{3.40}$$

记

$$u = \frac{M}{L},$$

则

$$u = \frac{a + \dfrac{1}{u}}{b + u}.$$

即

$$u^3 + bu^2 - au - 1 = 0. \tag{3.41}$$

设

$$f(u) = u^3 + bu^2 - au - 1,$$

则

$$f(0) = -1, \quad f(+\infty) = +\infty.$$

所以必存在正实数 $u_1 > 0$, 使得 $f(u_1) = 0$. 又记 u_2, u_3 分别为方程 (3.38) 另外两个根. 由 (3.41) 得

$$\begin{cases} u_1 + u_2 + u_3 = -b, \\ u_1 u_2 u_3 = 1, \end{cases}$$

即

$$\begin{cases} u_2 + u_3 < 0, \\ u_2 u_3 > 0. \end{cases}$$

因此 u_1 是方程 (3.38) 唯一一个正实根. 再根据定理 3.5 知结论成立. 证毕.

3.4 方程组 $x_{n+1}=f(x_n,y_{n-k})$, $y_{n+1}=f(y_n,x_{n-k})$ 的收敛性

在这一节, 我们研究方程组

$$\begin{cases} x_{n+1}=f(x_n,y_{n-k}), \\ y_{n+1}=f(y_n,x_{n-k}) \end{cases} \quad (n\in\mathbf{N}_0) \tag{3.42}$$

的收敛性, 其中 $k\in\mathbf{N}$, 初始条件 $x_{-k},x_{-k+1},\cdots,x_0,y_{-k},y_{-k+1},\cdots,y_0\in\mathbf{R}_+$ 且 f 满足下列条件:

(H_1) $f\in C(E^2,\mathbf{R}_+)$, $a=\inf_{(u,v)\in E^2}f(u,v)\in E$, 其中 $E\in\{\mathbf{R}_+,\mathbf{R}_0\}$.

(H_2) $f(u,v)$ 关于 u 是严格递增的且关于 v 是严格递减的.

(H_3) 存在一个严格递减的函数 $g\in C((a,+\infty),(a,+\infty))$, 使得

(1) 对任 $x>a$, $g(g(x))=x$ 且 $x=f(x,g(x))$.

(2) $\lim\limits_{x\to a^+}g(x)=+\infty$ 且 $\lim\limits_{x\to+\infty}g(x)=a$.

引理 3.3　设 $\{(x_n,y_n)\}_{n=-k}^{\infty}$ 是方程 (3.42) 的一个正解, 则存在 $L\in(a,+\infty)$, 使得 $L<g(L)$ 且 $x_n,y_n\in[L,g(L)]$ (对任 $n\in\mathbf{N}$). 进一步, 记

$$\begin{cases} \limsup\limits_{n\to\infty}x_n=M, \quad \liminf\limits_{n\to\infty}x_n=m, \\ \limsup\limits_{n\to\infty}y_n=P, \quad \liminf\limits_{n\to\infty}y_n=p, \end{cases}$$

则 $M=g(p)$ 且 $P=g(m)$.

证明　由 (H_1) 和 (H_2) 知, 对任意 $i\in\mathbf{Z}(1,k+1)$, 有

$$\begin{cases} x_i=f(x_{i-1},y_{i-1-k}) \\ \quad >f(x_{i-1},y_{i-1-k}+1) \\ \quad \geqslant a, \\ y_i=f(y_{i-1},x_{i-1-k}) \\ \quad >f(y_{i-1},x_{i-1-k}+1) \\ \quad \geqslant a, \end{cases}$$

因 $\lim\limits_{x\to a^+}g(x)=+\infty$, 故存在 $L\in(a,+\infty)$, 使得 $L<g(L)$ 且

$$x_i,y_i\in[L,g(L)] \quad (i\in\mathbf{Z}(1,k+1)). \tag{3.43}$$

由 (3.43) 和 (H_3) 知

$$\begin{cases} g(L) = f(g(L), L) \\ \qquad \geqslant x_{k+2} \\ \qquad = f(x_{k+1}, y_1) \\ \qquad \geqslant f(L, g(L)) \\ \qquad = L, \\ g(L) = f(g(L), L) \\ \qquad \geqslant y_{k+2} \\ \qquad = f(y_{k+1}, x_1) \\ \qquad \geqslant f(L, g(L)) \\ \qquad = L. \end{cases}$$

使用归纳法, 得到, 对一切 $n \in \mathbf{N}$, $x_n, y_n \in [L, g(L)]$.

设

$$\begin{cases} \limsup\limits_{n\to\infty} x_n = M, \quad \liminf\limits_{n\to\infty} x_n = m, \\ \limsup\limits_{n\to\infty} y_n = P, \quad \liminf\limits_{n\to\infty} y_n = p, \end{cases}$$

则存在 $l_n \geqslant 1$ 和 $s_n \geqslant 1$, 使得

$$\begin{cases} \lim\limits_{n\to\infty} x_{l_n} = M, \\ \lim\limits_{n\to\infty} y_{s_n} = p. \end{cases}$$

不失一般性, 我们设存在 $A, D \in [m, M]$ 和 $B, C \in [p, P]$, 使得

$$\begin{cases} \lim\limits_{n\to\infty} x_{l_n-1} = A, \\ \lim\limits_{n\to\infty} y_{l_n-k-1} = B, \\ \lim\limits_{n\to\infty} y_{s_n-1} = C, \\ \lim\limits_{n\to\infty} x_{s_n-k-1} = D. \end{cases}$$

这样, 由 (3.42), (H_2) 和 (H_3) 可得

$$\begin{cases} f(M, g(M)) = M = f(A, B) \leqslant f(M, p), \\ f(p, g(p)) = p = f(C, D) \geqslant f(p, M), \end{cases}$$

这就推出

$$\begin{cases} g(M) \geqslant p, \\ g(p) \leqslant M. \end{cases}$$

由 (H_3), 得到

$$p = g(g(p)) \geqslant g(M).$$

从而有 $M=g(p)$. 由对称性, 我们也有 $P=g(m)$. 证毕.

定理 3.6　若方程 (3.42) 满足 $(H_1)-(H_3)$, 则下面结论成立.

(1) 每对满足

$$y=g(x) \tag{3.44}$$

的正数 $(x,y)\in(a,+\infty)\times(a,+\infty)$ 是 (3.42) 的正平衡点.

(2) (3.42) 的每个解都收敛于 (3.42) 的满足 (3.44) 的正平衡点 (x,y).

证明　(1) 是显然的.

(2) 设 $\{(x_n,y_n)\}_{n=-k}^{\infty}$ 是方程组 (3.42) 的满足条件 $x_0,x_{-1},\cdots\ x_{-k},y_0,y_{-1},\cdots,y_{-k}\in\mathbf{R}_+$ 的正解. 由引理 3.3 有

$$\begin{cases} a<\liminf\limits_{n\to\infty} x_n \\ \quad =g(P)\leqslant \limsup\limits_{n\to\infty} x_n \\ \quad =M<+\infty, \\ a<\liminf\limits_{n\to\infty} y_n \\ \quad =g(M)\leqslant \limsup\limits_{n\to\infty} y_n \\ \quad =P<+\infty. \end{cases}$$

通过取子序列, 不妨设存在 $l_n\geqslant 4k$, 使得

$$\begin{cases} \lim\limits_{n\to\infty} x_{l_n}=M, \\ \lim\limits_{n\to\infty} x_{l_n-j}=M_j\in[g(P),M], \quad j\in\mathbf{Z}(1,3k+1), \\ \lim\limits_{n\to\infty} y_{l_n-j}=P_j\ \in[g(M),P], \quad j\in\mathbf{Z}(1,3k+1). \end{cases} \tag{3.45}$$

由 (4.42),(4.45) 和 (H_3) 可知

$$\begin{aligned} f(M,g(M))=M&=f(M_1,P_{k+1}) \\ &\leqslant f(M_1,g(M)) \\ &\leqslant f(M,g(M)). \end{aligned}$$

从上面有

$$M_1=M,\quad P_{k+1}=g(M).$$

同理可得

$$\begin{aligned} f(M,g(M))=M&=M_1 \\ &=f(M_2,P_{k+2}) \\ &\leqslant f(M_2,g(M)) \\ &\leqslant f(M,g(M)), \end{aligned}$$

从而有

$$M_2 = M, \quad P_{k+2} = g(M).$$

由归纳法, 有

$$\begin{cases} M_j = M, \\ P_{k+j} = g(M) \end{cases} \quad (j \in \mathbf{Z}(1, 2k+1)), \tag{3.46}$$

因此有

$$\begin{cases} \lim\limits_{n\to\infty} x_{l_n - j} = M, & j \in \mathbf{Z}(0, 2k+1), \\ \lim\limits_{n\to\infty} y_{l_n - j} = g(M), & j \in \mathbf{Z}(k+1, 3k+1). \end{cases} \tag{3.47}$$

由 (3.47) 知, 对任 $0 < \varepsilon < M - a$, 存在 $l_s \geqslant 4k$, 使得

$$\begin{cases} M - \varepsilon < x_{l_s - j} < M + \varepsilon, & j \in \mathbf{Z}(0, 2k+1), \\ g(M+\varepsilon) < y_{l_s - j} < g(M - \varepsilon), & j \in \mathbf{Z}(k+1, 3k+1). \end{cases} \tag{3.48}$$

由 (3.42) 和 (3.48), 有

$$\begin{aligned} y_{l_s - k} &= f(y_{l_s - k - 1}, x_{l_s - 2k - 1}) \\ &< f(g(M - \varepsilon), M - \varepsilon) \\ &= g(M - \varepsilon). \end{aligned} \tag{3.49}$$

从 (3.42), (3.48) 和 (3.49) 可以得到

$$\begin{aligned} x_{l_s+1} &= f(x_{l_s}, y_{l_s - k}) \\ &> f(M - \varepsilon, g(M - \varepsilon)) \\ &= M - \varepsilon. \end{aligned}$$

使用归纳法, 可以推出

$$\begin{cases} y_{l_s + n - k} < g(M - \varepsilon), \\ x_{l_s + n} > M - \varepsilon \end{cases} \quad (n \in \mathbf{N}_0).$$

因为

$$\begin{cases} \limsup\limits_{n\to\infty} x_n = M, \\ \liminf\limits_{n\to\infty} y_n = g(M), \end{cases}$$

所以

$$\begin{cases} \lim\limits_{n\to\infty} x_n = M, \\ \lim\limits_{n\to\infty} y_n = g(M). \end{cases}$$

因此有 $\lim\limits_{n\to\infty}(x_n, y_n) = (M, P)$ 且 $P = g(M)$. 证毕.

例 3.7　考虑差分方程

$$\begin{cases} x_{n+1} = \dfrac{p + x_n}{1 + y_{n-k}}, \\ y_{n+1} = \dfrac{p + y_n}{1 + x_{n-k}} \end{cases} \quad (n \in \mathbf{N}_0), \tag{3.50}$$

其中 $k \in \mathbf{N}$, 初始值 $x_{-k}, x_{-k+1}, \cdots, x_0, y_{-k}, y_{-k+1}, \cdots, y_0 \in \mathbf{R}_+$ 且 $p \in \mathbf{R}_+$. 取 $E = \mathbf{R}_0$ 且

$$f(x, y) = \frac{p + x}{1 + y}(x \geqslant 0, y \geqslant 0), \quad g(x) = \frac{p}{x}(x > 0).$$

容易验证方程 (3.50) 满足条件 $(H_1) - (H_3)$. 由定理 3.6 知

(1) 每对满足

$$xy = p \tag{3.51}$$

的正数 $(x, y) \in \mathbf{R}_+^2$ 是 (3.50) 的正平衡点.

(2) (3.50) 的每个解都收敛于 (3.50) 的满足 (3.51) 的正平衡点 (x, y).

例 3.8　考虑差分方程

$$\begin{cases} x_{n+1} = 1 + \dfrac{x_n}{y_{n-k}}, \\ y_{n+1} = 1 + \dfrac{y_n}{x_{n-k}} \end{cases} \quad (n \in \mathbf{N}_0), \tag{3.52}$$

其中 $k \in \mathbf{N}$, 初始值 $x_{-k}, x_{-k+1}, \cdots, x_0, y_{-k}, y_{-k+1}, \cdots, y_0 \in \mathbf{R}_+$. 取 $E = \mathbf{R}_+$ 且

$$f(x, y) = 1 + \frac{x}{y} \quad (x > 0, y > 0), \quad g(x) = \frac{x}{x - 1} \quad (x > 1).$$

容易验证方程 (3.52) 满足条件 $(H_1) - (H_3)$. 由定理 3.6 知

(1) 每对满足

$$xy = x + y \tag{3.53}$$

的正数 $(x, y) \in \mathbf{R}_+^2$ 是 (3.52) 的正平衡点.

(2) (3.52) 的每个解都收敛于 (3.52) 的满足 (3.53) 的正平衡点 (x, y).

例 3.9　考虑差分方程

$$\begin{cases} x_{n+1} = p + \dfrac{A + x_n}{q + y_{n-k}}, \\ y_{n+1} = p + \dfrac{A + y_n}{q + x_{n-k}} \end{cases} \quad (n \in \mathbf{N}_0), \tag{3.54}$$

其中 $k \in \mathbf{N}$, 初始值 $x_{-k}, x_{-k+1}, \cdots, x_0, y_{-k}, y_{-k+1}, \cdots, y_0 \in \mathbf{R}_+$, $A \in \mathbf{R}_+$, $p, q \in [0,1]$ 且 $p+q=1$. 取 $E=\mathbf{R}_+$ ($p>0$) 或 $E=\mathbf{R}_0$ ($p=0$) 及

$$f(x,y)=p+\frac{A+x}{q+y},\quad g(x)=\frac{pq+px+A}{x-p}(x>p),$$

则 $a=\inf_{(x,y)\in E^2} f(x,y)=p$. 由定理 3.6 知

(1) 每对满足

$$xy=pq+px+py+A \tag{3.55}$$

的正数 $(x,y)\in\mathbf{R}_+^2$ 是 (3.54) 的正平衡点.

(2) (3.54) 的每个解都收敛于 (3.54) 的满足 (3.55) 的正平衡点 (x,y).

第 4 章　非线性差分方程的全局稳定性

4.1　方程 (4.1) 的全局稳定性

在这一节, 我们研究差分方程

$$x_{n+1} = f(x_{n-k_1}, x_{n-k_2}, \cdots, x_{n-k_s}; x_{n-m_1}, x_{n-m_2}, \cdots, x_{n-m_t}) \ \ (n \in \mathbf{N}_0) \qquad (4.1)$$

的全局稳定性质, 其中 $0 \leqslant k_1 < k_2 < \cdots < k_s$, $0 \leqslant m_1 < m_2 < \cdots < m_t$, $\{k_1, k_2, \cdots, k_s\} \cap \{m_1, m_2, \cdots, m_t\} = \varnothing$, 初始值为正实数, f 满足下面的条件:

(H_0) $f \in C(E^{s+t}, \mathbf{R}_+)$, $a = \inf_{(u_1,u_2,\cdots,u_s,v_1,v_2,\cdots,v_t)\in E^{s+t}} f(u_1, u_2, \cdots, u_s;\ v_1, v_2, \cdots, v_t) \in E$, 其中 $E \in \{\mathbf{R}_0, \mathbf{R}_+\}$.

(H_1) 对任意 $i \in \mathbf{Z}(1, s)$, $f(u_1, u_2, \cdots, u_s; v_1, v_2, \cdots, v_t)$ 关于 u_i 严格递减, 对任意 $j \in \mathbf{Z}(1, t)$, $f(u_1, u_2, \cdots, u_s; v_1, v_2, \cdots, v_t)$ 关于 v_j 严格递增.

(H_2) 方程 (4.1) 有唯一正平衡点, 记为 $\bar{x}$.

4.1.1　方程 (4.1) 的全局渐近稳定性

定理 4.1　假设 f 满足下面的条件:

(H_3) 方程 $f(a, a, \cdots, a; x, x, \cdots, x)$ 在区间 $(a, +\infty)$ 上有唯一不动点 A.

(H_4) 对任意 $y \in E$, $x \in \mathbf{R}_+$, $f(y, \cdots, y; x, \cdots, x)/x$ 关于 x 是递减的.

(H_5) 如果 $(x, y) \in E^2$ 满足系统

$$\begin{cases} y = f(x, \cdots, x; y, \cdots, y), \\ x = f(y, \cdots, y; x, \cdots, x), \end{cases}$$

那么 $x = y$.

则方程 (4.1) 唯一的正平衡点 $\bar{x}$ 是全局渐近稳定的.

证明　设 $l = \max\{m_t, k_s\}$. 因为

$$a = \inf_{(u_1,u_2,\cdots,u_s,v_1,v_2,\cdots,v_t)\in E^{s+t}} f(u_1, u_2, \cdots, u_s; v_1, v_2, \cdots, v_t) \in E,$$

所以

$$\begin{aligned} \bar{x} &= f(\bar{x}, \bar{x}, \cdots, \bar{x}) \\ &> f(\bar{x}+1, \bar{x}, \cdots, \bar{x}) \\ &\geqslant a. \end{aligned}$$

断言 1　$f(A,\cdots,A;a,\cdots,a)<\bar{x}<A$.

断言 1 的证明　如果 $\bar{x}\geqslant A$, 那么由 (H_1), (H_3) 和 (H_4) 可知

$$\begin{aligned}A&=f(a,\cdots,a;A,\cdots,A)\\&>f(\bar{x},\cdots,\bar{x};A,\cdots,A)\\&=\frac{f(\bar{x},\cdots,\bar{x};A,\cdots,A)}{A}A\\&\geqslant\frac{f(\bar{x},\cdots,\bar{x})}{\bar{x}}A\\&=A.\end{aligned}$$

这就导致了矛盾, 因此 $\bar{x}<A$. 显然

$$f(A,\cdots,A;a,\cdots,a)<f(\bar{x},\cdots,\bar{x};\bar{x},\cdots,\bar{x})=\bar{x}.$$

断言 1 得证.

断言 2　对任意 $M\geqslant A$, $J=[a,M]$ 是方程 (4.1) 的一个不变区间.

断言 2 的证明　对任意 $x_0,x_{-1},\cdots,x_{-l}\in J$, 由 (H_4) 可知

$$\begin{aligned}a\leqslant x_1&=f(x_{-k_1},x_{-k_2},\cdots,x_{-k_s};x_{-m_1},x_{-m_2},\cdots,x_{-m_t})\\&\leqslant\frac{f(a,\cdots,a;M,\cdots,M)}{M}M\\&\leqslant\frac{f(a,\cdots,a;A,\cdots,A)}{A}M\\&=M.\end{aligned}$$

通过归纳法可以证明, 对任意 $n\in\mathbf{N}$, $x_n\in J$. 断言 2 得证.

设 $m_0=a,M_0=M\geqslant A$, 且对任意 $i\in\mathbf{N}_0$, 记

$$\begin{cases}m_{i+1}=f(M_i,\cdots,M_i;m_i,\cdots,m_i),\\M_{i+1}=f(m_i,\cdots,m_i;M_i,\cdots,M_i).\end{cases}$$

断言 3　对任意 $n\in\mathbf{N}_0$, 有

$$m_n\leqslant m_{n+1}<\bar{x}<M_{n+1}\leqslant M_n$$

且

$$\lim_{n\to\infty}M_n=\lim_{n\to\infty}m_n=\bar{x}.$$

断言 3 的证明　由断言 2 可知

$$\begin{aligned}m_0\leqslant m_1&=f(M_0,\cdots,M_0;m_0,\cdots,m_0)\\&<f(\bar{x},\cdots,\bar{x})=\bar{x}\\&<f(m_0,\cdots,m_0;M_0,\cdots,M_0)\\&=M_1\leqslant M_0.\end{aligned}$$

且

$$\begin{aligned} m_1 &= f(M_0, \cdots, M_0; m_0, \cdots, m_0) \\ &\leqslant f(M_1, \cdots, M_1; m_1, \cdots, m_1) = m_2 \\ &< f(\bar{x}, \cdots, \bar{x}) = \bar{x} \\ &< f(m_1, \cdots, m_1; M_1, \cdots, M_1) = M_2 \\ &\leqslant f(m_0, \cdots, m_0; M_0, \cdots, M_0) \\ &= M_1. \end{aligned}$$

通过归纳法可以证明, 对 $n \in \mathbf{N}_0$,

$$m_n \leqslant m_{n+1} < \bar{x} < M_{n+1} \leqslant M_n.$$

设

$$\beta = \lim_{n\to\infty} m_n \text{ 且 } \alpha = \lim_{n\to\infty} M_n,$$

则有

$$\begin{cases} \beta = f(\alpha, \cdots, \alpha; \beta, \cdots, \beta), \\ \alpha = f(\beta, \cdots, \beta; \alpha, \cdots, \alpha). \end{cases}$$

再由 (H_2) 和 (H_5) 可知, $\alpha = \beta = \bar{x}$. 断言 3 得证.

断言 4　方程 (4.1) 的平衡点 $\bar{x}$ 是局部稳定的.

断言 4 的证明　设 $M = A$, 且 m_n, M_n 如同断言 3. 对任意 $\varepsilon > 0$, 且 $0 < \varepsilon < \min\{A - \bar{x}, \bar{x} - a\}$, 存在 $n \in \mathbf{N}$, 使得

$$\bar{x} - \varepsilon < m_n < \bar{x} < M_n < \bar{x} + \varepsilon.$$

设 $0 < \delta = \min\{\bar{x} - m_n, M_n - \bar{x}\}$, 则对任意 $x_0, x_{-1}, \cdots, x_{-l} \in (\bar{x} - \delta, \bar{x} + \delta)$, 有

$$\begin{aligned} x_1 &= f(x_{-k_1}, \cdots, x_{-k_s}; x_{-m_1}, \cdots, x_{-m_t}) \\ &\leqslant f(m_n, \cdots, m_n; M_n, \cdots, M_n) \\ &= M_{n+1} \leqslant M_n \end{aligned}$$

且

$$\begin{aligned} x_1 &= f(x_{-k_1}, \cdots, x_{-k_s}; x_{-m_1}, \cdots, x_{-m_t}) \\ &\geqslant f(M_n, \cdots, M_n; m_n, \cdots, m_n) \\ &= m_{n+1} \geqslant m_n. \end{aligned}$$

通过归纳法可以证明, 对任意 $k \in \mathbf{N}$, 有

$$x_k \in [m_n, M_n] \subset (\bar{x} - \varepsilon, \bar{x} + \varepsilon).$$

断言 4 得证.

断言 5　$\bar{x}$ 是方程 (4.1) 的全局吸引子.

断言 5 的证明　设 $\{x_n\}_{n=-l}^{\infty}$ 是方程 (4.1) 的一个正解, 且 $M=\max\{x_1,\cdots,x_{l+1},A\}$, m_n,M_n 如断言 3 所述. 由断言 2 知, 对任意 $n\in\mathbf{N}$, 有

$$x_n\in[m_0,M_0]=[a,M].$$

此外, 还可以得到

$$\begin{aligned}x_{l+2}&=f(x_{l+1-k_1},\cdots,x_{l+1-k_s};x_{l+1-m_1},\cdots,x_{l+1-m_t})\\&\leqslant f(m_0,\cdots,m_0;M_0,\cdots,M_0)\\&=M_1\end{aligned}$$

且

$$\begin{aligned}x_{l+2}&=f(x_{l+1-k_1},\cdots,x_{l+1-k_s};x_{l+1-m_1},\cdots,x_{l+1-m_t})\\&\geqslant f(M_0,\cdots,M_0;m_0,\cdots,m_0)\\&=m_1.\end{aligned}$$

通过归纳法可以证明, 对任意 $n\geqslant l+2$, $x_n\in[m_1,M_1]$, 从而 $n\geqslant k(l+1)+1$ 时,

$$x_n\in[m_k,M_k].$$

由断言 3 可知, $\lim\limits_{n\to\infty}x_n=\bar{x}$. 断言 5 得证.

由断言 4 和断言 5 知, $\bar{x}$ 是全局渐近稳定的. 证毕.

4.1.2　方程 (4.1) 的周期性

定理 4.2　假设 $\gcd(k_1+1,\cdots,k_s+1,m_1+1,\cdots,m_t+1)=1$, 且 f 满足下述条件:

(H_6) 存在一个严格递减函数 $g\in C((a,+\infty),(a,+\infty))$, 使得

(1) 对任意 $x>a, g(g(x))=x, x=f(g(x),\cdots,g(x);x,\cdots,x)$.

(2) $\lim\limits_{x\to a^+}g(x)=+\infty$, $\lim\limits_{x\to+\infty}g(x)=a$.

如果所有的 k_i $(i\in\mathbf{Z}(1,s))$ 是偶数, 所有的 m_j $(j\in\mathbf{Z}(1,t))$ 是奇数, 那么方程 (4.1) 的所有正解收敛于一个 2 周期解. 否则, 方程 (4.1) 的每个正解收敛于唯一的正平衡点 $\bar{x}$.

为证明定理 4.2, 我们先证明下面的引理.

引理 4.1　假设 $(H_1),(H_2)$ 和 (H_6) 成立, $\{x_n\}_{n=-l}^{\infty}$ $(l=\max\{m_t,k_s\})$ 是方程 (4.1) 的一个正解, 则存在一个实数 $L\in(a,\infty)$, 使得对所有的 $n\in\mathbf{N}$, $L\leqslant x_n\leqslant g(L)$. 此外, 如果

$$\begin{cases}\limsup\limits_{n\to\infty}x_n=M,\\\liminf\limits_{n\to\infty}x_n=m,\end{cases}$$

那么 $M=g(m),\ m=g(M)$.

证明　由 (H_1) 可知, 对每个 $i\in\mathbf{Z}(1,l+1)$, 都有

$$\begin{aligned}x_i&=f(x_{i-k_1-1},\cdots,x_{i-k_s-1};x_{i-m_1-1},\cdots,x_{i-m_t-1})\\&>f(x_{i-k_1-1}+1,\cdots,x_{i-k_s-1}+1;x_{i-m_1-1},\cdots,x_{i-m_t-1})\\&\geqslant a.\end{aligned}$$

故存在 $L\in(a,\infty)$ 且 $L<g(L)$, 使得对每个 $i\in\mathbf{Z}(1,l+1)$, 都有

$$L\leqslant x_i\leqslant g(L).$$

再由方程 (4.1) 和 (H_6) 可知

$$\begin{aligned}g(L)&=f(L,\cdots,L;g(L),\cdots,g(L))\\&\geqslant x_{l+2}=f(x_{l+1-k_1},\cdots,x_{l+1-k_s};x_{l+1-m_1},\cdots,x_{l+1-m_t})\\&\geqslant f(g(L),\cdots,g(L);L,\cdots,L)\\&=L.\end{aligned}$$

通过归纳法可以证明, 对所有 $n\in\mathbf{N}$, 有 $L\leqslant x_n\leqslant g(L)$.

设

$$\begin{cases}\limsup\limits_{n\to\infty}x_n=M,\\ \liminf\limits_{n\to\infty}x_n=m,\end{cases}$$

则存在 $a_1,\cdots,a_s,A_1,\cdots,A_t,b_1,\cdots,b_s,B_1,\cdots,B_t\in[m,M]$ 和序列 $l_n\in\mathbf{N}$, $s_n\in\mathbf{N}$, 使得

$$\begin{cases}\lim\limits_{n\to\infty}x_{l_n}=M,\\ \lim\limits_{n\to\infty}x_{l_n-k_i-1}=a_i,\quad i\in\mathbf{Z}(1,s),\\ \lim\limits_{n\to\infty}x_{l_n-m_i-1}=A_i,\quad i\in\mathbf{Z}(1,t)\end{cases}$$

且

$$\begin{cases}\lim\limits_{n\to\infty}x_{s_n}=m,\\ \lim\limits_{n\to\infty}x_{s_n-k_i-1}=b_i,\quad i\in\mathbf{Z}(1,s),\\ \lim\limits_{n\to\infty}x_{s_n-m_i-1}=B_i,\quad i\in\mathbf{Z}(1,t).\end{cases}$$

从而由方程 (4.1), (H_1) 和 (H_6) 可知

$$\begin{cases}\quad f(g(M),\cdots,g(M);M,\cdots,M)\\ =M=f(a_1,\cdots,a_s;A_1,\cdots,A_t)\\ \leqslant f(m,\cdots,m;M,\cdots,M),\\ \quad f(g(m),\cdots,g(m);m,\cdots,m)\\ =m=f(b_1,\cdots,b_s;B_1,\cdots,B_t)\\ \geqslant f(M,\cdots,M;m,\cdots,m).\end{cases}$$

因而有 $g(M)\geqslant m$, $g(m)\leqslant M$. 再由 (H_6) 可知

$$\begin{cases} m=g(g(m))\geqslant g(M),\\ M=g(g(M))\geqslant g(m).\end{cases}$$

即 $M=g(m)$ 和 $m=g(M)$. 引理 4.1 得证.

定理 4.2 的证明　记 $P=\{k_1,\cdots,k_s\}$, $Q=\{m_1,\cdots,m_t\}$. 由于 $\gcd(k_1+1,\cdots,k_s+1,m_1+1,\cdots,m_t+1)=1$, 由数论知识 (见 [10]) 可知, 存在 $N\in\mathbf{N}$, 使得对任意 $n\geqslant N$, 都存在非负数 $d_r, r\in\mathbf{Z}(1,s+t)$, 使得

$$\sum_{i=1}^{s}(k_i+1)d_i+\sum_{j=1}^{t}(m_j+1)d_{s+j}=n.$$

设 $\{x_n\}_{-l}^{\infty}$ 是方程 (4.1) 的一个正解, 且初始值 $x_0,x_{-1},\cdots,x_{-l}\in\mathbf{R}_+$. 由引理 4.1 可知

$$a<\liminf_{n\to\infty}x_n=g(M)\leqslant\limsup_{n\to\infty}x_n=M<\infty.$$

选取 $N_0>N+(k_1+1)\cdots(k_s+1)(m_1+1)\cdots(m_t+1)$, 则存在序列 l_n, 使得

$$\begin{cases} \lim\limits_{n\to\infty}x_{l_n}=M,\\ \lim\limits_{n\to\infty}x_{l_n-j}=M_j\in[g(M),M]\quad(j\leqslant N_0).\end{cases}$$

由 (H_6) 可知

$$\begin{aligned} M&=f(g(M),\cdots,g(M);M,\cdots,M)\\ &=f(M_{k_1+1},\cdots,M_{k_s+1};M_{m_1+1},\cdots,M_{m_t+1})\\ &\leqslant f(g(M),\cdots,g(M);M,\cdots,M),\end{aligned}$$

从而有

$$\begin{cases} M_{k_i+1}=g(M), & i\in\mathbf{Z}(1,s),\\ M_{m_j+1}=M, & j\in\mathbf{Z}(1,t).\end{cases}$$

亦由 (H_6) 可知

$$\begin{aligned} g(M)&=f(M,\cdots,M;g(M),\cdots,g(M))\\ &=M_{k_i+1}\\ &=f(M_{k_1+k_i+2},\cdots,M_{k_s+k_i+2};M_{m_1+k_i+2},\cdots,M_{m_t+k_i+2})\\ &\geqslant f(M,\cdots,M;g(M),\cdots,g(M)),\end{aligned}$$

从而亦有

$$\begin{cases} M_{k_p+k_i+2}=M, & p,i\in\mathbf{Z}(1,s),\\ M_{m_j+k_i+2}=g(M), & i\in\mathbf{Z}(1,s),\ j\in\mathbf{Z}(1,t).\end{cases}$$

通过归纳法, 我们可以得到, 对任意 $i\in\mathbf{Z}(1,s)$, $j\in\mathbf{Z}(1,t)$,

$$\begin{cases} M_{k_i+1+\sum\limits_{\tau=1}^{s}r_\tau(k_\tau+1)} \\ = M \geqslant M_{m_j+1+\sum\limits_{\tau=1}^{s}r_\tau(k_\tau+1)} \\ = g(M), & \sum\limits_{\tau=1}^{s} r_\tau \text{ 为奇数}, \\ M_{k_i+1+\sum\limits_{\tau=1}^{s}r_\tau(k_\tau+1)} \\ = g(M) \leqslant M_{m_j+1+\sum\limits_{\tau=1}^{s}r_\tau(k_\tau+1)} \\ = M, & \sum\limits_{\tau=1}^{s} r_\tau \text{ 为偶数}, \end{cases} \tag{4.2}$$

其中 $r_\tau\geqslant 0$, $1\leqslant\tau\leqslant s$, 且

$$m_j+1+\sum_{\tau=1}^{s}r_\tau(k_\tau+1), k_i+1+\sum_{\tau=1}^{s}r_\tau(k_\tau+1)\in\mathbf{Z}(0.N_0).$$

再由 (H_6) 可知, 对任意 $j\in\mathbf{Z}(1,t)$,

$$\begin{aligned} M &= f(g(M),\cdots,g(M);M,\cdots,M) \\ &= M_{m_j+1} \\ &= f(M_{k_1+m_j+2},\cdots,M_{k_s+m_j+2};M_{m_1+m_j+2},\cdots,M_{m_t+m_j+2}) \\ &\leqslant f(g(M),\cdots,g(M);M,\cdots,M), \end{aligned}$$

从而有

$$\begin{cases} M_{m_i+m_j+2}=M, & i,j\in\mathbf{Z}(1,t), \\ M_{k_i+m_j+2}=g(M), & i\in\mathbf{Z}(1,s),\ j\in\mathbf{Z}(1,t). \end{cases}$$

通过归纳法, 我们可以得到, 对任意 $j,q\in\mathbf{Z}(1,t)$,

$$\begin{cases} M_{\sum_{\tau=1}^{s}r_\tau(k_\tau+1)+\sum_{\tau=1}^{t}r_{\tau+s}(m_\tau+1)}=g(M), & \sum\limits_{\tau=1}^{s} r_\tau \text{ 为奇数}, \\ M_{m_j+1+r(m_q+1)}=M, \\ M_{\sum_{\tau=1}^{s}r_\tau(k_\tau+1)+\sum_{\tau=1}^{t}r_{\tau+s}(m_\tau+1)}=M, & \sum\limits_{\tau=1}^{s} r_\tau \text{ 为偶数}, \end{cases} \tag{4.3}$$

这里, 对所有 $1\leqslant\tau\leqslant s+t$, $r_\tau\geqslant 0$ 且

$$\sum_{\tau=1}^{s}r_\tau(k_\tau+1)+\sum_{\tau=1}^{t}r_{\tau+s}(m_\tau+1), m_j+1+r(m_q+1)\in\mathbf{Z}(0,N_0).$$

情形 1　存在 $m_q \in Q$, 使得 m_q+1 是奇数. 由 (H_6),(4.2) 和 (4.3), 有

$$M = g(M) = \bar{x}.$$

那么方程 (4.1) 的每个正解收敛于唯一平衡点 $\bar{x}$.

情形 2　每个 $m_j \in Q$ 是奇数, 且存在 $k_p, k_q \in P$, 使得 k_p+1 是奇数, k_q+1 是偶数. 由 (H_6), (4.2) 和 (4.3), 则有

$$M = g(M) = \bar{x}.$$

那么方程 (4.1) 的每个正解收敛于唯一平衡点 $\bar{x}$.

情形 3　每个 $m_j \in Q$ 是奇数, 且每个 $k_i \in P$ 是偶数. 如果 n 是奇数, 那么 $\sum\limits_{i=1}^{s} d_i$ 是奇数, 由方程 (4.3) 可知 $M_n = g(M)$. 如果 n 是偶数, 那么 $\sum\limits_{i=1}^{s} d_i$ 是偶数, 由方程 (4.3) 可知 $M_n = M$. 因此有

$$\begin{cases} \lim\limits_{n\to\infty} x_{l_n - j} = M, & N \leqslant j \leqslant N_0 \text{ 为偶数}, \\ \lim\limits_{n\to\infty} x_{l_n - j} = g(M), & N \leqslant j \leqslant N_0 \text{ 为奇数}. \end{cases} \tag{4.4}$$

根据方程 (4.4) 可以证明, 对任意 $0 < \varepsilon < M - a$, 存在 l_0, 使得

$$\begin{cases} M - \varepsilon < x_{l_0 - j} < M + \varepsilon, & N \leqslant j \leqslant N_0 \text{ 为偶数}, \\ g(M+\varepsilon) < x_{l_0 - j} < g(M-\varepsilon), & N \leqslant j \leqslant N_0 \text{ 为奇数}. \end{cases}$$

不失一般性, 可假设 N 是奇数, 则有

$$\begin{aligned} x_{l_0-N+1} &= f(x_{l_0-N-k_1}, \cdots, x_{l_0-N-k_s}, x_{l_0-N-m_1}, \cdots, x_{l_0-N-m_t}) \\ &> f(g(M-\varepsilon), \cdots, g(M-\varepsilon), M-\varepsilon, \cdots, M-\varepsilon) \\ &= M - \varepsilon, \end{aligned}$$

$$\begin{aligned} x_{l_0-N+2} &= f(x_{l_0-N+1-k_1}, \cdots, x_{l_0-N+1-k_s}, x_{l_0-N+1-m_1}, \cdots, x_{l_0-N+1-m_t}) \\ &< f(M-\varepsilon, \cdots, M-\varepsilon, g(M-\varepsilon), \cdots, g(M-\varepsilon)) \\ &= g(M-\varepsilon). \end{aligned}$$

通过归纳法可以证明, 对任意 $n \in \mathbf{N}$,

$$\begin{cases} x_{l_0+2n} > M - \varepsilon, \\ x_{l_0+2n+1} < g(M-\varepsilon). \end{cases}$$

因此

$$\begin{cases} \lim\limits_{n\to\infty} x_{l_0+2n} = M, \\ \lim\limits_{n\to\infty} x_{l_0+2n+1} = g(M). \end{cases}$$

定理 4.2 得证.

4.1.3 方程 (4.1) 的无界解

定理 4.3　假设存在奇数列 $1 = u_1 < u_2 < \cdots < u_s$, 偶数列 $1 \leqslant v_1 < v_2 < \cdots < v_t$, 使得对 $i \in \mathbf{Z}(1, s)$, $m_j = v_j d - 1$, 对 $j \in \mathbf{Z}(1, t)$, $k_i = u_i d - 1$, 且 f 满足下述条件:

(H_7) 存在 $g \in C((a, \infty), (a, \infty))$ 和常量 $L > 0$, 使得

(1) 对任意 $x > a$, $x = f(g(x), \cdots, g(x); x, \cdots, x)$.

(2) 对任意 $y \in E$, $f(p, \cdots, p; y, \cdots, y) - y = L$, 其中 $p = \inf_{x\in(a,\infty)} g(x) \in (a, \infty)$.

则方程 (4.1) 存在无界解.

证明　通过假设, 方程 (4.1) 可变换成下面方程

$$x_{n+1} = f(x_{n+1-d}, \cdots, x_{n+1-u_s d}; x_{n+1-v_1 d}, \cdots, x_{n+1-v_t d}).$$

我们选取初始值使得

$$x_{1-kd} = \begin{cases} < p, & k \leqslant \max\{u_s, v_t\} \text{ 是奇数}, \\ > g(p), & k \leqslant \max\{u_s, v_t\} \text{ 是偶数}. \end{cases}$$

由此有

$$\begin{aligned} x_1 &= f(x_{1-d}, \cdots, x_{1-u_s d}; x_{1-v_1 d}, \cdots, x_{1-v_t d}) \\ &> f(p, \cdots, p; g(p), \cdots, g(p)) \\ &= g(p) + L \end{aligned}$$

且

$$\begin{aligned} x_{1+d} &= f(x_{1+d-d}, \cdots, x_{1+d-u_s d}; x_{1+d-v_1 d}, \cdots, x_{1+d-v_t d}) \\ &< f(g(p), \cdots, g(p); p, \cdots, p) \\ &= p. \end{aligned}$$

通过归纳法可知, 对任意 $k \in \mathbf{N}_0$,

$$x_{1+kd} = \begin{cases} < p, & k \text{ 是奇数}, \\ > g(p) + L, & k \text{ 是偶数}. \end{cases}$$

选取奇数 $M > \max\{u_s, v_t\}$. 使用类似的方法可证, 对任意 $k \in \mathbf{N}_0$ 和 $n \geqslant k(M+1)$, 有

$$x_{1+nd} = \begin{cases} < p, & n \text{ 是奇数}, \\ > g(p) + (k+1)L, & n \text{ 是偶数}. \end{cases}$$

从而得知方程 (4.1) 有无界解. 证毕.

4.1.4 例子

例 4.1 考虑方程

$$x_{n+1}=p+\frac{\sum\limits_{k=1}^{t}a_kx_{n-m_k}}{\sum\limits_{k=1}^{s}b_kx_{n-n_k}}\quad (n\in\mathbf{N}_0), \tag{4.5}$$

其中, $p>0, a_i>0\ (i\in\mathbf{Z}(1,t)),\ b_j>0\ (j\in\mathbf{Z}(1,s))$, 且初始值 $x_{-l},\cdots,x_0\in\mathbf{R}_+$, $l=\max\{m_t,n_s\}$. 记 $A=\sum\limits_{k=1}^{t}a_k,\ B=\sum\limits_{k=1}^{s}b_k$.

(1) 如果 $pB>A$, 那么方程 (4.5) 的唯一正平衡点 $\bar{x}$ 是全局渐近稳定的.

(2) 假设 $\gcd(n_1+1,\cdots,n_s+1,m_1+1,\cdots,m_t+1)=1$ 且 $pB=A$. 如果所有 $n_i\ (i\in\mathbf{Z}(1,s))$ 是偶数, 所有 $m_j (j\in\mathbf{Z}(1,t))$ 是奇数, 那么方程 (4.5) 的每个正解收敛于一个 2 周期解. 否则, 每个正解收敛于唯一平衡点 $\bar{x}$.

(3) 假设存在奇数列 $1=u_1<u_2<\cdots<u_s$, 偶数列 $1\leqslant v_1<v_2<\cdots<v_t$, 使得对 $i\in\mathbf{Z}(1,s)$, $n_i=u_id-1$, 对 $j\in\mathbf{Z}(1,t)$, $m_j=v_jd-1$. 如果 $pB<A$, 那么方程 (4.5) 存在无界解.

证明 设 $E=\mathbf{R}_+$.

(1) 容易验证, 方程 (4.5) 满足 (H_1)—(H_4). 此外, 方程

$$\begin{cases} x=p+\dfrac{xA}{yB},\\ y=p+\dfrac{yA}{xB},\end{cases}$$

有唯一解

$$x=y=\bar{x}=p+\frac{A}{B},$$

这就意味着方程 (4.5) 满足 (H_5). 由定理 4.1 可知, 方程 (4.5) 唯一平衡点 $\bar{x}=p+A/B$ 是全局渐近稳定的.

(2) 设

$$g(x)=\frac{xp}{x-p}\quad (x>p).$$

容易验证, 方程 (4.5) 满足 $(H_1),(H_2),(H_6)$. 由定理 4.2 可知, 如果所有 $n_i\ (i\in\mathbf{Z}(1,s))$ 是偶数, 所有 $m_j\ (j\in\mathbf{Z}(1,t))$ 是奇数, 那么方程 (4.5) 的每个正解收敛于一个 2 周期解, 否则, 方程的每个正解收敛于唯一平衡点 $\bar{x}$.

(3) 设

$$g(x)=\frac{Ax}{B(x-p)}\quad (x>p).$$

容易验证, 方程 (4.5) 满足 (H_1) 和 (H_2). 此外, 还有

$$\begin{cases} \dfrac{A}{B} = \inf\limits_{x\in(p,\infty)} g(x) \in (p,\infty), \\ x = p + \dfrac{Ax}{Bg(x)} \quad (\text{对任意 } x > p), \\ p + \dfrac{Ay}{B\dfrac{A}{B}} - y = p > 0 \quad (y > 0), \end{cases}$$

这就意味着方程 (4.5) 满足 (H_7). 由定理 4.3 可知, 方程 (4.5) 存在无界解.

例 4.2　考虑方程

$$x_{n+1} = \frac{q + \sum\limits_{k=1}^{t} a_k x_{n-m_k}}{p + \sum\limits_{k=1}^{s} b_k x_{n-n_k}} \quad (n \in \mathbf{N}_0), \tag{4.6}$$

其中 $p, q \in \mathbf{R}_+$, $a_i > 0$ $(i \in \mathbf{Z}(1,t))$, $b_j > 0$ $(j \in \mathbf{Z}(1,s))$, 且初始值 $x_{-l}, \cdots, x_0 \in \mathbf{R}_+$, $l = \max\{m_t, n_s\}$. 记 $A = \sum\limits_{k=1}^{t} a_k$, $B = \sum\limits_{k=1}^{s} b_k$.

(1) 如果 $p > A$, 那么方程 (4.6) 的唯一正平衡点 $\bar{x}$ 是全局渐近稳定的.

(2) 假设 $\gcd(n_1+1, \cdots, n_s+1, m_1+1, \cdots, m_t+1) = 1$, $p = A$. 如果所有 n_i $(i \in \mathbf{Z}(1,s))$ 是偶数, 所有 m_j $(j \in \mathbf{Z}(1,t))$ 是奇数, 那么方程 (4.6) 的每个正解收敛于一个 2 周期解. 否则, 方程的每个正解收敛于唯一平衡点 $\bar{x}$.

(3) 假设存在奇数列 $1 = u_1 < u_2 < \cdots < u_s$, 偶数列 $1 \leqslant v_1 < v_2 < \cdots < v_t$, 使得 $n_i = u_i d - 1 (i \in \mathbf{Z}(1,s))$, $m_j = v_j d - 1 (j \in \mathbf{Z}(1,t))$. 如果 $p < A$, 那么方程 (4.6) 存在无界解.

证明　记 $E = \mathbf{R}_0$.

(1) 容易验证, 方程 (4.6) 满足 (H_1)—(H_4). 此外, 方程

$$\begin{cases} x = \dfrac{q + xA}{p + yB}, \\ y = \dfrac{q + yA}{p + xB} \end{cases}$$

有唯一解

$$x = y = \bar{x} = \frac{A - p + \sqrt{(p-A)^2 + 4Bq}}{2B},$$

这就意味着方程 (4.6) 满足 (H_5). 由定理 4.1 可知, 方程 (4.6) 唯一平衡点 $\bar{x}$ 是全局渐近稳定的.

(2) 设

$$g(x)=\frac{q}{Bx}\quad(x>0).$$

容易验证, 方程 (4.6) 满足 $(H_1),(H_2)$ 和 (H_6). 由定理 4.2 可知, 如果所有 n_i $(i\in\mathbf{Z}(1,s))$ 是偶数, 所有 m_j $(j\in\mathbf{Z}(1,t))$ 是奇数, 那么方程 (4.6) 的每个正解收敛于一个 2 周期解, 否则, 方程的每个正解收敛于唯一平衡点 $\bar{x}$.

(3) 设

$$g(x)=\frac{q+(A-p)x}{Bx}\quad(x>0).$$

容易验证, 方程 (4.6) 满足 (H_1) 和 (H_2). 此外, 还有

$$\begin{cases}\dfrac{A-p}{B}=\inf\limits_{x\in(p,\infty)}g(x)\in\mathbf{R}_+,\\ x=\dfrac{q+Ax}{p+Bg(x)}\quad(\text{对任意 }x>0),\\ \dfrac{q+Ay}{p+B\dfrac{A-p}{B}}-y=\dfrac{q}{A}>0\quad(y\geqslant 0),\end{cases}$$

这就意味着方程 (4.6) 满足 (H_7). 由定理 4.3 可知, 方程 (4.6) 存在无界解.

4.2 方程 (4.7) 的全局稳定性

在这一节, 我们研究下面的非线性差分方程

$$x_{n+1}=\frac{\sum\limits_{i=1}^{s}f_{2i-1}(x_n,\cdots,x_{n-k})f_{2i}(x_n,\cdots,x_{n-k})+\sum\limits_{i=1}^{2t}g_i(x_n,\cdots,x_{n-k})+h(x_n,\cdots,x_{n-k})+(s-t)}{\sum\limits_{i=1}^{2s}f_i(x_n,\cdots,x_{n-k})+\sum\limits_{i=1}^{t}g_{2i-1}(x_n,\cdots,x_{n-k})g_{2i}(x_n,\cdots,x_{n-k})+h(x_n,\cdots,x_{n-k})}$$

$$(n\in\mathbf{N}_0),\tag{4.7}$$

其中, $f_i,g_j\in C(\mathbf{R}_+^{k+1},\mathbf{R}_+),i\in\mathbf{Z}(1,2s),j\in\mathbf{Z}(1,2t),h\in C(\mathbf{R}_0^{k+1},\mathbf{R}_0),k\in\mathbf{N}$, 初始值 $x_{-k},x_{-k+1},\cdots,x_0\in\mathbf{R}_+$. 我们研究方程 (4.7) 唯一平衡点 $\bar{x}=1$ 是全局渐近稳定的条件.

引理 4.2 设 $(a_1,\cdots,a_{2s},b_1,\cdots,b_{2t})\in\mathbf{R}_+^{2t+2s}-\{(1,1,\cdots,1)\},c\in\mathbf{R}_0$, $\alpha=\max\{a_i,1/a_i,b_j,1/b_j:i\in\mathbf{Z}(1,2s),j\in\mathbf{Z}(1,2t)\}$, 则

$$\frac{1}{\alpha} < \frac{\sum_{i=1}^{s} a_{2i-1}a_{2i} + \sum_{i=1}^{2t} b_i + c + (s-t)}{\sum_{i=1}^{2s} a_i + \sum_{i=1}^{t} b_{2i-1}b_{2i} + c} < \alpha.$$

证明　我们仅证明右边的不等式, 用类似的方法, 可以证明左边的不等式. 只需证明

$$\sum_{i=1}^{s} a_{2i-1}a_{2i} + \sum_{i=1}^{2t} b_i + c + (s-t) < \alpha\sum_{i=1}^{2s} a_i + \alpha\sum_{i=1}^{t} b_{2i-1}b_{2i} + \alpha c.$$

由已知可以得到 $\alpha > 1$, 且有

$$\alpha a_{2i-1} > a_{2i-1}a_{2i}, \quad \alpha a_{-2i} \geqslant 1,$$

或者

$$\alpha a_{2i-1} \geqslant a_{2i-1}a_{2i}, \quad \alpha a_{2i} > 1,$$

这就意味着

$$\alpha\sum_{i=1}^{2s} a_i > \sum_{i=1}^{s} a_{2i-1}a_{2i} + s. \tag{4.8}$$

现在我们证明下面不等式

$$\alpha b_{2i-1}b_{2i} + 1 \geqslant b_{2i-1} + b_{2i}. \tag{4.9}$$

如果 $b_{2i-1} < 1$ 或者 $b_{2i} < 1$, 那么不等式 (4.9) 成立.

如果 $b_{2i-1} \geqslant 1$ 且 $b_{2i} \geqslant 1$, 那么

$$\begin{aligned}\frac{\alpha b_{2i-1}b_{2i}+1}{2} &\geqslant \sqrt{\alpha b_{2i-1}b_{2i}} \geqslant \sqrt{\alpha b_{2i}} \\ &\geqslant \sqrt{b_{2i}^2} = b_{2i}\end{aligned}$$

且

$$\begin{aligned}\frac{\alpha b_{2i-1}b_{2i}+1}{2} &\geqslant \sqrt{\alpha b_{2i-1}b_{2i}} \geqslant \sqrt{\alpha b_{2i-1}} \\ &\geqslant \sqrt{b_{2i-1}^2} = b_{2i-1},\end{aligned}$$

这就意味着不等式 (4.9) 成立. 由 (4.9) 可以得到

$$\alpha\sum_{i=1}^{t} b_{2i-1}b_{2i} \geqslant \sum_{i=1}^{2t} b_i - t. \tag{4.10}$$

由方程 (4.8), (4.10) 和 $\alpha c \geqslant c$ 可推出引理 4.2 的结论. 证毕.

定理 4.4　对任意 $u \in \mathbf{R}_+$, 记 $u^* = \max\{u, 1/u\}$. 如果对任 $i \in \mathbf{Z}(1,2t)$, $j \in \mathbf{Z}(1,2t)$,

$$[f_i(u_0,u_1,\cdots,u_k)]^* \leqslant \max\{u_0^*,u_1^*,\cdots,u_k^*\}$$

且

$$[g_j(u_0,u_1,\cdots,u_k)]^* \leqslant \max\{u_0^*,u_1^*,\cdots,u_k^*\},$$

那么方程 (4.7) 的唯一正平衡点 $\bar{x}=1$ 是全局渐近稳定的.

证明　设 $\{x_n\}_{n=-k}^{\infty}$ 是方程 (4.7) 的一个正解, 且初始值为正实数. 对任意 $n \in \mathbf{N}$, 记

$$p_n = \max\{x_n^*, x_{n-1}^*, \cdots, x_{n-k}^*\},$$

由引理 4.2 可知, 对任意 $n \in \mathbf{N}$, 有

$$\begin{aligned}x_{n+1} &= \frac{\sum\limits_{i=1}^{s} f_{2i-1}(x_n,\cdots,x_{n-k})f_{2i}(x_n,\cdots,x_{n-k}) + \sum\limits_{i=1}^{2t} g_i(x_n,\cdots,x_{n-k}) + h(x_n,\cdots x_{n-k}) + (s-t)}{\sum\limits_{i=1}^{2s} f_i(x_n,\cdots,x_{n-k}) + \sum\limits_{i=1}^{t} g_{2i-1}(x_n,\cdots,x_{n-k})g_{2i}(x_n,\cdots,x_{n-k}) + h(x_n,\cdots,x_{n-k})}\\ &\leqslant \max\{[f_i(x_n,\cdots,x_{n-k})]^*, [g_j(x_n,\cdots,x_{n-k})]^* : i \in \mathbf{Z}(1,2t), j \in \mathbf{Z}(1,2t)\}\\ &\leqslant \max\{x_{n-i}^* : i \in \mathbf{Z}(0,k)\} = p_n\end{aligned} \tag{4.11}$$

且

$$\begin{aligned}x_{n+1} &= \frac{\sum\limits_{i=1}^{s} f_{2i-1}(x_n,\cdots,x_{n-k})f_{2i}(x_n,\cdots,x_{n-k}) + \sum\limits_{i=1}^{2t} g_i(x_n,\cdots,x_{n-k}) + h(x_n,\cdots x_{n-k}) + (s-t)}{\sum\limits_{i=1}^{2s} f_i(x_n,\cdots,x_{n-k}) + \sum\limits_{i=1}^{t} g_{2i-1}(x_n,\cdots,x_{n-k})g_{2i}(x_n,\cdots,x_{n-k}) + h(x_n,\cdots,x_{n-k})}\\ &\geqslant \frac{1}{\max\{[f_i(x_n,\cdots,x_{n-k})]^*, [g_j(x_n,\cdots,x_{n-k})]^* : i \in \mathbf{Z}(1,2t), j \in \mathbf{Z}(1,2t)\}}\\ &\geqslant \frac{1}{\max\{x_{n-i}^* : i \in \mathbf{Z}(0,k)\}} = \frac{1}{p_n}.\end{aligned} \tag{4.12}$$

由 (4.11) 和 (4.12) 可知, 对任意 $n \in \mathbf{N}_0$,

$$1 \leqslant x_{n+1}^* \leqslant p_n \quad \text{且} \quad p_{n+1} \leqslant p_n. \tag{4.13}$$

由 (4.13), 可以假设

$$\lim_{n\to\infty} p_n = M \geqslant 1$$

且

$$\frac{1}{M} \leqslant \liminf_{n\to\infty} x_n \leqslant \limsup_{n\to\infty} x_n \leqslant M. \tag{4.14}$$

因

$$p_n = \max\{x_n^*, x_{n-1}^*, \cdots, x_{n-k}^*\},$$

故存在一个序列 $l_s \to \infty$, 使得

$$\lim_{n\to\infty} x_{l_s} = M \quad 或者 \quad \lim_{n\to\infty} x_{l_s} = \frac{1}{M}.$$

通过选取子序列, 我们可以假设, 对 $i \in \mathbf{Z}(1, k+1)$, 有

$$\lim_{n\to\infty} x_{l_s - i} = M_i.$$

由 (4.14) 可知 $1/M \leqslant M_i \leqslant M$.

我们断言 $M = 1$. 事实上, 如果 $M > 1$, 那么存在 $i \in \mathbf{Z}(1, 2t)$, 使得 $f_i(M_1, \cdots, M_{k+1}) \neq 1$ 或者存在 $j \in \mathbf{Z}(1, 2t)$, 使得 $g_j(M_1, \cdots, M_{k+1}) \neq 1$.

如果 $\lim\limits_{n\to\infty} x_{l_s} = M$, 那么由引理 4.2 和方程 (4.7), 则有

$$\begin{aligned} M &= \frac{\sum\limits_{i=1}^{s} f_{2i-1}(M_1, \cdots, M_{k+1}) f_{2i}(M_1, \cdots, M_{k+1}) + \sum\limits_{i=1}^{2t} g_i(M_1, \cdots, M_{k+1}) + h(M_1, \cdots M_{k+1}) + (s-t)}{\sum\limits_{i=1}^{2s} f_i(M_1, \cdots, M_{k+1}) + \sum\limits_{i=1}^{t} g_{2i-1}(M_1, \cdots, M_{k+1}) g_{2i}(M_1, \cdots, M_{k+1}) + h(M_1, \cdots, M_{k+1})} \\ &< \max\{[f_i(M_1, \cdots, M_{k+1})]^*, [g_j(M_1, \cdots, M_{k+1})]^*\} \\ &\leqslant \max\{M_i : i \in \mathbf{Z}(1, k+1)\} \leqslant M. \end{aligned}$$

这就导致了矛盾.

如果 $\lim\limits_{n\to\infty} x_{l_s} = 1/M$, 那么由引理 4.2 和方程 (4.7) , 则有

$$\begin{aligned} \frac{1}{M} &= \frac{\sum\limits_{i=1}^{s} f_{2i-1}(M_1, \cdots, M_{k+1}) f_{2i}(M_1, \cdots, M_{k+1}) + \sum\limits_{i=1}^{2t} g_i(M_1, \cdots, M_{k+1}) + h(M_1, \cdots M_{k+1}) + (s-t)}{\sum\limits_{i=1}^{2s} f_i(M_1, \cdots, M_{k+1}) + \sum\limits_{i=1}^{t} g_{2i-1}(M_1, \cdots, M_{k+1}) g_{2i}(M_1, \cdots, M_{k+1}) + h(M_1, \cdots, M_{k+1})} \\ &> \frac{1}{\max\{[f_i(M_1, \cdots, M_{k+1})]^*, [g_j(M_1, \cdots, M_{k+1})]^*\}} \\ &\geqslant \frac{1}{\max\{M_i : i \in \mathbf{Z}(1, k+1)\}} \geqslant \frac{1}{M}. \end{aligned}$$

这也导致了矛盾. 断言得证.

由 (4.7) 和方程 (4.14) 可知

$$\lim_{n\to\infty} x_n = 1 \tag{4.15}$$

且

$$1 = \frac{\sum\limits_{i=1}^{s} f_{2i-1}(1, \cdots, 1) f_{2i}(1, \cdots, 1) + \sum\limits_{i=1}^{2t} g_i(1, \cdots, 1) + h(1, \cdots, 1) + (s-t)}{\sum\limits_{i=1}^{2s} f_i(1, \cdots, 1) + \sum\limits_{i=1}^{t} g_{2i-1}(1, \cdots, 1) g_{2i}(1, \cdots, 1) + h(1, \cdots, 1)}.$$

因此 $\bar{x}=1$ 是方程 (4.7) 的唯一正平衡点.

对任意 $0<\varepsilon<1$, 选取 $\delta=\varepsilon/(\varepsilon+1)$, 且令 $\{x_n\}_{n=-k}^{\infty}$ 是方程 (4.7) 的一个解, 初始值 $x_{-k},x_{-k+1},\cdots,x_0\in(1-\delta,1+\delta)$. 则对任意 $i\in\mathbf{Z}(-k,0)$, 我们可以得到 $x_i<1+\varepsilon$ 且 $1/x_i<1/(1-\delta)=1+\varepsilon$. 由 (4.11) 和 (4.14) 可以得到, 对任意 $n\in\mathbf{N}_0$,

$$1-\varepsilon<\frac{1}{p_0}\leqslant\frac{1}{p_n}\leqslant x_{n+1}\leqslant p_n\leqslant p_0<1+\varepsilon. \tag{4.16}$$

由 (4.15) 和 (4.16) 易见 $\bar{x}=1$ 是全局渐近稳定的. 定理 4.4 得证.

4.3 方程 $x_{n+1}=\dfrac{P(x_{n-i_0},x_{n-i_1},\cdots,x_{n-i_{2k}})+b}{Q(x_{n-i_0},x_{n-i_1},\cdots,x_{n-i_{2k}})+b}$ 的全局稳定性

在这一节, 我们研究差分方程

$$x_{n+1}=\frac{P(x_{n-i_0},x_{n-i_1},\cdots,x_{n-i_{2k}})+b}{Q(x_{n-i_0},x_{n-i_1},\cdots,x_{n-i_{2k}})+b}\quad(n\in\mathbf{N}_0) \tag{4.17}$$

的全局稳定性, 其中 $k\in\mathbf{N}$, $P(x_{n-i_0})=x_{n-i_0},Q(x_{n-i_0})=1$, $0\leqslant i_0<i_1<\cdots<i_{2k},b\in\mathbf{R}_0$, 初始值 $x_{-i_{2k}},x_{-i_{2k}+1},\cdots,x_0\in\mathbf{R}_+$, 且对任意的 $j\in\mathbf{Z}(1,k)$,

$$\begin{aligned}P(x_{n-i_0},\cdots,x_{n-i_{2j}})=&(x_{n-i_{2j}}x_{n-i_{2j-1}}+1)P(x_{n-i_0},\cdots,x_{n-i_{2j-2}})\\&+(x_{n-i_{2j}}+x_{n-i_{2j-1}})Q(x_{n-i_0},\cdots,x_{n-i_{2j-2}}),\\Q(x_{n-i_0},\cdots,x_{n-i_{2j}})=&(x_{n-i_{2j}}x_{n-i_{2j-1}}+1)Q(x_{n-i_0},\cdots,x_{n-i_{2j-2}})\\&+(x_{n-i_{2j}}+x_{n-i_{2j-1}})P(x_{n-i_0},\cdots,x_{n-i_{2j-2}}).\end{aligned}$$

另外, 将方程 (4.17) 的分子和分母互换一下, 就变成了如下的形式.

$$x_{n+1}=\frac{Q(x_{n-i_0},x_{n-i_1},\cdots,x_{n-i_{2k}})+b}{P(x_{n-i_0},x_{n-i_1},\cdots,x_{n-i_{2k}})+b}\quad(n\in\mathbf{N}_0). \tag{4.18}$$

我们断言方程 (4.17) 有唯一的正平衡点. 事实上, 由于方程 (4.17) 的正平衡点 $\bar{x}$ 满足

$$\bar{x}=\frac{P\overbrace{(\bar{x},\bar{x},\cdots,\bar{x})}^{2k+1\text{ 个元素}}+b}{Q\underbrace{(\bar{x},\bar{x},\cdots,\bar{x})}_{2k+1\text{ 个元素}}+b},$$

从而可得

$$\overline{x}=\frac{(\overline{x}^2+1)P\overbrace{(\overline{x},\overline{x},\cdots,\overline{x})}^{2k-1\text{ 个元素}}+2\overline{x}Q\overbrace{(\overline{x},\overline{x},\cdots,\overline{x})}^{2k-1\text{ 个元素}}+b}{(\overline{x}^2+1)Q\underbrace{(\overline{x},\overline{x},\cdots,\overline{x})}_{2k-1\text{ 个元素}}+2\overline{x}P\underbrace{(\overline{x},\overline{x},\cdots,\overline{x})}_{2k-1\text{ 个元素}}+b},$$

即有

$$\overline{x}(\overline{x}^2-1)Q\overbrace{(\overline{x},\overline{x},\cdots,\overline{x})}^{2k-1\text{ 个元素}}+(\overline{x}^2-1)P\overbrace{(\overline{x},\overline{x},\cdots,\overline{x})}^{2k-1\text{ 个元素}}+b(\overline{x}-1)=0. \tag{4.19}$$

由 (4.19) 可得

$$(\overline{x}-1)[(\overline{x}^2+\overline{x})Q\overbrace{(\overline{x},\overline{x},\cdots,\overline{x})}^{2k-1\text{ 个元素}}+(\overline{x}+1)P\overbrace{(\overline{x},\overline{x},\cdots,\overline{x})}^{2k-1\text{ 个元素}}+b]=0,$$

由此可知方程 (4.17) 有唯一正平衡点 $\overline{x}=1$, 断言证毕.

定理 4.5　方程 (4.17) 的唯一正平衡点是全局渐近稳定的.

为证明上述定理, 我们先引入下面两个引理.

引理 4.3　设 $(x_n,x_{n-1},\cdots,x_{n-i_{2k}})\in\mathbf{R}_+^{i_{2k}+1}-\{(1,1,\cdots,1)\}$ 和

$$M=\max\left\{x_{n-j},\frac{1}{x_{n-j}}:j\in\mathbf{Z}(0,i_{2k})\right\},$$

则

$$\frac{1}{M}<\frac{P(x_{n-i_0},x_{n-i_1},\cdots,x_{n-i_{2k}})+b}{Q(x_{n-i_0},x_{n-i_1},\cdots,x_{n-i_{2k}})+b}<M. \tag{4.20}$$

证明　因为

$$\frac{1}{M}<\frac{P(x_{n-i_0},x_{n-i_1},\cdots,x_{n-i_{2k}})}{Q(x_{n-i_0},x_{n-i_1},\cdots,x_{n-i_{2k}})}<M \tag{4.21}$$

成立, 可以推出 (4.20) 也成立, 所以我们仅证明不等式 (4.21) 成立即可. 由已知我们有 $M>1$. 下面对 k 使用数学归纳法.

(1) 当 $k=1$ 时, 令 $M_1=\max\{x_{n-j},1/x_{n-j}:j\in\mathbf{Z}(0,i_2)\}$, 由于 $M_1>1$, 从而 $M_1>x_{n-i_0}$ 或 $M_1>1/x_{n-i_0}$, 由此可得

$$\frac{1}{M_1}<\frac{(x_{n-i_1}x_{n-i_2}+1)x_{n-i_0}+(x_{n-i_1}+x_{n-i_2})}{(x_{n-i_1}x_{n-i_2}+1)+(x_{n-i_1}+x_{n-i_2})x_{n-i_0}}<M_1,$$

即

$$\frac{1}{M_1}<\frac{P(x_{n-i_0},x_{n-i_1},x_{n-i_2})}{Q(x_{n-i_0},x_{n-i_1},x_{n-i_2})}<M_1.$$

因此, 当 $k=1$ 时, 不等式 (4.21) 成立.

(2) 假设 $k=m$ 时, 不等式 (4.21) 成立, 即设 $M_m=\max\{x_{n-j},1/x_{n-j}:j\in\mathbf{Z}(0,i_{2m})\}$, 则有

$$\frac{1}{M_m}<\frac{P(x_{n-i_0},x_{n-i_1},\cdots,x_{n-i_{2m}})}{Q(x_{n-i_0},x_{n-i_1},\cdots,x_{n-i_{2m}})}<M_m \tag{4.22}$$

成立. 下证当 $k=m+1$ 时, 不等式 (4.21) 也成立.

令 $M_{m+1}=\max\{x_{n-j},1/x_{n-j}:j\in\mathbf{Z}(0,i_{2m+2})\}$. 我们分两种可能的情形来考虑.

情形 1　若 $(x_n,x_{n-1},\cdots,x_{n-i_{2m}})\neq(1,1,\cdots,1)$, 则由 (4.22) 可知

$$\frac{1}{M_{m+1}}\leqslant\frac{1}{M_m}<\frac{P(x_{n-i_0},x_{n-i_1},\cdots,x_{n-i_{2m}})}{Q(x_{n-i_0},x_{n-i_1},\cdots,x_{n-i_{2m}})}<M_m\leqslant M_{m+1},$$

从而有

$$\begin{aligned}\frac{P(x_{n-i_0},\cdots,x_{n-i_{2m+2}})}{Q(x_{n-i_0},\cdots,x_{n-i_{2m+2}})}&<\frac{M_{m+1}(x_{n-i_{2m+2}}x_{n-i_{2m+1}}+1)+(x_{n-i_{2m+2}}+x_{n-i_{2m+1}})}{(x_{n-i_{2m+2}}x_{n-i_{2m+1}}+1)+(x_{n-i_{2m+2}}+x_{n-i_{2m+1}})\dfrac{1}{M_{m+1}}}\\&=M_{m+1}.\end{aligned}$$

同理可得

$$\frac{P(x_{n-i_0},\cdots,x_{n-i_{2m+2}})}{Q(x_{n-i_0},\cdots,x_{n-i_{2m+2}})}>\frac{1}{M_{m+1}}.$$

故有

$$\frac{1}{M_{m+1}}<\frac{P(x_{n-i_0},x_{n-i_1},\cdots,x_{n-i_{2m+2}})}{Q(x_{n-i_0},x_{n-i_1},\cdots,x_{n-i_{2m+2}})}<M_{m+1}.$$

情形 2　若 $(x_n,x_{n-1},\cdots,x_{n-i_{2m}})=(1,1,\cdots,1)$, 那么

$$P(x_{n-i_0},x_{n-i_1},\cdots,x_{n-i_{2m}})=Q(x_{n-i_0},x_{n-i_1},\cdots,x_{n-i_{2m}}).$$

由于 $M_{m+1}>1$, 则有

$$\frac{1}{M_{m+1}}<\frac{P(x_{n-i_0},x_{n-i_0},\cdots,x_{n-i_{2m+2}})}{Q(x_{n-i_0},x_{n-i_0},\cdots,x_{n-i_{2m+2}})}$$

$$\begin{aligned}&=\frac{(x_{n-i_{2m+2}}x_{n-i_{2m+1}}+1)+(x_{n-i_{2m+2}}+x_{n-i_{2m+1}})}{(x_{n-i_{2m+2}}x_{n-i_{2m+1}}+1)+(x_{n-i_{2m+2}}+x_{n-i_{2m+1}})}\\&=1<M_{m+1}.\end{aligned}$$

这样, 由数学归纳法可知 (4.21) 成立, 从而有 (4.20) 成立. 证毕.

设 ρ 表示 $\mathbf{R}_+^{i_{2k}+1}$ 上的偏度量 (参见 [11]), 它的定义为: 对任意 $x=(x_0,x_1,\cdots,x_{i_{2k}}), y=(y_0,y_1,\cdots,y_{i_{2k}})\in\mathbf{R}_+^{i_{2k}+1}$,

$$\rho(x,y)=-\log\min\left\{\frac{x_i}{y_i},\frac{y_i}{x_i}:j\in\mathbf{Z}(0,i_{2k})\right\}.$$

Thompson 在 [11] 中证明了 $(\mathbf{R}_+^{i_{2k}+1},\rho)$ 是一个完备度量空间. Krεuse 和 Nussbaum 在 [12] 中证明, 在 $\mathbf{R}_+^{i_{2k}+1}$ 上, 偏度量与欧几里得范数是等价的.

引理 4.4([13]) 设 $T:\mathbf{R}_+^{i_{2k}+1}\to\mathbf{R}_+^{i_{2k}+1}$ 是一个连续映射, 且存在唯一不动点 $\overline{x}\in\mathbf{R}_+^{i_{2k}+1}$. 若存在 $l\geqslant 1$, 使得对于偏度量 ρ, 有

$$\rho(T^l x,\overline{x})<\rho(x,\overline{x})\quad(x\neq\overline{x})$$

成立, 则 $\overline{x}$ 是全局渐近稳定的.

定理 4.5 的证明 设 $\{x_n\}_{n=-i_{2k}}^{\infty}$ 是方程 (4.17) 的一个解, 初始条件 $x_{-i_{2k}}, x_{-i_{2k}+1},\cdots,x_0\in\mathbf{R}_+^{i_{2k}+1}$, 使得 $\{x_n\}_{n=-i_{2k}}^{\infty}$ 不是终于等于 1(否则, 若终于等于 1, 则无须证明). 定义映射 $T:\mathbf{R}_+^{i_{2k}+1}\to\mathbf{R}_+^{i_{2k}+1}$ 为

$$\begin{aligned}&T(x_{n-i_{2k}},x_{n-i_{2k}+1},\cdots,x_n)\\=&(x_{n-i_{2k}+1},x_{n-i_{2k}+2},\cdots,x_n,f(x_{n-i_{2k}},x_{n-i_{2k}+1},\cdots,x_n)),\end{aligned}$$

则初始条件为 $y_0=(x_{-i_{2k}},x_{-i_{2k}+1},\cdots,x_0)$ 的系统 $y_{n+1}=Ty_n$ 的解 $\{y_n\}_{n=0}^{\infty}$ 的第一个分量就代表了方程 (4.17) 的解 $\{x_n\}_{n=-i_{2k}}^{\infty}$.

由引理 4.3 可知, 对于任意 $n\geqslant 0$, 下述不等式成立.

$$x_{n+1}>\min\left\{x_n,x_{n-1},\cdots,x_{n-i_{2k}},\frac{1}{x_n},\frac{1}{x_{n-1}},\cdots,\frac{1}{x_{n-i_{2k}}}\right\},$$

$$x_{n+1}<\max\left\{x_n,x_{n-1},\cdots,x_{n-i_{2k}},\frac{1}{x_n},\frac{1}{x_{n-1}},\cdots,\frac{1}{x_{n-i_{2k}}}\right\}.$$

从而, 对于 $\overline{x}=(1,1,\cdots,1)$ 和偏度量 ρ, 有

$$\rho(T^{i_{2k}+1}(y_n),\overline{x})<\rho(y_n,\overline{x})\quad(n\in\mathbf{N}_0).$$

由引理 4.4 可知, 方程 (4.17) 的唯一正平衡点是全局渐近稳定的. 证毕.

4.4 方程 $x_{n+1}=\dfrac{Af_1(x_n,\cdots,x_{n-k})+Bf_2(x_n,\cdots,x_{n-k})f_3(x_n,\cdots,x_{n-k})+C}{\alpha f_1(x_n,\cdots,x_{n-k})f_2(x_n,\cdots,x_{n-k})+\beta f_3(x_n,\cdots,x_{n-k})+\gamma}$ 的全局稳定性

在这一节, 我们研究一类非线性迟滞差分方程

$$x_{n+1}=\frac{Af_1(x_n,\cdots,x_{n-k})+Bf_2(x_n,\cdots,x_{n-k})f_3(x_n,\cdots,x_{n-k})+C}{\alpha f_1(x_n,\cdots,x_{n-k})f_2(x_n,\cdots,x_{n-k})+\beta f_3(x_n,\cdots,x_{n-k})+\gamma}\quad (n\in\mathbf{N}_0), \tag{4.23}$$

其中 $A,B,\alpha,\beta\in\mathbf{R}_+, C,\gamma\in\mathbf{R}_0$, $A+B+C=\alpha+\beta+\gamma$, $f_i\in C(\mathbf{R}_+^{k+1},\mathbf{R}_+)(1\leqslant i\leqslant 3)$, $k\in\mathbf{N}_0$ 且初始值为正实数.

在本节, 对任意 $u\in\mathbf{R}_+$, 记 $u^*=\max\{u,1/u\}$. 那么下面的定理就是本节的主要结论.

定理 4.6　设 $A,B,\alpha,\beta\in\mathbf{R}_+,C,\gamma\in\mathbf{R}_0$, $f_i\in C(\mathbf{R}_+^{k+1},\mathbf{R}_+)$ $(1\leqslant i\leqslant 3)$, 且满足下述条件:

(1) $A+B+C=\alpha+\beta+\gamma$.

(2) $\alpha+\gamma\geqslant A\geqslant\alpha$.

(3) $B+C\geqslant\beta\geqslant B$.

(4) $[f_i(u_0,u_1,\cdots,u_k)]^*\leqslant\max\{u_0^*,u_1^*,\cdots,u_k^*\}$.

则 $\overline{x}=1$ 是方程 (4.23) 的唯一正平衡点, 且是全局渐近稳定的.

为了证明定理 4.6, 我们先证下面的引理.

引理 4.5　设 $A,B,\alpha,\beta,C,\gamma$ 如同定理 4.6, $(a,b,c)\in\mathbf{R}_+^3-\{(1,1,1)\}$ 且 $M=\max\{a^*,b^*,c^*\}$, 则

$$\frac{1}{M}<\frac{Aa+Bbc+C}{\alpha ab+\beta c+\gamma}<M.$$

证明　因为 $(a,b,c)\in\mathbf{R}_+^3-\{(1,1,1)\}$ 且 $M=\max\{a^*,b^*,c^*\}$, 所以对每个 $u\in\{a,b,c\}$, 都有 $M>1$ 且 $M\geqslant u>1/M$ 或 $M>u\geqslant 1/M$. 因此

$$\begin{aligned}&Aa+Bbc+C\\=&\alpha a+Bbc+(A-\alpha)a+(\beta-B)+(C-\beta+B)\\<&\alpha abM+BcM+(A-\alpha)M+(\beta-B)cM+(\gamma-A+\alpha)M\\=&(\alpha ab+\beta c+\gamma)M,\end{aligned}$$

从而可以得到

$$\frac{Aa+Bbc+C}{\alpha ab+\beta c+\gamma}<M.$$

用类似的方法, 还可以得到

$$\frac{1}{M}<\frac{Aa+Bbc+C}{\alpha ab+\beta c+\gamma}.$$

引理 4.5 得证.

定理 4.6 的证明　设 $\{x_n\}_{n=-k}^{\infty}$ 是方程 (4.23) 的一个解, 且初始值 x_{-k}, $x_{-k+1},\cdots,x_0\in\mathbf{R}_+$. 对任意 $n\in\mathbf{N}_0$, 记

$$p_n=\max\{x_n^*,x_{n-1}^*,\cdots,x_{n-k}^*\}.$$

由引理 4.5 可知, 对任意 $n\in\mathbf{N}_0$, 有

$$\begin{aligned}x_{n+1}&=\frac{Af_1(x_n,\cdots,x_{n-k})+Bf_2(x_n,\cdots,x_{n-k})f_3(x_n,\cdots,x_{n-k})+C}{\alpha f_1(x_n,\cdots,x_{n-k})f_2(x_n,\cdots,x_{n-k})+\beta f_3(x_n,\cdots,x_{n-k})+\gamma}\\&\leqslant\max\{[f_i(x_n,x_{n-1},\cdots,x_{n-k})]^*:i=1,2,3\}\\&\leqslant\max\{x_{n-i}^*:i\in\mathbf{Z}(0,k)\}=p_n\end{aligned}\tag{4.24}$$

且

$$\begin{aligned}x_{n+1}=&\frac{Af_1(x_n,\cdots,x_{n-k})+Bf_2(x_n,\cdots,x_{n-k})f_3(x_n,\cdots,x_{n-k})+C}{\alpha f_1(x_n,\cdots,x_{n-k})f_2(x_n,\cdots,x_{n-k})+\beta f_3(x_n,\cdots,x_{n-k})+\gamma}\\\geqslant&\frac{1}{\max\{[f_i(x_n,x_{n-1},\cdots,x_{n-k})]^*:i=1,2,3\}}\\\geqslant&\frac{1}{\max\{x_{n-i}^*:i\in\mathbf{Z}(0,k)\}}=\frac{1}{p_n}.\end{aligned}\tag{4.25}$$

由 (4.24) 和 (4.25) 可知, 对任意 $n\in\mathbf{N}_0$, 有

$$1\leqslant x_{n+1}^*\leqslant p_n\quad 且\quad p_{n+1}\leqslant p_n.\tag{4.26}$$

由 (4.26), 可假设

$$\lim_{n\to\infty}p_n=M\geqslant 1.$$

从而

$$\frac{1}{M}\leqslant\liminf_{n\to\infty}x_n\leqslant\limsup_{n\to\infty}x_n\leqslant M.\tag{4.27}$$

因为 $p_n=\max\{x_n^*,x_{n-1}^*,\cdots,x_{n-k}^*\}$, 所以存在一个序列 $l_s\longrightarrow\infty$, 使得

$$\lim_{n\to\infty}x_{l_s}=M$$

或

$$\lim_{n\to\infty} x_{l_s} = \frac{1}{M}.$$

通过选取子序列, 我们可假设, 对 $i \in \mathbf{Z}(1, k+1)$,

$$\lim_{n\to\infty} x_{l_s - i} = M_i.$$

由 (4.27) 易见 $1/M \leqslant M_i \leqslant M$.

我们断言 $M = 1$. 事实上, 如果 $M > 1$, 那么对某 $i \in \{1,2,3\}$, $f_i(M_1, \cdots, M_{k+1}) \neq 1$.

如果 $\lim\limits_{n\to\infty} x_{l_s} = M$, 那么由引理 4.5 和 (4.23) 可知

$$\begin{aligned} M &= \frac{Af_1(M_1,\cdots,M_{k+1}) + Bf_2(M_1,\cdots,M_{k+1})f_3(M_1,\cdots,M_{k+1}) + C}{\alpha f_1(M_1,\cdots,M_{k+1})f_2(M_1,\cdots,M_{k+1}) + \beta f_3(M_1,\cdots,M_{k+1}) + \gamma} \\ &< \max\{[f_i(M_1,\cdots,M_{k+1})]^* : i = 1,2,3\} \\ &\leqslant \max\{M_i : i \in \mathbf{Z}(1,k+1)\} \leqslant M. \end{aligned}$$

这就导致了矛盾.

如果 $\lim\limits_{n\to\infty} x_{l_s} = 1/M$, 同样由引理 4.5 和 (4.23) 可知

$$\begin{aligned} \frac{1}{M} &= \frac{Af_1(M_1,\cdots,M_{k+1}) + Bf_2(M_1,\cdots,M_{k+1})f_3(M_1,\cdots,M_{k+1}) + C}{\alpha f_1(M_1,\cdots,M_{k+1})f_2(M_1,\cdots,M_{k+1}) + \beta f_3(M_1,\cdots,M_{k+1}) + \gamma} \\ &> \frac{1}{\max\{[f_i(M_1,\cdots,M_{k+1})]^* : i = 1,2,3\}} \\ &\geqslant \frac{1}{\max\{M_i : i \in \mathbf{Z}(1,k+1)\}} \geqslant \frac{1}{M}. \end{aligned}$$

导致了矛盾. 断言得证.

根据 (4.23),(4.27) 和断言, 我们可以得到 $\lim\limits_{n\to\infty} x_n = 1$ 且

$$1 = \frac{Af_1(1,\cdots,1) + Bf_2(1,\cdots,1)f_3(1,\cdots,1) + C}{\alpha f_1(1,\cdots,1)f_2(1,\cdots,1) + \beta f_3(1,\cdots,1) + \gamma}.$$

因此 $\overline{x} = 1$ 是方程 (4.23) 的唯一正平衡点.

对任意 $1 > \varepsilon > 0$, 选取 $\delta = \varepsilon/(1+\varepsilon)$, 且设 $\{x_n\}_{n=-k}^{\infty}$ 是方程 (4.23) 的一个解, 初始值 $x_{-k}, x_{-k+1}, \cdots, x_0 \in (1-\delta, 1+\delta)$, 则对任意 $i \in \mathbf{Z}(-k, 0)$, 有 $x_i < 1+\varepsilon$ 且 $1/x_i < 1/(1-\delta) = 1+\varepsilon$. 根据 (4.24) 和 (4.25), 易见对任意 $n \in \mathbf{N}_0$,

$$1 - \varepsilon < \frac{1}{p_0} \leqslant \frac{1}{p_n} \leqslant x_{n+1} \leqslant p_n \leqslant p_0 < 1 + \varepsilon,$$

这就意味着 $\bar{x}=1$ 是全局渐近稳定的. 定理 4.6 得证.

例 4.3　令 $u_i>0\ (i=0,1,2,3)$ 且 $\alpha=\max\{u_0^*,u_1^*,u_2^*,u_3^*\}$, 考虑

$$g_1(u_0,u_1,u_2,u_3)=\frac{u_0u_1u_2u_3+u_0u_1+u_0u_2+u_0u_3+u_1u_2+u_1u_3+u_2u_3+1}{u_0u_1u_2+u_0u_1u_3+u_0u_2u_3+u_1u_2u_3+u_0+u_1+u_2+u_3},$$
$$g_2(u_0,u_1,u_2,u_3)=\frac{u_0u_1+u_2+u_3}{u_0+u_1+u_2u_3}.$$

那么 $[g_i(u_0,u_1,u_2,u_3)]^*\leqslant\alpha(i=1,2)$.

证明　因为 $\alpha\geqslant u_i$ 且 $\alpha u_i\geqslant 1\ (i=0,1,2,3)$, 所以有

$$g_1(u_0,u_1,u_2,u_3)\leqslant\alpha.$$

用类似的方法, 可以得出

$$\frac{1}{g_1(u_0,u_1,u_2,u_3)}\leqslant\alpha.$$

因此

$$[g_1(u_0,u_1,u_2,u_3)]^*\leqslant\alpha.$$

下面证明 $[g_2(u_0,u_1,u_2,u_3)]^*\leqslant\alpha$.

如果 $u_2<1$ 或 $u_3<1$, 那么

$$\alpha u_0+\alpha u_1+\alpha u_2u_3>u_0u_1+u_2+u_3,$$

从而可以得出

$$\frac{u_0u_1+u_2+u_3}{u_0+u_1+u_2u_3}\leqslant\alpha.$$

如果 $u_2\geqslant 1$ 且 $u_3\geqslant 1$, 可以得出下面的不等式.

$$\alpha(u_0+u_1)\geqslant 2u_0u_1,$$
$$\alpha u_2u_3+\alpha u_0\geqslant 2u_2,$$
$$\alpha u_2u_3+\alpha u_1\geqslant 2u_3.$$

易见

$$\frac{u_0u_1+u_2+u_3}{u_0+u_1+u_2u_3}\leqslant\alpha.$$

用类似的方法, 可以得出

$$\frac{u_0+u_1+u_2u_3}{u_0u_1+u_2+u_3}\leqslant\alpha.$$

因此 $[g_2(u_0,u_1,u_2,u_3)]^*\leqslant\alpha$. 证毕.

现设 $A=\alpha>0$, $B=\beta>0$ 且 $C=\gamma=a\geqslant 0$, 那么方程 (4.23) 可以变换为

$$x_{n+1}=\frac{Af_1(x_n,\cdots,x_{n-k})+Bf_2(x_n,\cdots,x_{n-k})f_3(x_n,\cdots,x_{n-k})+a}{Af_1(x_n,\cdots,x_{n-k})f_2(x_n,\cdots,x_{n-k})+Bf_3(x_n,\cdots,x_{n-k})+a}\quad (n\in\mathbf{N}_0),\tag{4.28}$$

其中 $f_i\in C(\mathbf{R}_+^{k+1},\mathbf{R}_+)$ $(1\leqslant i\leqslant 3)$, 初始值为正实数.

引理 4.6　设 $A,B,b,c,d\in\mathbf{R}_+$, $a\geqslant 0$ 且 $b\neq 1$, 那么

$$\frac{1}{b^*}<\frac{Ad+Bbc+a}{Adb+Bc+a}<b^*.$$

证明　因为 $b\neq 1$, 所以有 $b^*=b>1$ 或 $b^*=1/b>1$. 因此

$$Aa+Bbc+d<(Aab+Bc+d)b^*,$$

从而可以得出

$$\frac{Aa+Bbc+d}{Aab+Bc+d}<b^*.$$

用类似的方法, 可得出

$$\frac{1}{b^*}<\frac{Aa+Bbc+d}{Aab+Bc+d}.$$

引理 4.6 得证.

根据引理 4.6 和定理 4.6, 我们可以得出下面的定理.

定理 4.7　如果

$$[f_2(u_0,u_1,\cdots,u_k)]^*\leqslant\max\{u_0^*,u_1^*,\cdots,u_k^*\},$$

那么方程 (4.28) 有唯一正平衡点 $\overline{x}=1$, 且是全局渐近稳定的.

推论 4.1　方程

$$x_{n+1}=\frac{x_{n-r}^b x_{n-m}+x_{n-l}^b+a}{x_{n-r}^b+x_{n-m}x_{n-l}^b+a}\quad (n\in\mathbf{N}_0)$$

的唯一正平衡点 $\overline{x}=1$ 是全局渐近稳定的, 其中 $a,b\in\mathbf{R}_0$, $r,l,m\in\mathbf{N}_0$ $(r\neq l, r\neq m, m\neq l)$, 初始值为正实数.

证明　令 $A=B=1$, $k=\max\{l,m,r\}$,

$$f_1(u_0,u_1,\cdots,u_k)=u_l^b,$$

$$f_2(u_0,u_1,\cdots,u_k)=u_m,$$

且

$$f_3(u_0,u_1,\cdots,u_k)=u_r^b,$$

则方程 (4.28) 可以变换为推论 4.1 的方程. 因为

$$[f_2(u_0,u_1,\cdots,u_k)]^*=u_m^*\leqslant\max\{u_0^*,u_1^*,\cdots,u_k^*\},$$

所以由定理 4.7 可知推论 4.1 的方程的唯一正平衡点 $\overline{x}=1$ 是全局渐近稳定的.

根据推论 4.1, 我们可以得出推论 4.2 和推论 4.3.

推论 4.2　方程

$$x_{n+1}=\frac{x_n+x_{n-1}x_{n-2}}{x_nx_{n-1}+x_{n-2}}\quad(n\in\mathbf{N}_0)$$

的唯一正平衡点 $\overline{x}=1$ 是全局渐近稳定的.

推论 4.3　方程

$$x_{n+1}=\frac{x_{n-1}+x_nx_{n-2}}{x_nx_{n-1}+x_{n-2}}\quad(n\in\mathbf{N}_0)$$

的唯一正平衡点 $\overline{x}=1$ 是全局渐近稳定的.

例 4.4　考虑差分方程

$$x_{n+1}=\frac{(3x_{n-s}+5)(1+x_{n-k}x_{n-l})+(x_{n-k}+x_{n-l})x_{n-t}}{(2x_{n-s}x_{n-t}+4)(1+x_{n-k}x_{n-l})+3(x_{n-k}+x_{n-l})}\quad(n\in\mathbf{N}_0),\tag{4.29}$$

其中 $k,l,s,t\in\mathbf{N}_0$ $(l<s<t<k)$, 且初始值 $x_{-k},x_{-k+1},\cdots,x_0\in\mathbf{R}_+$. 那么方程 (4.29) 的唯一正平衡点 $\overline{x}=1$ 是全局渐近稳定的.

证明　取

$$f_1(u_0,u_1,\cdots,u_k)=u_s,$$
$$f_2(u_0,u_1,\cdots,u_k)=u_t$$

且

$$f_3(u_0,u_1,\cdots,u_k)=\frac{u_l+u_k}{1+u_lu_k}.$$

则方程 (4.29) 可变换为

$$x_{n+1}=\frac{3f_1(x_n,\cdots,x_{n-k})+f_2(x_n,\cdots,x_{n-k})f_3(x_n,\cdots,x_{n-k})+5}{2f_1(x_n,\cdots,x_{n-k})f_2(x_n,\cdots,x_{n-k})+3f_3(x_n,\cdots,x_{n-k})+4}.$$

因为

$$[f_1(u_0,u_1,\cdots,u_k)]^*=u_s^*,$$
$$[f_2(u_0,u_1,\cdots,u_k)]^*=u_t^*$$

且

$$[f_3(u_0,u_1,\cdots,u_k)]^*\leqslant\max\{u_k^*,u_l^*\},$$

由定理 4.6 可知, 方程 (4.29) 的唯一正平衡点 $\overline{x}=1$ 是全局渐近稳定的.

4.5 方程 $x_{n+1}=\dfrac{f(x_{n-r_1},\cdots,x_{n-r_k})g(x_{n-m_1},\cdots,x_{n-m_l})+1}{f(x_{n-r_1},\cdots,x_{n-r_k})+g(x_{n-m_1},\cdots,x_{n-m_l})}$ 的全局稳定性

在这一节, 我们研究非线性差分方程

$$x_{n+1}=\frac{f(x_{n-r_1},\cdots,x_{n-r_k})g(x_{n-m_1},\cdots,x_{n-m_l})+1}{f(x_{n-r_1},\cdots,x_{n-r_k})+g(x_{n-m_1},\cdots,x_{n-m_l})}\quad (n\in\mathbf{N}_0), \tag{4.30}$$

其中 $f\in C(\mathbf{R}_+^k,\mathbf{R}_+)$, $g\in C(\mathbf{R}_+^l,\mathbf{R}_+)$, $k,l\in\mathbf{N}$, $0\leqslant r_1<\cdots<r_k$, $0\leqslant m_1<\cdots<m_l$, 且初始值为正实数.

在本节, 记 $a^*=\max\{a,1/a\}$, 其中 $a\in\mathbf{R}_+$.

引理 4.7　设 $a,b,c\in\mathbf{R}_+$, 使得 $c=(ab+1)/(a+b)$, 则 $c^*=(a^*b^*+1)/(a^*+b^*)$.

证明　由方程 (4.30), 有

$$c-1=\frac{(a-1)(b-1)}{a+b}. \tag{4.31}$$

如果 $a\geqslant 1$ 且 $b\geqslant 1$, 那么 $a=a^*$ 且 $b=b^*$. 由 (4.31) 得 $c\geqslant 1$, 这就意味着

$$\begin{aligned}c^*=c&=\frac{ab+1}{a+b}\\&=\frac{a^*b^*+1}{a^*+b^*}.\end{aligned}$$

如果 $a\geqslant 1$ 且 $b<1$, 那么 $a=a^*$ 且 $b=1/b^*$. 由 (4.31) 得 $c\leqslant 1$, 这同样意味着

$$\begin{aligned}c^*=\frac{1}{c}&=\frac{a+b}{ab+1}\\&=\frac{a^*+1/b^*}{a^*/b^*+1}\\&=\frac{a^*b^*+1}{a^*+b^*}.\end{aligned}$$

用类似的方法, 如果 $a<1$ 且 $b\geqslant 1$ 或者 $a<1$ 且 $b<1$, 也可以得出

$$c^*=\frac{a^*b^*+1}{a^*+b^*}.$$

引理 4.7 得证.

引理 4.8　设 $a,b,c\in\mathbf{R}_+$, 使得 $c=(ab+1)/(a+b)$, 则 $c^*\leqslant\min\{a^*,b^*\}$.

证明 由方程 (4.30) 可得

$$\begin{aligned}c&=\frac{ab+1}{a+b}\\&\leqslant\frac{ab^*+bb^*}{a+b}\\&=b^*\end{aligned}$$

且

$$\begin{aligned}\frac{1}{c}&=\frac{a+b}{ab+1}\\&\leqslant\frac{abb^*+b^*}{ab+1}\\&=b^*,\end{aligned}$$

从而有 $c^*\leqslant b^*$. 用类似的方法, 可以得出 $c^*\leqslant a^*$. 引理 4.8 得证.

现在我们证明如下主要结论.

定理 4.8 设 f,g 满足下述条件.

(H_1) $[f(u_1,u_2,\cdots,u_k)]^*=f(u_1^*,u_2^*,\cdots,u_k^*)$ 且 $[g(u_1,u_2,\cdots,u_l)]^*=g(u_1^*,u_2^*,\cdots,u_l^*)$.

(H_2) $f(u_1^*,u_2^*,\cdots,u_k^*)\leqslant u_1^*$.

则 $\overline{x}=1$ 是方程 (4.30) 的唯一正平衡点, 且是全局渐近稳定的.

证明 设 $\{x_n\}_{n=-m}^{\infty}$ 是方程 (4.30) 的一个解, 且初始值 $x_{-m},x_{-m+1},\cdots,x_0\in\mathbf{R}_+$, 其中 $m=\max\{r_k,m_l\}$. 由方程 (4.30), (H_1),(H_2), 引理 4.7 和引理 4.8, 我们可以得出, 对任意 $n\in\mathbf{N}_0$,

$$\begin{aligned}1&\leqslant x_{n+1}^*\\&=\frac{[f(x_{n-r_1},\cdots,x_{n-r_k})]^*[g(x_{n-m_1},\cdots,x_{n-m_l})]^*+1}{[f(x_{n-r_1},\cdots,x_{n-r_k})]^*+[g(x_{n-m_1},\cdots,x_{n-m_l})]^*}\\&\leqslant[f(x_{n-r_1},\cdots,x_{n-r_k})]^*\\&=f(x_{n-r_1}^*,\cdots,x_{n-r_k}^*)\\&\leqslant x_{n-r_1}^*,\end{aligned}\tag{4.32}$$

从而, 对任意 $n\in\mathbf{N}_0$ 和 $i\in\mathbf{Z}(0,r_1)$, 有

$$1\leqslant x_{i+(n+1)(r_1+1)}^*\leqslant x_{i+n(r_1+1)}^*.$$

对任意 $i\in\mathbf{Z}(0,r_1)$, 设 $\lim\limits_{n\to\infty}x_{i+n(r_1+1)}^*=A_i$, 则有 $A_i\geqslant1$ $(i\in\mathbf{Z}(0,r_1))$. 记

$$M=\max\{A_0,A_1,\cdots,A_{r_1}\}$$

和

$$A_{i+n(r_1+1)} = A_i \quad (i \in \mathbf{Z}(0,r_1),\ n \in \mathbf{Z}).$$

则存在 $j \in \mathbf{Z}(0,r_1)$, 使得

$$\lim_{n\to\infty} x^*_{j+n(r_1+1)} = M.$$

由方程 (4.32) 可知

$$\begin{aligned} x^*_{j+(n+1)(r_1+1)} &\leqslant f(x^*_{j+n(r_1+1)}, x^*_{j+(n+1)(r_1+1)-1-r_2}, \cdots, x^*_{j+(n+1)(r_1+1)-1-r_k}) \\ &\leqslant x^*_{j+n(r_1+1)}. \end{aligned}$$

易见

$$M = f(M, A_{j-1-r_2}, \cdots, A_{j-1-r_k}) = M.$$

再由方程 (4.30), (H_1) 和 (H_2), 可以得出

$$\begin{aligned} M &= \frac{f(M, A_{j-1-r_2}, \cdots, A_{j-1-r_k})g(A_{j-1-m_1}, A_{j-1-m_2}, \cdots, A_{j-1-m_l}) + 1}{f(M, A_{j-1-r_2}, \cdots, A_{j-1-r_k}) + g(A_{j-1-m_1}, A_{j-1-m_2}, \cdots, A_{j-1-m_l})} \\ &= \frac{Mg(A_{j-1-m_1}, A_{j-1-m_2}, \cdots, A_{j-1-m_l}) + 1}{M + g(A_{j-1-m_1}, A_{j-1-m_2}, \cdots, A_{j-1-m_l})}, \end{aligned} \tag{4.33}$$

由此可知 $M = 1$. 这就意味着 $A_i = 1$ $(i \in \mathbf{Z}(0,r_1))$, 且 $\lim_{n\to\infty} x^*_n = 1$. 因为 $1/x^*_n \leqslant x_n \leqslant x^*_n$, 所以有 $\lim_{n\to\infty} x_n = 1$. 由 (4.33) 可以得出

$$1 = \frac{f(1,1,\cdots,1)g(1,1,\cdots,1)+1}{f(1,1,\cdots,1)+g(1,1,\cdots,1)},$$

因此 $\overline{x} = 1$ 是方程 (4.30) 的唯一正平衡点.

对任意 $1 > \varepsilon > 0$, 选取 $\delta = \varepsilon/(1+\varepsilon)$. 设 $\{x_n\}_{n=-m}^{\infty}$ 是方程 (4.30) 的一个解, 且其初始值 $x_{-m}, x_{-m+1}, \cdots, x_0 \in (1-\delta, 1+\delta)$, 则对任意 $i \in \mathbf{Z}(-m,0)$, 有 $x_i < 1+\varepsilon$ 和 $1/x_i \leqslant 1/(1-\delta) = 1+\varepsilon$. 由 (4.32) 可以得出, 对任意 $n \in \mathbf{N}_0$, 则有

$$1 \leqslant x^*_{n+1} \leqslant x^*_{n-r_1} < 1+\varepsilon.$$

从而, 对任意 $n \in \mathbf{N}_0$, 有

$$\begin{aligned} 1-\varepsilon < \frac{1}{1+\varepsilon} &\leqslant \frac{1}{x^*_{n+1}} \\ &\leqslant x_{n+1} \leqslant x^*_{n+1} \\ &< 1+\varepsilon. \end{aligned}$$

这就意味着 $\overline{x} = 1$ 是全局渐近稳定的. 定理 4.8 得证.

下面列举一个例子.

例 4.5　设 $k \geqslant 2$ 且 $f_1(u) = u\ (u > 0)$. 对任意 $j \in \mathbf{Z}(2,k)$, 设

$$f_j(u_1,\cdots,u_j) = \frac{f_{j-1}(u_1,u_2,\cdots,u_{j-1})u_j + 1}{f_{j-1}(u_1,u_2,\cdots,u_{j-1}) + u_j}.$$

研究方程

$$x_{n+1} = f_k(x_{n-r_1},\cdots,x_{n-r_k})\quad (n \in \mathbf{N}_0), \tag{4.34}$$

其中 $0 \leqslant r_1 < \cdots < r_k$, 且初始值 $x_{-r_k},\cdots,x_0 \in \mathbf{R}_+$, 则 $\bar{x} = 1$ 是方程 (4.34) 的唯一正平衡点, 且是全局渐近稳定的.

证明　由引理 4.7 可以得出

$$\begin{aligned}[f_2(u_1,u_2)]^* &= \frac{u_1^* u_2^* + 1}{u_1^* + u_2^*}\\ &= f_2(u_1^*,u_2^*).\end{aligned}$$

通过归纳法, 对任意 $j \in \mathbf{Z}(2,k)$, 可以得出

$$\begin{aligned}[f_j(u_1,\cdots,u_j)]^* &= \frac{[f_{j-1}(u_1,u_2,\cdots,u_{j-1})]^* u_j^* + 1}{[f_{j-1}(u_1,u_2,\cdots,u_{j-1})]^* + u_j^*}\\ &= \frac{f_{j-1}(u_1^*,u_2^*,\cdots,u_{j-1}^*)u_j^* + 1}{f_{j-1}(u_1^*,u_2^*,\cdots,u_{j-1}^*) + u_j^*}\\ &= f_j(u_1^*,\cdots,,u_j^*).\end{aligned}$$

显而易见

$$[f_1(v)]^* = v^* = f_1(v^*),$$

因此条件 (H_1) 和 (H_2) 满足. 再由定理 4.8 可知, $\bar{x} = 1$ 是方程 (4.34) 的唯一正平衡点, 且是全局渐近稳定的.

4.6　方程 (4.35) 的全局稳定性

在这一节, 我们研究下面非线性差分方程

$$\begin{aligned}&x_{n+1}\\ &= \frac{f(x_{n-r_1},\cdots,x_{n-r_k})g(x_{n-m_1},\cdots,x_{n-m_l}) + h(x_{n-p_1},\cdots,x_{n-p_s}) + 1}{f(x_{n-r_1},\cdots,x_{n-r_k}) + g(x_{n-m_1},\cdots,x_{n-m_l}) + h(x_{n-p_1},\cdots,x_{n-p_s})}\quad (n \in \mathbf{N}_0),\end{aligned} \tag{4.35}$$

其中 $f \in C(\mathbf{R}_+^k,\mathbf{R}_+)$, $g \in C(\mathbf{R}_+^l,\mathbf{R}_+)$, $h \in C(\mathbf{R}_+^s,\mathbf{R}_0)$ 且 $k,l,s \in \mathbf{N}$, $0 \leqslant r_1 < \cdots < r_k$, $0 \leqslant m_1 < \cdots < m_l$, $0 \leqslant p_1 < \cdots < p_s$, 初始值为正实数.

记 $u^*=\max\{u,1/u\}$, 其中 $u\in\mathbf{R}_+$.

引理 4.9 (1) 设 $u\geqslant w\geqslant 1, v\geqslant 1$ 且 $b\in\mathbf{R}_0$, 则

$$\frac{uv+1+b}{u+v+b}\leqslant\frac{uv+1}{u+v}$$

且

$$\frac{wv+1}{w+v}\leqslant\frac{uv+1}{u+v}.$$

(2) 设 $u,v\in\mathbf{R}_+$, 则

$$\frac{u^*}{v}\leqslant\max\left\{\frac{u^*}{v^*},u^*v^*,\frac{v^*}{u^*}\right\}.$$

证明 (1) 是显而易见的.

(2) 如果 $u/v\geqslant 1$, 那么

$$\left(\frac{u}{v}\right)^*=\frac{u}{v}=\begin{cases}\dfrac{u^*}{v^*}, & u\geqslant v>1,\\ u^*v^*, & u\geqslant 1\geqslant v,\\ \dfrac{v^*}{u^*}, & 1>u\geqslant v.\end{cases}$$

如果 $u/v<1$, 那么

$$\left(\frac{u}{v}\right)^*=\frac{v}{u}=\begin{cases}\dfrac{u^*}{v^*}, & u<v\leqslant 1,\\ u^*v^*, & u\leqslant 1<v,\\ \dfrac{v^*}{u^*}, & 1\leqslant u<v.\end{cases}$$

因此

$$\left(\frac{u}{v}\right)^*\leqslant\max\left\{\frac{u^*}{v^*},u^*v^*,\frac{v^*}{u^*}\right\}.$$

引理 4.9 得证.

引理 4.10 设 $u,v\in\mathbf{R}_+$ 且 $b\in\mathbf{R}_0$, 则

(1) $[(uv+1+b)/(u+v+b)]^*\leqslant(u^*v^*+1)/(u^*+v^*)\leqslant\min\{u^*,v^*\}$.

(2) $[(uv+1)/(u+v)]^*=(u^*v^*+1)/(u^*+v^*)$.

证明 我们只需证明 (1) (用类似的方法可以证明 (2)). 设 $w=(uv+1+b)/(u+v+b)$, 则有

$$w-1=\frac{(u-1)(v-1)}{u+v+b}. \tag{4.36}$$

如果 $(u-1)(v-1)\geqslant 0$, 那么由 (4.36) 知 $w\geqslant 1$, 这就意味着

$$w^*=w=\frac{uv+1+b}{u+v+b}=\begin{cases}\dfrac{u^*v^*+1+b}{u^*+v^*+b}, & u\geqslant 1 \text{ 且 } v\geqslant 1,\\ \dfrac{u^*v^*+1+u^*v^*b}{u^*+v^*+u^*v^*b}, & u\leqslant 1 \text{ 且 } v\leqslant 1.\end{cases}$$

由引理 4.9 可以得出 $w^* \leqslant (u^*v^*+1)/(u^*+v^*)$.

如果 $(u-1)(v-1)<0$, 那么由 (4.36) 知 $w<1$, 这就意味着

$$w^* = 1/w = \frac{u+v+b}{uv+1+b} = \begin{cases} \dfrac{u^*v^*+1+bv^*}{u^*+v^*+bv^*}, & u>1 \text{ 且 } v<1, \\ \dfrac{u^*v^*+1+bu^*}{u^*+v^*+bu^*}, & u<1 \text{ 且 } v>1. \end{cases}$$

同样由引理 4.9 可以得出 $w^* \leqslant (u^*v^*+1)/(u^*+v^*)$.

另一方面, 因为 $u^* \geqslant 1$ 且 $v^* \geqslant 1$, 所以

$$\frac{u^*v^*+1}{u^*+v^*} \leqslant u^*$$

且

$$\frac{u^*v^*+1}{u^*+v^*} \leqslant v^*.$$

引理 4.10 得证.

现在我们证明如下主要结论.

定理 4.9　设 f, g 满足下述条件:

(H_1) 存在 $F \in C(\mathbf{R}_+^k, \mathbf{R}_+)$, 使得 $[f(u_1,u_2,\cdots,u_k)]^* \leqslant F(u_1^*, u_2^*, \cdots, u_k^*)$.

(H_2) $[g(u_1,u_2,\cdots,u_l)]^* = g(u_1^*,u_2^*,\cdots,u_l^*)$ 且 $g(u_1^*,u_2^*,\cdots,u_l^*) \leqslant u_1^*$.

则 $\overline{x}=1$ 是方程 (4.35) 的唯一正平衡点, 且是全局渐近稳定的.

证明　设 $\{x_n\}_{n=-m}^{\infty}$ 是方程 (4.35) 的一个解, 初始值 $x_{-m}, x_{-m+1}, \cdots, x_0 \in \mathbf{R}_+$, 其中 $m=\max\{r_k, m_l, p_s\}$. 由 (4.35), (H_2) 和引理 4.10 可知, 对任意 $n \in \mathbf{N}_0$,

$$\begin{aligned} 1 &\leqslant x_{n+1}^* \\ &= \left[\frac{f(x_{n-r_1},\cdots,x_{n-r_k})g(x_{n-m_1},\cdots,x_{n-m_l})+1+h(x_{n-p_1},\cdots,x_{n-p_s})}{f(x_{n-r_1},\cdots,x_{n-r_k})+g(x_{n-m_1},\cdots,x_{n-m_l})+h(x_{n-p_1},\cdots,x_{n-p_s})}\right]^* \\ &\leqslant \frac{[f(x_{n-r_1},\cdots,x_{n-r_k})]^*[g(x_{n-m_1},\cdots,x_{n-m_l})]^*+1}{[f(x_{n-r_1},\cdots,x_{n-r_k})]^*+[g(x_{n-m_1},\cdots,x_{n-m_l})]^*} \\ &\leqslant [g(x_{n-m_1},\cdots,x_{n-m_l})]^* \\ &= g(x_{n-m_1}^*,\cdots,x_{n-m_l}^*) \\ &\leqslant x_{n-m_1}^*, \end{aligned} \tag{4.37}$$

从而可以得出, 对任意 $n \in \mathbf{N}_0$ 和 $i \in \mathbf{Z}(0, m_1)$,

$$1 \leqslant x_{i+(n+1)(m_1+1)}^* \leqslant x_{i+n(m_1+1)}^*.$$

对任意 $i \in \mathbf{Z}(0,m_1)$, 令 $\lim\limits_{n\to\infty} x_{i+n(m_1+1)}^* = A_i$, 则 $A_i \geqslant 1$ $(i \in \mathbf{Z}(0,m_1))$. 记

$$M=\max\{A_0, A_1, \cdots, A_{m_1}\}$$

和

$$A_{i+n(m_1+1)} = A_i \quad (i \in \mathbf{Z}(0, m_1), n \in \mathbf{Z}),$$

则存在某个 $j \in \mathbf{Z}(0, m_1)$, 使得

$$\lim_{n\to\infty} x^*_{j+n(m_1+1)} = M.$$

由 (4.37) 得

$$\begin{aligned} x^*_{j+(n+1)(m_1+1)} \leqslant & g(x^*_{j+n(m_1+1)}, x^*_{j+(n+1)(m_1+1)-1-m_2}, \cdots, x^*_{j+(n+1)(m_1+1)-1-m_l}) \\ \leqslant & x^*_{j+n(m_1+1)}, \end{aligned}$$

从而可以得出

$$M = g(M, A_{j-1-m_2}, \cdots, A_{j-1-m_l}) = M.$$

因为

$$1 \leqslant x^*_{n+1} \leqslant \frac{[f(x_{n-r_1}, \cdots, x_{n-r_k})]^*[g(x_{n-m_1}, \cdots, x_{n-m_l})]^* + 1}{[f(x_{n-r_1}, \cdots, x_{n-r_k})]^* + [g(x_{n-m_1}, \cdots, x_{n-m_l})]^*},$$

所以由引理 4.9, (H_1) 和 (H_2) 可知

$$1 \leqslant x^*_{n+1} \leqslant \frac{F(x^*_{n-r_1}, \cdots, x^*_{n-r_k})g(x^*_{n-m_1}, \cdots, x^*_{n-m_l}) + 1}{F(x^*_{n-r_1}, \cdots, x^*_{n-r_k}) + g(x^*_{n-m_1}, \cdots, x^*_{n-m_l})}.$$

因此

$$\begin{aligned} M \leqslant & \frac{F(A_{j-1-r_1}, \cdots, A_{j-1-r_k})g(M, A_{j-1-m_2}, \cdots, A_{j-1-m_l}) + 1}{F(A_{j-1-r_1}, \cdots, A_{j-1-r_k}) + g(M, A_{j-1-m_2}, \cdots, A_{j-1-m_l})} \\ = & \frac{F(A_{j-1-r_1}, \cdots, A_{j-1-r_k})M + 1}{F(A_{j-1-r_1}, \cdots, A_{j-1-r_k}) + M}, \end{aligned}$$

从而得出 $M = 1$. 这就意味着, 对 $i \in \mathbf{Z}(0, m_1)$, 有 $A_i = 1$ 且 $\lim_{n\to\infty} x^*_n = 1$. 由 $1/x^*_n \leqslant x_n \leqslant x^*_n$ 可得 $\lim_{n\to\infty} x_n = 1$. 由 (4.35) 可以得出

$$1 = \frac{f(1, 1, \cdots, 1)g(1, 1, \cdots, 1) + h(1, 1, \cdots, 1) + 1}{f(1, 1, \cdots, 1) + g(1, 1, \cdots, 1) + h(1, 1, \cdots, 1)}.$$

因此 $\overline{x} = 1$ 是方程 (4.35) 的唯一正平衡点.

对任意 $1 > \varepsilon > 0$, 选取 $\delta = \varepsilon/(1+\varepsilon)$, 且令 $\{x_n\}_{n=-m}^{\infty}$ 是方程 (4.35) 的一个解, 初始值 $x_{-m}, x_{-m+1}, \cdots, x_0 \in (1-\delta, 1+\delta)$, 则对任意 $i \in \mathbf{Z}(-m, 0)$, 可以得出 $x_i < 1+\varepsilon$ 且 $1/x_i \leqslant 1/(1-\delta) = 1+\varepsilon$. 由 (4.37) 可知, 对任意 $n \in \mathbf{N}_0$,

$$1 \leqslant x^*_{n+1} \leqslant x^*_{n-m_1} < 1+\varepsilon.$$

因此我们可以得出, 对任意 $n\in \mathbf{N}_0$,

$$
\begin{aligned}
1-\varepsilon < \frac{1}{1+\varepsilon} \leqslant \frac{1}{x_{n+1}^*} \\
&\leqslant x_{n+1} \leqslant x_{n+1}^* \\
&< 1+\varepsilon.
\end{aligned}
$$

这就意味着 $\overline{x}=1$ 是全局渐近稳定的. 定理 4.9 得证.

下面我们给出几个例子.

例 4.6　考虑方程

$$
x_{n+1}=\frac{(x_{n-r_0}x_{n-r_1}+1)g(x_{n-r_2},\cdots,x_{n-r_k})+x_{n-r_0}+x_{n-r_1}+a}{x_{n-r_0}x_{n-r_1}+1+g(x_{n-r_2},\cdots,x_{n-r_k})(x_{n-r_0}+x_{n-r_1})+a}\quad (n\in \mathbf{N}_0), \tag{4.38}
$$

其中 $0\leqslant r_0<r_1<\cdots<r_k$, $a\in \mathbf{R}_0$, 初始值 $x_{-r_k},\cdots,x_0\in \mathbf{R}_+$, 且 $g\in C(\mathbf{R}_+^{k-1},\mathbf{R}_+)$ 满足

$$
[g(u_2,u_3,\cdots,u_k)]^*=g(u_2^*,u_3^*,\cdots,u_k^*)\leqslant u_2^*,
$$

则 $\overline{x}=1$ 是方程 (4.38) 的唯一正平衡点, 且是全局渐近稳定的.

证明　设

$$
F(x,y)=f(x,y)=\frac{xy+1}{x+y}\quad (x>0,y>0)
$$

和

$$
h(x,y)=\frac{a}{x+y}\quad (x>0,y>0).
$$

由引理 4.10(i) 可知

$$
[f(x,y)]^*=\frac{x^*y^*+1}{x^*+y^*}=F(x^*,y^*).
$$

因此条件 (H_1) 和 (H_2) 满足. 由定理 4.9 我们知道, $\overline{x}=1$ 是方程 (4.38) 的唯一正平衡点, 且是全局渐近稳定的.

例 4.7　考虑方程

$$
x_{n+1}=\frac{x_{n-r_0}^b g(x_{n-r_2},\cdots,x_{n-r_k})+x_{n-r_1}^b+a}{x_{n-r_0}^b+g(x_{n-r_2},\cdots,x_{n-r_k})x_{n-r_1}^b+a}\quad (n\in \mathbf{N}_0), \tag{4.39}
$$

其中 $r_0,r_1,\cdots,r_k\in \mathbf{N}$ 且 $r_i\neq r_j(i\neq j)$, $a,b\in \mathbf{R}_0$, 初始值为正实数, 并且 $g\in C(\mathbf{R}_+^{k-1},\mathbf{R}_+)$ 满足

$$
[g(u_2,u_3,\cdots,u_k)]^*=g(u_2^*,u_3^*,\cdots,u_k^*)\leqslant u_2^*.
$$

则 $\overline{x}=1$ 是方程 (4.39) 的唯一正平衡点, 且是全局渐近稳定的.

证明 设

$$f(x,y)=\frac{x^b}{y}\quad(x>0,y>0),\quad h(y)=\frac{a}{y^b}\quad(y>0).$$

由引理 4.9 可知

$$\begin{aligned}[f(x,y)]^*&=\left[\left(\frac{x}{y}\right)^b\right]^*\\&\leqslant\max\left\{\frac{(x^*)^b}{(y^*)^b},(x^*y^*)^b,\frac{(y^*)^b}{(x^*)^b}\right\}\\&=F(x^*,y^*),\end{aligned}$$

其中

$$F(x,y)=\max\left\{\frac{x^b}{y^b},(xy)^b,\frac{y^b}{x^b}\right\}\quad(x>0,y>0).$$

因此条件 (H_1) 和 (H_2) 满足. 由定理 4.9 我们知道, $\overline{x}=1$ 是方程 (4.39) 的唯一正平衡点, 且是全局渐近稳定的.

例 4.8 研究方程

$$x_{n+1}=\frac{x_{n-r_0}x_{n-r_1}+1+h(x_{n-r_2},\cdots,x_{n-r_k})}{x_{n-r_0}+x_{n-r_1}+h(x_{n-r_2},\cdots,x_{n-r_k})}\quad(n\in\mathbf{N}_0),\tag{4.40}$$

其中 $r_0,r_1,\cdots,r_k\in\mathbf{N}$, $r_i\neq r_j(i\neq j)$, 初始值为正实数, 且 $h\in C(\mathbf{R}_+^{k-1},\mathbf{R}_0)$. 则 $\overline{x}=1$ 是方程 (4.40) 的唯一正平衡点, 且是全局渐近稳定的.

证明 设

$$F(x)=f(x)=g(x)=x\quad(x>0),$$

显而易见条件 (H_1) 和 (H_2) 满足. 由定理 4.9 我们知道, $\overline{x}=1$ 是方程 (4.40) 的唯一正平衡点, 且是全局渐近稳定的.

4.7 方程 $x_{n+1}=f(x_n,x_{n-k})$ 的全局稳定性

在这一节, 我们研究更一般的方程

$$x_{n+1}=f(x_n,x_{n-k})\quad(n\in\mathbf{N}_0),\tag{4.41}$$

其中 $k\in\mathbf{N}$, 初始值 $x_{-k},x_{-k+1},\cdots,x_0\in\mathbf{R}_+$, 且 f 满足下述条件:

(H_1) $f\in C(E^2,\mathbf{R}_+)$ 且 $a=\inf_{(u,v)\in E^2}f(u,v)\in E$, 其中 $E\in\{\mathbf{R}_+,\mathbf{R}_0\}$.

(H_2) $f(u,v)$ 关于 u 严格递减, 关于 v 严格递减.

(H_3) 方程 (4.41) 有唯一的正平衡点, 记为 $\overline{x}$.

(H_4) 函数 $f(x,\overline{x})/x$ 在区间 $\mathbf{R}_+$ 上递减.

对任意 $(x,y)\in E^2$, 记

$$\begin{cases} F_1(x,y)=f(x,y), \\ F_n(x,y)=f(F_{n-1}(x,y),y)\ (n>1) \end{cases}$$

和

$$g(y)=F_{k+1}(\overline{x},y).$$

引理 4.11　假设 $(H_1)-(H_4)$ 成立, 且 $\{x_n\}_{n=-k}^{\infty}$ 是方程 (4.41) 的一个非平凡正解, 那么下述结论正确.

(1) $g(\overline{x})=\overline{x}$ 且对每个 $n\in\mathbf{N}$, $F_n(x,y)$ 关于 y 严格递减.

(2) $a\leqslant g^2(a)\leqslant g^4(a)\leqslant\cdots<\overline{x}<\cdots\leqslant g^3(a)\leqslant g(a)$.

(3) 在半循环中末端元素出现在前 $k+1$ 个元素中.

(4) 如果 $\{x_n\}_{n=-k}^{\infty}$ 是非振荡的, 那么 $\lim\limits_{n\to\infty}x_n=\overline{x}$.

证明　结论 (1) 是显然的.

(2) 由 (H_1) 和 (H_2) 可知

$$\overline{x}=f(\overline{x},\overline{x})>f(\overline{x},\overline{x}+1)\geqslant a.$$

再由 (1), 可以得出

$$a<\overline{x}=g(\overline{x})<g(a).$$

且

$$g(a)>\overline{x}=g(\overline{x})>g^2(a)\geqslant a.$$

以此类推, 我们可以得出结论 (2).

(3) 我们仅证明在负半循环情形下结论 (3) 成立 (在正半循环情形下, 同理可证). 设 x_N 是一个负半循环的第一个元素, 且 x_{N+s} 也是这个负半循环的元素. 如果 $s>k$, 那么由条件 (H_2) 和 (H_4) 可知

$$\begin{aligned} x_{N+s}&=f(x_{N+s-1},x_{N+s-1-k}) \\ &>f(x_{N+s-1},\overline{x}) \\ &=x_{N+s-1}\frac{f(x_{N+s-1},\overline{x})}{x_{N+s-1}} \\ &\geqslant x_{N+s-1}\frac{f(\overline{x},\overline{x})}{\overline{x}} \\ &=x_{N+s-1}. \end{aligned}$$

由此我们可以得出结论 (3).

(4) 不失一般性, 我们假设存在某 $N \in \mathbf{N}$, 使得对所有 $n \geqslant N$, 都有 $x_n < \overline{x}$, 则由结论 (3) 的证明可知, 对所有 $n \geqslant N+k$, 都有 $x_n < x_{n+1} < \overline{x}$. 令 $\lim\limits_{n\to\infty} x_n = \alpha$, 则有

$$\alpha = f(\alpha, \alpha).$$

再由条件 (H_3) 可以得出 $\alpha = \overline{x}$. 引理 4.11 得证.

接下来, 我们假设

(H_5) $(F_1(\overline{x}, y) - F_2(\overline{x}, y))(y - \overline{x}) \geqslant 0$.

引理 4.12 假设 $(H_1) - (H_5)$ 成立, 且 $\{x_n\}_{n=-k}^{\infty}$ 是方程 (4.41) 的一个非平凡正解, 则下述结论正确.

(1) 设 $B = \{x_N, x_{N+1}, \cdots, x_{N+s}\}$ 是一个正半循环且 $N \geqslant 1$. 如果存在 $p \leqslant \overline{x}$, 使得对所有 $i \in \mathbf{Z}(N-k-1, N-1)$, 都有 $x_i \geqslant p$, 那么 $\max(B) \leqslant g(p)$.

(2) 设 $B = \{x_N, x_{N+1}, \cdots, x_{N+s}\}$ 是一个正半循环且 $N \geqslant 1$. 如果存在 $q \geqslant \overline{x}$, 得对所有 $i \in \mathbf{Z}(N-k-1, N-1)$, 都有 $x_i \leqslant q$, 那么 $\min(B) \geqslant g(q)$.

证明 (1) 由条件 (H_5) 可知

$$\begin{aligned} F_1(\overline{x}, p) &\leqslant F_2(\overline{x}, p) \leqslant \cdots \\ &\leqslant F_{k+1}(\overline{x}, p) = g(p). \end{aligned}$$

因此

$$x_N = f(x_{N-1}, x_{N-k-1}) \leqslant F_1(\overline{x}, p).$$

用类似的方法, 我们可以得出, 对所有的 $i \in \mathbf{Z}(0, k)$

$$\begin{aligned} x_{N+i} &= f(x_{N+i-1}, x_{N+i-k-1}) \\ &\leqslant F_{i+1}(\overline{x}, p). \end{aligned}$$

再由引理 4.11 的结论 (3) 可以得出

$$\max(B) \leqslant \max\{x_i : i \in \mathbf{Z}(N, N+k)\} \leqslant g(p).$$

(2) 用类似的方法, 我们可以得出结论 (2). 引理 4.12 得证.

引理 4.13 假设 $(H_1) - (H_5)$ 成立, 且 $\{x_n\}_{n=-k}^{\infty}$ 是方程 (4.41) 的一个非平凡正解, 则 $\lim\limits_{n\to\infty} x_n = \overline{x}$.

证明 由引理 4.11(4), 我们可以假设 $\{x_n\}_{n=-k}^{\infty}$ 是振荡的.

断言 对任意 $t \in \mathbf{N}_0$, 存在一个正整数 M_t, 使得对所有 $n \geqslant M_t$,

$$g^{2t}(a) \leqslant x_n \leqslant g^{2t+1}(a).$$

断言的证明　由 (H_1) 可知, 对所有 $n \in \mathbf{N}$, $x_n \geqslant a$. 设 $B = \{x_N, x_{N+1}, \cdots, x_{N+s}\}$ 是一个正的半循环, 且 $N \geqslant k+2$, 则由引理 4.12(2) 知

$$\max(B) \leqslant g(a).$$

这意味着存在一个 $M_0 \in \mathbf{N}$, 使得对所有 $n \geqslant M_0$, 有 $a \leqslant x_n \leqslant g(a)$. 现在我们假设当 $t = l \in \mathbf{N}_0$ 时, 存在一个 $M_l \in \mathbf{N}$, 使得对所有 $n \geqslant M_l$, 有

$$f^{2l}(a) \leqslant x_n \leqslant g^{2l+1}(a).$$

下面我们只需要证明当 $t = l+1$ 时断言成立.

设 $B = \{x_N, x_{N+1}, \cdots, x_{N+s}\}$ 是一个非负半循环, 且 $N \geqslant M_l + k + 2$, 则由引理 4.12(3) 有

$$\min(B) \geqslant g^{2l+2}(a).$$

因此, 存在一个正整数 $M'_{l+1} > M_l$, 使得对所有 $n \geqslant M'_{l+1}$,

$$g^{2l+2}(a) \leqslant x_n \leqslant g^{2l+1}(a).$$

用类似的方法, 我们可以证明, 存在一个正实数 $M_{l+1} > M'_{l+1}$, 使得对所有 $n \geqslant M_{l+1}$,

$$g^{2l+2}(a) \leqslant x_n \leqslant g^{2l+2}(a).$$

断言得证.

由断言和引理 4.12(1) 可知 $\lim\limits_{n\to\infty} x_n = \overline{x}$. 引理 4.13 得证.

定理 4.10　假设 $(H_1) - (H_5)$ 成立, 则方程 (4.41) 唯一的正平衡点 $\overline{x}$ 是全局渐近稳定的.

证明　由引理 4.13, 我们只需证明 $\overline{x}$ 是局部稳定的. 因为对任意 $t \in \mathbf{N}_0$,

$$g^{2t}(a) < \overline{x} < g^{2t+1}(a),$$

且对每一个 $\varepsilon > 0$, 有

$$\lim_{n\to\infty} g^n(a) = \overline{x},$$

故存在 $t \in \mathbf{N}$, 使得

$$g^{2t+1}(a) - g^{2t}(a) < \varepsilon.$$

因为 $f(u,v)$ 是连续的, 所以存在 $\delta > 0$, 使得对 $i \in \mathbf{Z}(0,k)$, 当 $|x_{-i} - \overline{x}| < \delta$ 时, 有

$$x_j \in [g^{2t}(a), g^{2t+1}(a)] \quad (j \in \mathbf{Z}(-k, k+1)).$$

我们不妨假设 $x_1 < \overline{x}$ ($x_1 \geqslant \overline{x}$ 的情形证明类似).

如果对所有 $i \in \mathbf{N}$, 有 $x_i < \overline{x}$, 那么由引理 4.11(3) 可知, 对所有 $i \in \mathbf{N}$, $x_i \in [g^{2t}(a), \overline{x}]$. 如果对某个 $j > 1$, $x_j \geqslant \overline{x}$, 那么令 $N = \min\{j > 1 : x_j \geqslant \overline{x}\}$ 和 $B = \{x_N, \cdots, x_{N+s}\}$ 是一个正的半循环. 由引理 4.11(3) 和引理 4.12(2), 则对所有 $i \in \mathbf{Z}(1, N-1)$,

$$x_i \in [g^{2t}(a), \overline{x}]$$

且

$$\max(B) \leqslant g^{2t+1}(a).$$

如果 $s < \infty$, 那么设 $C = \{x_{N+s+1}, \cdots, x_{N+s+r}\}$ 是一个非负半循环. 由引理 4.12(2) 可知

$$\min(C) \geqslant g^{2t+2}(a) \geqslant g^{2t}(a), \cdots.$$

依此类推, 可以得到, 对所有 $i \in \mathbf{N}$, $x_i \in [g^{2t}(a), g^{2t+1}(a)]$, 这就意味着对所有 $i \geqslant -k$, $|x_i - \overline{x}| < \varepsilon$. 定理 4.10 得证.

引理 4.14 ([14])　假设 $g(x) \in \mathbf{R}_+ (x \in \mathbf{R}_+)$ 具有三阶连续导函数, 且满足下述条件.

(1) 对所有 $x > 0$, 有 $g'(x) < 0$ 且 $g'(\overline{x}) \geqslant -1$.

(2) 对所有 $x > 0$, 有 $Sg(x) = \dfrac{g'''(x)}{g'(x)} - \dfrac{3}{2}\left(\dfrac{g''(x)}{g'(x)}\right)^2 < 0$.

那么 g 不存在 2 周期点.

现在我们给出两个例子.

例 4.9　考虑方程

$$x_{n+1} = \frac{p + x_n}{q + x_{n-1}} \quad (n \in \mathbf{N}_0), \tag{4.42}$$

其中, 初始值 $x_{-1}, x_0 \in \mathbf{R}_+$ 且 $p, q \in \mathbf{R}_+$. 如果 $q^2 + 2q - 1 \geqslant (1-q)\sqrt{(1-q)^2 + 4p}$, 那么方程 (4.42) 的唯一正平衡点 $\overline{x} = (1 - q + \sqrt{(1-q)^2 + 4p})/2$ 是全局渐近稳定的.

证明　计算知正平衡点 $\overline{x} = (1 - q + \sqrt{(1-q)^2 + 4p})/2$. 由 $q^2 + 2q - 1 \geqslant (1-q)\sqrt{(1-q)^2 + 4p}$ 可知

$$\frac{2\overline{x} + p}{(q + \overline{x})^2} \leqslant 1.$$

设 $E = \mathbf{R}_0$, 容易验证方程 (4.42) 满足 $(H_1) - (H_4)$. 此外, 设

$$\begin{aligned} F_1(\overline{x}, x) &= \frac{p + \overline{x}}{q + x}, \\ g(x) &= F_2(\overline{x}, x) \\ &= \frac{p}{q + x} + \frac{p + \overline{x}}{(q + x)^2}, \end{aligned}$$

则

$$
\begin{aligned}
g'(x) &= \frac{-p(q+x)-2(p+\overline{x})}{(q+x)^3},\\
g''(x) &= \frac{2p(q+x)+6(p+\overline{x})}{(q+x)^4},\\
g'''(x) &= \frac{-6p(q+x)-24(p+\overline{x})}{(q+x)^5}.
\end{aligned}
$$

通过简单计算可知

(1) $(F_1(\overline{x},x)-F_2(\overline{x},x))(x-\overline{x})=\overline{x}(x-\overline{x})^2/(q+x)^2\geqslant 0$.

(2) 对所有 $x>0$, $g'(x)<0$, 且 $g'(\overline{x})=-(2\overline{x}+p)/(q+\overline{x})^2\geqslant -1$.

(3) 对所有 $x>0$, $Sg(x)=g'''(x)/g'(x)-\dfrac{3}{2}(g''(x)/g'(x))^2=-6(p+\overline{x})^2/(p(q+x)+2(p+\overline{x}))^2<0$.

结合引理 4.14 可知, 方程 (4.42) 满足 (H_5). 由定理 4.10 可知, $\overline{x}$ 是全局渐近稳定的.

例 4.10　考虑方程

$$
x_{n+1}=p+\frac{x_n}{x_{n-1}}\quad (n\in \mathbf{N}_0), \tag{4.43}
$$

其中, 初始值 $x_{-1},x_0\in \mathbf{R}_+$, $p\in\mathbf{R}_+$. 如果 $p\geqslant(\sqrt{5}-1)/2$, 那么方程 (4.43) 的唯一正平衡点 $\overline{x}=p+1$ 是全局渐近稳定的.

证明　计算得唯一正平衡点 $\overline{x}=p+1$. 由 $p\geqslant(\sqrt{5}-1)/2$ 可知

$$
\overline{x}^2-\overline{x}-1\geqslant 0.
$$

令 $E=\mathbf{R}_+$, 容易验证方程 (4.43) 满足 $(H_1)-(H_4)$. 此外, 设

$$
\begin{aligned}
F_1(\overline{x},x) &= p+\frac{\overline{x}}{x},\\
g(x) &= F_2(\overline{x},x)\\
&= p+\frac{p}{x}+\frac{\overline{x}}{x^2}.
\end{aligned}
$$

则

$$
\begin{aligned}
g'(x) &= -\frac{p}{x^2}-\frac{2\overline{x}}{x^3},\\
g''(x) &= \frac{2p}{x^3}+\frac{6\overline{x}}{x^4},\\
g'''(x) &= -\frac{6p}{x^4}-\frac{24\overline{x}}{x^5}.
\end{aligned}
$$

通过简单计算, 有

(1) $(F_1(\overline{x},x)-F_2(\overline{x},x))(x-\overline{x})=(x-\overline{x})^2/x^2\geqslant 0$.

(2) 对所有 $x>0$, $g'(x)=-p/x^2-2\overline{x}/x^3<0$, 且 $g'(\overline{x})=-(\overline{x}+1)/\overline{x}^2\geqslant -1$.

(3) 对所有 $x>0$, $Sg(x)=g'''(x)/g'(x)-\dfrac{3}{2}(g''(x)/g'(x))^2=-6\overline{x}^2/(px+2\overline{x})^2<0$.

结合引理 4.14 可知, 方程 (4.43) 满足 (H_5). 由定理 4.10 可知, $\overline{x}=p+1$ 是全局渐近稳定的.

第 5 章　二阶有理差分方程的吸引域

5.1　方程 $x_{n+1}=p+\dfrac{x_{n-1}}{x_n}$ 的平衡点的吸引域

在这一节, 我们研究差分方程

$$x_{n+1}=p+\frac{x_{n-1}}{x_n}\quad (n\in\mathbf{N}_0) \tag{5.1}$$

平衡点的吸引域, 其中, $0<p<1$, 初始条件 $(x_{-1},x_0)\in\mathbf{R}_+^2$.

记 $D=\mathbf{R}_+^2$, 定义 $f:D\to\mathbf{R}_+\times(p,+\infty)$ 为: 对任意的 $(x,y)\in D$,

$$f(x,y)=\left(y,p+\frac{x}{y}\right).$$

显然, 若 $\{x_n\}_{n=-1}^{\infty}$ 是方程 (5.1) 的正解, 则对任意的 $n\in\mathbf{N_0}$, $f^n(x_{-1},x_0)=(x_{n-1},x_n)$. 记

$$\begin{aligned}
&A_1=(0,\bar{x})\times(0,\bar{x}), && A_2=(\bar{x},+\infty)\times(\bar{x},+\infty),\\
&A_3=(0,\bar{x})\times(\bar{x},+\infty), && A_4=(\bar{x},+\infty)\times(0,\bar{x}),\\
&R_0=\{\bar{x}\}\times(0,\bar{x}), && R_1=(0,\bar{x})\times\{\bar{x}\},\\
&L_0=\{\bar{x}\}\times(\bar{x},+\infty), && L_1=(\bar{x},+\infty)\times\{\bar{x}\}.
\end{aligned}$$

其中 $\bar{x}=p+1$, 则 $D=(\bigcup_{i=1}^4 A_i)\cup L_0\cup L_1\cup R_0\cup R_1\cup\{(\bar{x},\bar{x})\}$.

引理 5.1　下列几个结论成立.

(1) $f:D\longrightarrow f(D)$ 是同胚映射.

(2) $f(L_1)=L_0$ 且 $f(L_0)\subset A_4$.

(3) $f(R_1)=\{\bar{x}\}\times(p,\bar{x})$ 且 $f(R_0)\subset A_3$.

(4) $f(A_3)\subset A_4$ 且 $f(A_4)\subset A_3$.

(5) $A_2\cup L_1\subset f(A_2)\subset A_2\cup L_1\cup A_4$, $A_1\cup R_1\subset f(A_1)\subset A_1\cup R_1\cup A_3$.

证明　(1) 因为对任意的 $(x_1,y_1),(x_2,y_2)\in D$ 且 $(x_1,y_1)\neq(x_2,y_2)$, 有 $f(x_1,y_1)\neq f(x_2,y_2)$, 又因为 $f^{-1}(u,v)=(u(v-p),u)$ 是连续的, 所以 f 是同胚映射.

(2) 设 $(x,y)\in L_1$ 和

$$(u,v)=f(x,y)=\left(y,p+\frac{x}{y}\right),$$

由 $y=\bar{x}$, $x>\bar{x}$ 得

$$u=y=\bar{x}$$

及

$$v=p+\frac{x}{y}>p+1=\bar{x},$$

即 $f(L_1)\subset L_0$. 另一方面, 设 $(u,v)\in L_0$ 和

$$(x,y)=f^{-1}(u,v)=(u(v-p),u),$$

由 $u=\bar{x}$ 和 $v>\bar{x}$ 得

$$y=u=\bar{x}$$

及

$$x=u(v-p)>\bar{x},$$

即 $f^{-1}(L_0)\subset L_1$, 因此 $f(L_1)=L_0$.

设 $(x,y)\in L_0$ 和

$$(u,v)=f(x,y)=\left(y,p+\frac{x}{y}\right),$$

由 $x=\bar{x}$ 和 $y>\bar{x}$ 得

$$u=y>\bar{x}$$

及

$$v=p+\frac{x}{y}<\bar{x},$$

即 $f(L_0)\subset A_4$. 同理可证 (3).

(4) 设 $(x,y)\in A_3$ 和

$$(u,v)=f(x,y)=\left(y,\frac{x}{p+y}\right),$$

由 $\bar{x}<y$ 和 $0<x<\bar{x}$ 得

$$v=\frac{x}{p+y}<\frac{\bar{x}}{p+\bar{x}}=\bar{x}$$

及

$$u>\bar{x},$$

所以 $(u,v)\in A_4$. 同理可证 $f(A_4)\subset A_3$.

(5) 设 $(x,y)\in A_2$ 和

$$(u,v)=f(x,y)=\left(y,\frac{x}{p+y}\right),$$

由 $y>\bar{x}$ 和 $x>\bar{x}$ 得 $u>\bar{x}$. 因为 f 是同胚映射, 且 $L_0\cup L_1\cup\{(\bar{x},\bar{x})\}$ 是 A_2 的边界, 又 $f(L_1)=L_0$ 和 $f(L_0)\subset A_4$, 所以有

$$A_2\cup L_1\subset f(A_2)\subset A_2\cup L_1\cup A_4.$$

同理可证 $A_1\cup R_1\subset f(A_1)\subset A_1\cup R_1\cup A_3$. 证毕.

引理 5.2　设 $\{x_n\}_{n=-1}^{\infty}$ 是方程 (5.1) 的正解.

(1) 若 $\lim\limits_{n\to+\infty}x_{2n}=a\in(p,+\infty)$, 则 $\lim\limits_{n\to+\infty}x_{2n+1}=a=\bar{x}$.

(2) 若 $\lim\limits_{n\to+\infty}x_{2n-1}=b\in(p,+\infty)$, 则 $\lim\limits_{n\to+\infty}x_{2n}=b=\bar{x}$.

证明　我们只证 (1). 由 $\lim\limits_{n\to+\infty}x_{2n}=a\in(p,+\infty)$ 和方程 (5.1) 得

$$\begin{aligned}\lim_{n\to+\infty}x_{2n+1}&=\lim_{n\to+\infty}\frac{x_{2n}}{x_{2n+2}-p}\\&=\frac{a}{a-p},\end{aligned}$$

即 $\lim\limits_{n\to+\infty}x_{2n+1}$ 存在. 又由方程 (5.1) 得

$$\begin{aligned}a&=\lim_{n\to+\infty}x_{2n}\\&=\lim_{n\to+\infty}\frac{x_{2n-1}}{x_{2n+1}-p}\\&=\frac{\dfrac{a}{a-p}}{\dfrac{a}{a-p}-p},\end{aligned}$$

整理可得 $\lim\limits_{n\to+\infty}x_{2n+1}=a=\bar{x}$. 同理可证 (2). 证毕.

引理 5.3　设 $0<p\leqslant(\sqrt{5}-1)/2$, $\{x_n\}_{n=-1}^{\infty}$ 是方程 (5.1) 满足初始条件 $(x_{-1},x_0)\in A_4\cup A_3$ 的正解, 则 $\{x_n\}_{n=-1}^{\infty}$ 是无界的.

证明　容易验证

$$\begin{aligned}f^2(L_1)&=\left\{(x,y):y=p+\frac{\overline{x}}{x},x>\overline{x}\right\},\\f^2(R_0)&=\left\{(x,y):y=p+\frac{\overline{x}}{(x-p)x},x>\overline{x}\right\}.\end{aligned}$$

因为 $0<p\leqslant(\sqrt{5}-1)/2$, 所以 $p/(1-p)\leqslant\bar{x}$. 从而对任意 $x>\bar{x}$ 有

$$\begin{aligned}&\frac{x}{x-p}-\left(p+\frac{\overline{x}}{x}\right)=\frac{(1-p)(x-\overline{x})\left(x-\dfrac{p}{1-p}\right)}{x(x-p)}>0,\\&p+\frac{\overline{x}}{x}-\left(p+\frac{\overline{x}}{(x-p)x}\right)=\frac{\overline{x}(x-\overline{x})}{x(x-p)}>0.\end{aligned}$$

设 $(x_{-1},x_0)\in A_4$, 由引理 5.1 可得, 对任意 $n\in\mathbf{N}$,

$$(x_{2n-1},x_{2n})\in f^2(A_4)=\left\{(x,y):p+\frac{\bar{x}}{(x-p)x}<y<p+\frac{\bar{x}}{x},x>\bar{x}\right\},$$

从而有

$$x_{2n}\leqslant\frac{x_{2n-1}}{x_{2n-1}-p}.$$

由上式可以推出

$$\begin{aligned}x_{2n+1}&=p+\frac{x_{2n-1}}{x_{2n}}\\&\geqslant x_{2n-1}>\bar{x}.\end{aligned}$$

因此 $\lim\limits_{n\to+\infty}x_{2n+1}=a>\bar{x}$. 由引理 5.2 可得 $a=+\infty$.

同理可证, 如果 $(x_{-1},x_0)\in A_3$, 那么 $\lim\limits_{n\to+\infty}x_{2n}=+\infty$. 证毕.

引理 5.4　设 $(\sqrt{5}-1)/2<p<1$ 且 $x>p+1$, 则

$$f(y)=(1-p)y^2+(p^2-x)y+px$$

在 $(0,p+1)$ 上关于 y 单调递减.

证明　因为 $(\sqrt{5}-1)/2<p<1$, 所以有 $p^2+p-1>0$. 我们对 $f(y)$ 关于 y 求导可得

$$\begin{aligned}f'(y)&=2(1-p)y+p^2-x\\&<2(1-p)(1+p)+p^2-(p+1)\\&=-(p^2+p-1)\\&<0,\end{aligned}$$

故 $f(y)$ 在 $(0,p+1)$ 上关于 y 单调递减. 证毕.

引理 5.5　设 $(\sqrt{5}-1)/2<p<1$ 且 $\{x_n\}_{n=-1}^{\infty}$ 是方程 (5.1) 的满足初始条件 $(x_{-1},x_0)\in A_4$ 的解. 若对某个 $n\in\mathbf{N}_0$, 有 $x_{2n-1}\geqslant x_{2n+1}$, 则 $x_{2n}\geqslant x_{2n+2}$.

证明　因为 $p\in((\sqrt{5}-1)/2,1)$ 且 $(x_{-1},x_0)\in A_4$, 所以 $p^2+p-1>0$ 且 $(x_{2n-1},x_{2n})\in A_4(n\in\mathbf{N}_0)$. 若存在 $n\in\mathbf{N}_0$, 使得 $x_{2n-1}\geqslant x_{2n+1}$, 则

$$x_{2n-1}\geqslant p+\frac{x_{2n-1}}{x_{2n}},$$

$$x_{2n}\geqslant\frac{x_{2n-1}}{x_{2n-1}-p},$$

所以有

$$p+1>x_{2n}\geqslant\frac{x_{2n-1}}{x_{2n-1}-p}>0.$$

由引理 5.4 及上式可得

$$\begin{aligned}
&(1-p)x_{2n}^2+(p^2-x_{2n-1})x_{2n}+px_{2n-1}\\
\leqslant&(1-p)\left(\frac{x_{2n-1}}{x_{2n-1}-p}\right)^2+(p^2-x_{2n-1})\frac{x_{2n-1}}{x_{2n-1}-p}+px_{2n-1}\\
=&\frac{x_{2n-1}^2(1-p)(p+1-x_{2n-1})}{(x_{2n-1}-p)^2}\\
<&0,
\end{aligned}$$

从而

$$x_{2n}>p+\frac{x_{2n}}{p+\dfrac{x_{2n-1}}{x_{2n}}}=x_{2n+2}.$$

证毕.

引理 5.6　设 $(\sqrt{5}-1)/2<p<1$ 且 $\{x_n\}_{n=-1}^{\infty}$ 是方程 (5.1) 满足初始条件 $(x_{-1},x_0)\in A_4\cup A_3$ 的解, 则 $\{x_n\}_{n=-1}^{\infty}$ 是无界的.

证明　不失一般性, 不妨设 $(x_{-1},x_0)\in A_4$, ($(x_{-1},x_0)\in A_3$ 的情形同理可证). 由引理 5.5, 我们只需考虑三种情形.

情形 1　$x_{-1}\leqslant x_1$ 和 $x_0\geqslant x_2$. 由 (5.1) 可知

$$x_1=p+\frac{x_{-1}}{x_0}\leqslant p+\frac{x_1}{x_2}=x_3,$$

$$x_2=p+\frac{x_0}{x_1}\geqslant p+\frac{x_2}{x_3}=x_4.$$

通过递推可证, 对任意的 $n\in\mathbf{N}_0$,

$$\bar{x}<x_{2n-1}\leqslant x_{2n+1}$$

和

$$x_{2n}\geqslant x_{2n+2}\geqslant 0.$$

因此由引理 5.2 可得 $\lim\limits_{n\to+\infty}x_{2n-1}=+\infty$.

情形 2　$x_{-1}\leqslant x_1$ 和 $x_0<x_2$. 记

$$m=\min\{k:x_{2k+1}>x_{2k+3}\},$$

$$r=\min\{k:x_{2k+2}\geqslant x_{2k+4}\}.$$

由引理 5.5 得 $m\geqslant r$. 若 $m=+\infty$, 由引理 5.2 得 $\lim\limits_{n\to+\infty}x_{2n-1}=+\infty$. 下设 $m<+\infty$. 我们断言 $m>r$. 否则, 若 $m=r$, 则有

$$x_{2m-1}\leqslant x_{2m+1}>x_{2m+3},$$

$$x_{2m}<x_{2m+2}\geqslant x_{2m+4},$$

从而有

$$\begin{aligned}x_{2m+2}&=p+\frac{x_{2m}}{x_{2m+1}}\\&\leqslant p+\frac{x_{2m+2}}{x_{2m+3}}\\&=x_{2m+4},\end{aligned}$$

矛盾. 因而

$$x_{2r-1}\leqslant x_{2r+1}\leqslant x_{2r+3},$$

$$x_{2r}<x_{2r+2}\geqslant x_{2r+4}.$$

由递推可得, 对任意 $n\geqslant r+1$, 有

$$\bar{x}<x_{2n-1}\leqslant x_{2n+1},$$

$$x_{2n}\geqslant x_{2n+2}\geqslant 0.$$

由引理 5.2 可得 $\lim\limits_{n\to+\infty}x_{2n-1}=+\infty$.

情形 3 $x_{-1}\geqslant x_1$ 且 $x_0\geqslant x_2$. 记

$$m=\min\{k:x_{2k+1}<x_{2k+3}\},$$

$$r=\min\{k:x_{2k+2}<x_{2k+4}\}.$$

由引理 5.5 得 $m\leqslant r$. 下证 $m<r$. 否则, 若 $m=r<+\infty$, 则

$$x_{2m-1}\geqslant x_{2m+1}<x_{2m+3},$$

$$x_{2m}\geqslant x_{2m+2}<x_{2m+4},$$

从而

$$\begin{aligned}x_{2m+2}&=p+\frac{x_{2m}}{x_{2m+1}}\\&\geqslant p+\frac{x_{2m+2}}{x_{2m+3}}\\&=x_{2m+4},\end{aligned}$$

矛盾. 若 $m=r=+\infty$, 由引理 5.2 得 $\bar{x}>\lim\limits_{n\to+\infty}x_{2n}=\bar{x}$, 矛盾. 因而

$$x_{2m-1}\geqslant x_{2m+1}<x_{2m+3},$$

$$x_{2m}\geqslant x_{2m+2}\geqslant x_{2m+4}.$$

由递推得, 对任意 $n \geqslant m+1$, 有

$$\bar{x} < x_{2n-1} \leqslant x_{2n+1},$$
$$x_{2n} \geqslant x_{2n+2} \geqslant 0.$$

由引理 5.2 可知 $\lim\limits_{n\to+\infty} x_{2n-1} = +\infty$. 证毕.

为了找到 (5.1) 的平衡点的吸引域, 我们将构造严格递增函数序列 $h_n(x)$. 记

$$x = g_2(y) = y \quad (y > 0),$$

则

$$y = h_2(x) = g_2^{-1}(x) = x$$

是从 $\mathbf{R}_+$ 到 $\mathbf{R}_+$ 的满的严格递增可导函数. 设

$$x = g_3(y) = (h_2(y) - p)y \quad (y > g_2(p) = p),$$

则

$$y = h_3(x) = g_3^{-1}(x)$$

是从 $\mathbf{R}_+$ 到 $(p, +\infty)$ 的满的严格递增可导函数. 假设当正整数 $n \geqslant 3$ 时, 我们已经定义了 $h_n(x)$ 是从 $\mathbf{R}_+$ 到 $(h_{n-1}^{-1}(p), +\infty)$ 的满的严格递增可导函数. 记

$$x = g_{n+1}(y) = (h_n(y) - p)y \quad (y > h_n^{-1}(p)),$$

则

$$y = h_{n+1}(x) = g_{n+1}^{-1}(x)$$

是从 $\mathbf{R}_+$ 到 $(h_n^{-1}(p), +\infty)$ 的满的严格递增可导函数. 用这种方法, 我们构造一个严格递增函数序列 $y = h_n(x)(x > 0)$.

设 $P_0 = A_2,\ Q_0 = A_1$. 对任意 $n \in \mathbf{N}$, 记

$$\begin{aligned} P_n &= f^{-1}(P_{n-1}), \quad Q_n = f^{-1}(Q_{n-1}), \\ L_n &= f^{-1}(L_{n-1}), \quad R_n = f^{-1}(R_{n-1}). \end{aligned} \tag{5.2}$$

由引理 5.1 得

$$L_2 = f^{-1}(L_1) \subset P_0,\ R_2 = f^{-1}(R_1) \subset Q_0,$$

$$P_1 = f^{-1}(P_0) \subset P_0,\ Q_1 = f^{-1}(Q_0) \subset Q_0.$$

即对任意的 $n \in \mathbf{N}$, 有

$$\begin{aligned} L_{n+1} &\subset P_{n-1}, \quad R_{n+1} \subset Q_{n-1}, \\ P_n &\subset P_{n-1}, \quad Q_n \subset Q_{n-1}. \end{aligned} \tag{5.3}$$

设 $(x,y)\in L_2$. 由

$$f(L_2)=L_1$$

及

$$(u,v)=f(x,y)=\left(y,p+\frac{x}{y}\right),$$

可得

$$p+\frac{x}{y}=v=\bar{x}$$

及

$$y=u>\bar{x}.$$

因此 $x=g_2(y)=y>\bar{x}$ 和

$$L_2=\{(x,y):y=h_2(x),\ x>\bar{x}\}.$$

同理我们可证

$$R_2=\{(x,y):y=h_2(x),\ 0<x<\bar{x}\}.$$

因 f 是同胚映射, 又 $f(P_1)=P_0$, $L_0\cup L_1\cup\{(\bar{x},\bar{x})\}$ 是 P_0 的边界, 且 $f(L_2)=L_1$ 和 $f(L_1)=L_0$, 故有

$$P_1=\{(x,y):\bar{x}<y<h_2(x),\ x>\bar{x}\}.$$

同理可得

$$Q_1=\{(x,y):h_2(x)<y<\bar{x},\ 0<x<\bar{x}\}.$$

设 $(x,y)\in L_3$, 由 $f(L_3)=L_2$ 和

$$(u,v)=f(x,y)=\left(y,p+\frac{x}{y}\right)\in L_2,$$

可得

$$p+\frac{x}{y}=v=h_2(u)=h_2(y)$$

及

$$y=u>\bar{x},$$

从而

$$x=g_3(y)=(h_2(y)-p)y\ (y>\bar{x}),$$

$$L_3=\{(x,y):y=h_3(x),\ x>\bar{x}\}.$$

同理可得

$$R_3 = \{(x,y) : y = h_3(x),\ 0 < x < \bar{x}\}.$$

因 f 是同胚映射, 又 $f(P_2) = P_1$ 和 $L_1 \cup L_2 \cup \{(\bar{x},\bar{x})\}$ 是 P_2 的边界, 且 $f(L_3) = L_2$ 和 $f(L_2) = L_1$, 故有

$$P_2 = \{(x,y) : h_3(x) < y < h_2(x),\ x > \bar{x}\}.$$

同理可得

$$Q_2 = \{(x,y) : h_2(x) < y < h_3(x),\ 0 < x < \bar{x}\}.$$

递推下去可得, 对任意正整数 $n \geqslant 2$, 有

$$\begin{aligned} L_n &= \{(x,y) : y = h_n(x), x > \bar{x}\}, \\ R_n &= \{(x,y) : y = h_n(x), 0 < x < \bar{x}\}. \end{aligned}$$

对任意 $n \in \mathbf{N}$,

$$\begin{aligned} Q_{2n} &= \{(x,y) : h_{2n}(x) < y < h_{2n+1}(x), 0 < x < \bar{x}\}, \\ Q_{2n+1} &= \{(x,y) : h_{2n+2}(x) < y < h_{2n+1}(x), 0 < x < \bar{x}\}, \\ P_{2n} &= \{(x,y) : h_{2n+1}(x) < y < h_{2n}(x), x > \bar{x}\}, \\ P_{2n+1} &= \{(x,y) : h_{2n+1}(x) < y < h_{2n+2}(x), x > \bar{x}\}. \end{aligned}$$

由 (5.3) 可知, 对任意 $x > \bar{x}$, 有

$$\bar{x} < h_3(x) \leqslant h_5(x) \leqslant \cdots \leqslant h_4(x) \leqslant h_2(x) = x. \tag{5.4}$$

对任意 $0 < x \leqslant \bar{x}$, 有

$$\bar{x} > h_3(x) \geqslant h_5(x) \geqslant \cdots \geqslant h_4(x) \geqslant h_2(x) = x. \tag{5.5}$$

由 (5.4) 和 (5.5) 知, 对任意 $x > 0$, 可以设

$$F(x) = \lim_{n \to +\infty} h_{2n+1}(x),$$

$$G(x) = \lim_{n \to +\infty} h_{2n}(x).$$

容易看出, 当 $x > \bar{x}$ 时, $F(x) \leqslant G(x)$, 当 $0 < x < \bar{x}$ 时, $F(x) \geqslant G(x)$.

记 B 是使 (5.1) 的正解有界的所有初始值组成的集合, 我们有下面的定理.

定理 5.1　设 $0 < p < 1$, 则 $B = W_1 \cup \{(\bar{x},\bar{x})\} \cup W_2$, 其中

$$W_1 = \{(x,y) : F(x) \leqslant y \leqslant G(x),\ \bar{x} < x\},$$

$$W_2 = \{(x,y) : G(x) \leqslant y \leqslant F(x),\ 0 < x < \bar{x}\},$$

且当初始值 $(x_{-1},x_0)\in B$ 时, 方程 (5.1) 的正解 $\{x_n\}_{n=-1}^{\infty}$ 收敛于平衡点.

证明　设 $\{x_n\}_{n=-1}^{\infty}$ 是 (5.1) 满足初始值 $(x_{-1},x_0)\in W_1\cup\{(\bar{x},\bar{x})\}\cup W_2$ 的正解.

如果 $(x_{-1},x_0)=(\bar{x},\bar{x})$, 则 $\{x_n\}_{n=-1}^{\infty}$ 是 (5.1) 的平凡解, 显然 $\lim\limits_{n\to+\infty}x_n=\bar{x}$.

如果 $(x_{-1},x_0)\in W_1$, 则对任意 $n\in\mathbf{N}_0$, 有 $(x_{-1},x_0)\in P_n$ 且

$$f^n(x_{-1},x_0)=(x_{n-1},x_n)\in A_2.$$

从而 $\lim\limits_{n\to+\infty}x_n=\bar{x}$, 故 $(x_{-1},x_0)\in B$. 同理可证, 当 $(x_{-1},x_0)\in W_2$ 时, $\lim\limits_{n\to+\infty}x_n=\bar{x}$, 故 $(x_{-1},x_0)\in B$.

下面我们假设 $(x_{-1},x_0)\in D-W_1\cup\{(\bar{x},\bar{x})\}\cup W_2$, 且 $\{x_n\}_{n=-1}^{\infty}$ 是 (5.1) 初始值为 (x_{-1},x_0) 的正解.

如果 $(x_{-1},x_0)\in A_3\cup A_4\cup(\bigcup_{i=0}^{1}L_i)\cup(\bigcup_{i=0}^{1}R_i)$, 则由引理 5.1 得

$$f^2\ (x_{-1},x_0)=(x_1,x_2)\in\{(x,y):(x-\bar{x})(y-\bar{x})<0\}.$$

又由引理 5.3 和引理 5.6 得 $(x_{-1},x_0)\notin B$.

如果 $(x_{-1},x_0)\in A_2-W_1$, 则存在 $n\in\mathbf{N}_0$, 使得

$$\begin{aligned}(x_{-1},x_0)&\in P_n-P_{n+1}\\&=f^{-n}(A_2)-f^{-n-1}(A_2),\end{aligned}$$

从而

$$\begin{aligned}f^n(x_{-1},x_0)&=(x_{n-1},x_n)\\&\in A_2-f^{-1}(A_2).\end{aligned}$$

由引理 5.1 可得 $f^{n+1}(x_{-1},x_0)\in L_1\cup A_4$, 即有

$$f^{n+3}\ (x_{-1},x_0)=(x_{n+2},x_{n+3})\in A_4.$$

最后根据引理 5.3 和引理 5.6 可得 $(x_{-1},x_0)\notin B$.

同理可证, 当 $(x_{-1},x_0)\in A_1-W_2$ 时, 也有 $(x_{-1},x_0)\notin B$. 证毕.

5.2　方程 $x_{n+1}=\dfrac{px_n+qx_{n-1}}{1+x_n}$ 的平衡点的吸引域

在这一节, 我们研究差分方程

$$x_{n+1}=\frac{px_n+qx_{n-1}}{1+x_n}\quad(n\in\mathbf{N}_0)\tag{5.6}$$

平衡点的吸引域. 其中, $q > 1 + p > 1$, 初始值 $x_{-1}, x_0 \in \mathbf{R}_+$.

记 $D = \mathbf{R}_+^2$, 定义 $f : D \longrightarrow D$ 为: 对任意的 $(x, y) \in D$, 有

$$f(x,y) = \left(y, \frac{py + qx}{1 + y}\right).$$

显然, 若 $\{x_n\}_{n=-1}^{\infty}$ 是 (5.6) 的正解, 则对任意的 $n \in \mathbf{N}_0$, 有 $f^n(x_{-1}, x_0) = (x_{n-1}, x_n)$. 记

$$\begin{aligned}
&A_1 = (0, \overline{x}) \times (0, \overline{x}), && A_2 = (\overline{x}, +\infty) \times (\overline{x}, +\infty),\\
&A_3 = (0, \overline{x}) \times (\overline{x}, +\infty), && A_4 = (\overline{x}, +\infty) \times (0, \overline{x}),\\
&R_0 = \{\overline{x}\} \times (0, \overline{x}), && R_1 = (0, \overline{x}) \times \{\overline{x}\},\\
&L_0 = \{\overline{x}\} \times (\overline{x}, +\infty), && L_1 = (\overline{x}, +\infty) \times \{\overline{x}\}.
\end{aligned}$$

其中 $\bar{x} = p + q - 1$, 则 $D = (\bigcup_{i=1}^{4} A_i) \cup L_0 \cup L_1 \cup R_0 \cup R_1 \cup \{(\bar{x}, \bar{x})\}$.

容易证明引理 5.7 和引理 5.8.

引理 5.7　下述结论成立.

(1) $f : D \longrightarrow f(D)$ 是同胚映射.

(2) $f(L_1) = L_0$ 且 $f(L_0) \subset A_4$.

(3) $f(R_1) = \{\bar{x}\} \times (p - p/(p + q), \bar{x})$ 且 $f(R_0) \subset A_3$.

(4) $f(A_3) \subset A_4$ 且 $f(A_4) \subset A_3$.

(5) $A_2 \cup L_1 \subset f(A_2) \subset A_2 \cup L_1 \cup A_4, A_1 \cup R_1 \subset f(A_1) \subset A_1 \cup R_1 \cup A_3$.

引理 5.8　设 $q > 1 + p > 1$, 且 $\{x_n\}_{n=-1}^{\infty}$ 是 (5.6) 的正解.

(1) 若 $\lim\limits_{n\to+\infty} x_{2n} = a \in \mathbf{R}_+$ 且 $a \neq p$, 则 $\lim\limits_{n\to+\infty} x_{2n+1} = a = \bar{x}$.

(2) 若 $\lim\limits_{n\to+\infty} x_{2n-1} = b \in \mathbf{R}_+$ 且 $b \neq p$, 则 $\lim\limits_{n\to+\infty} x_{2n} = b = \bar{x}$.

引理 5.9　设 $q > 1 + p > 1$, $\{x_n\}_{n=-1}^{\infty}$ 是 (5.6) 的初始条件 $(x_{-1}, x_0) \in A_4$ 的正解. 如果存在 $n \in \mathbf{N}_0$, 使得 $x_{2n-1} \geqslant x_{2n+1}$, 那么 $x_{2n} \geqslant x_{2n+2}$.

证明　由 $(x_{-1}, x_0) \in A_4$ 和引理 5.7 知, 对任意 $n \in \mathbf{N}_0$, 有 $(x_{2n-1}, x_{2n}) \in A_4$. 我们只需证当 $x_{-1} \geqslant x_1$ 时, 有 $x_0 \geqslant x_2$. 用反证法, 假设 $x_{-1} \geqslant x_1$ 且 $x_0 < x_2$, 则有

$$x_{-1} \geqslant x_1 = \frac{px_0 + qx_{-1}}{1 + x_0} \tag{5.7}$$

和

$$x_0 < x_2 = \frac{px_1 + qx_0}{1 + x_1}. \tag{5.8}$$

由 (5.7) 得

$$x_0 \geqslant \frac{x_{-1}(q - 1)}{x_{-1} - p}. \tag{5.9}$$

由 (5.8) 得

$$(q-1-p)x_0^2+(p^2+q-1-qx_{-1})x_0+pqx_{-1}>0. \tag{5.10}$$

断言 1　当 $x_{-1}\geqslant\bar{x}$ 时, 有

$$(p^2+q-1-qx_{-1})^2-4(q-1-p)pqx_{-1}\geqslant 0. \tag{5.11}$$

断言 1 的证明　对函数

$$g(x)=(p^2+q-1-qx)^2-4(q-1-p)pqx$$

关于 x 求导得

$$\begin{aligned}g'(x)&=2q(1+qx-p^2-q)-4pq(q-1-p)\\&\geqslant 2q[(q-1)^2+p^2+p(1-q)+p]\\&=2q[(q-1)(q-p-1)+p^2+p]\\&>0.\end{aligned}$$

故当 $x_{-1}\geqslant\bar{x}$ 时, 有

$$\begin{aligned}&(p^2+q-1-qx_{-1})^2-4(q-1-p)pqx_{-1}\\\geqslant&(q^2+qp-2q+1-p^2)^2-4(q-1-p)qp(q+p-1)\\=&(q^2-2q+1-p^2)^2+2qp(q^2-2q+1-p^2)\\&+(qp)^2-4(q^2-2q+1-p^2)pq\\=&(q^2-2q+1-p^2-pq)^2\\\geqslant&0.\end{aligned}$$

这就证明了断言 1.

由 (5.10) 式得

$$x_0>\frac{\Phi+\sqrt{\Phi^2-\Psi}}{2(q-1-p)} \tag{5.12}$$

或

$$x_0<\frac{\Phi-\sqrt{\Phi^2-\Psi}}{2(q-1-p)}. \tag{5.13}$$

其中 $\Phi=1+qx_{-1}-p^2-q$, $\Psi=4pq(q-1-p)x_{-1}$.

断言 2

$$\frac{\Phi+\sqrt{\Phi^2-\Psi}}{2(q-1-p)}\geqslant\bar{x} \tag{5.14}$$

且

$$\frac{\Phi-\sqrt{\Phi^2-\Psi}}{2(q-1-p)}\leqslant\frac{x_{-1}(q-1)}{x_{-1}-p}. \tag{5.15}$$

断言 2 的证明　因为

$$\begin{aligned}&\frac{\Phi+\sqrt{\Phi^2-\Psi}}{2(q-1-p)}\\ \geqslant&\frac{1+q\bar{x}-p^2-q}{2(q-1-p)}+\frac{\sqrt{(1+q\bar{x}-p^2-q)^2-4pq(q-1-p)\bar{x}}}{2(q-1-p)},\end{aligned}$$

所以只需证明

$$\begin{aligned}&\frac{1+q(q+p-1)-p^2-q}{2(q-1-p)}\\ &+\frac{\sqrt{[1+q(q+p-1)-p^2-q]^2-4pq(q-1-p)(p+q-1)}}{2(q-1-p)}\\ \geqslant&q+p-1,\end{aligned}$$

这等价于

$$\begin{aligned}&\sqrt{[1+q(q+p-1)-p^2-q]^2-4pq(q-1-p)(p+q-1)}\\ \geqslant&2(q+p-1)(q-1-p)-[1+q(q+p-1)-p^2-q]\\ =&q^2-p^2-2q+1-qp.\end{aligned} \tag{5.16}$$

若

$$q^2-p^2-2q+1-qp\leqslant 0,$$

则 (5.16) 式显然成立. 若

$$q^2-p^2-2q+1-qp>0,$$

(5.16) 式相当于

$$\begin{aligned}&[1+q^2+qp-2q-p^2-(q^2-p^2-2q+1-qp)]\\ &\times[1+q^2+qp-2q-p^2+q^2-p^2-2q+1-qp]\\ \geqslant&4pq[(q-1)^2-p^2].\end{aligned}$$

整理得

$$2+2q^2-2p^2-4q\geqslant 2q^2-4q+2-2p^2,$$

这是显然的, 故 (5.14) 成立. 现证 (5.15) 式.

$$\begin{aligned}\frac{x_{-1}(q-1)}{x_{-1}-p} &\geqslant \frac{\Phi-\sqrt{\Phi^2-\Psi}}{2(q-1-p)}\\ &=\frac{\Psi}{2(q-1-p)[\Phi+\sqrt{\Phi^2-\Psi}]}\end{aligned}$$

等价于

$$(q-1)[\Phi+\sqrt{\Phi^2-\Psi}]\geqslant 2pq(x_{-1}-p),$$

整理得

$$\begin{aligned}&(q-1)\sqrt{(1+qx_{-1}-p^2-q)^2-4pq(q-1-p)x_{-1}}\\ &\geqslant 2pq(x_{-1}-p)-(q-1)(1+qx_{-1}-p^2-q).\end{aligned}\tag{5.17}$$

若

$$2pq(x_{-1}-p)-(q-1)(1+qx_{-1}-p^2-q)\leqslant 0,$$

则 (5.17) 显然成立. 若

$$2pq(x_{-1}-p)-(q-1)(1+qx_{-1}-p^2-q)>0,$$

(5.17) 式相当于

$$\begin{aligned}&(q-1)^2[\Phi^2-\Psi]\\ &\geqslant 4p^2q^2(x_{-1}-p)^2-4pq(x_{-1}-p)(q-1)\Phi+(q-1)^2\Phi^2.\end{aligned}$$

整理得

$$pq(x_{-1}-p)^2-(x_{-1}-p)(q-1)\Phi+(q-1)^2(q-1-p)x_{-1}\leqslant 0.$$

设

$$h(x)=pq(x-p)^2-(x-p)(q-1)(1+qx-p^2-q)+(q-1)^2(q-1-p)x,$$

有

$$\begin{aligned}h'(x)=&2pq(x-p)-[(q-1)(1+qx-p^2-q)\\ &+q(q-1)(x-p)-(q-1)^2(q-1-p)],\end{aligned}$$

其中 x 的系数 $2pq-2q(q-1)<0$, 所以当 $x\geqslant\bar{x}$ 时, 有

$$\begin{aligned}h'(x)&\leqslant 2pq(q-1)-[(q-1)(2pq-q-p^2+q^2-p)]\\ &=(q-1)(q+p)(p+1-q)<0,\end{aligned}$$

即 $h(x)$ 当 $x \geqslant \bar{x}$ 时是单调递减的. 又因为

$$\begin{aligned}h(\bar{x}) &= pq(q-1)^2-(q-1)(q-1)[1+q(q+p-1)-p^2-q]\\&\quad+(q-1)^2(q-1-p)(q+p-1)\\&=0,\end{aligned}$$

所以当 $x_{-1} \geqslant \bar{x}$ 时, (5.18) 式成立, 从而 (5.17) 式成立, (5.15) 式得证.

因为 $x_0 \leqslant \bar{x}$, 所以由 (5.12) – (5.15) 可知 $x_0 \leqslant x_{-1}(q-1)/(x_{-1}-p)$, 这与 (5.9) 式矛盾. 故当 $x_{2n-1} \geqslant x_{2n+1}$ 时, 有 $x_{2n} \geqslant x_{2n+2}$. 证毕.

引理 5.10　设 $q > 1+p > 1$ 且 $\{x_n\}_{n=-1}^{\infty}$ 是方程 (5.6) 的满足初始条件 $(x_{-1}, x_0) \in A_3 \cup A_4$ 的正解, 则 $\{x_n\}_{n=-1}^{\infty}$ 是无界的.

证明　显然函数

$$f(x,y)=\frac{py+qx}{1+y}\quad (q>1+p>1)$$

关于 x 单调递增, 又因为

$$f(x,y)=\frac{py+qx}{1+y}=p+\frac{qx-p}{1+y},$$

故当 $x > p/q$ 时, 函数 f 关于 y 单调递减.

不失一般性, 不妨设 $(x_{-1}, x_0) \in A_4$ (当 $(x_{-1}, x_0) \in A_3$ 时同理可证). 由引理 5.9 知, 我们只需考虑三种情形.

情形 1　$x_{-1} \leqslant x_1$ 且 $x_0 \geqslant x_2$, 由 (5.6) 得

$$\begin{aligned}x_1 &= \frac{px_0+qx_{-1}}{1+x_0}\\&\leqslant \frac{px_2+qx_1}{1+x_2}\\&=x_3.\end{aligned}$$

由 $x_0 \geqslant x_2$ 得

$$x_0 \geqslant \frac{px_1+qx_0}{1+x_1},$$

因此

$$\begin{aligned}x_0 &\geqslant \frac{px_1}{1+x_1-q}\\&=\frac{p(x_1+1-q)+p(q-1)}{1+x_1-q}\\&=p+\frac{p(q-1)}{1+x_1-q}\\&>p>\frac{p}{q},\end{aligned}$$

所以有

$$\begin{aligned}x_2 &= \frac{px_1+qx_0}{1+x_1}\\ &\geqslant \frac{px_3+qx_2}{1+x_3}\\ &= x_4.\end{aligned}$$

同理可得, 对任意 $n\in\mathbf{N}_0$, 有

$$x_{2n+1}\geqslant x_{2n-1}>\bar{x},$$
$$x_{2n}\geqslant x_{2n+2}\geqslant 0.$$

由引理 5.8 知 $\lim\limits_{n\to+\infty}x_{2n-1}=+\infty$.

情形 2　$x_{-1}\leqslant x_1$ 且 $x_0<x_2$. 记

$$m=\min\{k:x_{2k+1}>x_{2k+3}\},$$
$$r=\min\{k:x_{2k+2}\geqslant x_{2k+4}\}.$$

由引理 5.9 得 $m\geqslant r$. 若 $m=+\infty$, 由引理 5.8 得 $\lim\limits_{n\to+\infty}x_{2n-1}=+\infty$. 下设 $m<+\infty$, 我们断言 $m>r$. 否则, 若 $m=r$, 则

$$x_{2m-1}\leqslant x_{2m+1}>x_{2m+3},$$
$$x_{2m}<x_{2m+2}\geqslant x_{2m+4}.$$

又因为 $x_{2m+2}\geqslant x_{2m+4}$, 可知 $x_{2m+2}>p>p/q$, 所以有

$$\begin{aligned}x_{2m+4} &= \frac{px_{2m+3}+qx_{2m+2}}{1+x_{2m+3}}\\ &> \frac{px_{2m+1}+qx_{2m}}{1+x_{2m+3}}\\ &= x_{2m+2}.\end{aligned}$$

矛盾. 由上知

$$x_{2r-1}\leqslant x_{2r+1}\leqslant x_{2r+3},$$
$$x_{2r}\leqslant x_{2r+2}\geqslant x_{2r+4},$$

所以

$$\begin{aligned}x_{2r+3} &= \frac{px_{2r+2}+qx_{2r+1}}{1+x_{2r+2}}\\ &\leqslant \frac{px_{2r+4}+qx_{2r+3}}{1+x_{2r+4}}\\ &= x_{2r+5}.\end{aligned}$$

又由 $x_{2r+2} \geqslant x_{2r+4}$, 可得 $x_{2r+2} > p > p/q$, 所以

$$\begin{aligned} x_{2r+4} &= \frac{px_{2r+3} + qx_{2r+2}}{1 + x_{2r+3}} \\ &\geqslant \frac{px_{2r+5} + qx_{2r+2}}{1 + x_{2r+5}} \\ &= x_{2r+6}. \end{aligned}$$

由递推可得, 对任意 $n \geqslant r+1$, 有

$$\begin{aligned} &x_{2n+1} \geqslant x_{2n-1} > \bar{x}, \\ &x_{2n} \geqslant x_{2n+2} \geqslant 0. \end{aligned}$$

由引理 5.8 知 $\lim\limits_{n\to+\infty} x_{2n-1} = +\infty$.

情形 3　$x_{-1} \geqslant x_1$ 且 $x_0 \geqslant x_2$, 记

$$\begin{aligned} m &= \min\{k : x_{2k+1} < x_{2k+3}\}, \\ r &= \min\{k : x_{2k+2} < x_{2k+4}\}. \end{aligned}$$

由引理 5.9 得 $m \leqslant r$. 下证 $m < r$, 若 $m = r < +\infty$, 则

$$\begin{aligned} &x_{2m-1} \geqslant x_{2m+1} < x_{2m+3}, \\ &x_{2m} \geqslant x_{2m+2} < x_{2m+4}. \end{aligned}$$

又因为 $x_{2m} \geqslant x_{2m+2}$, 可得 $x_{2m} > p > p/q$, 所以有

$$\begin{aligned} x_{2m+2} &= \frac{px_{2m+1} + qx_{2m}}{1 + x_{2m+1}} \\ &\geqslant \frac{px_{2m+3} + qx_{2m+2}}{1 + x_{2m+3}} \\ &= x_{2m+4}, \end{aligned}$$

矛盾. 若 $m = r = +\infty$, 由引理 5.8 得 $\bar{x} > \lim\limits_{n\to+\infty} x_{2n} = \bar{x}$, 矛盾. 由上可得

$$\begin{aligned} &x_{2m-1} \geqslant x_{2m+1} < x_{2m+3}, \\ &x_{2m} \geqslant x_{2m+2} \geqslant x_{2m+4}. \end{aligned}$$

由递推得对任意 $n \geqslant m+1$,

$$\begin{aligned} &x_{2n+1} \geqslant x_{2n-1} > \bar{x}, \\ &x_{2n} \geqslant x_{2n+2} \geqslant 0. \end{aligned}$$

再由引理 5.8 可得 $\lim\limits_{n\to+\infty} x_{2n-1}=+\infty$. 证毕.

引理 5.11 设 $q>1+p>1$ 且 $\{x_n\}_{n=-1}^{\infty}$ 只由一个半循环构成, 则 $\{x_n\}_{n=-1}^{\infty}$ 收敛于正平衡点 $\bar{x}=q+p-1$.

证明 下面分两种情形加以证明.

情形 1 对任意 $n\geqslant -1$, $0<x_n\leqslant\bar{x}$. 如果存在 $n\in\mathbf{N}_0$, 使得 $0<x_{2n}\leqslant q-1$, 那么

$$\begin{aligned}&x_{2n+1}-x_{2n-1}\\=&\frac{px_{2n}+qx_{2n-1}-x_{2n-1}-x_{2n-1}x_{2n}}{1+x_{2n}}\\>&0.\end{aligned}$$

从而 $x_{2n+1}>x_{2n-1}$. 如果存在 $n\in\mathbf{N}_0$, 使得 $q-1<x_{2n}\leqslant\bar{x}$, 那么

$$\frac{px_{2n}}{x_{2n}-q+1}\geqslant\bar{x}\geqslant x_{2n-1},$$

即

$$px_{2n}\geqslant x_{2n-1}(x_{2n}-q+1),$$

从而有

$$\begin{aligned}&x_{2n+1}-x_{2n-1}\\=&\frac{px_{2n}+qx_{2n-1}-x_{2n-1}-x_{2n-1}x_{2n}}{1+x_{2n}}\\\geqslant&0.\end{aligned}$$

故有 $x_{2n+1}\geqslant x_{2n-1}$, 即奇数项是递增的且有上界. 同理可证偶数项是递增的且有上界. 设

$$\lim_{n\to+\infty}x_{2n+1}=a,\quad \lim_{n\to+\infty}x_{2n}=b,$$

则有

$$a=\frac{pb+qa}{1+b},\quad b=\frac{pa+qb}{1+a},$$

从而有 $a=b=\bar{x}$.

情形 2 对任意 $n\geqslant -1, x_n\geqslant\bar{x}=p+q-1$. 因为函数

$$f(x,y)=\frac{py+qx}{1+y}$$

在 $x>p/q$ 时关于 y 递减, 所以对任意 $n\geqslant -1$,

$$\begin{aligned}x_{n+2}&=\frac{px_{n+1}+qx_n}{1+x_{n+1}}\\&\leqslant\frac{p\bar{x}+qx_n}{1+\bar{x}}\\&\leqslant x_n.\end{aligned}$$

类似于情形 1 可证：$\lim\limits_{n\to+\infty} x_{2n+1} = \lim\limits_{n\to+\infty} x_{2n} = \bar{x}$. 证毕.

现在我们描述方程 (5.6) 平衡点的吸引域. 令 $P_0 = \overline{A_2}$, $Q_0 = \overline{A_1}$. 对任意 $n \in \mathbf{N}$, 记

$$P_n = f^{-1}(P_{n-1}),\quad Q_n = f^{-1}(Q_{n-1}),$$

$$L_n = f^{-1}(L_{n-1}),\quad R_n = f^{-1}(R_{n-1}).$$

由引理 5.7 知

$$L_2 = f^{-1}(L_1) \subset P_0,\ R_2 = f^{-1}(R_1) \subset Q_0,$$

$$P_1 = f^{-1}(P_0) \subset P_0,\ Q_1 = f^{-1}(Q_0) \subset Q_0,$$

即对任意的 $n \in \mathbf{N}$, 有

$$L_{n+1} \subset P_{n-1},\quad R_{n+1} \subset Q_{n-1},$$

$$P_n \subset P_{n-1},\quad Q_n \subset Q_{n-1}.$$

记 S 是使方程 (5.6) 正解有界的所有初始值组成的集合, 则我们有下面的定理.

定理 5.2　$S = [\bigcap_{n=0}^{\infty} Q_n] \cup [\bigcap_{n=0}^{\infty} P_n]$.

证明　设 $\{x_n\}_{n=-1}^{\infty}$ 是方程 (5.6) 的正解且初始值满足 $(x_{-1}, x_0) \in S$.

如果 $(x_{-1}, x_0) \in \bigcap_{n=0}^{\infty} Q_n$, 则对任意 $n \in \mathbf{N}_0$,

$$f^n(x_{-1}, x_0) = (x_{n-1}, x_n) \in \overline{A_1},$$

即 $\{x_n\}_{n=-1}^{\infty}$ 构成一个半循环, 由引理 5.10 得 $(x_{-1}, x_0) \in S$.

如果 $(x_{-1}, x_0) \in \bigcap_{n=0}^{\infty} P_n$, 则对任意 $n \in \mathbf{N}_0, (x_{-1}, x_0) \in P_n$, 有

$$f^n(x_{-1}, x_0) = (x_{n-1}, x_n) \in \overline{A_2},$$

即 $\{x_n\}_{n=-1}^{\infty}$ 构成一个半循环, 由引理 5.10 得 $(x_{-1}, x_0) \in S$.

下设 $(x_{-1}, x_0) \in D - S$, $\{x_n\}_{n=-1}^{\infty}$ 是初始值为 (x_{-1}, x_0) 的方程 (5.6) 的正解.

如果 $(x_{-1}, x_0) \in A_3 \cup A_4 \cup (\bigcup_{i=1}^{2} L_i) \cup (\bigcup_{i=1}^{2} R_i)$, 由引理 5.8 得

$$f^2\ (x_{-1}, x_0) = (x_1, x_2) \in \{(x, y) : (x - \bar{x})(y - \bar{x}) < 0\},$$

则 $(x_{-1}, x_0) \notin S$.

如果 $(x_{-1}, x_0) \in \overline{A_2} - \bigcap_{n=0}^{\infty} P_n$, 则存在 $n \in \mathbf{N}_0$, 使得

$$\begin{aligned}(x_{-1}, x_0) \in & P_n - P_{n+1} \\ &= f^{-n}(\overline{A_2}) - f^{-n-1}(\overline{A_2}),\end{aligned}$$

从而

$$\begin{aligned}f^n(x_{-1},x_0)&=(x_{n-1},x_n)\\&\in\overline{A_2}-f^{-1}(\overline{A_2}).\end{aligned}$$

由引理 5.7 可得 $f^{n+1}(x_{-1},x_0)\in L_1\bigcup A_4$, 则

$$f^{n+3}\ (x_{-1},x_0)=(x_{n+2},x_{n+3})\in A_4,$$

因此 $(x_{-1},x_0)\notin S$.

如果 $(x_{-1},x_0)\in\overline{A_1}-\bigcap_{n=1}^{\infty}Q_n$, 则存在 $n\in\mathbf{N}_0$, 使得

$$\begin{aligned}(x_{-1},x_0)&\in Q_n-Q_{n+1}\\&=Q_n-f^{-1}(Q_n),\end{aligned}$$

从而

$$\begin{aligned}f^n(x_{-1},x_0)&=(x_{n-1},x_n)\\&\in\overline{A_1}-f^{-1}(\overline{A_1}),\end{aligned}$$

由引理 5.7 可得 $(x_{-1},x_0)\notin S$. 证毕.

下面描述集合 $\bigcap_{n=0}^{\infty}P_n$ 的结构. 我们将构造单调严格递增函数序列 $h_n(x)$. 记

$$x=g_2(y)=\frac{\bar{x}+(\bar{x}-p)y}{q}\quad(y\geqslant\bar{x}),$$

则

$$y=h_2(x)=g_2^{-1}(x)$$

是从 $[\bar{x},+\infty)$ 到 $[\bar{x},+\infty)$ 的满的严格递增函数. 设

$$x=g_3(y)=\frac{h_2(y)+(h_2(y)-p)y}{q}\quad(y\geqslant\bar{x}),$$

则

$$y=h_3(x)=g_3^{-1}(x)$$

是从 $[\bar{x},+\infty)$ 到 $[\bar{x},+\infty)$ 的满的严格递增函数, 假设当正整数 $n\geqslant 3$ 时, 我们已经定义了 $h_n(x)$ 是从 $[\bar{x},+\infty)$ 到 $[\bar{x},+\infty)$ 的满的严格递增函数. 记

$$x=g_{n+1}(y)=\frac{h_n(y)+(h_n(y)-p)y}{q}\quad(y\geqslant\bar{x}),$$

则

$$y = h_{n+1}(x) = g_{n+1}^{-1}(x)$$

是从 $[\bar{x}, +\infty)$ 到 $[\bar{x}, +\infty)$ 的满的严格递增函数. 用这种方法, 我们构造一个严格递增函数序列 $y = h_n(x)(x \geqslant \bar{x})$.

可以证明

$$L_n = \{(x, y) : y = h_n(x), x > \bar{x}\} \quad (n \geqslant 2),$$

故对任 $x > \bar{x} = p + q - 1$, 有

$$\bar{x} < h_3(x) \leqslant h_5(x) \leqslant \cdots \leqslant h_4(x) \leqslant h_2(x).$$

同 5.1 节一样, 记

$$F(x) = \lim_{n \to +\infty} h_{2n+1}(x), \qquad G(x) = \lim_{n \to +\infty} h_{2n}(x).$$

则有

$$\bigcap_{n=0}^{\infty} P_n = \{(x, y) : F(x) \leqslant y \leqslant G(x)\}.$$

5.3　方程 $x_{n+1} = 1 + \dfrac{x_{n-1}}{x_n}$ 的平衡点的吸引域

在这一节, 我们研究差分方程

$$x_{n+1} = 1 + \frac{x_{n-1}}{x_n} \quad (n \in \mathbf{N}_0) \tag{5.18}$$

平衡点的吸引域. 其中初始条件 $x_{-1}, x_0 \in \mathbf{R}_+$.

定义 $f : \mathbf{R}_+^2 \longrightarrow \mathbf{R}_+ \times (1, +\infty)$ 为: 对任意 $(x, y) \in \mathbf{R}_+^2$,

$$f(x, y) = \left(y, 1 + \frac{x}{y}\right).$$

显然, 若 $\{x_n\}_{n=-1}^{\infty}$ 是方程 (5.18) 的一个解, 则对任意 $n \in \mathbf{N}_0$, 有 $f^n(x_{-1}, x_0) = (x_{n-1}, x_n)$. 记

$$\begin{aligned}
A_1 &= \{(x, y) : y < x, y < 2\}, \\
A_2 &= \{(x, y) : y > 2, y > x\}, \\
A_3 &= \{(x, y) : 0 < x \leqslant y \leqslant 1/2 + \sqrt{x + 1/4}, x < 2\}, \\
A_4 &= \{(x, y) : 1/2 + \sqrt{x + 1/4} < y \leqslant 2, x < 2\}, \\
A_5 &= \{(x, y) : 1/2 + \sqrt{x + 1/4} \leqslant y \leqslant x, x > 2\}.
\end{aligned}$$

$$
\begin{aligned}
&A_6=\{(x,y):2\leqslant y<1/2+\sqrt{x+1/4},x>2\},\\
&L_1=\{(x,y):y=x,x>2\},\\
&L_2=\{(x,y):y=x,0<x<2\},\\
&L_3=\{(x,y):y=1/2+\sqrt{x+1/4},x>2\},\\
&L_4=\{(x,y):y=1/2+\sqrt{x+1/4},0<x<2\},\\
&L_5=\{(x,y):y=2,x>2\},\\
&L_6=\{(x,y):y=2,0<x<2\}.
\end{aligned}
$$

引理 5.12([5])　设 $\{x_n\}_{n=-1}^{\infty}$ 是方程 (5.18) 的满足初始条件 $(x_{-1},x_0)\in\mathbf{R}_+^2$ 的一个解. 若存在 $N\geqslant -1$, 使得 $x_N\geqslant 2$, $x_{N+1}<2$ 或 $x_N<2$, $x_{N+1}\geqslant 2$, 则 $\{x_n\}_{n=-1}^{\infty}$ 收敛于方程 (5.18) 的一个基本 2 周期解.

引理 5.13　下述结论成立.

(1) f 是一个同胚映射.

(2) 对任意 $1\leqslant j<i\leqslant 6$, 有 $A_i\cap A_j=\varnothing$ 及 $\bigcup_{i=1}^{6}A_i=\mathbf{R}_+^2-\{(2,2)\}$.

(3) $f(A_6)=\{(x,y)\in A_2:x\geqslant 2\}$ 且 $f(A_4)=\{(x,y)\in A_1:y>1,x\leqslant 2\}$.

(4) $f(A_1)=\{(x,y)\in A_2:x<2\}$ 且 $f(A_2)=\{(x,y)\in A_1:x>2,2>y>1\}$.

(5) $f(A_5)=A_5\cup A_6$, $f(L_3)=L_1$ 且 $f(L_1)=L_5$.

(6) $f(A_3)=A_4\cup W$, $f(L_4)=\{(x,y)\in L_2:x>1\}$ 且 $f(L_2)=L_6$, 其中 $W=\{(x,y)\in A_3:y>1\}$.

证明　(1) 首先证明 f 是一个双射. 事实上, 若 $(x_1,y_1),(x_2,y_2)\in\mathbf{R}_+^2$ 且 $(x_1,y_1)\neq(x_2,y_2)$, 则 $f(x_1,y_1)\neq f(x_2,y_2)$. 另一方面, 对任意 $(x,y)\in\mathbf{R}_+\times(1,+\infty)$, 取 $((y-1)x,x)\in\mathbf{R}_+^2$, 则 $f((y-1)x,x)=(x,y)$. 所以 f 是一个双射.

另一方面, 由于

$$f(x,y)=\left(y,1+\frac{x}{y}\right)$$

和

$$f^{-1}(x,y)=((y-1)x,x)$$

都为连续映射, 因而 f 是一个同胚映射.

(2) 显然成立.

(3) 设 $(x,y)\in A_6$, 并设

$$(u,v)=f(x,y)=\left(y,1+\frac{x}{y}\right),$$

则由

$$2\leqslant y<\frac{1}{2}+\sqrt{x+\frac{1}{4}}\ \text{且}\ x>2$$

可知

$$2 < u < v,$$

从而

$$(u, v) \in \{(x, y) \in A_2 : x \geqslant 2\}.$$

因为

$$f(L_3) = L_1, \quad f(L_5) = \{(2, y) : y > 2\},$$

所以

$$f(A_6) = \{(x, y) \in A_2 : x \geqslant 2\}.$$

类似地可证 $f(A_2) = \{(x, y) \in A_1 : x > 2, 2 > y > 1\}$.

(4) 设 $(x, y) \in A_1$, 并设

$$(u, v) = f(x, y) = \left(y, 1 + \frac{x}{y}\right),$$

则由

$$y < x \quad 且 \quad y < 2$$

可知

$$u < 2 \quad 且 \quad v > 2,$$

从而

$$(u, v) \in \{(x, y) \in A_2 : x < 2\}.$$

因为

$$f(L_2) = L_6, \quad f(L_5) = \{(2, y) : y > 2\},$$

所以

$$f(A_1) = \{(x, y) \in A_2 : x < 2\}.$$

类似地可证

$$\begin{aligned} f(A_4) &= \{(x, y) \in A_1 : y > 1, x \leqslant 2\}, \\ f(A_1) &= \{(x, y) \in A_2 : x < 2\}, \\ f(A_2) &= \{(x, y) \in A_1 : x > 2, 2 > y > 1\}. \end{aligned}$$

(5) 设 $(x, y) \in A_5$, 并设

$$(u, v) = f(x, y) = \left(y, 1 + \frac{x}{y}\right),$$

则由

$$\frac{1}{2}+\sqrt{x+\frac{1}{4}}\leqslant y\leqslant x\quad 且\quad x>2$$

可知

$$2\leqslant v\leqslant u\quad 且\quad u>2,$$

从而 $(u,v)\in A_5\cup A_6$. 容易看出 $f(L_3)=L_1$, $f(L_1)=L_5$, 所以 $f(A_5)=A_5\cup A_6$.

(6) 设 $(x,y)\in A_3$, 并设

$$(u,v)=f(x,y)=\left(y,1+\frac{x}{y}\right),$$

则由

$$\frac{1}{2}+\sqrt{x+\frac{1}{4}}\geqslant y\geqslant x>0\quad 且\quad x<2$$

可知

$$2\geqslant v\geqslant u,\ v>1,\ u<2,$$

因而 $(u,v)\in A_4\cup W$. 容易看出

$$f(L_4)=\{(x,y)\in L_2:x>1\},\qquad f(L_2)=L_6,$$

所以 $f(A_3)=A_4\cup W$. 证毕.

因为 $A_5=P\subset f(P)$, 所以对任意 $n\in\mathbf{N}$, 有

$$f^{-n}(P)\subset f^{-n+1}(P).$$

记 $W_0=W$ 及对任意 $n\in\mathbf{N}$,

$$W_n=f^{-1}(W_{n-1})\cap W,$$

则对任意 $n\in\mathbf{N}$, 有 $W_n\subset W_{n-1}$. 设

$$A_0=L_3\cup\{(2,2)\},\qquad B_0=L_4\cup\{(2,2)\}.$$

对任意 $n\in\mathbf{N}$, 设

$$A_n=\{((y-1)x,x):(x,y)\in A_{n-1}\},$$
$$B_n=\{((y-1)x,x):(x,y)\in B_{n-1},y>1\}.$$

易证 $A_{n-1}\cup A_n$ 是 $P_n=f^{-n}(P)$ 的边界, $B_{n-1}\cup B_n$ 是 W_n 的边界.

记 S 是使方程 (5.18) 的正解收敛于 2 的所有初始值组成的集合.

定理 5.3　$S=\{(2,2)\}\cup[\bigcap_{n=1}^{\infty}(P_n\cup W_n)]$.

证明　设 $\{x_n\}_{n=-1}^{\infty}$ 是方程 (5.18) 初值满足 $(x_{-1},x_0)\in\{(2,2)\}\cup[\bigcap_{n=1}^{\infty}(P_n\cup W_n)]$ 的一个正解.

若 $(x_{-1},x_0)=(2,2)$, 则 $\{x_n\}_{n=-1}^{\infty}$ 是方程 (5.18) 的一个平凡解.

若 $(x_{-1},x_0)\in\bigcap_{n=1}^{\infty}P_n$, 则对任意 $n\in\mathbf{N}_0$, 有 $f^n(x_{-1},x_0)=(x_{n-1},x_n)\in P$.

若 $(x_{-1},x_0)\in\bigcap_{n=1}^{\infty}W_n$, 则对任意 $n\in\mathbf{N}_0$, 有 $f^n(x_{-1},x_0)=(x_{n-1},x_n)\in W$.

因而 $\{x_n\}_{n=-1}^{\infty}$ 包含一个半循环. 由引理 5.13 知 $(x_{-1},x_0)\in S$.

设 $\{x_n\}_{n=-1}^{\infty}$ 是方程 (5.18) 满足初值 $(x_{-1},x_0)\notin\{(2,2)\}\cup[\bigcap_{n=1}^{\infty}(P_n\cup W_n)]$ 的一个正解.

若 $(x_{-1},x_0)\in A_1\cup A_2\cup A_4\cup A_6$, 则

$$f(f(x_{-1},x_0))\in\{(x,y):(x-2)(y-2)<0\},$$

由引理 5.12 可知 $(x_{-1},x_0)\notin S$.

若 $(x_{-1},x_0)\in P-\bigcap_{n=1}^{\infty}P_n$, 则存在 $n\in\mathbf{N}_0$, 使得

$$\begin{aligned}(x_{-1},x_0)\in{}&P_n-P_{n+1}\\&=f^{-n}(P)-f^{-n-1}(P),\end{aligned}$$

因而

$$\begin{aligned}f^n(x_{-1},x_0)&=(x_{n-1},x_n)\\&\in P-f^{-1}(P),\end{aligned}$$

由此可得

$$f^{n+3}(x_{-1},x_0)\in\{(x,y):(x-2)(y-2)<0\},$$

再由引理 5.12 知 $(x_{-1},x_0)\notin S$.

若 $(x_{-1},x_0)\in A_3-\cap_{n=1}^{\infty}W_n$, 则存在 $n\in\mathbf{N}_0$, 使得

$$\begin{aligned}(x_{-1},x_0)\in{}&W_n-W_{n+1}\\&=f^{-1}(W_{n-1})\cap W-f^{-1}(W_n)\cap W,\end{aligned}$$

因而

$$\begin{aligned}f^n(x_{-1},x_0)&=(x_{n-1},x_n)\\&\in P-f^{-1}(P),\end{aligned}$$

由此可得

$$f^{n+3}(x_{-1},x_0)\in\{(x,y):(x-2)(y-2)<0\},$$

再由引理 5.12 知 $(x_{-1},x_0)\notin S$. 证毕.

5.4 方程 $x_{n+1}=\dfrac{x_{n-1}}{p+x_n}$ 的平衡点的吸引域

在这一节, 我们研究差分方程

$$x_{n+1}=\frac{x_{n-1}}{p+x_n}\quad (n\in\mathbf{N}_0) \tag{5.19}$$

平衡点的吸引域. 其中 $0<p<1$, 初始条件 $x_{-1},x_0\in\mathbf{R}_+$.

令 $D=\mathbf{R}_+^2$, 定义 $f:D\longrightarrow D$ 为: 对任意的 $(x,y)\in D$,

$$f(x,y)=\left(y,\frac{x}{p+y}\right).$$

显然, 若 $\{x_n\}_{n=-1}^{\infty}$ 是方程 (5.19) 的正解, 则对任意的 $n\in\mathbf{N}_0$, 有 $f^n(x_{-1},x_0)=(x_{n-1},x_n)$. 记

$$\begin{aligned}
&A_1=(0,\overline{x})\times(0,\overline{x}), && A_2=(\overline{x},+\infty)\times(\overline{x},+\infty),\\
&A_3=(0,\overline{x})\times(\overline{x},+\infty), && A_4=(\overline{x},+\infty)\times(0,\overline{x}),\\
&R_0=\{\overline{x}\}\times(0,\overline{x}), && R_1=(0,\overline{x})\times\{\overline{x}\},\\
&L_0=\{\overline{x}\}\times(\overline{x},+\infty), && L_1=(\overline{x},+\infty)\times\{\overline{x}\},
\end{aligned}$$

其中 $\bar{x}=1-p$, 则 $D=(\bigcup_{i=1}^4 A_i)\cup L_0\cup L_1\cup R_0\cup R_1\cup\{(\bar{x},\bar{x})\}$.

引理 5.14 下述结论成立.

(1) $f:D\longrightarrow D$ 是同胚映射.

(2) $f(L_1)=L_0$ 且 $f(L_0)\subset A_4$.

(3) $f(R_1)=R_0$ 且 $f(R_0)\subset A_3$.

(4) $f(A_3)\subset A_4$ 且 $f(A_4)\subset A_3$.

(5) $A_2\cup L_1\subset f(A_2)\subset A_2\cup L_1\cup A_4$ 且 $A_1\cup R_1\subset f(A_1)\subset A_1\cup R_1\cup A_3$.

证明 (1) 首先证明 f 是一个双射. 事实上, 若 $(x_1,y_1),(x_2,y_2)\in D$ 且 $(x_1,y_1)\neq(x_2,y_2)$, 则 $f(x_1,y_1)\neq f(x_2,y_2)$. 另一方面, 对任意 $(x,y)\in D$, 取 $(y(p+x),x)\in D$, 则 $f(y(p+x),x)=(x,y)$, 所以 f 是一个双射.

由于

$$f(x,y)=\left(y,\frac{x}{p+y}\right)$$

和

$$f^{-1}(x,y)=(y(p+x),x)$$

都为连续映射, 因而 f 是一个同胚映射.

(2) 设 $(x,y)\in L_1$, 并设

$$(u,v)=f(x,y)=\left(y,\frac{x}{p+y}\right),$$

由 $y=\bar{x}$ 和 $x>\bar{x}$ 得

$$u=y=\bar{x}$$

及

$$v=\frac{x}{p+y}>\frac{\bar{x}}{p+\bar{x}}=\bar{x},$$

即 $f(L_1)\subset L_0$. 另一方面, 设 $(u,v)\in L_0$ 和

$$(x,y)=f^{-1}(u,v)=(v(p+u),u),$$

由 $u=\bar{x}$ 和 $v>\bar{x}$ 得

$$y=u=\bar{x}$$

及

$$x=v(p+u)>\bar{x}(p+\bar{x})=\bar{x},$$

即 $f^{-1}(L_0)\subset L_1$, 因此 $f(L_1)=L_0$.

设 $(x,y)\in L_0$, 并设

$$(u,v)=f(x,y)=\left(y,\frac{x}{p+y}\right).$$

由 $x=\bar{x}$ 和 $y>\bar{x}$ 得

$$u=y>\bar{x},\quad v=\frac{x}{p+y}<\bar{x},$$

即 $f(L_0)\subset A_4$.

(3) 类似于 (2) 的证明, 从略.

(4) 设 $(x,y)\in A_3$, 并设

$$(u,v)=f(x,y)=\left(y,\frac{x}{p+y}\right).$$

由 $\bar{x}<y$ 和 $0<x<\bar{x}$ 得

$$v=\frac{x}{p+y}<\frac{\bar{x}}{p+\bar{x}}=\bar{x}$$

及

$$u>\bar{x},$$

所以 $(u,v)\in A_4$. 同理可证 $f(A_4)\subset A_3$.

(5) 设 $(x,y)\in A_2$, 并设

$$(u,v)=f(x,y)=\left(y,\frac{x}{p+y}\right).$$

由 $y>\bar{x}$ 和 $x>\bar{x}$ 得 $u>\bar{x}$. 因为 f 是同胚映射, 且 $L_0\cup L_1\cup\{(\bar{x},\bar{x})\}$ 是 A_2 的边界, 又 $f(L_1)=L_0$ 和 $f(L_0)\subset A_4$, 所以有

$$A_2\cup L_1\subset f(A_2)\subset A_2\cup L_1\cup A_4.$$

同理可证

$$A_1\cup R_1\subset f(A_1)\subset A_1\cup R_1\cup A_3.$$

证毕.

引理 5.15 设 $0<p<1$, $\{x_n\}_{n=-1}^{\infty}$ 是方程 (5.19) 的正解, 且对任意 $n\geqslant -1$, 有 $x_n\geqslant\bar{x}=1-p$(或任意 $n\geqslant -1$, $x_n\leqslant\bar{x}=1-p$), 则 $\lim\limits_{n\to+\infty}x_n=\bar{x}$.

证明 我们只证, 对任意 $n\in\mathbf{N}_0$, $x_n\geqslant\bar{x}=1-p$ 的情况. 因为 $x_n\geqslant\bar{x}=1-p$ $(n\in\mathbf{N}_0)$, 有

$$x_{n+1}-x_{n-1}=\frac{\bar{x}-x_n}{p+x_n}x_{n-1}\leqslant 0, \tag{5.20}$$

所以数列 $\{x_{2n-1}\}$ 和 $\{x_{2n}\}$ 单调递减. 现设

$$\lim_{n\to+\infty}x_{2n-1}=a,\quad \lim_{n\to+\infty}x_{2n}=b,$$

由 (5.20) 得 $a=b=\bar{x}$, 即 $\lim\limits_{n\to+\infty}x_n=\bar{x}$. 证毕.

记

$$x=g_2(y)=(p+y)\bar{x}\quad (y>0),$$

则

$$y=h_2(x)=g_2^{-1}(x)=\frac{x}{\bar{x}}-p$$

是从 $(p\bar{x},+\infty)$ 到 $\mathbf{R}_+$ 的满的严格递增可导函数. 又记

$$x=g_3(y)=(p+y)h_2(y)\quad (y>p\bar{x}),$$

则

$$y=h_3(x)=g_3^{-1}(x)$$

是从 $\mathbf{R}_+$ 到 $(p\bar{x},+\infty)$ 的满的严格递增可导函数.

假设当 $n\in\mathbf{N}$ 时, 我们已经定义了 $h_{2n}(x)$ 是从 $(p^n\bar{x},+\infty)$ 到 $\mathbf{R}_+$ 的满的严格递增可导函数, $h_{2n+1}(x)$ 是从 $\mathbf{R}_+$ 到 $(p^n\bar{x},+\infty)$ 的满的严格递增可导函数. 记

$$x=g_{2n+2}(y)=(p+y)h_{2n+1}(y)\quad (y>0),$$

则

$$y = h_{2n+2}(x) = g_{2n+2}^{-1}(x)$$

是从 $(p^{n+1}\bar{x}, +\infty)$ 到 $\mathbf{R}_+$ 的满的严格递增可导函数. 又记

$$x = g_{2n+3}(y) = (p+y)h_{2n+2}(y) \quad (y > p^{n+1}\bar{x}),$$

则

$$y = h_{2n+3}(x) = g_{2n+3}^{-1}(x)$$

是从 $\mathbf{R}_+$ 到 $(p^{n+1}\bar{x}, +\infty)$ 的满的严格递增可导函数.

以此类推, 我们构造出一个严格递增函数序列 $\{h_n(x)\}$. 设 $P_0 = A_2$, $Q_0 = A_1$. 对任意 $n \in \mathbf{N}$, 记

$$P_n = f^{-1}(P_{n-1}), \quad Q_n = f^{-1}(Q_{n-1}),$$

$$L_n = f^{-1}(L_{n-1}), \quad R_n = f^{-1}(R_{n-1}).$$

由引理 5.14 知,

$$L_2 = f^{-1}(L_1) \subset P_0, \ R_2 = f^{-1}(R_1) \subset Q_0,$$

$$P_1 = f^{-1}(P_0) \subset P_0, \ Q_1 = f^{-1}(Q_0) \subset Q_0,$$

即对任意的 $n \in \mathbf{N}$, 有

$$\begin{aligned} L_{n+1} \subset P_{n-1}, \quad R_{n+1} \subset Q_{n-1}, \\ P_n \subset P_{n-1}, \quad Q_n \subset Q_{n-1}. \end{aligned} \tag{5.21}$$

设 $(x, y) \in L_2$. 由 $f(L_2) = L_1$ 和

$$(u, v) = f(x, y) = \left(y, \frac{x}{p+y}\right)$$

可得

$$\frac{x}{p+y} = v = \bar{x}$$

及

$$y = u > \bar{x}.$$

因此

$$x = g_2(y) = (p+y)\bar{x} > \bar{x} \quad (y > \bar{x})$$

和

$$L_2 = \{(x, y) : y = h_2(x), x > \bar{x}\}.$$

同理我们可证

$$R_2 = \{(x,y) : y = h_2(x),\ p\bar{x} < x < \bar{x}\}.$$

因 f 是同胚映射, 又 $f(P_1) = P_0$, $L_0 \cup L_1 \cup \{(\bar{x},\bar{x})\}$ 是 P_0 的边界, 且 $f(L_2) = L_1$ 和 $f(L_1) = L_0$, 从而有

$$P_1 = \{(x,y) : \bar{x} < y < h_2(x), x > \bar{x}\}.$$

同理可得

$$\begin{aligned} Q_1 = &\{(x,y) : 0 < y < \bar{x},\ 0 < x \leqslant p\bar{x}\} \\ &\cup \{(x,y) : h_2(x) < y < \bar{x},\ p\bar{x} < x < \bar{x}\}. \end{aligned}$$

设 $(x,y) \in L_3$. 由 $f(L_3) = L_2$ 和

$$(u,v) = f(x,y) = \left(y, \frac{x}{p+y}\right) \in L_2,$$

可得

$$\frac{x}{p+y} = v = h_2(u) = h_2(y)$$

及

$$y = u > \bar{x},$$

所以

$$x = g_3(y) = (p+y)h_2(y) > \bar{x} \quad (y > \bar{x})$$

且

$$L_3 = \{(x,y) : y = h_3(x),\ x > \bar{x}\}.$$

同理可得

$$R_3 = \{(x,y) : y = h_3(x),\ 0 < x < \bar{x}\}.$$

因 f 是同胚映射, 又 $f(P_2) = P_1$, 而 $L_1 \cup L_2 \cup \{(\bar{x},\bar{x})\}$ 是 P_2 的边界, 且 $f(L_3) = L_2$ 和 $f(L_2) = L_1$, 因此可得

$$P_2 = \{(x,y) : h_3(x) < y < h_2(x), x > \bar{x}\}.$$

同理可得

$$\begin{aligned} Q_2 = &\{(x,y) : 0 < y < h_3(x), 0 < x \leqslant p\bar{x}\} \\ &\cup \{(x,y) : h_2(x) < y < h_3(x), p\bar{x} < x < \bar{x}\}. \end{aligned}$$

递推下去可得, 对任意正整数 $n \geqslant 2$, 有

$$L_n = \{(x,y) : y = h_n(x), x > \bar{x}\},$$

且对任意 $n \in \mathbf{N}$,

$$
\begin{aligned}
&R_{2n}=\{(x,y): y=h_{2n}(x), p^n\bar{x}<x<\bar{x}\},\\
&R_{2n+1}=\{(x,y): y=h_{2n+1}(x), 0<x<\bar{x}\},\\
&Q_{2n}=\{(x,y): 0<y<h_{2n+1}(x), 0<x\leqslant p^n\bar{x}\}\\
&\qquad\cup\{(x,y): h_{2n}(x)<y<h_{2n+1}(x), p^n\bar{x}<x<\bar{x}\},\\
&Q_{2n+1}=\{(x,y): 0<y<h_{2n+1}(x), 0<x\leqslant p^{n+1}\bar{x}\}\\
&\qquad\cup\{(x,y): h_{2n+2}(x)<y<h_{2n+1}(x), p^{n+1}\bar{x}<x<\bar{x}\},\\
&P_{2n}=\{(x,y): h_{2n+1}(x)<y<h_{2n}(x), x>\bar{x}\},\\
&P_{2n+1}=\{(x,y): h_{2n+1}(x)<y<h_{2n+2}(x), x>\bar{x}\}.
\end{aligned}
$$

由 (5.21) 可知, 对任意 $x>\bar{x}$, 有

$$\bar{x}<h_3(x)\leqslant h_5(x)\leqslant\cdots\leqslant h_4(x)\leqslant h_2(x), \tag{5.22}$$

对任意 $0<x\leqslant\bar{x}$, 有

$$\bar{x}\geqslant h_3(x)\geqslant h_5(x)\geqslant\cdots, \tag{5.23}$$

且对任意 $n\geqslant 2$ 和 $p^n\bar{x}<x\leqslant\bar{x}$, 有

$$h_{2n-1}(x)\geqslant h_{2n}(x)\geqslant h_{2n-2}(x). \tag{5.24}$$

由 (5.22)—(5.24) 可知, 对任意 $x\in\mathbf{R}_+$, 可设

$$F(x)=\lim_{n\to+\infty}h_{2n+1}(x)$$

及

$$G(x)=\lim_{n\to+\infty}h_{2n}(x)\qquad\left(n>\log_p\frac{x}{\bar{x}}\right).$$

容易看出, 当 $x>\bar{x}$ 时, $F(x)\leqslant G(x)$, 当 $0<x\leqslant\bar{x}$ 时, $F(x)\geqslant G(x)$.

引理 5.16　$F(x)$ 和 $G(x)$ 都是连续函数.

证明　我们首先证明 $F(x)$ 是连续的. 对任意 $x, x_0\in\mathbf{R}_+$, 选取 $N\in\mathbf{N}$, 使得 $x, x_0\in(p^N\bar{x},+\infty)$, 则对所有 $n>N+1$, 在 x 和 x_0 之间存在 c_n, 使得

$$|h_{2n+1}(x)-h_{2n+1}(x_0)|=|h'_{2n+1}(c_n)||x-x_0|.$$

令 $\xi_n=h_{2n+1}(c_n)$, 则 $h'_{2n}(\xi_n)\geqslant 0$ 并且

$$
\begin{aligned}
&h_{2n}(\xi_n)+(p+\xi_n)h'_{2n}(\xi_n)\\
\geqslant\ &h_{2n}(\xi_n)=h_{2n}(h_{2n+1}(c_n))\\
\geqslant\ &h_{2n}(h_{2n+1}(p^N\bar{x}))\geqslant h_{2N}(h_{2N+2}(p^N\bar{x}))
\end{aligned}
$$

$$\begin{aligned}&|h_{2n+1}(x)-h_{2n+1}(x_0)|\\=&\left|\frac{1}{h_{2n}(\xi_n)+(p+\xi_n)h'_{2n}(\xi_n)}\right||x-x_0|\\\leqslant&\left|\frac{1}{h_{2N}(h_{2N+2}(p^N\bar{x}))}\right||x-x_0|.\end{aligned}$$

因此

$$\begin{aligned}&F(x)-F(x_0)\\=&\lim_{n\to+\infty}|h_{2n+1}(x)-h_{2n+1}(x_0)|\\\leqslant&\left|\frac{1}{h_{2N}(h_{2N+2}(p^N\bar{x}))}\right||x-x_0|,\end{aligned}$$

这就说明 $F(x)$ 是连续的. 同理可证 $G(x)$ 也是连续的. 证毕.

记 S 是使方程 (5.19) 的正解有界的所有初始值组成的集合, 我们有下面的定理.

定理 5.4　设 $0<p<1$, 则 $S=W_1\cup\{(\bar{x},\bar{x})\}\cup W_2$, 其中

$$\begin{aligned}W_1&=\{(x,y):F(x)\leqslant y\leqslant G(x),\ \bar{x}<x\},\\W_2&=\{(x,y):G(x)\leqslant y\leqslant F(x),\ 0<x<\bar{x}\}\end{aligned}$$

且当初始值 $(x_{-1},x_0)\in S$ 时, (5.19) 的正解 $\{x_n\}_{n=-1}^{\infty}$ 收敛于平衡点.

证明　设 $\{x_n\}_{n=-1}^{\infty}$ 是方程 (5.19) 的初始值满足 $(x_{-1},x_0)\in W_1\cup\{(\bar{x},\bar{x})\}\cup W_2$ 的正解.

若 $(x_{-1},x_0)=(\bar{x},\bar{x})$, 则 $\{x_n\}_{n=-1}^{\infty}$ 是方程 (5.19) 的平凡解, 显然 $\lim\limits_{n\to+\infty}x_n=\bar{x}$.

若 $(x_{-1},x_0)\in W_1$, 则对任意 $n\in\mathbf{N}_0$, 有 $(x_{-1},x_0)\in P_n$ 且

$$f^n(x_{-1},x_0)=(x_{n-1},x_n)\in A_2.$$

由引理 5.20 知 $\lim\limits_{n\to+\infty}x_n=\bar{x}$, 故 $(x_{-1},x_0)\in S$. 同理可证, 当 $(x_{-1},x_0)\in W_2$ 时, $\lim\limits_{n\to+\infty}x_n=\bar{x}$, 故 $(x_{-1},x_0)\in S$.

下面我们假设 $(x_{-1},x_0)\in D-W_1\cup\{(\bar{x},\bar{x})\}\cup W_2$, 且 $\{x_n\}_{n=-1}^{\infty}$ 是方程 (5.19) 初始值为 (x_{-1},x_0) 的正解.

若 $(x_{-1},x_0)\in A_3\cup A_4\cup(\bigcup_{i=0}^{1}L_i)\cup(\bigcup_{i=0}^{1}R_i)$, 由引理 5.14 得

$$f^2\ (x_{-1},x_0)=(x_1,x_2)\in\{(x,y):(x-\bar{x})(y-\bar{x})<0\}.$$

由文献 [5] 知 $(x_{-1},x_0)\notin S$.

若 $(x_{-1},x_0)\in A_2-W_1$, 则存在 $n\in\mathbf{N}_0$, 使得

$$\begin{aligned}(x_{-1},x_0)\in&P_n-P_{n+1}\\&=f^{-n}(A_2)-f^{-n-1}(A_2),\end{aligned}$$

从而

$$f^n(x_{-1},x_0)=(x_{n-1},x_n)\\ \in A_2-f^{-1}(A_2).$$

由引理 5.14 可得 $f^{n+1}(x_{-1},x_0)\in L_1\cup A_4$, 即有

$$f^{n+3}\ (x_{-1},x_0)=(x_{n+2},x_{n+3})\in A_4.$$

由文献 [5] 知 $(x_{-1},x_0)\notin S$.

同理可证当 $(x_{-1},x_0)\in A_1-W_2$ 时, 也有 $(x_{-1},x_0)\notin S$. 证毕.

5.5 方程 $x_{n+1}=x_{n-1}g(x_n)$ 的 2 周期解的吸引域

在这一节, 我们研究差分方程

$$x_{n+1}=x_{n-1}g(x_n)\quad (n\in \mathbf{N}_0) \tag{5.25}$$

的 2 周期解的吸引域. 其中 $g:\mathbf{R}_0\to(0,1]$ 是严格递减的连续满函数, 初始条件 $(x_{-1},x_0)\in D=\mathbf{R}_0^2$.

定义 $f:D\longrightarrow D$ 为: 对任意 $(x,y)\in D$, 有

$$f(x,y)=(y,xg(y)).$$

显然, 若 $\{x_n\}_{n=-1}^{\infty}$ 是方程 (5.25) 的正解, 则对任意的 $n\in\mathbf{N}_0$, 有 $f^n(x_{-1},x_0)=(x_{n-1},x_n)$. 对某个 $a\in\mathbf{R}_+$, 记

$$\begin{aligned}L_0(a)&=L_0=\{a\}\times[0,+\infty),\\ L_1(a)&=L_1=[0,+\infty)\times\{a\},\\ R_0(a)&=R_0=[a,+\infty)\times\{0\},\\ R_1(a)&=R_1=\{0\}\times[a,+\infty).\end{aligned}$$

引理 5.17　下述结论成立.

(1) $f:D\longrightarrow D$ 是同胚映射.

(2) $f(L_1)=L_0$.

(3) $f(R_1)=R_0$ 且 $f(R_0)=R_1$.

证明　类似于引理 5.14 的证明, 从略.

下面构造两个严格递增连续函数族 $y=h_{2n}(x)$ 和 $x=g_{2n+1}(y)$. 设

$$x=g_2(y)=\frac{a}{g(y)}\quad (y\in\mathbf{R}_0),$$

则

$$y=h_2(x)=g_2^{-1}(x)=g^{-1}\left(\frac{a}{x}\right)$$

是从 $[a,+\infty)$ 到 $\mathbf{R}_0$ 的严格递增连续函数. 设

$$x=g_3(y)=\frac{h_2(y)}{g(y)}\quad (y\geqslant a),$$

则 $x=g_3(y)$ 是从 $[a,+\infty)$ 到 $\mathbf{R}_0$ 的严格递增连续函数. 设

$$x=g_4(y)=\frac{g_3^{-1}(y)}{g(y)}\quad (y\in\mathbf{R}_0),$$

则

$$y=h_4(x)=g_4^{-1}(x)$$

是从 $[a,+\infty)$ 到 $\mathbf{R}_0$ 的严格递增连续函数. 以此类推, 对任意 $n\in\mathbf{N}$, 可定义

$$\begin{aligned}y&=h_{2n}(x)=g_{2n}^{-1}(x),\\ x&=g_{2n+1}(y)=\frac{h_{2n}(y)}{g(y)},\\ x&=g_{2n+2}(y)=\frac{g_{2n+1}^{-1}(y)}{g(y)},\end{aligned}$$

其中

$$\begin{aligned}&h_{2n}:[a,+\infty)\to\mathbf{R}_0,\\ &g_{2n+1}:[a,+\infty)\to\mathbf{R}_0,\\ &g_{2n+2}:\mathbf{R}_0\to[a,+\infty),\end{aligned}$$

则 $y=h_{2n}(x)$ 和 $x=g_{2n+1}(y)$ 都是从 $[a,+\infty)$ 到 $\mathbf{R}_0$ 上的严格递增连续函数.

设

$$P_0=[a,+\infty)\times\mathbf{R}_0,\ Q_0=\mathbf{R}_0\times[a,+\infty).$$

对所有 $n\in\mathbf{N}$, 记

$$P_n=f^{-2}(P_{n-1}),\quad Q_n=f^{-2}(Q_{n-1}),\quad L_n=f^{-1}(L_{n-1}).\tag{5.26}$$

设 $(x,y)\in L_2$. 因为 $f(L_2)=L_1$ 且

$$(u,v)=f(x,y)=(y,xg(y))\in L_1,$$

所以

$$xg(y) = v = a,\ y = u \geqslant 0.$$

因此

$$x = g_2(y) = \frac{a}{g(y)}$$

及

$$L_2 = \{(x, y) : y = h_2(x), x \geqslant a\}.$$

设 $(x, y) \in L_3$. 因为 $f(L_3) = L_2$ 且

$$(u, v) = f(x, y) = (y, xg(y)) \in L_2,$$

所以

$$xg(y) = v = h_2(u) = h_2(y)$$

及

$$y = u \geqslant a.$$

因此

$$x = g_3(y) = \frac{h_2(y)}{g(y)} \quad (y \geqslant a)$$

及

$$L_3 = \{(x, y) : x = g_3(y), y \geqslant a\}.$$

依此类推, 对任意 $n \in \mathbf{N}$, 可定义

$$L_{2n} = \{(x, y) : y = h_{2n}(x), x \geqslant a\}$$

和

$$L_{2n+1} = \{(x, y) : x = g_{2n+1}(y), y \geqslant a\}.$$

因为 f 是同胚映射, $P_n = f^{-2}(P_{n-1})$ 且 $L_{2n} \bigcup R_0$ 是 P_n 的边界, 所以对任意 $n \in \mathbf{N}$,

$$P_n = \{(x, y) : 0 \leqslant y \leqslant h_{2n}(x), x \geqslant a\}.$$

同理可得

$$Q_n = \{(x, y) : 0 \leqslant x \leqslant g_{2n+1}(y), y \geqslant a\}.$$

因为 $L_2 \subset P_0$, $L_3 \subset Q_0$ 且 f 是同胚映射, 所以 $P_1 \subset P_0$ 且 $Q_1 \subset Q_0$, 从而对所有 $n \in \mathbf{N}$,

$$\begin{aligned} &L_{2n} \subset P_{n-1}, \quad L_{2n+1} \subset Q_{n-1}, \\ &P_n \subset P_{n-1}, \quad Q_n \subset Q_{n-1}. \end{aligned} \tag{5.27}$$

由 (5.26) 和 (5.27) 可得, 对任意 $x \geqslant a$,

$$0 \leqslant \cdots \leqslant h_4(x) \leqslant h_2(x),$$

且对任意 $y \geqslant a$,

$$0 \leqslant \cdots \leqslant g_5(x) \leqslant g_3(x).$$

由此可设, 对任意 $x \geqslant a$,

$$H(x) = \lim_{n\to\infty} h_{2n}(x),$$

且对任意 $y \geqslant a$,

$$G(y) = \lim_{n\to\infty} g_{2n+1}(y).$$

设

$$L = \{(x, y) : y = H(x), x \geqslant a\}$$

及

$$M = \{(x, y) : x = G(y), y \geqslant a\}.$$

引理 5.18 下述结论成立.

(1) $f(L) = M,\ f(M) = L$.

(2) $y = H(x)$ 和 $x = G(y)$ 都是从 $[a, +\infty)$ 到 $\mathbf{R}_0$ 上的单调递增连续函数.

证明 (1) 设 $(x_0, y_0) \in L$, 则 $y_0 = \lim\limits_{n\to\infty} h_{2n}(x_0)$, 因此

$$f(x_0, y_0) = f(x_0,\ \lim_{n\to\infty} h_{2n}(x_0)) = \lim_{n\to\infty} (x_0, h_{2n}(x_0)). \tag{5.28}$$

因为 $f(L_{2n}) = L_{2n-1}$, 所以

$$\begin{aligned} & f(x_0, h_{2n}(x_0)) \\ = & (h_{2n}(x_0),\ x_0 g(h_{2n}(x_0))) \\ = & (g_{2n-1}(x_0 g(h_{2n}(x_0))), x_0 g(h_{2n}(x_0))). \end{aligned} \tag{5.29}$$

令 $y_n = x_0 g(h_{2n}(x_0))$, 由 (5.28) 和 (5.29) 可得

$$f(x_0, y_0) = \lim_{n\to\infty} (g_{2n-1}(y_n), y_n) = (y_0, x_0 g(y_0)), \tag{5.30}$$

因此

$$\begin{cases} \lim\limits_{n\to\infty} y_n = x_0 g(y_0), \\ \lim\limits_{n\to\infty} g_{2n-1}(y_n) = G(x_0 g(y_0)). \end{cases} \tag{5.31}$$

由 (5.30) 和 (5.31) 知

$$f(x_0, y_0) = (G(x_0 g(y_0)), x_0 g(y_0)) \in M.$$

从而 $f(L)\subset M$.

设 $(x_0,y_0)\in M$, 则 $x_0=\lim\limits_{n\to\infty}g_{2n+1}(y_0)$, 因此

$$f^{-1}(x_0,y_0)=f^{-1}(\lim_{n\to\infty}g_{2n+1}(y_0),y_0)=\lim_{n\to\infty}f^{-1}(g_{2n+1}(y_0),y_0), \tag{5.32}$$

因为 $f^{-1}(L_{2n+1})=L_{2n+2}$, 所以

$$\begin{aligned}&f^{-1}(g_{2n+1}(y_0),y_0)\\&=\left(\frac{y_0}{g(g_{2n+1}(y_0))},g_{2n+1}(y_0)\right)\\&=\left(\frac{y_0}{g(g_{2n+1}(y_0))},h_{2n+2}\left(\frac{y_0}{g(g_{2n+1}(y_0))}\right)\right).\end{aligned} \tag{5.33}$$

令 $z_n=y_0/g(g_{2n+1}(y_0))$, 由 (5.32) 和 (5.33) 可得

$$f^{-1}(x_0,y_0)=\lim_{n\to\infty}(z_n,h_{2n+2}(z_n))=\left(\frac{y_0}{g(x_0)},x_0\right), \tag{5.34}$$

因此

$$\begin{cases}\lim\limits_{n\to\infty}z_n=\dfrac{y_0}{g(x_0)},\\ \lim\limits_{n\to\infty}h_{2n+2}(z_n)=H\left(\dfrac{y_0}{g(x_0)}\right).\end{cases} \tag{5.35}$$

由 (5.34) 和 (5.35) 知

$$f^{-1}(x_0,y_0)=\left(\frac{y_0}{g(x_0)},H\left(\frac{y_0}{g(x_0)}\right)\right)\in L.$$

从而 $f(L)=M$. 同理可得, $f(M)=L$.

(2) 因为对任意 $n\in\mathbf{N}$, $y=h_{2n}(x)$ 都是严格递增函数, 所以 $y=H(x)(x\geqslant a)$ 是单调递增的. 因此对任意 $x_0>a$, 存在 y_0^+ 和 y_0^-, 使得

$$\begin{cases}\lim\limits_{x\to x_0^+}H(x)=y_0^+,\\ \lim\limits_{x\to x_0^-}H(x)=y_0^-.\end{cases} \tag{5.36}$$

我们断言 $y_0^+=y_0^-$. 用反证法, 假设 $y_0^+>y_0^-$. 由 g 的严格单调性可得

$$\begin{cases}x_0g(y_0^+)<x_0g(y_0^-),\\ y_0^+g(x_0g(y_0^+))>y_0^-g(x_0g(y_0^-)).\end{cases} \tag{5.37}$$

由 (5.36) 和 (5.37) 知, 必存在 $(x_1,y_1),(x_2,y_2)\in L$, 使得

$$\begin{cases}x_1g(y_1)<x_2g(y_2),\\ y_1g(x_1g(y_1))>y_2g(x_2g(y_2)).\end{cases}$$

再由引理 5.18(1) 可得

$$f^2(x_1,y_1)=(x_1g(y_1),y_1g(x_1g(y_1)))\in L,$$
$$f^2(x_2,y_2)=(x_2g(y_2),y_2g(x_2g(y_2)))\in L,$$

这显然与函数 $y=H(x)$ 的单调性矛盾, 断言得证.

因为 $y=H(x)(x\geqslant a)$ 是单调递增的, 所以

$$\lim_{x\to x_0^+}H(x)=\lim_{x\to x_0^-}H(x)=H(x_0).$$

类似地有

$$\lim_{x\to a^+}H(x)=H(a)=0.$$

因此 $y=H(x)(x\geqslant a)$ 是连续函数. 同理可证, $x=G(y)(y\geqslant a)$ 也是单调递增的连续函数. 证毕.

定理 5.5　若 $\{x_n\}_{n=-1}^{\infty}$ 是方程 (5.25) 的一个非负解, 则必存在 $a\in\mathbf{R}_0$, 使得 $\{x_n\}_{n=-1}^{\infty}$ 收敛于方程 (5.25) 的一个 2 周期解 $\cdots,a,0,a,0,\cdots$.

证明　因为对任意 $x\in\mathbf{R}_0$, 有 $g(x)\leqslant 1$, 所以 $\{x_{2n}\}_{n=0}^{\infty}$ 和 $\{x_{2n-1}\}_{n=0}^{\infty}$ 都是单调递减数列. 由方程 (5.25) 知

$$\lim_{n\to\infty}x_{2n+2}=\lim_{n\to\infty}x_{2n}\lim_{n\to\infty}g(x_{2n+1}),$$

因此 $x_{2n}\to 0$ 或者 $g(x_{2n+1})\to 1$. 由 $g:\mathbf{R}_0\to(0,1]$ 是严格递减连续满函数且 $g(0)=1$ 知, 当 $g(x)\to 1$ 时必有 $x\to 0$. 因此 $x_{2n}\to 0$ 或者 $x_{2n-1}\to 0$. 证毕.

为了便于书写, 将用 $\lim\limits_{n\to\infty}(x_{-1},x_0)$ 来代替 $\lim\limits_{n\to\infty}(x_{2n-1},x_{2n})$. 并定义

$$\begin{aligned}L^{(1)}&=\{(x,y):y=H(x)=0,x\in[a,b]\},\\L^{(2)}&=\{(x,y):y=H(x)>0,x\in(b,+\infty)\},\\M^{(1)}&=\{(x,y):x=G(y)=0,y\in[a,b]\},\\M^{(2)}&=\{(x,y):x=G(y)>0,y\in(b,+\infty)\},\end{aligned}\tag{5.38}$$

其中 $a,b\in\mathbf{R}_+$ 且 $a\leqslant b$. 由引理 5.17(3) 和引理 5.18(2) 得

$$\begin{aligned}f(L^{(1)})&=M^{(1)},\quad f(L^{(2)})=M^{(2)},\\f(M^{(1)})&=L^{(1)},\quad f(M^{(2)})=L^{(2)}.\end{aligned}\tag{5.39}$$

定理 5.6　设 $a\in\mathbf{R}_+$, 则方程 (5.25) 的 2 周期解 $a,0,a,0,\cdots$(或 $0,a,0,a,\cdots$) 的吸引域是一个严格递增连续函数或点 $(a,0)$(或 $(0,a)$).

证明　由 (5.38) 知, 我们只需考虑下面两种情形.

情形 1　$a = b$. 由 (5.38) 可得

$$L = L^{(2)} \cup \{(a, 0)\}. \tag{5.40}$$

令 $(x_{-1}, x_0) \in L$ 且 $\{x_n\}_{n=-1}^{\infty}$ 是方程 (5.25) 以 (x_{-1}, x_0) 为初值的一个非负解, 则由引理 5.18(1) 知

$$f^{2n}(x_{-1}, x_0) \in L,$$

从而 $\lim\limits_{n\to\infty}(x_{-1}, x_0) \in L$. 再由 (5.40) 和定理 5.5 得

$$\lim_{n\to\infty}(x_{-1}, x_0) = (a, 0). \tag{5.41}$$

我们断言: $y = H(x)(x \geqslant a)$ 是严格递增的. 用反证法, 假设存在 (x_{-1}, x_0), $(y_{-1}, y_0) \in L$, 使得 $x_{-1} < y_{-1}$ 且 $x_0 = y_0$, 则存在 $r \in (1, +\infty)$, 使得 $y_{-1} \geqslant rx_{-1}$ 且 $y_0 \leqslant x_0$. 定义

$$\begin{cases} f^n(x_{-1}, x_0) = (x_{n-1}, x_n), \\ f^n(y_{-1}, y_0) = (y_{n-1}, y_n), \end{cases} \quad n \in \mathbf{N},$$

则

$$\begin{aligned} y_1 &= y_{-1}g(y_0) \geqslant rx_{-1}g(x_0) = rx_1, \\ y_2 &= y_0 g(y_1) \leqslant x_0 g(x_1) = x_2. \end{aligned}$$

按此递推下去可知, 对任意 $n \in \mathbf{N}_0$, 有

$$y_{2n-1} \geqslant rx_{2n-1}, \quad y_{2n} \leqslant x_{2n}. \tag{5.42}$$

由 (5.41) 和 (5.42) 得

$$\lim_{n\to\infty}(y_{-1}, y_0) = (a, 0) \neq \lim_{n\to\infty}(x_{-1}, x_0) = (a, 0).$$

这显然矛盾, 断言得证.

下面定义

$$\begin{aligned} W_1 &= \{(x, y) : 0 \leqslant x \leqslant a,\ y \geqslant 0\} - \{(a, 0)\}, \\ W_2 &= \{(x, y) : a < x < H^{-1}(y),\ y > 0\}, \\ W_3 &= \{(x, y) : x > H^{-1}(y),\ y \geqslant 0\}. \end{aligned}$$

并设 $(x_{-1}, x_0) \in W_1 \cup W_2 \cup W_3$.

如果 $(x_{-1}, x_0) \in W_1$, 则由定理 5.5 和方程 (5.25) 知 $\lim\limits_{n\to\infty} x_{2n} < a$, 从而

$$\lim_{n\to\infty}(x_{-1}, x_0) \neq (a, 0).$$

如果 $(x_{-1},x_0)\in W_2$, 则存在 $n\in\mathbf{N}_0$, 使得

$$(x_{-1},x_0)\in P_n-P_{n+1},$$

所以

$$f^{2n}(x_{-1},x_0)=(x_{2n-1},\ x_{2n})\in P_0-P_1.$$

因此

$$f^{2n+2}(x_{-1},x_0)\in W_1,$$

从而 $\lim\limits_{n\to\infty}(x_{-1},x_0)\neq(a,0)$.

如果 $(x_{-1},x_0)\in W_3$, 则 $x_{-1}>H^{-1}(x_0)$. 假设 $(y_{-1},y_0)\in L$, 其中 $y_{-1}=H^{-1}(x_0)$ 且 $y_0=x_0$, 则存在 $r\in(1,+\infty)$, 使得 $x_{-1}\geqslant ry_{-1}$ 且 $x_0\leqslant y_0$. 由 (5.42) 的递推方法易知, 对任意 $n\in\mathbf{N}_0$, 有

$$x_{2n-1}\geqslant ry_{2n-1},\quad x_{2n}\leqslant y_{2n}.$$

因此

$$\lim_{n\to\infty}(x_{-1},x_0)\neq\lim_{n\to\infty}(y_{-1},y_0)=(a,0).$$

即方程 (5.25) 的 2 周期解 $a,0,a,0,\cdots$ 的吸引域是一个严格递增连续函数. 同理可证方程 (5.25) 的 2 周期解 $0,a,0,a,\cdots$ 的吸引域是一个严格递增连续函数.

情形 2　$a<b$. 由 (5.39) 以及情形 1 可得, 方程 (5.25) 的 2 周期解 $a,0,a,0,\cdots$ (或 $0,a,0,a,\cdots$) 的吸引域是点 $(a,0)$(或 $(0,a)$). 证毕.

5.6　方程 $x_{n+1}=\dfrac{x_{n-1}}{p+qx_n+x_{n-1}}$ 的吸引域

在这一节, 我们研究差分方程

$$x_{n+1}=\frac{x_{n-1}}{p+qx_n+x_{n-1}}\quad(n\in\mathbf{N}_0)\tag{5.43}$$

周期解的吸引域, 其中 $p,q\in\mathbf{R}_+$, 初始条件 $x_{-1},x_0\in\mathbf{R}_+$.

定理 5.7　若 $p\in(0,1)$, $q\in\mathbf{R}_+$, $\{x_n\}_{n=-1}^{+\infty}$ 是方程 (5.43) 的一个正解, 则

(1) 存在 $a,b\in\mathbf{R}_0$, 使得 $\lim\limits_{n\to+\infty}x_{2n}=a$ 和 $\lim\limits_{n\to+\infty}x_{2n-1}=b$.

(2) 如果 $q\neq1$, 则 $(a,b)\in\{(1-p,0),(\overline{x},\overline{x}),(0,1-p)\}$, 其中 $\overline{x}=(1-p)/(q+1)$ 是方程 (5.43) 的平衡点.

证明　设 $\{x_n\}_{n=-1}^{+\infty}$ 为方程 (5.43) 的一个正解.

(1) 注意到对任意 $n\in\mathbf{N}$, 有 $x_n\leqslant1$, 因而可分两种情形加以证明.

情形 1　$(x_{-1}-x_1)(x_0-x_2)\leqslant 0$. 不失一般性, 不妨假设 $x_{-1}\leqslant x_1$, $x_0\geqslant x_2$(对于 $x_{-1}\geqslant x_1$, $x_0\leqslant x_2$ 的情形类似). 设

$$g(x,y)=\frac{x}{p+qy+x}\quad (x>0,y>0),$$

显然 $g(x,y)$ 关于变量 x 单调递增, 关于变量 y 单调递减, 因而

$$\begin{aligned}x_1&=\frac{x_{-1}}{p+qx_0+x_{-1}}\\&\leqslant\frac{x_1}{p+qx_2+x_1}\\&=x_3,\end{aligned}$$

$$\begin{aligned}x_2&=\frac{x_0}{p+qx_1+x_0}\\&\geqslant\frac{x_2}{p+qx_3+x_2}\\&=x_4.\end{aligned}$$

归纳可证, 对任意 $n\in\mathbf{N}_0$, 有

$$\begin{cases}x_{2n-1}\leqslant x_{2n+1}\leqslant 1,\\ x_{2n}\geqslant x_{2n+2}\geqslant 0.\end{cases}$$

因而存在 $a,b\in\mathbf{R}_0$, 使得 $\lim\limits_{n\to+\infty}x_{2n}=a$ 和 $\lim\limits_{n\to+\infty}x_{2n-1}=b$.

情形 2　$(x_{-1}-x_1)(x_0-x_2)\geqslant 0$. 不失一般性, 不妨假设 $x_{-1}\leqslant x_1$, $x_0\leqslant x_2$(对于 $x_{-1}\geqslant x_1$, $x_0\geqslant x_2$ 的情形类似). 记

$$\begin{cases}m=\min\{k:x_{2k-1}\leqslant x_{2k+1}\},\\ r=\min\{k:x_{2k}\leqslant x_{2k+2}\}.\end{cases}$$

也不妨假设 $m\leqslant r$, 若 $m=+\infty$, 则 $r=+\infty$. 因此 $\{x_{2n-1}\}$ 和 $\{x_{2n}\}$ 都是单调递增序列, 因而存在 $a,b\in\mathbf{R}_0$, 使得

$$\begin{cases}\lim\limits_{n\to+\infty}x_{2n}=a,\\ \lim\limits_{n\to+\infty}x_{2n-1}=b.\end{cases}$$

若 $m<+\infty$, 则

$$\begin{cases}x_{2m-1}\leqslant x_{2m+1}>x_{2m+3},\\ x_{2m}\leqslant x_{2m+2},\end{cases}$$

从而

$$\begin{cases} x_{2m+2} = \dfrac{x_{2m}}{p + qx_{2m+1} + x_{2m}} \\ \qquad\quad \leqslant \dfrac{x_{2m+2}}{p + qx_{2m+3} + x_{2m+2}} \\ \qquad\quad = x_{2m+4}, \\ x_{2m+3} = \dfrac{x_{2m+1}}{p + qx_{2m+2} + x_{2m+1}} \\ \qquad\quad \geqslant \dfrac{x_{2m+3}}{p + qx_{2m+4} + x_{2m+3}} \\ \qquad\quad = x_{2m+5}. \end{cases}$$

归纳可证, 对任意 $n \geqslant m$, 有

$$\begin{cases} x_{2n+1} \geqslant x_{2n+3} \geqslant 0, \\ x_{2n} \leqslant x_{2n+2} \leqslant 1. \end{cases}$$

因而存在 $a, b \in \mathbf{R}_0$, 使得

$$\begin{cases} \lim\limits_{n\to+\infty} x_{2n} = a, \\ \lim\limits_{n\to+\infty} x_{2n-1} = b. \end{cases}$$

(2) 由 (1), 不妨设

$$\begin{cases} \lim\limits_{n\to+\infty} x_{2n} = a, \\ \lim\limits_{n\to+\infty} x_{2n-1} = b. \end{cases}$$

注意到方程 (5.43), 则有

$$\begin{cases} a = \dfrac{a}{p + qb + a}, \\ b = \dfrac{b}{p + qa + b}. \end{cases} \tag{5.44}$$

若 $q \neq 1$, 则由方程组 (5.44) 可知 $(a, b) \in \{(0, 0), (1 - p, 0), (\overline{x}, \overline{x}), (0, 1 - p)\}$, 其中 $\overline{x} = (1 - p)/(q + 1)$ 是方程 (5.43) 的平衡点.

我们断言 $(a, b) \neq (0, 0)$. 事实上, 若 $(a, b) = (0, 0)$, 则存在 $k \in \mathbf{N}$, 使得对任意 $n \geqslant k$, 有 $x_n \leqslant \overline{x}$. 由方程 (5.43) 可知

$$\begin{aligned} x_{n+1} &= \frac{x_{n-1}}{p + qx_n + x_{n-1}} \\ &\geqslant \frac{x_{n-1}}{p + q\overline{x} + \overline{x}} \\ &= x_{n-1}, \end{aligned}$$

从而可知 $a > 0$, $b > 0$, 矛盾. 因而 $(a, b) \in \{(1 - p, 0), (\overline{x}, \overline{x}), (0, 1 - p)\}$. 证毕.

定理 5.8　若 $p, q \in (0, 1)$, 则方程 (5.43) 的每个正解都收敛于一个有限数.

证明　设 $\{x_n\}_{n=-1}^{+\infty}$ 是方程 (5.43) 的一个正解. 若 $p,q\in(0,1)$, 由定理 5.7, 不妨设

$$\begin{cases}\lim\limits_{n\to+\infty}x_{2n}=a,\\ \lim\limits_{n\to+\infty}x_{2n-1}=b.\end{cases}$$

则 $(a,b)\in\{(1-p,0),(\overline{x},\overline{x}),(0,1-p)\}$. 所以只需证 $(a,b)\neq(1-p,0)$ 且 $(a,b)\neq(0,1-p)$.

反证, 假设 $(a,b)=(1-p,0)$, 则存在 $0<\varepsilon<(1-p)(1-q)/(1+q)$ 及 $k\in\mathbf{N}$, 使得对任意 $n\geqslant k$, 有 $x_{2n}<1-p+\varepsilon$, $x_{2n-1}<\varepsilon$. 因此

$$\begin{aligned}x_{2n+1}&=\frac{x_{2n-1}}{p+qx_{2n}+x_{2n-1}}\\&\geqslant\frac{x_{2n-1}}{p+q(1-p+\varepsilon)+\varepsilon}\\&=\frac{x_{2n-1}}{p+q(1-p)+(q+1)\varepsilon}\\&\geqslant x_{2n-1},\end{aligned}$$

从而 $\lim\limits_{n\to+\infty}x_{2n-1}=b\geqslant x_{2k-1}>0$, 矛盾. 因而 $(a,b)\neq(1-p,0)$.

同理可证 $(a,b)\neq(0,1-p)$. 因此 $a=b=\overline{x}$. 证毕.

定理 5.9　若 $q>1$, 则方程 (5.43) 存在收敛于基本 2 周期解的正解.

证明　记

$$\begin{aligned}A_1&=\left\{(x,y):0<y<\overline{x},\frac{1-p-y}{q}\leqslant x\leqslant1-p-qy\right\},\\A_2&=\left\{(x,y):0<x<\overline{x},\frac{1-p-x}{q}\leqslant y\leqslant1-p-qx\right\}.\end{aligned}$$

设 $\{x_n\}_{n=-1}^{-\infty}$ 是方程 (5.43) 满足初始值 $(x_{-1},x_0)\in A_1$ 的一个正解, 则

$$\begin{aligned}&0<x_0<\overline{x},\\&\frac{1-p-x_0}{q}\leqslant x_{-1}\leqslant1-p-qx_0.\end{aligned}\tag{5.45}$$

由 (5.43) 和 (5.45) 知

$$\begin{aligned}x_1&=\frac{x_{-1}}{p+qx_0+x_{-1}}\\&\geqslant x_{-1},\\x_2&=\frac{x_0}{p+qx_1+x_0}\\&\leqslant\frac{x_0}{p+qx_{-1}+x_0}\\&\leqslant x_0.\end{aligned}$$

归纳可知, 对任意 $n \in \mathbf{N}_0$, 有

$$\begin{aligned} &x_{2n-1} \leqslant x_{2n+1}, \\ &1-p > \overline{x} > x_{2n} \geqslant x_{2n+2}. \end{aligned}$$

由定理 5.7 可知

$$\begin{cases} \lim\limits_{n\to+\infty} x_{2n} = 0, \\ \lim\limits_{n\to+\infty} x_{2n-1} = 1-p. \end{cases}$$

同理可证, 若 $\{x_n\}_{n=-1}^{+\infty}$ 是方程 (5.43) 满足初始值 $(x_{-1}, x_0) \in A_2$ 的一个正解, 则

$$\begin{cases} \lim\limits_{n\to+\infty} x_{2n} = 1-p, \\ \lim\limits_{n\to+\infty} x_{2n-1} = 0. \end{cases}$$

证毕.

5.7 方程 $x_{n+1} = \dfrac{p + x_{n-1}}{qx_n + x_{n-1}}$ 的 2 周期解的吸引域

在这一节, 我们研究差分方程

$$x_{n+1} = \frac{p + x_{n-1}}{qx_n + x_{n-1}} \quad (n \in \mathbf{N}_0), \tag{5.46}$$

其中 $p, q \in \mathbf{R}_+$, 初始条件 $x_{-1}, x_0 \in \mathbf{R}_+$.

当 $q > 1 + 4p > 1$ 时, 根据文献 [5], 分别定义 $f \in C([p/q, 1] \times [p/q, 1], [p/q, 1])$ 及 $g \in C([p/q, 1], [p/q, 1])$ 为: 对任意 $x, y \in [p/q, 1]$,

$$f(x, y) = \frac{p + y}{qx + y},$$

且对任意 $y \in [p/q, 1]$,

$$y^* = g(y) = \frac{p + y - y^2}{qy}.$$

可以证明 $f(y^*, y) = y$ 成立.

引理 5.19 若 $q > 1 + 4p > 1$, 则下述结论成立.

(1) $f(x, y) > y$ 当且仅当 $x < y^*$.

(2) $x > y$ 当且仅当 $x^* < y^*$.

(3) 若 $\cdots, \phi, \psi, \phi, \psi, \cdots$ 是方程 (5.46) 唯一的基本 2 周期解且 $\phi < \psi$, 则当 $\bar{x} < y < \psi$ 时, $f(y, y^*) < y^*$ 及 $y > y^{**}$; 当 $\phi < y < \bar{x}$ 时, $f(y, y^*) > y^*$ 及 $y^{**} > y$.

证明　(1) 因为对于 $x \in [p/q,1]$, 函数 $f(x,y)$ 是严格递减的, 并且 $f(y^*,y)=y$, 所以

$$x<y^* \Leftrightarrow f(x,y)>f(y^*,y)=y.$$

(2) 因为对于 $y \in [p/q,1]$, 函数 $y^*=g(y)$ 是严格递减的, 所以

$$x>y \Leftrightarrow x^*<y^*.$$

(3) 因为

$$\begin{aligned}
&f(y,y^*)-y^* \\
=&\frac{p+\dfrac{p+y-y^2}{qy}}{qy+\dfrac{p+y-y^2}{qy}}-\frac{p+y-y^2}{qy} \\
=&\frac{(q^2-1)\left[y-\dfrac{1-\sqrt{1+4p+4pq}}{2(q+1)}\right](y-\phi)(y-\bar{x})(y-\psi)}{qy[(q^2-1)y^2+p+y]},
\end{aligned}$$

所以

$$\bar{x}<y<\psi \Rightarrow f(y,y^*)<y^*,$$

并且

$$\phi<y<\bar{x} \Rightarrow f(y,y^*)>y^*.$$

另外由 (1) 可知, 当 $\bar{x}<y<\psi$ 时, 有 $y>y^{**}$; 当 $\phi<y<\bar{x}$ 时, 有 $y^{**}>y$. 证毕.

引理 5.20([15])　若 $q>1+4p>1$, $\{x_n\}_{n=-1}^{\infty}$ 是方程 (5.46) 的一个正解, 则 $\{x_{2n}\}_{n=0}^{\infty}$ 和 $\{x_{2n-1}\}_{n=0}^{\infty}$ 满足下列情况之一.

(1) 两者都是终于单调递增.

(2) 两者都是终于单调递减.

(3) 一个终于单调递增而另一个终于单调递减.

引理 5.21　若 $q>1+4p>1$ 且存在 $i \geqslant -1$, 使得

$$\psi \geqslant x_i \geqslant x_{i+2}>\bar{x}>x_{i+1} \geqslant \phi,$$

则 $x_{i+1} \geqslant x_{i+3} \geqslant \phi$.

证明　因为

$$\begin{aligned}
x_{i+2}&=f(x_{i+1},x_i) \\
&\leqslant x_i=f(x_i^*,x_i),
\end{aligned}$$

所以 $x_{i+1} \geqslant x_i^*$. 由引理 5.19(2) 得 $x_i^{**} \geqslant x_{i+1}^*$, 再由引理 5.19(3) 有 $x_i \geqslant x_i^{**} \geqslant x_{i+1}^*$. 因为函数 $f(x,y)$ 关于 y 在 $(x,y \in [p/q,1])$ 上严格增加, 且 $x_i \geqslant x_{i+1}^*$, 所以

$$\begin{aligned}
x_{i+2}&=f(x_{i+1},x_i) \\
&\geqslant f(x_{i+1},x_{i+1}^*).
\end{aligned}$$

利用 $\bar{x} \geqslant x_{i+1} \geqslant \phi$ 以及引理 5.19(3), 有

$$x_{i+2} \geqslant f(x_{i+1}, x_{i+1}^*) \geqslant x_{i+1}^*.$$

因此

$$\begin{aligned} x_{i+1} &= f(x_{i+1}^*, x_{i+1}) \\ &\geqslant f(x_{i+2}, x_{i+1}) \\ &= x_{i+3} \\ &\geqslant f(\psi, \phi) \\ &= \phi. \end{aligned}$$

证毕.

定理 5.10 若 $\{x_n\}_{n=-1}^{\infty}$ 是方程 (5.46) 的一个非振荡解, 则 $\{x_n\}_{n=-1}^{\infty}$ 收敛于方程 (5.46) 唯一的平衡点 $\bar{x}$.

证明 设 $\{x_n\}_{n=-1}^{\infty}$ 是方程 (5.46) 的一个非振荡解. 不妨设存在 $N \in \mathbf{N}$, 使得对所有 $n \geqslant N$, 有 $x_n < \bar{x}$.

我们证明, 对所有 $n \geqslant N$, 有 $x_{n+1} \geqslant x_n$. 否则, 假设存在 $n \geqslant N$, 使得 $x_{n+1} < x_n$, 则

$$\begin{aligned} \frac{p+\bar{x}}{q\bar{x}+\bar{x}} &= \bar{x} > x_{n+2} \\ &= \frac{p+x_n}{qx_{n+1}+x_n} \\ &> \frac{p+x_n}{qx_n+x_n}, \end{aligned}$$

从而推出 $x_n > \bar{x}$, 与假设矛盾. 现设

$$\lim_{n\to\infty} x_n = a,$$

则

$$a = \frac{p+a}{qa+a},$$

因此 $a = \bar{x}$. 证毕.

定理 5.11 若 $q > 1 + 4p > 1$, $\{x_n\}_{n=-1}^{\infty}$ 是方程 (5.46) 的一个振荡解, 则 $\{x_n\}_{n=-1}^{\infty}$ 收敛于方程 (5.46) 唯一的基本 2 周期解.

证明 由 [5] 知, 存在 $N \in \mathbf{N}$, 使得对任意 $n \geqslant N$, 有

$$x_n \in \left[\frac{p}{q}, 1\right],$$

并且 $x_N \geqslant \bar{x}$, $x_{N+1} < \bar{x}$. 不失一般性, 设对任意 $n \geqslant -1$, 有

$$x_n \in \left[\frac{p}{q}, 1\right],$$

并且 $x_{-1} \geqslant \bar{x}$, $x_0 < \bar{x}$. 因为函数

$$f(x,y)=\frac{p+y}{qx+y}\quad \left(x,y\in\left[\frac{p}{q},1\right]\right)$$

关于 x 单调递减且关于 y 单调递增, 所以对任意 $n\in\mathbf{N}$, 有

$$x_{2n-1}>\bar{x},\qquad x_{2n}<\bar{x}.$$

根据 [5], 可设

$$\cdots,\phi,\psi,\phi,\psi,\cdots,$$

是方程 (5.46) 唯一的基本 2 周期解且 $\phi<\psi$. 由引理 5.20, 我们只需考虑下面两种情形.

情形 1　若 $x_{2n-1}>\bar{x}$ 是终于单调递增或 $x_{2n}<\bar{x}$ 是终于单调递减, 那么由 [5] 知

$$\begin{cases}\lim\limits_{n\to\infty} x_{2n-1}=\psi,\\ \lim\limits_{n\to\infty} x_{2n}=\phi.\end{cases}$$

情形 2　若 $x_{2n-1}>\bar{x}$ 是终于单调递减且 $x_{2n}<\bar{x}$ 是终于单调递增, 不妨设对所有 $n\in\mathbf{N}_0$, 有

$$\begin{aligned}x_{2n}&\leqslant x_{2n+2}<\bar{x}\\ &<x_{2n+1}\leqslant x_{2n-1}.\end{aligned}$$

由引理 5.21 知, 对任意 $n\in\mathbf{N}_0$, 有

$$\begin{aligned}x_{2n}&\leqslant x_{2n+2}\leqslant\phi\\ &<\bar{x}<\psi\leqslant x_{2n+1}\\ &\leqslant x_{2n-1},\end{aligned}$$

再由 [5] 即得

$$\begin{cases}\lim\limits_{n\to\infty} x_{2n}=\phi,\\ \lim\limits_{n\to\infty} x_{2n-1}=\psi.\end{cases}$$

证毕.

第 6 章　有理差分方程的有界性

6.1　方程 $x_{n+1} = p_n + \frac{x_{n-3s+1}}{x_{n-s+1}}$ 的有界性

在本节, 我们研究下面非自治差分方程

$$x_{n+1} = p_n + \frac{x_{n-3s+1}}{x_{n-s+1}} \quad (n \in \mathbf{N}_0), \tag{6.1}$$

其中 $p_n > 0$ 是一个 k 周期序列, $s \in \mathbf{N}$, $\gcd(3s, k) = 1$, 且初始值 $x_{-3s+1}, \cdots, x_0 \in \mathbf{R}_+$. 我们将研究方程 (6.1) 解的有界性和全局稳定性.

6.1.1　方程 (6.1) 的解的有界性

这一小节的主要结论是下面的定理.

定理 6.1　方程 (6.1) 的每个正解都是有界的.

为证明定理 6.1, 我们先证明下面的引理.

引理 6.1　若 $\gcd(3s, k) = 1$, 则对任意 $0 \leqslant r \leqslant 2$ 和任意正整数 $n \geqslant (3k-3+r)s$, 有

$$\prod_{l=0}^{k-1} p_{n-(3l+r)s} = U,$$

其中 $\prod\limits_{l=0}^{k-1} p_l = U$.

证明　设 $u, v \in \mathbf{Z}(0, k-1)$ 且 $u < v$, $a \in \mathbf{Z}(0, k-1)$, $i, j \in \mathbf{Z}(0, k-1)$, 使得

$$\begin{cases} n-(3u+r)s = ki + a, \\ n-(3v+r)s = kj + a. \end{cases} \tag{6.2}$$

由 (6.2) 可知 $3s(v-u) = k(i-j)$. 因为 $\gcd(3s, k) = 1$ 且 $v - u < k$, 则有 $v = u$, $i = j$. 因此

$$\{n-(3l+r)s : l \in \mathbf{Z}(0, k-1)\} = \mathbf{Z}(0, k-1) \bmod k.$$

引理 6.1 得证.

引理 6.2　设 $\{x_n\}_{n=-3s+1}^{\infty}$ 是方程 (6.1) 的一个正解，则对任意 $j \in \mathbf{Z}(0, k-1)$, $l \in \mathbf{N}_0$ 和任意 $n \geqslant 3s(lk+j)$,

$$x_{n+1} \leqslant A_j^l + B_j^l \frac{x_{n-3s(lk+j+1)+1}}{x_{n-(3lk+3j+1)s+1}}, \tag{6.3}$$

其中

$$\begin{cases} A_j^l = M\left[\left(\displaystyle\sum_{i=0}^{k-1}\frac{1}{m^i}\right)\left(\displaystyle\sum_{i=0}^{l-1}\frac{1}{U^i}\right)+\displaystyle\sum_{i=0}^{j}\frac{1}{m^iU^l}\right], \\ B_j^l = \dfrac{1}{U^lm^j}, \\ M = \displaystyle\max_{0\leqslant i\leqslant k-1} p_i, \\ m = \displaystyle\min_{0\leqslant i\leqslant k-1} p_i. \end{cases}$$

证明　通过归纳, 由方程 (6.1) 和引理 6.1，有

$$\begin{aligned} x_{n+1} &= p_n + \frac{x_{n-3s+1}}{x_{n-s+1}} \leqslant p_n + \frac{x_{n-3s+1}}{p_{n-s}} \\ &\leqslant p_n + \frac{p_{n-3s}}{p_{n-s}} + \frac{x_{n-6s+1}}{p_{n-s}p_{n-4s}} \\ &\leqslant p_n + \frac{p_{n-3s}}{p_{n-s}} + \frac{p_{n-6s}}{p_{n-s}p_{n-4s}} + \frac{x_{n-9s+1}}{p_{n-s}p_{n-4s}p_{n-7s}} \\ &\leqslant \cdots \\ &\leqslant p_n + \sum_{i=1}^{lk+j}\frac{p_{n-3si}}{p_{n-s}\cdots p_{n-(3i-2)s}} \\ &\quad + \frac{x_{n-3s(kl+j+1)+1}}{p_{n-s}p_{n-4s}\cdots p_{n-(3lk+3j-2)s}x_{n-s(3kl+3j+1)+1}} \\ &\leqslant M\left[\left(\sum_{i=0}^{k-1}\frac{1}{m^i}\right)\left(\sum_{i=0}^{l-1}\frac{1}{U^i}\right)+\sum_{i=0}^{j}\frac{1}{m^iU^l}\right] \\ &\quad + \frac{x_{n-3s(kl+j+1)+1}}{U^lm^jx_{n-s(3kl+3j+1)+1}} \\ &= A_j^l + B_j^l\frac{x_{n-3s(kl+j+1)+1}}{x_{n-s(3kl+3j+1)+1}}. \end{aligned}$$

证毕.

定理 6.1 的证明　设 $\{x_n\}_{n=-3s+1}^{\infty}$ 是方程 (6.1) 的一个正解. 下面分两种情形.

情形 1　$U>1$. 设

$$A=\max\{x_{-3s+1},\cdots,x_0\}$$

且

$$a=\min\{x_{2s},\cdots,x_{-s+1}\}.$$

由引理 6.2 可知, 对任意 $n\in\mathbf{N}_0$, 存在 $r\in\mathbf{Z}(0,3s-1)$, 使得

$$\begin{aligned}x_{n+1} &\leqslant M\left[\left(\sum_{i=0}^{k-1}\frac{1}{m^i}\right)\left(\sum_{i=0}^{\infty}\frac{1}{U^i}\right)\right]+\frac{x_{r-3s+1}}{m^{k-1}x_{r-s+1}}\\&= M\left(\sum_{i=0}^{k-1}\frac{1}{m^i}\right)\frac{U}{U-1}+\frac{A}{am^{k-1}},\end{aligned}$$

这就意味着 $\{x_n\}_{n=-3s+1}^{\infty}$ 是有界的.

情形 2 $U\leqslant 1$. 用反证法, 假设 $\{x_{n_i+1}\}$ 是 $\{x_n\}$ 的一个子序列, 使得

$$\lim_{n_i\to\infty} x_{n_i+1}=\infty \tag{6.4}$$

且

$$x_{n_i+1}>x_k \quad (\text{对所有 } k\leqslant n_i,\ i\in\mathbf{N}_0). \tag{6.5}$$

由 (6.3) 可以得知, 对任意 $j\in\mathbf{N}_0$,

$$\lim_{n_i\to\infty} x_{n_i-3s(j+1)+1}=\infty.$$

我们断言, 对任意 $j\in\mathbf{N}_0$, $x_{n_i-(3j+1)s+1}$ 是有界的. 事实上, 若对某个 $j\in\mathbf{N}_0$, $x_{n_i-(3j+1)s+1}$ 是无界的, 则存在某个 $r\in\mathbf{Z}(0,k-1)$ 和 $l\in\mathbf{N}_0$, 使得 $j=kl+r$, 且有

$$x_{n_i-(3j+1)s+1}\geqslant 2B_r^l$$

和

$$x_{n_i-3s(j+1)+1}>2A_r^l.$$

由方程 (6.3) 可知

$$\begin{aligned}x_{n_i+1}&\leqslant A_r^l+B_r^l\frac{x_{n_i-3s(j+1)+1}}{x_{n_i-(3j+1)s+1}}\\&\leqslant A_r^l+\frac{x_{n_i-3s(j+1)+1}}{2}\\&< x_{n_i-3s(j+1)+1},\end{aligned}$$

这与 (6.5) 矛盾.

设

$$\limsup_{n_i\to\infty} x_{n_i-4s+1}=C. \tag{6.6}$$

我们仍可断言, 对任意 $j\in\mathbf{N}_0$, $x_{n_i-(3j+5)s+1}$ 是有界的. 事实上, 若对某个 $j\in\mathbf{N}_0$, $x_{n_i-(3j+5)s+1}$ 是无界的, 则存在某个 $r\in\mathbf{Z}(0,k-1)$ 和 $l\in\mathbf{N}_0$, 使得 $j=kl+r$, 且由方程 (6.1) 可以得到

$$x_{n_i-(3j+5)s+1}=p_{n_i-(3j+5)s}+\frac{x_{n_i-(3j+8)s+1}}{x_{n_i-(3j+6)s+1}},$$

这就意味着对某个 $n_i > s(3j+4)$,

$$x_{n_i-(3j+8)s+1} > \max\left\{\frac{2B_{r+1}^l x_{n_i-(3j+6)s+1}}{p_{n_i-(3j+4)s}}, 2A_{r+1}^l\right\}.$$

因此

$$\begin{aligned} x_{n_i+1} &\leqslant A_{r+1}^l + B_{r+1}^l \frac{x_{n_i-3s(j+2)+1}}{x_{n_i-s(3j+4)+1}} \\ &\leqslant A_{r+1}^l + \frac{p_{n_i-s(3j+4)}}{2p_{n_i-s(3j+4)}} x_{n_i-(3j+8)s+1} \\ &= A_{r+1}^l + \frac{x_{n_i-(3j+8)s+1}}{2} \\ &< x_{n_i-(3j+8)s+1}, \end{aligned}$$

这仍与 (6.5) 矛盾.

由上面的断言和引理 6.1, 我们可以得到, 对任意 $j \in \mathbf{N}_0$,

$$\begin{aligned} &\lim_{n_i\to\infty} \prod_{l=0}^{k-1} x_{n_i-(3j+3l+2)s+1} \\ =&\lim_{n_i\to\infty} \prod_{l=0}^{k-1} \left(p_{n_i-(3j+3l+2)s} + \frac{x_{n_i-(3j+3l+5)s+1}}{x_{n_i-(3j+3l+3)s+1}}\right) \\ =&\prod_{l=0}^{k-1} p_{n_i-(3j+3l+2)s} = U \leqslant 1. \end{aligned}$$

选取正整数 q，使得 $q+1 > C/m$, 则对任意 $n_i \geqslant (4+3kq)s+s$，有

$$\begin{aligned} x_{n_i-4s+1} &= p_{n_i-4s} + \frac{x_{n_i-7s+1}}{x_{n_i-5s+1}} \\ &= p_{n_i-4s} + \frac{1}{x_{n_i-5s+1}}\left(p_{n_i-7s} + \frac{x_{n_i-10s+1}}{x_{n_i-8s+1}}\right) \\ &= p_{n_i-4s} + \frac{p_{n_i-7s}}{x_{n_i-5s+1}} + \frac{x_{n_i-10s+1}}{x_{n_i-5s+1}x_{n_i-8s+1}} \\ &= \cdots \\ &\geqslant p_{n_i-4s} + \sum_{j=1}^{kq} \frac{p_{n_i-(4+3t)s}}{\prod_{t=1}^{j} x_{n_i-(2+3t)s+1}} \\ &\geqslant m\left(1 + \sum_{j=1}^{q} \frac{1}{\prod_{t=1}^{jk} x_{n_i-(2+3t)s+1}}\right). \end{aligned}$$

由此可以得到

$$\limsup_{n_i\to\infty} x_{n_i-4s+1} \geqslant m\left(1+\frac{1}{U}+\cdots+\frac{1}{U^q}\right) > C,$$

这与方程 (6.6) 矛盾. 这就意味着 $\{x_n\}_{n=-3s+1}^{\infty}$ 是有界的. 证毕.

6.1.2　方程 $x_{n+1}=p_n+\dfrac{x_{n-2}}{x_n}$ 的 2 周期解的全局稳定性

当 $s=1, k=2$ 时, 方程 (6.1) 变成下面的方程

$$x_{n+1}=p_n+\frac{x_{n-2}}{x_n}\quad (n\in \mathbf{N}_0), \tag{6.7}$$

其中 $\{p_n\}_{n=0}^{\infty}$ 是一个 2 周期序列

$$p_n=\begin{cases} p_0, & n \text{ 是偶数}, \\ p_1, & n \text{ 是奇数}, \end{cases}$$

且 $p_0<p_1$, 初始值 $x_{-2}, x_{-1}, x_0\in \mathbf{R}_+$.

本小节的主要结论是下面的定理.

定理 6.2　假设 $p_0\geqslant 1$, 则方程 (6.7) 的唯一基本 2 周期解是全局渐近稳定的.

方程 (6.7) 可以分成奇数部分和偶数部分, 对 $n\in\mathbf{N}_0$, 记

$$x_{2n+1}=p_0+\frac{x_{2n-2}}{x_{2n}},$$
$$x_{2n+2}=p_1+\frac{x_{2n-1}}{x_{2n+1}}.$$

则

$$x_{2n+1}>p_0 \quad 和 \quad x_{2n+2}>p_1.$$

对 $n\in\mathbf{N}_0$, 记

$$y_n=-p_0+x_{2n-1},$$
$$z_n=-p_1+x_{2n}.$$

则对 $n\in\mathbf{N}$, 有

$$y_n=\frac{x_{2n-4}}{x_{2n-2}},$$
$$z_n=\frac{x_{2n-3}}{x_{2n-1}},$$

且有

$$y_{n+1}=\frac{x_{2n-2}}{x_{2n}}=\frac{p_1+\dfrac{x_{2n-5}}{x_{2n-3}}}{p_1+\dfrac{x_{2n-3}}{x_{2n-1}}}=\frac{p_1+\dfrac{y_{n-2}+p_0}{y_{n-1}+p_0}}{p_1+\dfrac{y_{n-1}+p_0}{y_n+p_0}}$$

和

$$z_{n+1} = \frac{x_{2n-1}}{x_{2n+1}} = \frac{p_0 + \dfrac{x_{2n-4}}{x_{2n-2}}}{p_0 + \dfrac{x_{2n-2}}{x_{2n}}} = \frac{p_0 + \dfrac{z_{n-2}+p_1}{z_{n-1}+p_1}}{p_0 + \dfrac{z_{n-1}+p_1}{z_n+p_1}}.$$

因此

$$y_{n+1} = \frac{p_1(y_{n-1}+p_0)+(y_{n-2}+p_0)}{p_1(y_n+p_0)+(y_{n-1}+p_0)}\frac{y_n+p_0}{y_{n-1}+p_0} \quad (n \in \mathbf{N}_0), \tag{6.8}$$

$$z_{n+1} = \frac{p_0(z_{n-1}+p_1)+(z_{n-2}+p_1)}{p_0(z_n+p_1)+(z_{n-1}+p_1)}\frac{z_n+p_1}{z_{n-1}+p_1} \quad (n \in \mathbf{N}_0), \tag{6.9}$$

且

$$y_n > 0, \quad z_n > 0 \ \ (n \in \mathbf{N}).$$

我们知道, $\bar{y}=1$ 是方程 (6.8) 的唯一正平衡点, $\bar{z}=1$ 是方程 (6.9) 的唯一正平衡点. 方程 (6.8) 关于正平衡点 $\bar{y}=1$ 的线性方程是

$$\omega_{n+1} = \frac{1}{(p_0+1)(p_1+1)}\omega_n - \frac{2}{(p_0+1)(p_1+1)}\omega_{n-1} + \frac{1}{(p_0+1)(p_1+1)}\omega_{n-2}.$$

上述线性方程的特征方程是

$$\lambda^3 - \frac{1}{(p_0+1)(p_1+1)}\lambda^2 + \frac{2}{(p_0+1)(p_1+1)}\lambda - \frac{1}{(p_0+1)(p_1+1)} = 0.$$

我们可以证明, 方程 (6.8) 的正平衡点 $\bar{y}=1$ 是局部渐近稳定的条件是

$$p_0 \geqslant 1.$$

用类似的方法可以得到, 方程 (6.9) 的正平衡点 $\bar{z}=1$ 是局部渐近稳定的条件是

$$p_0 \geqslant 1.$$

综上, 我们可以得出下面的结论.

引理 6.3　(i) 方程 (6.8) 的正平衡点 $\bar{y}=1$ 是局部渐近稳定的条件是

$$p_0 \geqslant 1.$$

(ii) 方程 (6.9) 的正平衡点 $\bar{z}=1$ 是局部渐近稳定的条件是

$$p_0 \geqslant 1.$$

设

$$\cdots, \phi, \varphi, \phi, \varphi, \cdots$$

是方程 (6.7) 的一个基本 2 周期解, 则

$$\phi = p_1 + 1, \quad \varphi = p_0 + 1.$$

因此

$$\cdots, p_1+1, p_0+1, p_1+1, p_0+1, \cdots \tag{6.10}$$

是方程 (6.7) 的唯一基本 2 周期解.

定理 6.2 的证明　由定理 6.1 可知, 方程 (6.7) 的每个正解是有界的. 考虑到这一点, 设

$$\begin{cases} S = \limsup\limits_{n\to\infty} x_{2n+1}, \\ I = \liminf\limits_{n\to\infty} x_{2n+1}. \end{cases}$$

那么 $S \geqslant I \geqslant p_0$, 从而由方程 (6.7) 可得

$$x_{2n+1} = p_0 + \frac{x_{2n-2}}{x_{2n}} = p_0 + \frac{p_1 + \dfrac{x_{2n-5}}{x_{2n-3}}}{p_1 + \dfrac{x_{2n-3}}{x_{2n-1}}}, \tag{6.11}$$

$$x_{2n+2} = p_1 + \frac{x_{2n-1}}{x_{2n+1}} = p_1 + \frac{p_0 + \dfrac{x_{2n-4}}{x_{2n-2}}}{p_0 + \dfrac{x_{2n-2}}{x_{2n}}}. \tag{6.12}$$

由方程 (6.11) 有

$$\begin{cases} S \leqslant p_0 + \dfrac{p_1 + \dfrac{S}{I}}{p_1 + \dfrac{I}{S}}, \\[2ex] I \geqslant p_0 + \dfrac{p_1 + \dfrac{I}{S}}{p_1 + \dfrac{S}{I}}. \end{cases}$$

因此

$$p_1 S^2 I + S I^2 \leqslant p_0 p_1 S I + p_0 I^2 + p_1 S I + S^2,$$
$$p_1 S I^2 + S^2 I \geqslant p_0 p_1 S I + p_0 S^2 + p_1 S I + I^2.$$

由此可得

$$p_1 S I(S-I) - S I(S-I) \leqslant p_0(I^2 - S^2) + S^2 - I^2. \tag{6.13}$$

如果 $S - I > 0$, 那么

$$(p_1 - 1) S I \leqslant (1 - p_0)(S + I). \tag{6.14}$$

这与 $p_1 > p_0 \geqslant 1$ 矛盾. 因此 $S = I = p_0 + 1$ 和 $\varphi = p_0 + 1$ 是方程 (6.11) 所有解的全局吸引子. 同理，我们还可以得到 $\phi = p_1 + 1$ 是方程 (6.12) 所有解的全局吸引子. 从而由引理 6.3 知, 方程 (6.7) 的唯一基本 2 周期解是全局渐近稳定的. 证毕.

6.2　方程 $x_{n+1}=\dfrac{1}{B_nx_n+x_{n-1}}$ 的有界性

在这一节, 我们考虑下面方程

$$x_{n+1}=\frac{1}{B_nx_n+x_{n-1}}\quad(n\in\mathbf{N}_0),\tag{6.15}$$

其中, $B_n\in\mathbf{R}_+$ 是一个有界序列, 且初始值 $x_{-1},x_0\in\mathbf{R}_+$. 我们将研究方程 (6.15) 解的有界性和全局稳定性.

6.2.1　方程 (6.15) 的解的有界性

在本小节, 我们研究方程 (6.15) 解的有界性. 首先我们有下面的引理.

引理 6.4　设 $\{x_n\}_{n=-1}^{\infty}$ 是方程 (6.15) 的一个正解，则对任意 $k\in\mathbf{N}_0$ 和 $l\in\mathbf{Z}(1,k)$, 有

$$x_{n+1}\leqslant\sum_{l=1}^{k}A_lB_l\frac{1}{x_{n+1-3k}}+\frac{x_{n+1-3k}}{C_k},\tag{6.16}$$

其中

$$\begin{aligned}A_l&=\frac{B_{n+2-3l}}{\left(\prod\limits_{t=0}^{l-1}B_{n-3t}\right)B_{n+1-3l}},\\B_l&=\prod_{t=l}^{k-1}\left(B_{n-3t}+\frac{1}{B_{n-3t-2}}\right),\\C_k&=\prod_{t=0}^{k-1}B_{n-3t}.\end{aligned}$$

证明　通过归纳, 由方程 (6.15) 可以得出

$$\begin{aligned}x_{n+1}=&\frac{1}{B_nx_n+x_{n-1}}\\<&\frac{B_{n-1}x_{n-1}+x_{n-2}}{B_n}\\<&\frac{B_{n-1}}{B_nB_{n-2}x_{n-2}}+\frac{x_{n-2}}{B_n}\\<&\frac{B_{n-1}}{B_nB_{n-2}}\left(B_{n-3}+\frac{1}{B_{n-5}}\right)\frac{1}{x_{n-5}}\\&+\frac{B_{n-4}}{B_nB_{n-3}B_{n-5}}\frac{1}{x_{n-5}}+\frac{x_{n-5}}{B_nB_{n-3}}\end{aligned}$$

$$
\begin{aligned}
&< \frac{B_{n-1}}{B_nB_{n-2}}\left(B_{n-3}+\frac{1}{B_{n-5}}\right)\left(B_{n-6}+\frac{1}{B_{n-8}}\right)\frac{1}{x_{n-8}}\\
&\quad+\frac{B_{n-4}}{B_nB_{n-3}B_{n-5}}\left(B_{n-6}+\frac{1}{B_{n-8}}\right)\frac{1}{x_{n-8}}\\
&\quad+\frac{B_{n-7}}{B_nB_{n-3}B_{n-6}B_{n-8}}\frac{1}{x_{n-8}}+\frac{x_{n-8}}{B_nB_{n-3}B_{n-6}}\\
&< \frac{B_{n-1}}{B_nB_{n-2}}\left(B_{n-3}+\frac{1}{B_{n-5}}\right)\left(B_{n-6}+\frac{1}{B_{n-8}}\right)\left(B_{n-9}+\frac{1}{B_{n-11}}\right)\frac{1}{x_{n-11}}\\
&\quad+\frac{B_{n-4}}{B_nB_{n-3}B_{n-5}}\left(B_{n-6}+\frac{1}{B_{n-8}}\right)\left(B_{n-9}+\frac{1}{B_{n-11}}\right)\frac{1}{x_{n-11}}\\
&\quad+\frac{B_{n-7}}{B_nB_{n-3}B_{n-6}B_{n-8}}\left(B_{n-9}+\frac{1}{B_{n-11}}\right)\frac{1}{x_{n-11}}\\
&\quad+\frac{B_{n-10}}{B_nB_{n-3}B_{n-6}B_{n-9}B_{n-11}}\frac{1}{x_{n-11}}+\frac{x_{n-11}}{B_nB_{n-3}B_{n-6}B_{n-9}}\\
&<\cdots\\
&<\sum_{l=1}^{k}A_lB_l\frac{1}{x_{n+1-3k}}+\frac{x_{n+1-3k}}{C_k}.
\end{aligned}
$$

证毕.

引理 6.5 设 $\{x_{n_i+1}\}$ 是解 $\{x_n\}$ 的一个子序列, 使得

$$\lim_{i\to\infty} x_{n_i+1}=\infty \tag{6.17}$$

且

$$\max\{x_n : n\in \mathbf{Z}(-1,n_i)\}<x_{n_i+1}\quad (i\in \mathbf{N}_0), \tag{6.18}$$

则对 $j\in\mathbf{N}$, 下述等式成立.

$$\lim_{i\to\infty} x_{n_i+3-3j}=0, \tag{6.19}$$

$$\lim_{i\to\infty} x_{n_i+2-3j}=0, \tag{6.20}$$

$$\lim_{i\to\infty} x_{n_i+1-3j}=\infty. \tag{6.21}$$

证明 由方程 (6.15) 可以得出

$$\lim_{i\to\infty} x_{n_i}=0 \quad 且 \quad \lim_{i\to\infty} x_{n_i-1}=0.$$

再由方程 (6.15) 可知

$$\lim_{i\to\infty} x_{n_i-2}=\infty.$$

通过归纳, 方程 (6.19), (6.20) 和 (6.21) 成立. 引理得证.

定理 6.3　设 B_n 是一个 p 周期序列, 则当 $p \neq 3s$ 且 $\prod\limits_{i=0}^{p-1} B_i > 1$ 时, 方程 (6.15) 的每个正解是有界的.

证明　用反证法. 假设 $\{x_{n_i+1}\}$ 是解 $\{x_n\}$ 的一个子序列, 使得方程 (6.17) 和 (6.18) 成立. 由方程 (6.21) 知

$$\lim_{i\to\infty} x_{n_i-2-3p} = \infty.$$

因为 $p \neq 3s$ 且 $\prod\limits_{i=0}^{p-1} B_i > 1$, 可以得出

$$C_p = \prod_{t=0}^{p-1} B_{n-3t} = \prod_{i=0}^{p-1} B_i > 1.$$

不失一般性, 假设对 $i \in \mathbf{N}_0$,

$$x_{n_i-2-3p} > \sqrt{\frac{C_p \sum\limits_{l=1}^{p} A_l B_l}{C_p - 1}}.$$

由方程 (6.16), 则有

$$\begin{aligned} x_{n_i+1} &< \sum_{l=1}^{p} A_l B_l \frac{1}{x_{n_i-2-3p}} + \frac{x_{n_i-2-3p}}{C_p} \\ &< x_{n_i-2-3p}, \end{aligned}$$

这与方程 (6.18) 矛盾. 定理得证.

定理 6.4　假设 B_n 是有界且递增的序列, 那么方程 (6.15) 的每个正解是有界的.

证明　用反证法. 假设 $\{x_{n_i+1}\}$ 是解 $\{x_n\}$ 的一个子序列, 使得方程 (6.17) 和 (6.18) 成立, 则

$$x_{n_i} \longrightarrow 0, \quad x_{n_i-1} \longrightarrow 0,$$

$$x_{n_i-2} \longrightarrow \infty, \quad x_{n_i-3} \longrightarrow 0.$$

因此, 最终可得

$$\begin{cases} x_{n_i-2} > \dfrac{B_{n_i-1}x_{n_i-1} + x_{n_i-2}}{B_{n_i} + 1}, \\ x_{n_i-2} > x_{n_i-3}. \end{cases}$$

且

$$
\begin{aligned}
x_{n_i+1} &= \frac{1}{B_{n_i}x_{n_i}+x_{n_i-1}} \\
&= \frac{1}{B_{n_i}\dfrac{1}{B_{n_i-1}x_{n_i-1}+x_{n_i-2}}+\dfrac{1}{B_{n_i-2}x_{n_i-2}+x_{n_i-3}}} \\
&= \frac{(B_{n_i-1}x_{n_i-1}+x_{n_i-2})(B_{n_i-2}x_{n_i-2}+x_{n_i-3})}{B_{n_i}(B_{n_i-2}x_{n_i-2}+x_{n_i-3})+B_{n_i-1}x_{n_i-1}+x_{n_i-2}} \\
&< \max\left\{\frac{B_{n_i-2}x_{n_i-2}+x_{n_i-3}}{B_{n_i}+1}, \frac{B_{n_i-1}x_{n_i-1}+x_{n_i-2}}{B_{n_i}+1}\right\} \\
&< \max\left\{\frac{B_{n_i-2}+1}{B_{n_i}+1}x_{n_i-2}, \frac{B_{n_i-1}x_{n_i-1}+x_{n_i-2}}{B_{n_i}+1}\right\} \\
&< \max\left\{x_{n_i-2}, \frac{B_{n_i-1}x_{n_i-1}+x_{n_i-2}}{B_{n_i}+1}\right\} = x_{n_i-2}.
\end{aligned}
$$

这是一个矛盾. 定理得证.

6.2.2 方程 (6.15) 的 2 周期解的全局稳定性

在本小节, 假设 B_n 是一个基本 2 周期序列.

定理 6.5 假设 B_n 是一个基本 2 周期序列, 那么方程 (6.15) 的每个正解收敛于唯一的基本 2 周期解.

证明 由定理 6.3 知, 方程 (6.15) 的每个正解是有界的. 考虑到这一点, 设

$$
\begin{cases}
M = \limsup\limits_{n\to\infty} x_{2n}, \\
m = \liminf\limits_{n\to\infty} x_{2n}, \\
T = \limsup\limits_{n\to\infty} x_{2n+1}, \\
t = \liminf\limits_{n\to\infty} x_{2n+1}.
\end{cases}
$$

由方程 (6.15) 可知

$$
x_{2n+2} = \frac{1}{B_1x_{2n+1}+x_{2n}},
$$

$$
x_{2n+1} = \frac{1}{B_0x_{2n}+x_{2n-1}}.
$$

从而可以得到

$$\begin{cases} M \leqslant \dfrac{1}{B_1 t + m}, \\ m \geqslant \dfrac{1}{B_1 T + M}, \\ T \leqslant \dfrac{1}{B_0 m + t}, \\ t \geqslant \dfrac{1}{B_0 M + T}, \end{cases}$$

因此

$$\begin{cases} M = \dfrac{1}{B_1 t + m}, \\ m = \dfrac{1}{B_1 T + M}, \\ T = \dfrac{1}{B_0 m + t}, \\ t = \dfrac{1}{B_0 M + T}. \end{cases} \tag{6.22}$$

存在子序列 $\{x_{2n_k}\}$, $\{x_{2n_k-j}\}$ 和正数 $T_j, j \in \{1,2,3,4\}$, 使得

$$\begin{cases} M = \lim\limits_{k\to\infty} x_{n_k}, \\ T_j = \lim\limits_{k\to\infty} x_{2n_k-j}. \end{cases}$$

从而

$$\begin{aligned} \frac{1}{B_1 t + m} = M &= \frac{1}{B_1 T_1 + T_2} \\ &\leqslant \frac{1}{B_1 t + m}. \end{aligned}$$

因此

$$B_1 T_1 + T_2 = B_1 t + m,$$

由此可知

$$T_1 = t, \quad T_2 = m.$$

进一步可以得到

$$\begin{aligned} \frac{1}{B_0 M + T} = t &= \frac{1}{B_0 T_2 + T_3} \\ &\geqslant \frac{1}{B_0 M + T}. \end{aligned}$$

因此

$$B_0 T_2 + T_3 = B_0 M + T,$$

由此得

$$T_2 = M, \quad T_3 = T.$$

所以

$$M = T_2 = m.$$

同理, 我们还可以得到

$$T = T_3 = t.$$

因此方程 (6.22) 等价于系统

$$\begin{cases} B_1MT + M^2 = 1, \\ B_0MT + T^2 = 1. \end{cases} \tag{6.23}$$

从而有

$$0 < M < 1, \quad 0 < T < 1. \tag{6.24}$$

因为 $B_0 \neq B_1$, 由方程 (6.23), 我们可以得到 $M \neq T$ 且

$$T = \sqrt{\frac{2}{(B_0 - B_1)B_0 + 2 + B_0\sqrt{(B_0 - B_1)^2 + 4}}}$$

和

$$M = \frac{(B_0 - B_1) + \sqrt{(B_0 - B_1)^2 + 4}}{\sqrt{2(B_0 - B_1)B_0 + 4 + 2B_0\sqrt{(B_0 - B_1)^2 + 4}}}.$$

即方程 (6.15) 有唯一的基本 2 周期解

$$\cdots, \cdots, T, M, T, M, \cdots, \cdots$$

并且方程 (6.15) 的每个正解收敛于这个基本 2 周期解. 定理得证.

定理 6.6　假设 B_n 是一个基本 2 周期序列, 那么方程 (6.15) 唯一的基本 2 周期解是全局渐近稳定的.

证明　因为 B_n 是一个 2 周期序列, 可以假设

$$U_n = x_{2n} \ \text{且} \ V_n = x_{2n-1} \quad (n \in \mathbf{N}_0).$$

所以方程 (6.15) 等价于系统

$$\begin{cases} U_{n+1} = \dfrac{1}{\dfrac{B_1}{B_0U_n + V_n} + U_n}, \\ V_{n-1} = \dfrac{1}{B_0U_n + V_n}. \end{cases} \tag{6.25}$$

现定义 $\mathbf{R}_+^2$ 上的映射 F 为

$$F\begin{pmatrix} U \\ V \end{pmatrix} = \begin{pmatrix} \dfrac{1}{\dfrac{B_1}{B_0U+V}+U} \\ \dfrac{1}{B_0U+V} \end{pmatrix} = \begin{pmatrix} g(U,V) \\ h(U,V) \end{pmatrix},$$

则 (M,T) 是 F 的一个不动点. 显然, 方程 (6.15) 的唯一基本 2 周期解是局部渐近稳定的充要条件是 Jacobian 矩阵 J_F 特征值在单位圆内. 显而易见

$$J_F\begin{pmatrix} M \\ T \end{pmatrix} = \begin{pmatrix} \dfrac{\partial g}{\partial U}(M,T), & \dfrac{\partial g}{\partial V}(M,T) \\ \dfrac{\partial h}{\partial U}(M,T), & \dfrac{\partial h}{\partial V}(M,T) \end{pmatrix},$$

其中

$$\begin{aligned}
\frac{\partial g}{\partial U}(M,T) &= -\frac{1-B_0B_1T^2}{(B_1T+M)^2} = -M^2(1-B_0B_1T^2), \\
\frac{\partial g}{\partial V}(M,T) &= \frac{B_1}{(B_1T+M)^2(B_0M+T)^2} = B_1M^2T^2, \\
\frac{\partial h}{\partial U}(M,T) &= -\frac{B_0}{(B_0M+T)^2} = -B_0T^2, \\
\frac{\partial h}{\partial V}(M,T) &= -\frac{1}{(B_0M+T)^2} = -T^2.
\end{aligned}$$

设

$$\mathcal{S} = \frac{\partial g}{\partial U}(M,T) + \frac{\partial h}{\partial V}(M,T)$$

和

$$\mathcal{D} = \frac{\partial g}{\partial U}(M,T)\frac{\partial h}{\partial V}(M,T) - \frac{\partial g}{\partial V}(M,T)\frac{\partial h}{\partial U}(M,T).$$

容易计算

$$\begin{aligned}
1+\mathcal{D} &= 1 + \frac{\partial g}{\partial U}(M,T)\frac{\partial h}{\partial V}(M,T) - \frac{\partial g}{\partial V}(M,T)\frac{\partial h}{\partial U}(M,T) \\
&= 1 + M^2T^2 < 2.
\end{aligned}$$

由方程 (6.23) 可以得出

$$B_0B_1M^2T^2 = (1-M^2)(1-T^2),$$

即

$$\begin{aligned}\mathcal{S} &= \frac{\partial g}{\partial U}(M,T) + \frac{\partial h}{\partial V}(M,T) \\ &= B_0 B_1 M^2 T^2 - M^2 - T^2 \\ &= (1-M^2)(1-T^2) - M^2 - T^2.\end{aligned}$$

因为

$$\begin{aligned}-(1-M^2)(1-T^2) &< (1-M^2)(1-T^2) \\ &< (1+M^2)(1+T^2),\end{aligned}$$

所以

$$\begin{aligned}|\mathcal{S}| &= |(1-M^2)(1-T^2) - M^2 - T^2| \\ &< 1 + M^2T^2 \\ &= 1 + \mathcal{D} \\ &< 2.\end{aligned}$$

从而方程 (6.15) 的 2 周期解是局部渐近稳定的. 结合定理 6.5 可知，方程 (6.15) 唯一的基本 2 周期解是全局渐近稳定的. 证毕.

6.3 方程 $x_{n+1} = \dfrac{\beta_n x_n + x_{n-2}}{A + x_n}$ 的有界性

在这一节, 我们研究下面非自治方程

$$x_{n+1} = \frac{\beta_n x_n + x_{n-2}}{A + x_n} \quad (n \in \mathbf{N}_0), \tag{6.26}$$

其中, $\beta_n > 0$ 是一个 2 周期序列, 初始值 $x_{-2}, x_{-1}, x_0 \in \mathbf{R}_+$. 我们将证明, 在一定的条件下这个方程的每个正解是有界的. 不失一般性, 假设 $\beta_0 < \beta_1$ 和

$$M = \max\{x_{-2}, x_{-1}, x_0\}.$$

下面的定理是这一节的主要结论.

定理 6.7 如果 $1 - A \notin [\beta_0, \beta_1]$, 那么方程 (6.26) 的每个正解是有界的.

为了证明定理 6.7, 我们先证明下面几个引理. 除非另有规定, 这里我们假设 $A < 1$.

引理 6.6 假设 $0 < A < 1$, 则方程 (6.26) 的每个正解 $\{x_n\}$ 是终于有下界 β_0.

证明　用反证法. 存在充分大的 N, 使得

$$x_{N+1}=\frac{\beta_N x_N+x_{N-2}}{A+x_N}\leqslant\beta_0.$$

则

$$x_{N-2}\leqslant\beta_0 A.$$

同理可得

$$x_{N-5}\leqslant\beta_0 A^2.$$

通过归纳可以得出

$$x_{N-3i+1}\leqslant\beta_0 A^i\quad(N>3i-1).$$

这是矛盾的.

在后续部分, 除非另有规定, 我们都假设方程 (6.26) 的解 $x_n>\beta_0$ $(n\in\mathbf{N})$.

引理 6.7　方程 (6.26) 的每个正解 $\{x_n\}$ 满足下面不等式

$$x_{n+1}<\beta_1\sum_{s=0}^{j+1}\frac{1}{(A+\beta_0)^s}+\frac{x_{n-5-3j}}{(A+\beta_0)^{j+2}}\quad(n\in\mathbf{N}_0,\ j\geqslant-1).\tag{6.27}$$

证明　由归纳法易见, 对 $n\in\mathbf{N}_0$,

$$\begin{aligned}x_{n+1}&=\frac{\beta_n x_n+x_{n-2}}{A+x_n}\\&<\beta_1+\frac{x_{n-2}}{A+\beta_0},\end{aligned}$$

可知, 当 $j=-1$ 时, 方程 (6.27) 成立. 假设对 $j>-1$,

$$x_{n+1}<\beta_1\sum_{s=0}^{j}\frac{1}{(A+\beta_0)^s}+\frac{x_{n-2-3j}}{(A+\beta_0)^{j+1}}.$$

进而

$$\begin{aligned}x_{n-2-3j}&=\frac{\beta_{n-3-3j}x_{n-3-3j}+x_{n-5-3j}}{A+x_{n-3-3j}}\\&<\beta_1+\frac{x_{n-5-3j}}{A+\beta_0}.\end{aligned}$$

综合上述后面两个不等式, 结论成立, 引理得证.

引理 6.8　设 $\{x_{n_i+1}\}$ 是解 $\{x_n\}$ 的一个子序列, 使得

$$\lim_{i\to\infty}x_{n_i+1}=\infty\tag{6.28}$$

且

$$\max\{x_n : n \in \mathbf{Z}(-2, n_i)\} < x_{n_i+1} \quad (i \in \mathbf{N}_0), \tag{6.29}$$

则对 $j \in \mathbf{N}_0$, 下述结论成立:

$$\lim_{i\to\infty} x_{n_i-2-3j} = \infty, \tag{6.30}$$

$$\limsup_{i\to\infty} x_{n_i-4-3j} < \infty, \tag{6.31}$$

$$\lim_{i\to\infty} x_{n_i-1-3j} \leqslant \beta_1. \tag{6.32}$$

证明 由 (6.27) 可知, 对 $i, j \in \mathbf{N}_0$,

$$x_{n_i+1} < \beta_1 \sum_{s=0}^{j} \frac{1}{(A+\beta_0)^s} + \frac{x_{n_i-2-3j}}{(A+\beta_0)^{j+1}}.$$

显而易见, 方程 (6.30) 成立. 为证明方程 (6.31), 我们使用反证法. 假设对某 $j \in \mathbf{N}_0$,

$$\lim_{i\to\infty} x_{n_i-4-3j} = \infty,$$

则

$$\lim_{i\to\infty} x_{n_i-7-3j} = \lim_{i\to\infty} x_{n_i-10-3j} = \infty. \tag{6.33}$$

再由方程 (6.30) 有

$$\lim_{i\to\infty} x_{n_i-5-3j} = \lim_{i\to\infty} x_{n_i-8-3j} = \infty. \tag{6.34}$$

对充分大的 N, 由方程 (6.33) 知

$$x_{n_i-4-3j} > \beta_1 + 2 \quad (i \geqslant N).$$

现在断言下述不等式成立:

$$x_{n_i-7-3j} > x_{n_i-5-3j} \quad (i \geqslant N). \tag{6.35}$$

通过反证法, 假设存在 $i_0 \geqslant N$, 使得

$$x_{n_{i_0}-7-3j} \leqslant x_{n_{i_0}-5-3j},$$

则

$$\begin{aligned} x_{n_{i_0}-4-3j} &= \frac{\beta_{n_{i_0}-5-3j} x_{n_{i_0}-5-3j} + x_{n_{i_0}-7-3j}}{A + x_{n_{i_0}-5-3j}} \\ &< \frac{(\beta_1+1) x_{n_{i_0}-5-3j}}{A + x_{n_{i_0}-5-3j}} \\ &< \beta_1 + 2, \end{aligned}$$

这就导致了矛盾. 因此, 方程 (6.31) 成立. 由方程 (6.27) 可知, 对 $i \in \mathbf{N}_0$,

$$x_{n_i+1} < \beta_1 \sum_{s=0}^{j+1} \frac{1}{(A+\beta_0)^s} + \frac{x_{n_i-5-3j}}{(A+\beta_0)^{j+2}}.$$

结合方程 (6.35) 可知

$$x_{n_i+1} < \beta_1 \sum_{s=0}^{j+1} \frac{1}{(A+\beta_0)^s} + \frac{x_{n_i-7-3j}}{(A+\beta_0)^{j+2}}.$$

因此, 对 $i \in \mathbf{N}_0$,

$$x_{n_i+1} < \beta_1 \sum_{s=0}^{j+2} \frac{1}{(A+\beta_0)^s} + \frac{1}{(A+\beta_0)^{j+2}} \frac{x_{n_i-10-3j}}{x_{n_i-8-3j}}.$$

从而对充分大的 N, 由方程 (6.33) 和 (6.34) 有

$$x_{n_N+1} < \max\{x_{n_N-10-3j}, x_{n_N-8-3j}\},$$

这与方程 (6.29) 矛盾. 因此, 方程 (6.31) 成立. 现证明 (6.32) 式. 对 $i, j \in \mathbf{N}_0$,

$$x_{n_i-1-3j} = \frac{\beta_{n_i-2-3j} x_{n_i-2-3j} + x_{n_i-4-3j}}{A + x_{n_i-2-3j}}.$$

当 $i \longrightarrow \infty$ 时, 通过取极限, 结合方程 (6.30) 和 (6.31), 可以得出

$$\lim_{i\to\infty} x_{n_i-1-3j} = \beta_{n_i-2-3j} \leqslant \beta_1 \quad (j \in \mathbf{N}_0),$$

从而方程 (6.32) 成立. 证毕.

定理 6.7 的证明　分下述 4 种情形.

情形 1　$A > 1$.　显然, 对 $n \in \mathbf{N}_0$,

$$\begin{aligned} x_{n+1} &= \frac{\beta_n x_n + x_{n-2}}{A + x_n} \\ &< \beta_1 + \frac{1}{A}\left(\beta_1 + \frac{x_{n-5}}{A}\right) \\ &= \beta_1 + \frac{\beta_1}{A} + \frac{x_{n-5}}{A^2} \\ &< \cdots \\ &< \beta_1\left(1 + \frac{1}{A} + \frac{1}{A^2} + \cdots + \frac{1}{A^k}\right) + \frac{x_{n-2-3k}}{A^{k+1}} \\ &< \frac{A\beta_1}{A-1} + M. \end{aligned}$$

情形 2　$A = 1$. 设 $m > 0$, 使得

$$m < \min\{\beta_0, x_{-2}, x_{-1}, x_0\}.$$

我们断言

$$x_n > m, n = -2, -1, 0, \cdots. \tag{6.36}$$

事实上,

$$x_1 - m = \frac{(\beta_0 - m)x_0 + (x_{-2} - m)}{1 + x_0} > 0,$$

通过归纳法, 可知方程 (6.36) 成立. 由方程 (6.36), 则有

$$\begin{aligned}
x_{n+1} &= \frac{\beta_n x_n + x_{n-2}}{1 + x_n} \\
&< \beta_1 + \frac{1}{1+m}\left(\beta_1 + \frac{x_{n-5}}{1+m}\right) \\
&= \beta_1 + \frac{\beta_1}{1+m} + \frac{x_{n-5}}{(1+m)^2} \\
&< \cdots \\
&< \beta_1\left(1 + \frac{1}{1+m} + \frac{1}{(1+m)^2} + \cdots + \frac{1}{(1+m)^k}\right) + \frac{x_{n-2-3k}}{(1+m)^{k+1}} \\
&< \frac{(1+m)\beta_1}{m} + M.
\end{aligned}$$

情形 3　$0 < 1 - A < \beta_0 < \beta_1$. 显然, 对 $n \in \mathbf{N}_0$,

$$\begin{aligned}
x_{n+1} &= \frac{\beta_n x_n + x_{n-2}}{A + x_n} \\
&< \beta_1 + \frac{1}{A+\beta_0}\left(\beta_1 + \frac{x_{n-5}}{A+\beta_0}\right) \\
&= \beta_1 + \frac{\beta_1}{A+\beta_0} + \frac{x_{n-5}}{(A+\beta_0)^2} \\
&< \cdots \\
&< \beta_1\left(1 + \frac{1}{A+\beta_0} + \frac{1}{(A+\beta_0)^2} + \cdots + \frac{1}{(A+\beta_0)^k}\right) + \frac{x_{n-2-3k}}{(A+\beta_0)^{k+1}} \\
&< \frac{(A+\beta_0)\beta_1}{A+\beta_0-1} + M.
\end{aligned}$$

情形 4　$0 < \beta_0 < \beta_1 < 1 - A$. 用反证法. 假设 $\{x_{n_i+1}\}$ 是解 $\{x_n\}$ 的一个子序列, 使得方程 (6.28) 和 (6.29) 成立. 由方程 (6.30) 可知

$$\lim_{i\to\infty} x_{n_i-2} = \infty.$$

不失一般性, 我们假设对 $i \in \mathbf{N}_0$, 存在 C, 使得

$$x_{n_i-2} > \frac{A+C}{A+C-1}\beta_1 \quad (A+C>1).$$

现在我们断言下述结论成立.

$$x_{n_i} < C \quad (i \in \mathbf{N}_0). \tag{6.37}$$

否则, 假设对某个 $i_0, x_{n_{i_0}} \geqslant C$, 则

$$\begin{aligned} x_{n_{i_0}+1} &= \frac{\beta_{n_{i_0}} x_{n_{i_0}} + x_{n_{i_0}-2}}{A + x_{n_{i_0}}} \\ &< \beta_1 + \frac{x_{n_{i_0}-2}}{A+C} \\ &< x_{n_{i_0}-2}, \end{aligned}$$

这与方程 (6.30) 矛盾. 从而 (6.37) 成立.

令 $0 < \varepsilon < 1 - A - \beta_1 < 1 - A - \beta_0$, 则存在 $s \in \mathbf{N}$, 使得

$$\beta_0^2 \sum_{t=1}^{s} \frac{1}{(A+\beta_1+\varepsilon)^t} > C.$$

对充分大的 N 及 $i \geqslant N$, 由方程 (6.32), 引理 6.7 和引理 6.8, 可以得出

$$\begin{aligned} x_{n_i} &= \frac{\beta_{n_i-1} x_{n_i-1} + x_{n_i-3}}{A + x_{n_i-1}} \\ &> \frac{\beta_0^2}{A+\beta_1+\varepsilon} + \frac{x_{n_i-3}}{A+\beta_1+\varepsilon} \\ &> \frac{\beta_0^2}{A+\beta_1+\varepsilon} + \frac{1}{A+\beta_1+\varepsilon}\left(\frac{\beta_0^2 + x_{n_i-6}}{A+\beta_1+\varepsilon}\right) \\ &= \frac{\beta_0^2}{A+\beta_1+\varepsilon} + \frac{\beta_0^2}{(A+\beta_1+\varepsilon)^2} + \frac{x_{n_i-6}}{(A+\beta_1+\varepsilon)^2} \\ &> \cdots \\ &> \beta_0^2 \sum_{t=1}^{s} \frac{1}{(A+\beta_1+\varepsilon)^t} > C, \end{aligned}$$

这与方程 (6.37) 矛盾. 定理得证.

6.4 方程 $x_n = \dfrac{A + x_{n-1}^p}{B + x_{n-k}^p}$ 的有界性

在这一节, 我们研究下述差分方程

$$x_n = \frac{A + x_{n-1}^p}{B + x_{n-k}^p} \quad (n \in \mathbf{N}_0), \tag{6.38}$$

其中 $k \geqslant 2$, $A, B, p \in \mathbf{R}_+$. 在 [5] 中, Kulenovic 等证明, 当 $p = 1$ 时, 方程 (6.38) 的解是有界的. 在本节, 我们主要得到下述定理.

定理 6.8 (1) 如果 $p^{k-1} \geqslant \dfrac{k^k}{(k-1)^{k-1}}$, 那么方程 (6.38) 有正的无界解.

(2) 如果 $p^{k-1} < \dfrac{k^k}{(k-1)^{k-1}}$, 那么方程 (6.38) 的每个正解是有界的.

首先我们给出下面引理.

引理 6.9 考虑差分不等式

$$x_n \geqslant \max\left\{A, \frac{x_{n-1}^p}{x_{n-k}^p}\right\} \quad (n \in \mathbf{N}_0). \tag{6.39}$$

假设 $k \geqslant 2$, $A, p \in \mathbf{R}_+$, 且 $p^{k-1} \geqslant \dfrac{k^k}{(k-1)^{k-1}}$, 则存在充分大的 $x_{-k}, x_{-k+1}, \cdots, x_{-1}$, 使得 (6.39) 初始值为 $x_{-k}, x_{-k+1}, \cdots, x_{-1}$ 的每个正解是无界的.

本引理的证明与文献 [16] 定理 1 证明类似, 在此就不再证明.

定理 6.8(1) 的证明 设 $\{x_n\}_{n=-k}^{\infty}$ 是方程 (6.38) 的一个正解, 下面分两种情形考虑.

情形 1 $A \geqslant B$. 由方程 (6.38) 可知

$$x_n = \frac{A + x_{n-1}^p}{B + x_{n-k}^p} \geqslant \frac{B + x_{n-1}^p}{B + x_{n-k}^p}. \tag{6.40}$$

再由方程 (6.40) 可得

$$x_n^p + B \geqslant \left(\frac{B + x_{n-1}^p}{B + x_{n-k}^p}\right)^p.$$

设 $y_n = x_n^p + B$, 则上述方程可以变成

$$y_n \geqslant \max\left\{B, \quad \frac{y_{n-1}^p}{y_{n-k}^p}\right\}. \tag{6.41}$$

由引理 6.9 知, 存在 $y_{-k}, y_{-k+1}, \cdots, y_{-1} \in (B, +\infty)$, 使得方程 (6.41) 初始值为 $y_{-k}, y_{-k+1}, \cdots, y_{-1}$ 的正解是无界的, 这就意味着方程 (6.38) 初始值为 $x_i = (y_{-i} - B)^{\frac{1}{p}} (i \in \mathbf{Z}(1, k))$ 的正解是无界的.

情形 2　$A<B$. 由方程 (6.38) 可知

$$\frac{B}{A}x_n=\frac{\dfrac{B}{A}(A+x_{n-1}^p)}{B+x_{n-k}^p}\geqslant\frac{B+x_{n-1}^p}{B+x_{n-k}^p}. \tag{6.42}$$

再由方程 (6.42) 可得

$$\left(\frac{B}{A}\right)^p(x_n^p+B)\geqslant\left(\frac{B+x_{n-1}^p}{B+x_{n-k}^P}\right)^p. \tag{6.43}$$

设 $y_n=\left(\dfrac{B}{A}\right)^p(x_n^p+B)$, 由上述不等式可以得到

$$y_n\geqslant\max\left\{B,\quad\frac{y_{n-1}^p}{y_{n-k}^p}\right\}. \tag{6.44}$$

由引理 6.9 知, 存在 $y_{-k},y_{-k+1},\cdots,y_{-1}\in(B^{p+1}/A^p,+\infty)$, 使得方程 (6.44) 初始值为 $y_{-k},y_{-k+1},\cdots,y_{-1}$ 的正解是无界的. 这同样意味着方程 (6.38) 存在无界解. 定理 6.8(1) 得证.

定理 6.8(2) 的证明　设 $\{x_n\}_{n=-k}^{\infty}$ 是方程 (6.38) 的一个正解, 下面分两种情形考虑.

情形 1　$A\leqslant B$.　由方程 (6.38) 可知

$$x_n\leqslant\frac{B+x_{n-1}^p}{B+x_{n-k}^p}. \tag{6.45}$$

由方程 (6.45), 通过循环递推可以得出

$$\begin{aligned}
x_n&\leqslant\frac{B}{B+x_{n-k}^p}+\frac{x_{n-1}^p}{B+x_{n-k}^p}\\
&\leqslant\frac{B}{B+x_{n-k}^p}+\frac{(B+x_{n-2}^p)^p}{(B+x_{n-k}^p)(B+x_{n-k-1}^p)^p}\\
&\leqslant\frac{B}{B+x_{n-k}^p}+\left(\frac{B}{(B+x_{n-k}^p)^{\frac{1}{p}}(B+x_{n-k-1}^p)}\right.\\
&\qquad\left.+\frac{(B+x_{n-3}^p)^p}{(B+x_{n-k}^p)^{\frac{1}{p}}(B+x_{n-k-1}^p)(B+x_{n-k-2}^p)^p}\right)^p\\
&\leqslant\frac{B}{B+x_{n-k}^p}+\left(\frac{B}{(B+x_{n-k}^p)^{\frac{1}{p}}(B+x_{n-k-1}^p)}\right.
\end{aligned}$$

$$+\cdots+\left(\frac{B}{\prod_{j=0}^{k-2}(B+x_{n-k-j}^p)^{1/p^{k-2-j}}}+\frac{(B+x_{n-k}^p)^{p-\frac{1}{p^{k-2}}}}{\prod_{j=1}^{k-1}(B+x_{n-k-j}^p)^{1/p^{k-2-j}}}\right)^p\cdots\Bigg)^p$$

$$=\frac{B}{B+x_{n-k}^p}+\left(\frac{B}{(B+x_{n-k}^p)^{\frac{1}{p}}(B+x_{n-k-1}^p)}+\cdots+\left(\frac{B}{\prod_{j=0}^{k-2}(B+x_{n-k-j}^p)^{a_0^{(j)}}}\right.\right.$$

$$\left.\left.+\frac{(B+x_{n-k}^p)^{p-a_0^{(0)}}}{\left(\prod_{j=1}^{k-2}(B+x_{n-k-j}^p)^{a_0^{(j)}}\right)(B+x_{n-2k+1}^p)^p}\right)^p\cdots\right)^p$$

$$=\frac{B}{B+x_{n-k}^p}+\left(\frac{B}{(B+x_{n-k}^p)^{\frac{1}{p}}(B+x_{n-k-1}^p)}+\cdots+\left(\frac{B}{\prod_{j=0}^{k-2}(B+x_{n-k-j}^p)^{a_0^{(j)}}}\right.\right.$$

$$\left.\left.+\left(\frac{B+x_{n-k}^p}{\left(\prod_{j=1}^{k-2}(B+x_{n-k-j}^p)^{a_0^{(j)}/(p-a_0^{(0)})}\right)(B+x_{n-2k+1}^p)^{p/(p-a_0^{(0)})}}\right)^{p-a_0^{(0)}}\right)^p\cdots\right)^p$$

$$=\frac{B}{B+x_{n-k}^p}+\left(\frac{B}{(B+x_{n-k}^p)^{\frac{1}{p}}(B+x_{n-k-1}^p)}+\cdots+\left(\frac{B}{\prod_{j=0}^{k-2}(B+x_{n-k-j}^p)^{a_0^{(j)}}}\right.\right.$$

$$\left.\left.+\left(\frac{B+x_{n-k}^p}{\prod_{j=0}^{k-2}(B+x_{n-k-j-1}^p)^{a_1^{(j)}}}\right)^{p-a_0^{(0)}}\right)^p\cdots\right)^p$$

$$\leqslant\frac{B}{B+x_{n-k}^p}+\left(\frac{B}{(B+x_{n-k}^p)^{\frac{1}{p}}(B+x_{n-k-1}^p)}+\cdots+\left(\frac{B}{\prod_{j=0}^{k-2}(B+x_{n-k-m-j}^p)^{a_m^{(j)}}}\right.\right.$$

$$\left.\left.+\frac{(B+x_{n-k-m}^p)^{p-a_m^{(0)}}}{\left(\prod_{j=1}^{k-2}(B+x_{n-k-m-j}^p)^{a_m^{(j)}}\right)(B+x_{n-2k+1-m}^p)^p}\right)^{p-a_{m-1}^{(0)}}\cdots\right)^p. \tag{6.46}$$

对每个 $k\geqslant 2$ 和每个 $n\geqslant 2k+m-1$, 定义序列 $a_m^{(j)}$ ($j\in\mathbf{Z}(0,k-2)$) 为

$$a_0^{(j)}=\frac{1}{p^{k-2-j}}$$

和

$$a_{m+1}^{(0)}=\frac{a_m^{(1)}}{p-a_m^{(0)}},\cdots,a_{m+1}^{(k-3)}=\frac{a_m^{(k-2)}}{p-a_m^{(0)}},\quad a_{m+1}^{(k-2)}=\frac{p}{p-a_m^{(0)}}. \tag{6.47}$$

因为

$$a_0^{(j)}=\frac{1}{p^{k-2-j}}<\frac{1}{p^{k-2-j}-p^{-j}}=a_1^{(j)},$$

所以由方程 (6.47) 可知序列 $a_m^{(j)}(j\in\mathbf{Z}(0,k-2))$ 是严格递增的. 由方程 (6.47), 还可得出

$$a_{m+1}^{(0)}=\frac{p}{(p-a_m^{(0)})(p-a_{m-1}^{(0)})\cdots(p-a_{m-k+2}^{(0)})}. \tag{6.48}$$

因此, 如果对每个 $m\in\mathbf{N}$, $a_m^{(0)}<p$, 那么存在有限极限

$$\lim_{m\to\infty}a_m^{(0)}=x^*\in(0,p],$$

由方程 (6.48) 可知 x^* 是方程

$$f(x)=x(p-x)^{k-1}-p=0$$

的一个解. 因为

$$f'(x)=(p-x)^{k-2}(p-kx),$$

我们可以得出该函数在区间 $[0,p]$ 上的点 $x=p/k$ 处达到最大值且

$$\begin{aligned}f(p/k)&=\frac{(k-1)^{k-1}}{k^k}p^k-p\\&=p\tfrac{(k-1)^{k-1}}{k^k}\left(p^{k-1}-\frac{k^k}{(k-1)^{k-1}}\right),\end{aligned}$$

如果 $p^{k-1}<\dfrac{k^k}{(k-1)^{k-1}}$, 那么函数 $f(x)$ 在区间 $(0,p]$ 上无解, 这就导致了矛盾.

因此, 存在第一个 $k_0\in\mathbf{N}$, 使得 $a_{k_0-1}^{(0)}<p$ 和 $a_{k_0}^{(0)}\geqslant p$. 结合方程 (6.46) 以及 $k=k_0$ 可知, 对 $n\geqslant 2k+k_0-1$,

$$x_n\leqslant 1+\left(\frac{1}{B^{1/p}}+\cdots+\left(\frac{1}{B^{\sum_{j=0}^{k-2}a_{k_0}^{(j)}-1}}+\frac{1}{B^{\sum_{j=0}^{k-2}a_{k_0}^{(j)}}}\right)^{p-a_{k_0-1}^{(0)}}\cdots\right)^p.$$

因此方程 (6.38) 的每个正解是有界的.

情形 2　$A>B$. 由方程 (6.38), 则有

$$x_n\leqslant\frac{\dfrac{A}{B}(B+x_{n-1}^p)}{B+x_{n-k}^p}.$$

证明类似于情形 1, 故略去. 定理 6.8(2) 得证.

第 7 章　高阶有理差分方程的全局性质

7.1　方程 $x_{n+1}=\dfrac{\alpha+B_1x_{n-1}+B_3x_{n-3}+\cdots+B_{2k+1}x_{n-2k-1}}{A+B_0x_n+B_2x_{n-2}+\cdots+B_{2k}x_{n-2k}}$ 的全局性质

在这一节, 我们研究差分方程

$$x_{n+1}=\frac{\alpha+B_1x_{n-1}+B_3x_{n-3}+\cdots+B_{2k+1}x_{n-2k-1}}{A+B_0x_n+B_2x_{n-2}+\cdots+B_{2k}x_{n-2k}}\quad(n\in\mathbf{N}_0),\tag{7.1}$$

其中, $k\in\mathbf{N}_0$, 初始条件为使得方程 (7.1) 的分母永不为零的非负实数, 非负参数 $\alpha, A, B_0, B_1,\cdots, B_{2k+1}$ 满足如下假设:

(H_1) $\sum\limits_{i=1}^{k+1}B_{2i-1}>0,\ \sum\limits_{i=0}^{k}B_{2i}>0.$

(H_2) 对任意 $t\in\mathbf{Z}(0,r-1)$, 存在 $i\in X$ 及 $s\in\mathbf{Z}(0,k+1)$, 使得 $t=i-sr$, 其中 $X=\{\ i:B_{2i-1}\neq 0,\ i\in\mathbf{Z}(1,k+1)\}$, $r=\min X$.

方便起见, 记 $p=\sum\limits_{i=0}^{k}B_{2i},\ q=\min\{\ i:B_{2i}\neq 0,\ i\in\mathbf{Z}(0,k)\}$.

7.1.1　方程 (7.1) 的非负平衡点的局部稳定性

方程 (7.1) 的非负平衡点是方程

$$p\bar{x}^2+(A-q)\bar{x}-\alpha=0\tag{7.2}$$

的非负解.

设 $\bar{x}$ 是方程 (7.1) 的一个非负平衡点. 方程 (7.1) 相应于 $\bar{x}$ 的线性化方程为

$$Z_{n+1}+\frac{B_0\bar{x}}{A+p\bar{x}}Z_n-\frac{B_1}{A+p\bar{x}}Z_{n-1}+\cdots+\frac{B_{2k}\bar{x}}{A+p\bar{x}}Z_{n-2k}-\frac{B_{2k+1}}{A+p\bar{x}}Z_{n-2k-1}=0,\tag{7.3}$$

其特征方程为

$$\lambda^{2k+2}+\frac{B_0\bar{x}}{A+p\bar{x}}\lambda^{2k+1}+\cdots+\frac{B_{2k}\bar{x}}{A+p\bar{x}}\lambda-\left(\frac{B_1}{A+p\bar{x}}\lambda^{2k}+\cdots+\frac{B_{2k+1}}{A+p\bar{x}}\right)=0.\tag{7.4}$$

下述两个引理可通过简单的计算得到, 此处略去证明.

引理 7.1　下述结论成立.

(1) 当且仅当 $\alpha=0$ 且 $A\neq 0$ 时, 方程 (7.1) 有零平衡点.

(2) 当且仅当 $\alpha>0$ 或 $\alpha=0$ 且 $q>A$ 时, 方程 (7.1) 有正平衡点.

引理 7.2　下述结论成立.

(1) 当且仅当 $q=A$ 时, 方程 (7.1) 存在非负基本 2 周期解.

(2) 设 $q=A$, 当且仅当 $\phi\psi=\dfrac{\alpha}{p}$ 且 $\phi\neq\psi$ 时,

$$\phi,\psi,\phi,\psi,\cdots$$

为方程 (7.1) 的一个基本 2 周期解.

先考察方程 (7.1) 零平衡点的局部稳定性. 由引理 7.1 知, 方程 (7.1) 有零平衡点当且仅当 $\alpha=0$ 且 $A\neq 0$. 此时, 关于零平衡点的特征方程 (7.4) 可简化为

$$\lambda^{2k+2}-\frac{1}{A}(B_1\lambda^{2k}+B_3\lambda^{2k-2}+\cdots+B_{2k+1})=0. \tag{7.5}$$

定理 7.1　设 $\alpha=0$ 且 $A\neq 0$, 则下述结论成立.

(1) 若 $q<A$, 则方程 (7.1) 的零平衡点是局部渐近稳定的.

(2) 若 $q=A$, 则方程 (7.1) 的零平衡点是局部稳定的.

(3) 若 $q>A$, 则方程 (7.1) 的零平衡点是不稳定的. 事实上, 方程 (7.5) 存在一个大于 1 的实根.

证明　(1) 证明可由定理 1.1 和定理 1.3 直接得到.

(2) 对任意 $\varepsilon>0$, 设 $\{x_n\}_{n=-2k-1}^{\infty}$ 是方程 (7.1) 的一个初始条件满足

$$0\leqslant x_{-2k-1},x_{-2k},\cdots,x_0\leqslant\varepsilon$$

的非负解, 现只需证明 $0\leqslant x_1\leqslant\varepsilon$(类似地 $0\leqslant x_n\leqslant\varepsilon$ 可归纳证得) 即可. 注意到

$$\begin{aligned}0\leqslant x_1&=\frac{B_1x_{-1}+B_3x_{-3}+\cdots+B_{2k+1}x_{-2k-1}}{A+B_0x_0+B_2x_{-2}+\cdots+B_{2k}x_{-2k}}\\&\leqslant\frac{B_1\varepsilon+B_3\varepsilon+\cdots+B_{2k+1}\varepsilon}{A}\\&=\frac{q}{A}\varepsilon=\varepsilon,\end{aligned}$$

因而结论成立.

(3) 令

$$f(\lambda)=\lambda^{2k+2}-\frac{1}{A}(B_1\lambda^{2k}+B_3\lambda^{2k-2}+\cdots+B_{2k+1}),$$

则

$$f(1)=1-\frac{q}{A}<0$$

和

$$\lim_{\lambda\to+\infty} f(\lambda)=+\infty.$$

因而 (7.5) 存在一个大于 1 的根 λ. 证毕.

下面考察方程 (7.1) 正平衡点的局部稳定性. 由引理 7.1 知, 方程 (7.1) 有正平衡点当且仅当 $\alpha>0$, 或 $\alpha=0$ 且 $q>A$. 此时, 方程 (7.1) 有唯一正平衡点

$$\bar{x}^*=\frac{q-A+\sqrt{(A-q)^2+4p\alpha}}{2p}.$$

定理 7.2　设 $\alpha>0$, 或 $\alpha=0$ 且 $q>A$, 则下述结论成立.

(1) 若 $q<A$, 则方程 (7.1) 的唯一正平衡点 $\bar{x}^*$ 是局部渐近稳定的.

(2) 若 $q=A$, 则方程 (7.1) 的唯一正平衡点 $\bar{x}^*$ 是非双曲的.

(3) 若 $q>A$, 则方程 (7.1) 的唯一正平衡点 $\bar{x}^*$ 是不稳定的. 事实上, 方程 (7.4) 存在一个小于 -1 的实根.

证明　(1) 结论可由定理 1.1 和定理 1.3 直接得到.

(2) 显然 -1 是 (7.4) 的一个根, 因而 $\bar{x}^*$ 是非双曲的.

(3) 令

$$f(\lambda)=\lambda^{2k+2}+\frac{B_0\bar{x}}{A+p\bar{x}}\lambda^{2k+1}+\cdots+\frac{B_{2k}\bar{x}}{A+p\bar{x}}\lambda-\left(\frac{B_1}{A+p\bar{x}}\lambda^{2k}+\cdots+\frac{B_{2k+1}}{A+p\bar{x}}\right),$$

则

$$f(-1)=\frac{A-q}{A+p\bar{x}}<0$$

和

$$\lim_{\lambda\to-\infty} f(\lambda)=+\infty.$$

因而 (7.4) 存在一个小于 -1 的根 λ. 证毕.

7.1.2　方程 (7.1) 非负解的收敛性

下面分两种情形加以讨论.

情形 1　$\alpha=0$. 此时方程 (7.1) 可简化为

$$x_{n+1}=\frac{B_1x_{n-1}+B_3x_{n-3}+\cdots+B_{2k+1}x_{n-2k-1}}{A+B_0x_n+B_2x_{n-2}+\cdots+B_{2k}x_{n-2k}}\quad (n\in\mathbf{N}_0).\tag{7.6}$$

引理 7.3　若 $q\leqslant A$, 则方程 (7.6) 的非负解是有界的.

证明　设 $\{x_n\}_{n=-2k-1}^{\infty}$ 是方程 (7.6) 的一个非负解. 记

$$M=\max\{x_{-2k-1},x_{-2k},\cdots,x_{-1},x_0\},$$

则

$$\begin{aligned}x_1 &\leqslant \frac{B_1M+B_3M+\cdots+B_{2k+1}M}{A}\\&=\frac{q}{A}M\leqslant M.\end{aligned}$$

归纳可得

$$x_n\leqslant M\quad (n\in \mathbf{N}_0).$$

证毕.

注记 7.1　设 $q\leqslant A$, $\{x_n\}_{n=-2k-1}^{\infty}$ 是方程 (7.6) 的一个非负解, 则由引理 7.3 可知

$$0\leqslant \liminf_{n\to\infty} x_n\leqslant \limsup_{n\to\infty} x_n<\infty.$$

记

$$\begin{cases}I=\liminf\limits_{n\to\infty} x_n,\\ S=\limsup\limits_{n\to\infty} x_n.\end{cases}$$

定理 7.3　若 $q<A$, 则方程 (7.6) 的每个非负解都收敛于零.

证明　设 $\{x_n\}_{n=-2k-1}^{\infty}$ 是方程 (7.6) 的一个非负解. 注意到 $\bar{x}=0$ 是方程 (7.6) 的唯一非负平衡点, 因而只需证明 $S=0$. 反证, 假设 $S>0$, 则

$$S\leqslant \frac{qS}{A+pI},$$

从而可得

$$0\leqslant pSI\leqslant (q-A)S<0,$$

矛盾. 因此

$$\lim_{n\to\infty} x_n=\bar{x}=0.$$

证毕.

接下来的几个引理中, 我们假设 $q=A$.

引理 7.4　设 $\{x_n\}_{n=-2k-1}^{\infty}$ 是方程 (7.6) 的一个非负解, 并设 $\{L_n\}_{n=-\infty}^{\infty}$ 是 $\{x_n\}_{n=-2k-1}^{\infty}$ 的一个全极限序列, 且满足 $L_0=S$. 则对任意 $n\in\mathbf{Z}$, 有 $L_{2n}=S$, $L_{2n+1}=I=0$.

证明　因为

$$\begin{aligned}S=L_0&=\frac{B_1L_{-2}+B_3L_{-4}+\cdots+B_{2k+1}L_{-2k-2}}{A+B_0L_{-1}+\cdots+B_{2k}L_{-2k-1}}\\&\leqslant \frac{B_1S+B_3S+\cdots+B_{2k+1}S}{A}\\&=\frac{A}{A}S=S,\end{aligned}$$

所以

$$\frac{B_1L_{-2}+B_3L_{-4}+\cdots+B_{2k+1}L_{-2k-2}}{A+B_0L_{-1}+\cdots+B_{2k}L_{-2k-1}}=\frac{B_1S+B_3S+\cdots+B_{2k+1}S}{A}.$$

注意到对任意 $i\in\mathbf{Z}$, 有 $0\leqslant I\leqslant L_i\leqslant S$, 故

$$\begin{aligned}1\leqslant&\frac{A+B_0L_{-1}+\cdots+B_{2k}L_{-2k-1}}{A}\\=&\frac{B_1L_{-2}+B_3L_{-4}+\cdots+B_{2k+1}L_{-2k-2}}{B_1S+B_3S+\cdots+B_{2k+1}S}\\\leqslant&1,\end{aligned}$$

因此

$$\begin{aligned}&\frac{A+B_0L_{-1}+\cdots+B_{2k}L_{-2k-1}}{A}\\=&\frac{B_1L_{-2}+B_3L_{-4}+\cdots+B_{2k+1}L_{-2k-2}}{B_1S+B_3S+\cdots+B_{2k+1}S}\\=&1,\end{aligned}$$

从而可知

$$A+B_0L_{-1}+\cdots+B_{2k}L_{-2k-1}=A,\tag{7.7}$$

$$B_1L_{-2}+B_3L_{-4}+\cdots+B_{2k+1}L_{-2k-2}=B_1S+B_3S+\cdots+B_{2k+1}S.\tag{7.8}$$

因为 $B_{2l}\neq0$, 由 (7.7) 可得

$$L_{-2l-1}=I=0.$$

因为对任意 $i\in X$, $B_{2i-1}\neq0$, 所以由 (7.8) 可知

$$L_{-2i}=S\quad(i\in \mathrm{X}).$$

归纳可得

$$L_{-2l-1-2mr}=I=0,\quad L_{-2i-2mr}=S\quad(i\in X,\ m\in\mathbf{N}_0).\tag{7.9}$$

对于 $n\geqslant(k+1)r$, 设 $n=mr+t$, 其中 $m\in\mathbf{N}_0$, $t\in\mathbf{Z}(0,r-1)$. 由假设 (H_2) 知, 存在 $i\in X$ 和 $s\in\mathbf{Z}(0,k+1)$, 使得 $t=i-sr$, 于是 $n=i+(m-s)r$. 注意到 $s\leqslant m$, 由 (7.9) 可得

$$L_{-2n}=L_{-2i-2(m-s)r}=S,$$

即

$$L_{-2n}=S\quad(n\geqslant(k+1)r).\tag{7.10}$$

因为

$$0 = L_{-2l-1} = \frac{B_1 L_{-2l-3} + B_3 L_{-2l-5} + \cdots + B_{2k+1} L_{-2l-2k-3}}{A + B_0 L_{-2l-2} + \cdots + B_{2k} L_{-2l-2k-2}},$$

注意到对于任意 $i \in X, B_{2i-1} \neq 0$, 所以

$$L_{-2l-1-2i} = I = 0 \quad (i \in X).$$

归纳可得

$$L_{-2l-1-2i-2mr} = I = 0 \ \ (i \in X,\ m \in \mathbf{N}_0). \tag{7.11}$$

对于 $n \geqslant (k+1)r + l$, 设 $n - l = mr + t$, 其中 $m \in \mathbf{N}_0$, $t \in \mathbf{Z}(0, r-1)$. 由假设 (H_2) 知, 存在 $i \in X$ 和 $s \in \mathbf{Z}(0, k+1)$, 使得 $t = i - sr$, 于是 $n = l + i - (m-s)r$. 注意到 $s \leqslant m$, 由 (7.11) 可知

$$L_{-2n-1} = L_{-2l-1-2i-2(m-s)r} = I = 0,$$

即

$$L_{-2n-1} = I = 0 \ \ (n \geqslant (k+1)r + l). \tag{7.12}$$

注意到

$$\begin{aligned}
&L_{-2l+1-2(k+1)r} \\
=&\frac{B_1 L_{-2l-1-2(k+1)r} + B_3 L_{-2l-3-2(k+1)r} + \cdots + B_{2k+1} L_{-2l-2k-1-2(k+1)r}}{A + B_0 L_{-2l-2(k+1)r} + \cdots + B_{2k} L_{-2l-2k-2(k+1)r}} \\
=&\frac{B_1 0 + B_3 0 + \cdots + B_{2k+1} 0}{A + B_0 L_{-2l-2(k+1)r} + \cdots + B_{2k} L_{-2l-2k-2(k+1)r}} \\
=&0,
\end{aligned}$$

归纳可得

$$L_{2n+1} = I = 0 \ \ (n \geqslant -(k+1)r - l). \tag{7.13}$$

结合 (7.12) 和 (7.13) 可知

$$L_{2n+1} = I = 0 \ \ (n \in \mathbf{Z}). \tag{7.14}$$

再结合 (7.10) 和 (7.14) 知

$$\begin{aligned}
L_{-2(k+1)r+2} &= \frac{B_1 L_{-2(k+1)r} + B_3 L_{-2(k+1)r-2} + \cdots + B_{2k+1} L_{-2(k+1)r-2k}}{A + B_0 L_{-2(k+1)r+1} + \cdots + B_{2k} L_{-2(k+1)r-2k+1}} \\
&= \frac{B_1 S + B_3 S + \cdots + B_{2k+1} S}{A} \\
&= S,
\end{aligned}$$

归纳可证

$$L_{2n} = S \quad (n \geqslant -(k+1)r+1). \tag{7.15}$$

结合 (7.10) 和 (7.15) 可推出

$$L_{2n} = S \quad (n \in \mathbf{Z}). \tag{7.16}$$

由 (7.14) 和 (7.16) 知结论成立. 证毕.

引理 7.5 设 $\{x_n\}_{n=-2k-1}^{\infty}$ 是方程 (7.6) 的一个非负解, L 是 $\{x_n\}_{n=-2k-1}^{\infty}$ 的一个极限点, 则 $L \in \{0, S\}$.

证明 反证, 假设 $L \notin \{0, S\}$, 则 $0 < L < S$. 由定理 1.2 知, 存在 $\{x_n\}_{n=-2k-1}^{\infty}$ 的一个全极限序列 $\{L_n\}_{n=-\infty}^{\infty}$ 和其一子列 $\{x_{n_j}\}_{j=0}^{\infty}$ (其中 $L_0 = L$), 满足

$$\lim_{j\to\infty} x_{-m+n_j} = L_{-m} \quad (m \in \mathbf{Z}(0, 2k+1)).$$

由引理 7.4 知, $L_{-2k-1}, L_{-2k}, \cdots, L_{-1} \in [0, S)$. 因此存在 $\varepsilon(0 < \varepsilon < S)$, 使得

$$L_{-2k-1}, L_{-2k}, \cdots, L_{-1}, L_0 \in [0, S-\varepsilon),$$

由此可知, 存在 $j \in \mathbf{N}_0$, 使得

$$x_{-2k-1+n_j}, x_{-2k+n_j}, \cdots, x_{-1+n_j}, x_{n_j} \in [0, S-\varepsilon).$$

因此

$$\begin{aligned}
0 \leqslant\, & x_{n_j+1} \\
=\, & \frac{B_1 x_{n_j-1} + B_3 x_{n_j-3} + \cdots + B_{2k+1} x_{n_j-2k-1}}{A + B_0 x_{n_j} + B_2 x_{n_j-2} + \cdots + B_{2k} x_{n_j-2k}} \\
<\, & \frac{A(S-\varepsilon)}{A} \\
=\, & S - \varepsilon.
\end{aligned}$$

归纳可得

$$x_n \in [0, S-\varepsilon) \quad (n > n_j).$$

因此

$$S = \limsup_{n\to\infty} x_n \in [0, S-\varepsilon],$$

矛盾. 故

$$L \in \{0, S\}.$$

证毕.

定理 7.4　若 $q=A$, 则方程 (7.6) 的每个非负解都收敛于方程 (7.6) 的一个 2 周期解.

证明　设 $\{x_n\}_{n=-2k-1}^{\infty}$ 是方程 (7.6) 的一个非负解. 下面分两种情形加以证明.

情形 1　$S=0$. 则 $\lim\limits_{n\to\infty} x_n=\bar{x}=0$, 结论得证.

情形 2　$S>0$. 由定理 1.2 可知, 存在 $\{x_n\}_{n=-2k-1}^{\infty}$ 的一个全极限序列 $\{L_n\}_{n=-\infty}^{\infty}$ 和其一子列 $\{x_{n_j}\}_{j=0}^{\infty}$(其中 $L_0=S$), 使得

$$\lim_{j\to\infty} x_{-m+n_j}=L_{-m}\quad (m\in \mathbf{Z}(0,2k+1)).$$

由引理 7.4 知

$$L_{-2k-1}=L_{-2k+1}=\cdots=L_{-1}=0,$$

对于任意 $\varepsilon(0<\varepsilon<S)$, 存在 $j\in\mathbf{N}_0$, 使得

$$x_{n_j-2k-1},x_{n_j-2k+1},\cdots,x_{n_j-1}<\varepsilon.$$

因此

$$\begin{aligned}x_{n_j+1}&=\frac{B_1x_{n_j-1}+B_3x_{n_j-3}+\cdots+B_{2k+1}x_{n_j-2k-1}}{A+B_0x_{n_j}+B_2x_{n_j-2}+\cdots+B_{2k}x_{n_j-2k}}\\&<\frac{A\varepsilon}{A}=\varepsilon.\end{aligned}$$

归纳可得

$$x_{n_j+2i+1}<\varepsilon\quad (i\geqslant -k-1).$$

结合引理 7.5 可得

$$\lim_{i\to\infty} x_{n_j+2i+1}=0.$$

不妨设 n_j 是偶数 (n_j 是奇数同理可证). 则

$$\lim_{n\to\infty} x_{2n+1}=0.$$

下面证明 $\lim\limits_{n\to\infty} x_{2n}=S$. 反证，若不然，则由引理 7.5 知

$$\liminf_{n\to\infty} x_{2n}=0.$$

不妨设

$$\lim_{j\to\infty} x_{2m_j}=0,$$

注意到

$$x_{2m_j}=\frac{B_1x_{2m_j-2}+B_3x_{2m_j-4}+\cdots+B_{2k+1}x_{2m_j-2k-2}}{A+B_0x_{2m_j-1}+B_2x_{2m_j-3}+\cdots+B_{2k}x_{2m_j-2k-1}}$$

及

$$B_{2i-1}\neq 0\quad(i\in X),$$

可得

$$\lim_{j\to\infty}x_{2m_j-2i}=0\ \ (i\in X).$$

归纳可得

$$\lim_{j\to\infty}x_{2m_j-2i-2mr}=0\quad(i\in X,\ m\in\mathbf{N}_0).\tag{7.17}$$

若

$$\lim_{j\to\infty}x_{2u_j}=S>0,$$

不失一般性, 不妨设

$$u_j\geqslant m_j+k+1\ \ (j\in\mathbf{N}_0),$$

并设

$$u_j-m_j=n_jr+t_j,$$

其中 $n_j\in\mathbf{N}_0$, $t_j\in\mathbf{Z}(0,r-1)$. 由假设 (H_2) 知, 存在 $i_j\in X$ 和 $s_j\in\mathbf{Z}(0,k+1)$, 使得 $t_j=i_j-s_jr$, 于是

$$u_j=m_j+i_j+(n_j-s_j)r\quad(j\in\mathbf{N}_0).$$

注意到对任意 $j\in\mathbf{N}_0$, 有 $n_j\geqslant s_j$, 由 (7.17) 可得

$$\lim_{j\to\infty}x_{2u_j}=\lim_{j\to\infty}x_{2m_j-2i_j-2(n_j-s_j)r}=0.$$

矛盾. 因此

$$\lim_{n\to\infty}x_{2n}=S.$$

证毕.

定理 7.5　若 $q>A$, 则方程 (7.6) 存在无界解.

证明　设 $\{x_n\}_{n=-2k-1}^{\infty}$ 是方程 (7.6) 的一个满足

$$0<x_{-2k-1},x_{-2k+1},\cdots,x_{-1}<\frac{1}{p}\left(\frac{q}{c}-A\right)$$

和

$$x_{-2k}=x_{-2k+2}=\cdots=x_0>d$$

的解, 其中 $c=\dfrac{q+A}{2A}>1$, $d=\dfrac{q-A}{p}>0$. 则

$$x_1<\frac{q\dfrac{1}{p}\left(\dfrac{q}{c}-A\right)}{A+p\dfrac{q-A}{p}}=\frac{1}{p}\left(\frac{q}{c}-A\right),$$

$$x_2>\frac{qd}{A+p\dfrac{1}{p}\left(\dfrac{q}{c}-A\right)}=cd>d,$$

$$\cdots\cdots$$

$$x_{2k+2}>\frac{qd}{A+p\dfrac{1}{p}\left(\dfrac{q}{c}-A\right)}=cd>d,$$

$$x_{2k+3}<\frac{q\dfrac{1}{p}\left(\dfrac{q}{c}-A\right)}{A+p\dfrac{q-A}{p}}=\frac{1}{p}\left(\frac{q}{c}-A\right),$$

$$x_{2k+4}>\frac{qcd}{A+p\dfrac{1}{p}\left(\dfrac{q}{c}-A\right)}=c^2d>d,$$

$$x_{2k+5}<\frac{q\dfrac{1}{p}\left(\dfrac{q}{c}-A\right)}{A+p\dfrac{q-A}{p}}=\frac{1}{p}\left(\frac{q}{c}-A\right).$$

归纳可得, 当 $i\in\mathbf{Z}(0,k)$, $n\in\mathbf{N}_0$ 时, 有

$$x_{2n+1}<\frac{1}{p}\left(\frac{q}{c}-A\right),$$

$$x_{2+2n(k+1)+2i}>c^{n+1}d.$$

因此

$$\lim_{n\to\infty}x_{2+2n(k+1)}=\infty.$$

证毕.

情形 2　$\alpha>0$.

引理 7.6　若 $q<A$, 则方程 (7.1) 的每个非负解都是有界的.

证明　设 $\{x_n\}_{n=-2k-1}^{\infty}$ 是方程 (7.1) 的一个非负解. 反证, 若 $\{x_n\}_{n=-2k-1}^{\infty}$ 无界, 则 $\{x_n\}_{n=-2k-1}^{\infty}$ 存在一个子列 $\{x_{n_i}\}_{i=0}^{\infty}$ 满足 $\lim\limits_{i\to\infty}x_{n_i+1}=\infty$ 且

$$\max\{x_{n_i-2k-1},x_{n_i-2k},\cdots,x_{n_i}\}<x_{n_i+1}\quad(i\in\mathbf{N}_0).$$

记

$$y_{n_i}=\max\{x_{n_i-2k-1},x_{n_i-2k},\cdots,x_{n_i}\}\quad(i\in\mathbf{N}_0),$$

则

$$x_{n_i+1}<\frac{\alpha+qy_{n_i}}{A},\quad \lim_{i\to\infty}y_{n_i}=\infty.$$

因此对于充分大的 i, 有

$$\begin{aligned}0&<x_{n_i+1}-y_{n_i}\\&=\frac{\alpha+B_1x_{n_i-1}+B_3x_{n_i-3}+\cdots+B_{2k+1}x_{n_i-2k-1}}{A+B_0x_{n_i}+B_2x_{n_i-2}+\cdots+B_{2k}x_{n_i-2k}}-y_{n_i}\\&<\frac{\alpha}{A}-\left(1-\frac{q}{A}\right)y_{n_i}\\&<0,\end{aligned}$$

矛盾. 因此 $\{x_n\}_{n=-2k-1}^{\infty}$ 有界. 证毕.

引理 7.7　若 $q=A$, 则方程 (7.1) 的每个非负解都是有界的.

证明　设 $\{x_n\}_{n=-2k-1}^{\infty}$ 是方程 (7.1) 的一个非负解. 选取 $M\geqslant m>0$, 使得

$$\begin{aligned}m&\leqslant\min\{x_1,x_2,\cdots,x_{2k+1},x_{2k+2}\}\\&\leqslant\max\{x_1,x_2,\cdots,x_{2k+1},x_{2k+2}\}\\&\leqslant M\end{aligned}$$

及 $mM=\dfrac{\alpha}{p}$. 则

$$\begin{aligned}m&=\frac{\alpha+Am}{A+pM}\\&\leqslant x_{2k+3}\\&=\frac{\alpha+B_1x_{2k+1}+B_3x_{2k-1}+\cdots+B_{2k+1}x_1}{A+B_0x_{2k+2}+B_2x_{2k}+\cdots+B_{2k}x_2}\\&\leqslant\frac{\alpha+AM}{A+pm}\\&=M.\end{aligned}$$

归纳可得

$$x_n\leqslant M\quad(n\in\mathbf{N}).$$

因此 $\{x_n\}_{n=-2k-1}^{\infty}$ 有界. 证毕.

注记 7.2　设 $q\leqslant A$, $\{x_n\}_{n=-2k-1}^{\infty}$ 是方程 (7.1) 的一个非负解, 则由引理 7.6 和引理 7.7 可知,

$$0\leqslant\liminf_{n\to\infty}x_n\leqslant\limsup_{n\to\infty}x_n<\infty.$$

接下来设

$$\begin{cases} I = \liminf_{n\to\infty} x_n, \\ S = \limsup_{n\to\infty} x_n. \end{cases}$$

定理 7.6　若 $q < A$, 则方程 (7.1) 的每个非负解都收敛于唯一正平衡点 $\bar{x}^*$.

证明　设 $\{x_n\}_{n=-2k-1}^{\infty}$ 是方程 (7.1) 的一个非负解. 注意到 $\bar{x}^*$ 是方程 (7.1) 的唯一正平衡点, 因而只需证 $S = I$ 即可. 显然

$$\begin{cases} S \leqslant \dfrac{\alpha + qS}{A + pI}, \\ I \geqslant \dfrac{\alpha + qI}{A + pS}, \end{cases}$$

因此

$$\begin{cases} qI - AI \leqslant qS - AS, \\ (A - q)(I - S) \geqslant 0. \end{cases}$$

从而可得 $I = S$, 故

$$\lim_{n\to\infty} x_n = \bar{x}^*.$$

证毕.

定理 7.7　若 $q = A$, 则方程 (7.1) 的每个非负解都收敛于 (7.1) 的一个 2 周期解.

证明　设 $\{x_n\}_{n=-2k-1}^{\infty}$ 是方程 (7.1) 的一个非负解. 注意到

$$\begin{cases} S \leqslant \dfrac{\alpha + AS}{A + pI}, \\ I \geqslant \dfrac{\alpha + AI}{A + pS}, \end{cases}$$

即

$$pIS \leqslant \alpha, \quad pIS \geqslant \alpha,$$

从而

$$SI = \frac{\alpha}{p}.$$

选取 $\{x_n\}_{n=-2k-1}^{\infty}$ 的一个子列 $\{x_{2k_j}\}_{j=0}^{\infty}$, 使之满足

$$\lim_{j\to\infty} x_{2k_j} = I_0 = I, \ \lim_{j\to\infty} x_{2k_j-2i} = I_i \quad (i \in \mathbf{Z}(1, (3r+1)(k+1))) \tag{7.18}$$

和

$$\lim_{j\to\infty} x_{2k_j-2i+1} = S_i \quad (i \in \mathbf{Z}(1, (3r+1)(k+1))). \tag{7.19}$$

由

$$x_{2k_j}=\frac{\alpha+B_1x_{2k_j-2}+B_3x_{2k_j-4}+\cdots+B_{2k+1}x_{2k_j-2k-2}}{A+B_0x_{2k_j-1}+B_2x_{2k_j-3}+\cdots+B_{2k}x_{2k_j-2k-1}},$$

等式两边令 $j\to\infty$ 取极限得

$$\begin{aligned}I&=\frac{\alpha+B_1I_1+B_3I_2+\cdots+B_{2k+1}I_{k+1}}{A+B_0S_1+B_2S_2+\cdots+B_{2k}S_{k+1}}\\&\geqslant\frac{\alpha+AI}{A+pS}\\&=I,\end{aligned}$$

因而

$$\frac{\alpha+B_1I_1+B_3I_2+\cdots+B_{2k+1}I_{k+1}}{A+B_0S_1+B_2S_2+\cdots+B_{2k}S_{k+1}}=\frac{\alpha+AI}{A+pS}.$$

注意到对任意 $i\in\mathbf{Z}(1,(3r+1)(k+1))$, 有 $I\leqslant I_i, S_i\leqslant S$, 故

$$\begin{aligned}1&\leqslant\frac{\alpha+B_1I_1+B_3I_2+\cdots+B_{2k+1}I_{k+1}}{\alpha+AI}\\&=\frac{A+B_0S_1+B_2S_2+\cdots+B_{2k}S_{k+1}}{A+pS}\\&\leqslant 1.\end{aligned}$$

因此

$$\begin{aligned}&\frac{\alpha+B_1I_1+B_3I_2+\cdots+B_{2k+1}I_{k+1}}{\alpha+AI}\\&=\frac{A+B_0S_1+B_2S_2+\cdots+B_{2k}S_{k+1}}{A+pS}\\&=1,\end{aligned}$$

即

$$\alpha+B_1I_1+B_3I_2+\cdots+B_{2k+1}I_{k+1}=\alpha+AI,$$

$$A+B_0S_1+B_2S_2+\cdots+B_{2k}S_{k+1}=A+pS.$$

因为 $i\in X$ 时,

$$B_{2l}\neq 0,\ B_{2i-1}\neq 0,$$

所以

$$S_{l+1}=S,\quad I_i=I.$$

归纳可得, 当 $i\in X$ 且 $m\in\mathbf{Z}(0,3(k+1))$ 时,

$$S_{l+1+mr}=S,\quad I_{i+mr}=I. \tag{7.20}$$

对于 $n \in \mathbf{Z}((k+1)r+l+1,(k+1)(r+1)+l+1)$, 不妨设 $n = mr+t$, 其中 $m \in \mathbf{N}_0$, $t \in \mathbf{Z}(0, r-1)$. 由假设 (H_2) 知, 存在 $i \in X$ 和 $s \in \mathbf{Z}(0, k+1)$, 使得 $t = i - sr$, 因此 $n = i + (m-s)r$. 注意到 $s \leqslant m \leqslant 3(k+1)$, 由 (7.20) 知 $I_n = I_{i+(m-s)r} = I$, 即

$$I_n = I. \tag{7.21}$$

因为

$$x_{2k_j-2l-1} = \frac{\alpha + B_1 x_{2k_j-2l-3} + B_3 x_{2k_j-2l-5} + \cdots + B_{2k+1} x_{2k_j-2l-2k-3}}{A + B_0 x_{2k_j-2l-2} + B_2 x_{2k_j-2l-4} + \cdots + B_{2k} x_{2k_j-2l-2k-2}},$$

等式两边令 $j \to \infty$ 取极限得

$$\begin{aligned} S = S_{l+1} &= \frac{\alpha + B_1 S_{l+2} + B_3 S_{l+3} + \cdots + B_{2k+1} S_{l+k+2}}{A + B_0 I_{l+1} + B_2 I_{l+2} + \cdots + B_{2k} I_{l+k+1}} \\ &\leqslant \frac{\alpha + AS}{A + pI} \\ &= S, \end{aligned}$$

因而

$$\frac{\alpha + B_1 S_{l+2} + B_3 S_{l+3} + \cdots + B_{2k+1} S_{l+k+2}}{A + B_0 I_{l+1} + B_2 I_{l+2} + \cdots + B_{2k} I_{l+k+1}} = \frac{\alpha + AS}{A + pI}.$$

注意到对任意 $i \in \mathbf{Z}(1, (3r+1)(k+1))$, 有 $I \leqslant I_i, S_i \leqslant S$, 故

$$\begin{aligned} 1 &\leqslant \frac{A + B_0 I_{l+1} + B_2 I_{l+2} + \cdots + B_{2k} I_{l+k+1}}{A + pI} \\ &= \frac{\alpha + B_1 S_{l+2} + B_3 S_{l+3} + \cdots + B_{2k+1} S_{l+k+2}}{\alpha + AS} \\ &\leqslant 1. \end{aligned}$$

因此

$$\begin{aligned} &\frac{A + B_0 I_{l+1} + B_2 I_{l+2} + \cdots + B_{2k} I_{l+k+1}}{A + pI} \\ =&\frac{\alpha + B_1 S_{l+2} + B_3 S_{l+3} + \cdots + B_{2k+1} S_{l+k+2}}{\alpha + AS} \\ =&1, \end{aligned}$$

即

$$A + B_0 I_{l+1} + B_2 I_{l+2} + \cdots + B_{2k} I_{l+k+1} = A + pI,$$

$$\alpha + B_1 S_{l+2} + B_3 S_{l+3} + \cdots + B_{2k+1} S_{l+k+2} = \alpha + AS.$$

因为对任意 $i \in X$, 有 $B_{2i-1} \neq 0$, 因此 $S_{l+1+i} = S$. 归纳可得

$$S_{l+1+i+mr} = S \quad (i \in X,\ m \in \mathbf{Z}(0, 2k+1)). \tag{7.22}$$

对于 $n \in \mathbf{Z}((k+1)r+l+1, (k+1)(r+1)+l+1)$, 不妨设 $n-l-1=mr+t$, 其中 $m \in \mathbf{N}_0$, $t \in \mathbf{Z}(0, r-1)$. 由假设 (H_2) 知, 存在 $i \in X$ 和 $s \in \mathbf{Z}(0, k+1)$, 使得 $t=i-sr$, 因此 $n=l+(m-s)r+1+i$. 注意到 $s \leqslant m \leqslant 2(k+1)$, 由 (7.22) 知

$$S_n = S_{l+1+i+(m-s)r} = S,$$

即

$$S_n = S. \tag{7.23}$$

记 $c=(k+1)r+l+1$, 由 (7.21) 和 (7.23) 知, 对任意 $i \in \mathbf{Z}(0, k+1)$, 有

$$I_{c+i} = I, \ S_{c+i} = S.$$

对于任意 $\varepsilon > 0$, 记 $\varepsilon_1 = S - \dfrac{\alpha}{p(I+\varepsilon)} = \dfrac{S\varepsilon}{I+\varepsilon} < \dfrac{S}{I}\varepsilon$. 则由 (7.18) 和 (7.19) 知, 存在 $i \in \mathbf{N}_0$, 使得

$$x_{2k_i-2(c+k)},\ x_{2k_i-2(c+k)+2},\ \cdots, x_{2k_i-2(c+1)},\ x_{2k_i-2c} < I+\varepsilon$$

及

$$x_{2k_i-2(c+k)+1},\ x_{2k_i-2(c+k)+3},\ \cdots, x_{2k_i-2(c+1)+1},\ x_{2k_i-2c+1} > S-\varepsilon_1.$$

因此

$$x_{2k_i-2c+2} < \frac{\alpha + A(I+\varepsilon)}{A+p(S-\varepsilon_1)} = I+\varepsilon,$$

$$x_{2k_i-2c+3} > \frac{\alpha + A(S-\varepsilon_1)}{A+p(I+\varepsilon)} = S-\varepsilon_1.$$

归纳可得, 对任意 $n \geqslant 2k_i - 2(c+k+1)$, 有

$$x_n < I+\varepsilon, \quad 当\ n\ 为偶数;$$

$$x_n > S-\varepsilon_1, \quad 当\ n\ 为奇数.$$

因而

$$\lim_{n\to\infty} x_{2n} = I, \ \lim_{n\to\infty} x_{2n+1} = S.$$

证毕.

定理 7.8　若 $q > A$, 则方程 (7.1) 存在无界解.

证明　设 $\{x_n\}_{n=-2k-1}^{\infty}$ 为方程 (7.1) 的一个解, 且满足

$$0 < x_{-2k-1}, x_{-2k+1}, \cdots, x_{-1} < \frac{q-A}{p},$$

$$x_{-2k}=x_{-2k+2}=\cdots=x_{-2}=x_0>\frac{q-A}{p}+\frac{\alpha}{q-A}.$$

于是

$$\begin{aligned}
x_1&<\frac{\alpha+q\dfrac{q-A}{p}}{A+p\left(\dfrac{q-A}{p}+\dfrac{\alpha}{q-A}\right)}\\
&=\frac{q-A}{p},\\
x_2&>\frac{\alpha+qx_{-2k}}{A+p\dfrac{q-A}{p}}\\
&=\frac{\alpha}{q}+x_{-2k}>x_{-2k},\\
&\cdots\cdots\\
x_{2k+2}&>\frac{\alpha+qx_{-2k}}{A+p\dfrac{q-A}{p}}\\
&=\frac{\alpha}{q}+x_{-2k}\\
&>x_{-2k},\\
x_{2k+3}&<\frac{\alpha+q\dfrac{q-A}{p}}{A+p\left(\dfrac{q-A}{p}+\dfrac{\alpha}{q-A}\right)}\\
&=\frac{q-A}{p},\\
x_{2k+4}&>\frac{\alpha+q\left(x_{-2k}+\dfrac{\alpha}{q}\right)}{A+p\dfrac{q-A}{p}}\\
&=\frac{2\alpha}{q}+x_{-2k}\\
&>x_{-2k},\\
x_{2k+5}&<\frac{\alpha+q\dfrac{q-A}{p}}{A+p\left(\dfrac{q-A}{p}+\dfrac{\alpha}{q-A}\right)}\\
&=\frac{q-A}{p}.
\end{aligned}$$

归纳可得

$$x_{2n-1} < \frac{q-A}{p},$$
$$x_{2+2n(k+1)+2i} > (n+1)\frac{\alpha}{q} + x_{-2k} \quad (i \in \mathbf{Z}(0,k),\ n \in \mathbf{N}_0).$$

因此

$$\lim_{n\to\infty} x_{2+2n(k+1)} = \infty.$$

证毕.

7.2　方程 $x_{n+1} = \dfrac{Ax_{n-k}}{B + C\prod\limits_{i=0}^{k} x_{n-i}}$ 的全局性质

在这一节, 我们研究差分方程

$$x_{n+1} = \frac{Ax_{n-k}}{B + C\prod\limits_{i=0}^{k} x_{n-i}} \quad (n \in \mathbf{N}_0), \tag{7.24}$$

其中 $k \in \mathbf{N}_0$, $A, B, C \in \mathbf{R}_+$, 初始条件为 $x_{-i} = b_{-i}$ $(i \in \mathbf{Z}(0,k))$.

如果令 $x_n = \sqrt[k+1]{B/C}\,y_n$, 则方程 (7.24) 可转化为

$$y_{n+1} = \frac{\gamma y_{n-k}}{1 + \prod\limits_{i=0}^{k} y_{n-i}} \quad (n \in \mathbf{N}_0), \tag{7.25}$$

其中 $\gamma = A/B$, 初始条件为 $y_{-i} = a_{-i} = \sqrt[k+1]{C/B}\,b_{-i} (i \in \mathbf{Z}(0,k))$. 为方便起见, 接下来我们将研究方程 (7.25).

7.2.1　方程 (7.25) 存在唯一解的充要条件

定理 7.9　方程 (7.25) 存在唯一解的充分必要条件为

$$\prod_{i=0}^{k} a_{-i} \neq -\frac{1}{\sum\limits_{i=0}^{n} \gamma^i} \quad (n \in \mathbf{N}_0). \tag{7.26}$$

证明　首先我们将证明, 若方程 (7.25) 的解存在且唯一, 不妨设为 $\{y_n\}_{n=-k}^{\infty}$, 则 (7.26) 成立. 事实上, 假设 (7.26) 不成立, 则存在 $\bar{n} \in \mathbf{N}_0$, 使得

$$\prod_{i=0}^{k} a_{-i} = -\frac{1}{\sum_{i=0}^{\bar{n}} \gamma^i}.$$

由 (7.25) 可知

$$\begin{aligned}\prod_{i=0}^{k} y_{1-i} &= \frac{y_1}{y_{-k}} \prod_{i=0}^{k} a_{-i} \\ &= \frac{\gamma}{1-\frac{1}{\sum_{i=0}^{\bar{n}} \gamma^i}} \left(-\frac{1}{\sum_{i=0}^{\bar{n}} \gamma^i}\right) \\ &= -\frac{1}{\sum_{i=0}^{\bar{n}-1} \gamma^i}.\end{aligned}$$

类似地, 可得

$$\prod_{i=0}^{k} y_{2-i} = -\frac{1}{\sum_{i=0}^{\bar{n}-2} \gamma^i}.$$

归纳可得

$$\prod_{i=0}^{k} y_{m-i} = -\frac{1}{\sum_{i=0}^{\bar{n}-m} \gamma^i} \quad (m \in \mathbf{Z}(0, \bar{n})).$$

于是

$$\prod_{i=0}^{k} y_{\bar{n}-i} = -1.$$

因而由 (7.25) 可知 $y_{\bar{n}+1}$ 不存在, 矛盾. 因此 (7.26) 成立.

反之, 若 (7.26) 成立, 我们将证明方程 (7.25) 的解存在且唯一. 因为唯一性显然, 故只需证存在性即可. 反证, 假设方程 (7.25) 的解不存在, 则存在 $\bar{m} \in \mathbf{N}_0$, 使得

$$\prod_{i=0}^{k} y_{\bar{m}-i} = -1, \tag{7.27}$$

但是

$$\prod_{i=0}^{k} y_{n-i} \neq -1 \quad (n \in \mathbf{Z}(0, \bar{m}-1)).$$

由 (7.25) 和 (7.27) 可知

$$\begin{aligned}\prod_{i=0}^{k} y_{\bar{m}-i-1} &= \frac{y_{\bar{m}-k-1}}{y_{\bar{m}}} \prod_{i=0}^{k} y_{\bar{m}-i} \\ &= -\frac{1+\prod\limits_{i=0}^{k} y_{\bar{m}-i-1}}{\gamma},\end{aligned}$$

由此可得

$$\prod_{i=0}^{k} y_{\bar{m}-i-1} = -\frac{1}{1+\gamma}.$$

类似地, 可得

$$\prod_{i=0}^{k} y_{\bar{m}-i-2} = -\frac{1}{1+\gamma+\gamma^2}.$$

归纳可得

$$\prod_{i=0}^{k} y_{\bar{m}-i-n} = -\frac{1}{\sum\limits_{i=0}^{n} \gamma^i} \quad (n \in \mathbf{Z}(0, \bar{m})).$$

因而

$$\prod_{i=0}^{k} a_{-i} = \prod_{i=0}^{k} y_{-i} = -\frac{1}{\sum\limits_{i=0}^{\bar{m}} \gamma^i},$$

与 (7.25) 矛盾. 证毕.

注记 7.3　接下来我们将假设 (7.26) 始终成立. 为方便起见, 记 $\alpha = \prod\limits_{i=0}^{k} a_{-i}$ 和

$$I_n = \begin{cases} 1-\gamma+\alpha(1-\gamma^n), & \gamma \neq 1, \\ 1+n\alpha, & \gamma = 1. \end{cases}$$

则 $I_n \neq 0$ $(n \in \mathbf{N}_0)$.

7.2.2　方程 (7.25) 平衡点的局部稳定性

在这一小节, 我们将考虑方程 (7.25) 平衡点的局部稳定性. 注意到方程 (7.25) 有平衡点 $\bar{y}=0$ 和 $\bar{y}=\sqrt[k+1]{\gamma-1}$(当 k 是奇数时, $\gamma \geqslant 1$). 则关于平衡点 $\bar{y}=0$, 方程

(7.25) 的线性化方程为

$$Z_{n+1} = \gamma Z_{n-k},$$

其特征方程为

$$\lambda^{k+1} - \gamma = 0. \tag{7.28}$$

关于平衡点 $\bar{y} = \sqrt[k+1]{\gamma - 1}$(当 k 是奇数时, $\gamma \geqslant 1$), 方程 (7.25) 的线性化方程为

$$Z_{n+1} = \sum_{i=0}^{k-1} \left(\frac{1}{\gamma} - 1\right) Z_{n-i} + \frac{1}{\gamma} Z_{n-k},$$

其特征方程为

$$\lambda^{k+1} - \sum_{i=0}^{k-1} \left(\frac{1}{\gamma} - 1\right) \lambda^{k-i} - \frac{1}{\gamma} = 0. \tag{7.29}$$

定理 7.10　对于平衡点 $\bar{y} = 0$, 下述结论成立.

(1) 若 $\gamma < 1$, 则 $\bar{y} = 0$ 是局部渐近稳定的.

(2) 若 $\gamma = 1$, 则 $\bar{y} = 0$ 是非双曲的.

(3) 若 $\gamma > 1$, 则 $\bar{y} = 0$ 是不稳定的.

证明　注意到方程 (7.28) 有根

$$\lambda_m = \sqrt[k+1]{\gamma} e^{\frac{2m\pi}{k+1} i} \quad (m \in \mathbf{Z}(0, k)),$$

其中 $i = \sqrt{-1}$, 因此结论由定义 1.7 和定理 1.1 可得. 证毕.

定理 7.11　对于平衡点 $\bar{y} = \sqrt[k+1]{\gamma - 1}$(当 k 是奇数时, $\gamma \geqslant 1$), 下述结论成立.

(1) 若 $\gamma < 1$, 则 $\bar{y} = \sqrt[k+1]{\gamma - 1}$ 是不稳定的.

(2) 若 $\gamma \geqslant 1$, 则 $\bar{y} = \sqrt[k+1]{\gamma - 1}$ 是非双曲的.

证明　注意到

$$\lambda^{k+1} - \sum_{i=0}^{k-1} \left(\frac{1}{\gamma} - 1\right) \lambda^{k-i} - \frac{1}{\gamma} = \left(\lambda - \frac{1}{\gamma}\right) \sum_{i=0}^{k} \lambda^{k-i},$$

显然方程 (7.29) 有根

$$\lambda_0 = \frac{1}{\gamma}, \ \lambda_m = e^{\frac{2m\pi}{k+1} i} \quad (m \in \mathbf{Z}(1, k)),$$

其中 $i = \sqrt{-1}$. 因此结论由定义 1.7 和定理 1.1 可得. 证毕.

7.2.3　方程 (7.25) 的闭式解及其收敛性

定理 7.12　设 $\{y_n\}_{n=-k}^{\infty}$ 是方程 (7.25) 的一个解, 则

$$y_{m(k+1)+j+1} = y_{-k+j}\gamma^{m+1}\prod_{i=0}^{m}\frac{I_{i(k+1)+j}}{I_{i(k+1)+j+1}}\quad (j \in \mathbf{Z}(0,k),\ m \in \mathbf{N}_0). \tag{7.30}$$

证明　我们将用数学归纳法证明. 由方程 (7.25), 并注意到 $I_n + \alpha\gamma^n I_0 = I_{n+1}$ 和 $I_n \neq 0$ ($n \in \mathbf{N}_0$), 可知

$$\begin{aligned}
y_1 =& \frac{\gamma y_{-k}}{1+\prod\limits_{i=0}^{k} y_{-i}}\\
=& y_{-k}\gamma\frac{1}{1+\alpha}\\
=& y_{-k}\gamma\frac{I_0}{I_1},\\
y_2 =& \frac{\gamma y_{-k+1}}{1+\prod\limits_{i=0}^{k} y_{-i+1}}\\
=& \frac{y_{-k+1}\gamma}{1+\alpha\dfrac{y_1}{y_{-k}}}\\
=& \frac{y_{-k+1}\gamma}{1+\alpha\gamma\dfrac{I_0}{I_1}}\\
=& y_{-k+1}\gamma\frac{I_1}{I_2},\\
y_3 =& \frac{\gamma y_{-k+2}}{1+\prod\limits_{i=0}^{k} y_{-i+2}}\\
=& \frac{y_{-k+2}\gamma}{1+\alpha\dfrac{y_1}{y_{-k}}\dfrac{y_2}{y_{-k+1}}}\\
=& \frac{y_{-k+2}\gamma}{1+\alpha\gamma^2\dfrac{I_0}{I_1}\dfrac{I_1}{I_2}}\\
=& y_{-k+2}\gamma\frac{I_2}{I_3}.
\end{aligned}$$

类似地, 可得

$$
\begin{aligned}
y_{j+1} &= \frac{\gamma y_{-k+j}}{1+\prod\limits_{i=0}^{k} y_{-i+j}} \\
&= \frac{y_{-k+j}\gamma}{1+\alpha\prod\limits_{i=0}^{j-1}\dfrac{y_{i+1}}{y_{-k+i}}} \\
&= \frac{y_{-k+j}\gamma}{1+\alpha\gamma^{j}\prod\limits_{i=0}^{j-1}\dfrac{I_i}{I_{i+1}}} \\
&= \frac{y_{-k+j}\gamma}{1+\alpha\gamma^{j}\dfrac{I_0}{I_j}} \\
&= y_{-k+j}\gamma\frac{I_j}{I_{j+1}}\quad (j\in \mathbf{Z}(1,k)).
\end{aligned}
$$

因此对于 $m=0$ 时, 结论成立.

假设当 $m\leqslant n$ 时, 结论成立, 则对于 $m=n+1$,

$$
\begin{aligned}
y_{(n+1)(k+1)+1} &= \frac{\gamma y_{n(k+1)+1}}{1+\prod\limits_{l=0}^{k} y_{(n+1)(k+1)-l}} \\
&= \frac{\gamma y_{n(k+1)+1}}{1+\prod\limits_{i=0}^{k} y_{n(k+1)+i+1}} \\
&= \frac{y_{n(k+1)+1}\gamma}{1+\alpha\prod\limits_{i=0}^{k}\dfrac{y_{n(k+1)+i+1}}{y_{i-k}}} \\
&= \frac{y_{n(k+1)+1}\gamma}{1+\alpha\prod\limits_{i=0}^{k}\left(\prod\limits_{l=0}^{n}\dfrac{y_{n(k+1)+i+1-l(k+1)}}{y_{n(k+1)+i+1-(l+1)(k+1)}}\right)} \\
&= \frac{y_{n(k+1)+1}\gamma}{1+\alpha\prod\limits_{i=0}^{k}\left(\gamma^{n+1}\prod\limits_{l=0}^{n}\dfrac{I_{l(k+1)+i}}{I_{l(k+1)+i+1}}\right)} \\
&= \frac{y_{n(k+1)+1}\gamma}{1+\alpha\gamma^{(n+1)(k+1)}\dfrac{I_0}{I_{(n+1)(k+1)}}}
\end{aligned}
$$

$$
\begin{aligned}
&= y_{n(k+1)+1}\gamma\frac{I_{(n+1)(k+1)}}{I_{(n+1)(k+1)+1}}\\
&= y_{-k}\gamma^{n+2}\prod_{i=0}^{n+1}\frac{I_{i(k+1)}}{I_{i(k+1)+1}},
\end{aligned}
$$

$$
\begin{aligned}
y_{(n+1)(k+1)+2} &= \frac{\gamma y_{n(k+1)+2}}{1+\prod\limits_{l=0}^{k} y_{(n+1)(k+1)-l+1}}\\
&= \frac{\gamma y_{n(k+1)+2}}{1+\prod\limits_{i=0}^{k} y_{n(k+1)+i+2}}\\
&= \frac{y_{n(k+1)+2}\gamma}{1+\alpha\prod\limits_{i=0}^{k}\frac{y_{n(k+1)+i+2}}{y_{i-k}}}\\
&= \frac{y_{n(k+1)+2}\gamma}{1+\alpha\frac{y_{(n+1)(k+1)+1}}{y_{n(k+1)+1}}\prod\limits_{i=0}^{k}\left(\prod\limits_{l=0}^{n}\frac{y_{n(k+1)+i+1-l(k+1)}}{y_{n(k+1)+i+1-(l+1)(k+1)}}\right)}\\
&= \frac{y_{n(k+1)+2}\gamma}{1+\alpha\gamma\frac{I_{(n+1)(k+1)}}{I_{(n+1)(k+1)+1}}\prod\limits_{i=0}^{k}\left(\gamma^{n+1}\prod\limits_{l=0}^{n}\frac{I_{l(k+1)+i}}{I_{l(k+1)+i+1}}\right)}\\
&= \frac{y_{n(k+1)+2}\gamma}{1+\alpha\gamma^{(n+1)(k+1)+1}\frac{I_0}{I_{(n+1)(k+1)+1}}}\\
&= y_{n(k+1)+2}\gamma\frac{I_{(n+1)(k+1)+1}}{I_{(n+1)(k+1)+2}}\\
&= y_{-k+1}\gamma^{n+2}\prod_{i=0}^{n+1}\frac{I_{i(k+1)+1}}{I_{i(k+1)+2}}.
\end{aligned}
$$

类似地, 可得

$$
\begin{aligned}
y_{(n+1)(k+1)+j} &= \frac{\gamma y_{n(k+1)+j}}{1+\prod\limits_{l=0}^{k} y_{(n+1)(k+1)-l+j-1}}\\
&= \frac{\gamma y_{n(k+1)+j}}{1+\prod\limits_{i=0}^{k} y_{n(k+1)+i+j}}
\end{aligned}
$$

$$
\begin{aligned}
&= \frac{y_{n(k+1)+j}\gamma}{1+\alpha\displaystyle\prod_{i=0}^{k}\frac{y_{n(k+1)+i+j}}{y_{i-k}}} \\
&= \frac{y_{n(k+1)+j}\gamma}{1+\alpha\displaystyle\prod_{s=0}^{j-2}\frac{y_{(n+1)(k+1)+s+1}}{y_{n(k+1)+s+1}}\prod_{i=0}^{k}\frac{y_{n(k+1)+i+1}}{y_{i-k}}} \\
&= \frac{y_{n(k+1)+j}\gamma}{1+\alpha\displaystyle\prod_{s=0}^{j-2}\gamma\frac{I_{(n+1)(k+1)+s}}{I_{(n+1)(k+1)+s+1}}\prod_{i=0}^{k}\left(\gamma^{n+1}\prod_{l=0}^{n}\frac{I_{l(k+1)+i-1}}{I_{l(k+1)+i}}\right)} \\
&= \frac{y_{n(k+1)+j}\gamma}{1+\alpha\gamma^{(n+1)(k+1)+j-1}\dfrac{I_0}{I_{(n+1)(k+1)+j-1}}} \\
&= y_{n(k+1)+j}\gamma\frac{I_{(n+1)(k+1)+j-1}}{I_{(n+1)(k+1)+j}} \\
&= y_{-k+j-1}\gamma^{n+2}\prod_{i=0}^{n+1}\frac{I_{i(k+1)+j-1}}{I_{i(k+1)+j}} \quad (j\in\mathbf{Z}(2,k+1)).
\end{aligned}
$$

因此当 $m=n+1$ 时, 结论也成立, 故对于 $j\in\mathbf{Z}(0,k)$, $m\in\mathbf{N}_0$, 结论都成立. 证毕.

下述引理可通过简单的计算得到, 证明从略.

引理 7.8　设 $\{y_n\}_{n=-k}^{\infty}$ 是方程 (7.25) 的一个解, 则下述结论成立.

(1) 若 $\alpha=0$, 则

$$
I_n=\begin{cases}1-\gamma, & \gamma\neq 1,\\ 1, & \gamma=1,\end{cases} \quad n\in\mathbf{N}_0.
$$

(2) 若 $\alpha>0$, 则

$$
\begin{cases}I_{n+1}<I_n<0\ , & \gamma>1,\\ 0<I_n<I_{n+1}\ , & \gamma\leqslant 1,\end{cases} \quad n\in\mathbf{N}_0.
$$

(3) 若 $\alpha<0$.

(i) $\gamma>1$, 则存在 $\bar{n}\in\mathbf{N}_0$, 使得

$$
\begin{cases}0<I_n<I_{n+1}, & n>\bar{n},\\ I_{n-1}<I_n<0, & n\leqslant\bar{n}.\end{cases}
$$

(ii) $\gamma=1$, 则存在 $\bar{n}\in\mathbf{N}_0$, 使得

$$
\begin{cases}I_{n+1}<I_n<0, & n>\bar{n},\\ 0<I_n<I_{n-1}, & n\leqslant\bar{n}.\end{cases}
$$

(iii) $\alpha < \gamma - 1 < 0$, 则存在 $\bar{n} \in \mathbf{N}_0$, 使得

$$\begin{cases} I_{n+1} < I_n < 0, & n > \bar{n}, \\ 0 < I_n < I_{n-1}, & n \leqslant \bar{n}. \end{cases}$$

(iv) $\gamma - 1 \leqslant \alpha$, 则

$$0 < I_{n+1} < I_n \quad (n \in \mathbf{N}_0).$$

定理 7.13　设 $\{y_n\}_{n=-k}^{\infty}$ 是方程 (7.25) 的一个解, 则下述结论成立.

(1) 若 $\gamma < 1$, 则 $\lim_{n\to\infty} y_n = 0$.

(2) 若 $\gamma = 1$.

(i) $\alpha = 0$, 则 $\{y_n\}_{n=-k}^{\infty}$ 是方程 (7.25) 的一个 $k+1$ 周期解.

(ii) $\alpha \neq 0$, 则 $\lim_{n\to\infty} y_n = 0$.

(3) 若 $\gamma > 1$.

(i) $\alpha = 0$, 则

$$\begin{cases} \lim_{m\to\infty} y_{m(k+1)+j+1} = \infty, & y_{-k+j} \neq 0, \\ y_{m(k+1)+j+1} = 0\ , & y_{-k+j} = 0. \end{cases}$$

(ii) $\alpha < 0$, 则

$$\lim_{m\to\infty} y_{m(k+1)+j+1} = \begin{cases} -\operatorname{sgn}(y_{-k+j})\, e^{\varphi_j}, & j = j_0, \\ \operatorname{sgn}(y_{-k+j})\, e^{\varphi_j}, & j \neq j_0, \end{cases}$$

其中

$$\varphi_j = \ln(|y_{-k+j}|) + \sum_{i=0}^{\infty} \ln\left(\frac{I_{i(k+1)+j}}{I_{i(k+1)+j+1}}\right) \quad (j \in \mathbf{Z}(0,k)),$$

$j_0 = \bar{n} \bmod (k+1)$, $\bar{n}$ 满足 $I_{\bar{n}} I_{\bar{n}+1} < 0$.

(iii) $\alpha > 0$, 则

$$\lim_{m\to\infty} y_{m(k+1)+j+1} = \operatorname{sgn}(y_{-k+j})\, e^{\varphi_j} \quad (j \in \mathbf{Z}(0,k)),$$

其中

$$\varphi_j = \ln(|y_{-k+j}|) + \sum_{i=0}^{\infty} \ln\left(\frac{I_{i(k+1)+j}}{I_{i(k+1)+j+1}}\right) \quad (j \in \mathbf{Z}(0,k)).$$

证明　(1) 设 $\gamma < 1$. 考虑下面三种情形.

情形 1　$\alpha = 0$. 由定理 7.11 和引理 7.8 知

$$\begin{aligned} y_{m(k+1)+j+1} &= y_{-k+j}\gamma^{m+1} \prod_{i=0}^{m} \frac{I_{i(k+1)+j}}{I_{i(k+1)+j+1}} \\ &= y_{-k+j}\gamma^{m+1} \quad (j \in \mathbf{Z}(0,k)), \end{aligned}$$

注意到 $\gamma<1$, 故

$$\lim_{m\to\infty} y_{m(k+1)+j+1}=0 \quad (j\in \mathbf{Z}(0,k)),$$

因此

$$\lim_{n\to\infty} y_n=0.$$

情形 2　$\alpha>0$ 或 $\alpha<\gamma-1$. 由引理 7.8 知, 存在 $\bar{n}\in\mathbf{N}_0$, 使得 $0<\dfrac{I_n}{I_{n+1}}<1\ (n>\bar{n})$, 因此存在 $M>0$, 使得

$$\begin{aligned}|y_{m(k+1)+j+1}|&=|y_{-k+j}|\gamma^{m+1}\prod_{i=0}^{m}\frac{I_{i(k+1)+j}}{I_{i(k+1)+j+1}}\\&<M\gamma^{m+1}\quad (j\in\mathbf{Z}(0,k)).\end{aligned}$$

因为

$$\lim_{m\to\infty} M\gamma^{m+1}=0,$$

故

$$\lim_{m\to\infty} y_{m(k+1)+j+1}=0 \quad (j\in \mathbf{Z}(0,k)),$$

因此

$$\lim_{n\to\infty} y_n=0.$$

情形 3　$\gamma-1\leqslant\alpha<0$. 由引理 7.8 知, $0<I_{n+1}<I_n(n\in\mathbf{N}_0)$. 注意到

$$\gamma I_n-I_{n+1}=(\gamma-1)(1-\gamma+\alpha)\leqslant 0 \quad (n\in\mathbf{N}_0)$$

及

$$\lim_{n\to\infty}\ln\left(\frac{\gamma I_n}{I_{n+1}}\right)=\ln(\gamma)<0,$$

由 (7.30) 可得

$$\begin{aligned}\lim_{m\to\infty}\ln\left(|y_{m(k+1)+j+1}|\right)&=\ln\left(|y_{-k+j}|\right)+\sum_{i=0}^{\infty}\ln\left(\frac{\gamma I_{i(k+1)+j}}{I_{i(k+1)+j+1}}\right)\\&=-\infty\quad (j\in\mathbf{Z}(0,k)).\end{aligned}$$

于是

$$\lim_{m\to\infty} y_{m(k+1)+j+1}=0 \quad (j\in \mathbf{Z}(0,k)),$$

因此

$$\lim_{n\to\infty} y_n=0.$$

(2) 设 $\gamma=1$.

(i) 若 $\alpha = 0$, 由定理 7.11 和引理 7.8 知

$$\begin{aligned} y_{m(k+1)+j+1} &= y_{-k+j} \prod_{i=0}^{m} \frac{I_{i(k+1)+j}}{I_{i(k+1)+j+1}} \\ &= y_{-k+j} \quad (j \in \mathbf{Z}(0,k)), \end{aligned}$$

即 $\{y_n\}_{n=-k}^{\infty}$ 是方程 (7.25) 的 $k+1$ 周期解.

(ii) 若 $\alpha \neq 0$, 由引理 7.8 知

$$\ln\left(\frac{I_n}{I_{n+1}}\right) \sim \frac{-\alpha}{1+(n+1)\alpha} \ (\, n \to \infty)$$

及

$$\sum_{n=0}^{\infty} \frac{-\alpha}{1+(n+1)\alpha} = -\infty,$$

由 (7.30) 可得

$$\begin{aligned} \lim_{m\to\infty} \ln\left(|y_{m(k+1)+j+1}|\right) &= \ln\left(|y_{-k+j}|\right) + \sum_{i=0}^{\infty} \ln\left(\frac{I_{i(k+1)+j}}{I_{i(k+1)+j+1}}\right) \\ &= -\infty \quad (j \in \mathbf{Z}(0,k)). \end{aligned}$$

于是

$$\lim_{m\to\infty} y_{m(k+1)+j+1} = 0 \quad (j \in \mathbf{Z}(0,k)),$$

因此

$$\lim_{n\to\infty} y_n = 0.$$

(3) 设 $\gamma > 1$.

(i) 若 $\alpha = 0$, 由 (7.30) 和引理 7.8 知

$$\begin{aligned} y_{m(k+1)+j+1} &= y_{-k+j}\gamma^{m+1} \prod_{i=0}^{m} \frac{I_{i(k+1)+j}}{I_{i(k+1)+j+1}} \\ &= y_{-k+j}\gamma^{m+1} \quad (j \in \mathbf{Z}(0,k)). \end{aligned}$$

注意到 $\gamma > 1$, 于是当 $y_{-k+j} \neq 0$ 时, 有

$$\lim_{m\to\infty} y_{m(k+1)+j+1} = \infty,$$

当 $y_{-k+j} = 0$ 时, 对任意 $m \in \mathbf{N}_0$, 有 $y_{m(k+1)+j+1} = 0$.

(ii) 若 $\alpha < 0$, 注意到

$$\ln\left(\frac{\gamma I_n}{I_{n+1}}\right) \sim \frac{(\gamma-1)(1-\gamma+\alpha)}{1-\gamma+\alpha(1-\gamma^{n+1})} \quad (n \to \infty)$$

和数列 $\sum\limits_{n=0}^{\infty}\frac{(\gamma-1)(1-\gamma+\alpha)}{1-\gamma+\alpha(1-\gamma^{n+1})}$ 收敛, 因此 $\sum\limits_{n=0}^{\infty}\ln\left(\frac{\gamma I_n}{I_{n+1}}\right)$ 收敛. 记

$$\varphi_j=\ln(|y_{-k+j}|)+\sum_{i=0}^{\infty}\ln\left(\frac{I_{i(k+1)+j}}{I_{i(k+1)+j+1}}\right)\quad (j\in\mathbf{Z}(0,k)).$$

由 (7.30) 知

$$\lim_{m\to\infty}\ln\left(|y_{m(k+1)+j+1}|\right)=\ln(|y_{-k+j}|)+\sum_{i=0}^{\infty}\ln\left(\frac{I_{i(k+1)+j}}{I_{i(k+1)+j+1}}\right)=\varphi_j. \tag{7.31}$$

由引理 7.8 知, 存在 $\bar{n}\in\mathbf{N}_0$, 使得

$$\begin{cases}0<I_n<I_{n+1}, & n>\bar{n},\\ I_{n-1}<I_n<0, & n\leqslant\bar{n}.\end{cases}$$

令 $j_0=\bar{n}\bmod (k+1)$, 则由 (7.30) 知

$$\begin{aligned}&\operatorname{sgn}\left(y_{m(k+1)+j+1}\right)\\ =&\operatorname{sgn}\left(y_{-k+j}\gamma^{m+1}\prod_{i=0}^{m}\frac{I_{i(k+1)+j}}{I_{i(k+1)+j+1}}\right)\\ =&\begin{cases}-\operatorname{sgn}(y_{-k+j}), & m\geqslant i_0,\ j=j_0,\\ \operatorname{sgn}(y_{-k+j}), & m\geqslant i_0,\ j\neq j_0.\end{cases}\end{aligned}$$

结合 (7.31) 可得

$$\lim_{m\to\infty}y_{m(k+1)+j+1}=\begin{cases}-\operatorname{sgn}(y_{-k+j})\,e^{\varphi_j}, & j=j_0,\\ \operatorname{sgn}(y_{-k+j})\,e^{\varphi_j}, & j\neq j_0.\end{cases}$$

(iii) 若 $\alpha>0$, 类似于 (ii) 的证明, 由引理 7.8 可得

$$\lim_{m\to\infty}y_{m(k+1)+j+1}=\operatorname{sgn}(y_{-k+j})\,e^{\varphi_j}\quad (j\in\mathbf{Z}(0,k)),$$

其中

$$\varphi_j=\ln(|y_{-k+j}|)+\sum_{i=0}^{\infty}\ln\left(\frac{I_{i(k+1)+j}}{I_{i(k+1)+j+1}}\right)\quad (j\in\mathbf{Z}(0,k)).$$

证毕.

7.2.4 方程 (7.25) 的周期性

定理7.14　设 $\{y_n\}_{n=-k}^{\infty}$ 是方程 (7.25) 的一个解, 则当且仅当

$$\prod_{i=0}^{k}a_{-i}=\gamma-1 \tag{7.32}$$

时, $\{y_n\}_{n=-k}^{\infty}$ 是方程 (7.25) 的终于 $k+1$ 周期解. 事实上, 方程 (7.25) 的终于 $k+1$ 周期解必是方程 (7.25) 的 $k+1$ 周期解.

证明　设 $\{y_n\}_{n=-k}^{\infty}$ 是方程 (7.25) 的一个解. 首先, 我们将证明, 若 $\{y_n\}_{n=-k}^{\infty}$ 是方程 (7.25) 的一个终于 $k+1$ 周期解, 那么 (7.32) 必成立.

事实上, 若 $\prod_{i=0}^{k} a_{-i}=0$, 则 $I_n=I_{n+1}$ $(n\in\mathbf{N}_0)$. 由定理 7.8 知

$$y_{n+1}=y_{n-k}\quad(n\in\mathbf{N}_0),$$

因此 $\{y_n\}_{n=-k}^{\infty}$ 是方程 (7.25) 的 $k+1$ 周期解. 因此不妨设 $\prod_{i=0}^{k} a_{-i}\neq 0$, 则 $y_n\neq 0$ $(n\in\mathbf{N}_0)$. 由方程 (7.25) 知

$$\left(\gamma-\prod_{i=0}^{k} y_{n-i+1}\right)y_{n-k}=y_{n+1}\quad(n\in\mathbf{N}_0).\tag{7.33}$$

因为 $\{y_n\}_{n=-k}^{\infty}$ 是方程 (7.25) 的一个终于 $k+1$ 周期解, 因此存在 $\bar{n}\in\mathbf{N}_0$, 使得

$$y_{n+1}=y_{n-k},\quad n=\bar{n},\bar{n}+1,\bar{n}+2,\cdots.\tag{7.34}$$

于是

$$y_{\bar{n}+1}=y_{\bar{n}-k}.\tag{7.35}$$

结合 (7.33) 和 (7.35) 可知

$$\prod_{i=0}^{k} y_{\bar{n}-i+1}=\gamma-1.\tag{7.36}$$

结合 (7.36) 和 (7.35) 可得

$$\prod_{i=0}^{k} y_{\bar{n}-i}=\gamma-1.\tag{7.37}$$

将 (7.37) 代入 (7.33) 可推出

$$y_{\bar{n}}=y_{\bar{n}-k-1}.\tag{7.38}$$

类似地, 由 (7.38) 知

$$y_{\bar{n}-1}=y_{\bar{n}-k-2}.$$

一般地, 可归纳推出

$$y_{n+1}=y_{n-k}\quad(n\in\mathbf{Z}(0,\bar{n}-1)).\tag{7.39}$$

结合 (7.34) 和 (7.39) 可得

$$y_{n+1}=y_{n-k}\quad(n\in\mathbf{N}_0).$$

即 $\{y_n\}_{n=-k}^{\infty}$ 是方程 (7.25) 的一个 $k+1$ 周期解.

反过来, 我们将证明, 若 (7.32) 成立, 则方程的解 $\{y_n\}_{n=-k}^{\infty}$ 是终于 $k+1$ 周期的. 由方程 (7.25) 知

$$y_1 = \frac{\gamma y_{-k}}{1+\prod_{i=0}^{k} a_{-i}} = y_{-k}.$$

注意到

$$\prod_{i=0}^{k} y_{-i+1} = \prod_{i=0}^{k} y_{-i} = \gamma - 1,$$

由 (7.25) 也可得 $y_2 = y_{-k+1}$. 归纳可得 $y_{n+1} = y_{n-k}$ $(n \in \mathbf{N}_0)$. 因此 $\{y_n\}_{n=-k}^{\infty}$ 是方程 (7.25) 的 $k+1$ 周期解, 当然也是终于 $k+1$ 周期解. 证毕.

7.2.5　方程 (7.25) 的振动性

定理 7.15　设 $\alpha = 0$, 则方程 (7.25) 的解 $\{y_n\}_{n=-k}^{\infty}$ 是关于 $\bar{y} = 0$ 振荡的.

证明　设 $\alpha = 0$, 则由引理 7.8 知 $\dfrac{I_n}{I_{n+1}} = 1$ $(n \in \mathbf{N}_0)$, 因此由引理 7.8 知

$$y_{m(k+1)+j+1} = y_{-k+j}\gamma^{m+1} \quad (j \in \mathbf{Z}(0,k),\ m \in \mathbf{N}_0). \tag{7.40}$$

因为 $\alpha = \prod_{i=0}^{k} y_{-i} = 0$, 于是存在 $i_0 (0 \leqslant i_0 \leqslant k)$, 使得 $y_{-k+i_0} = 0$. 由 (7.40) 可知

$$y_{m(k+1)+i_0+1} = y_{-k+i_0}\gamma^{m+1} = 0 \quad (m \in \mathbf{N}_0),$$

因此 $\{y_n\}_{n=-k}^{\infty}$ 关于 $\bar{y} = 0$ 振荡. 证毕.

定理 7.16　下述结论成立.

(1) 若 $\alpha > 0$, 则 $\{y_n\}_{n=-k}^{\infty}$ 是正的 (负的, 当 k 是奇数), 或 $\{y_n\}_{n=-k}^{\infty}$ 关于 $\bar{y} = 0$ 振荡, 其负半循环长度最多是 $2\left\lfloor \dfrac{k}{2} \right\rfloor$, 其中 $\lfloor \cdot \rfloor$ 是取整函数.

(2) 若 $\gamma - 1 \leqslant \alpha < 0$, 则 $\{y_n\}_{n=-k}^{\infty}$ 是负的 (正的, 当 k 是偶数), 或 $\{y_n\}_{n=-k}^{\infty}$ 关于 $\bar{y} = 0$ 振荡, 其负半循环长度最多是 $2\left\lfloor \dfrac{k+1}{2} \right\rfloor - 1$, 其中 $\lfloor \cdot \rfloor$ 是取整函数.

证明　设 $\alpha > 0$ 或 $\gamma - 1 \leqslant \alpha < 0$, 由引理 7.8 知 $\dfrac{I_n}{I_{n+1}} > 0$ $(n \in \mathbf{N}_0)$, 因此, 由 (7.30) 知

$$\begin{aligned}
&\operatorname{sgn}(y_{m(k+1)+j+1}) \\
=&\operatorname{sgn}\left(y_{-k+j}\gamma^{m+1}\prod_{i=0}^{m}\frac{I_{i(k+1)+j}}{I_{i(k+1)+j+1}}\right) \\
=&\operatorname{sgn}(y_{-k+j}) \quad (j \in \mathbf{Z}(0,k),\ m \in \mathbf{N}_0).
\end{aligned}$$

即其每个子列

$$\{y_{m(k+1)+j+1}\}_{m=-1}^{\infty} \quad (j \in \mathbf{Z}(0,k))$$

都保号. 于是若

$$y_{-k+j} > 0 \ (y_{-k+j} < 0) \quad (j \in \mathbf{Z}(0,k)),$$

则 $\{y_{m(k+1)+j+1}\}_{m=0}^{\infty}$ 是正 (或负) 的.

(1) 若 $\alpha > 0$, 则 $\{y_n\}_{n=-k}^{\infty}$ 是正 (或负, 当 k 是奇数), 或 $\{y_n\}_{n=-k}^{\infty}$ 关于 $\bar{y}=0$ 振荡, 当 k 是奇数时, 其负半循环最长为 $k-1$, 当 k 是偶数时, 其负半循环最长为 k. 也就是说, $\{y_n\}_{n=-k}^{\infty}$ 关于 $\bar{y}=0$ 振荡, 其负半循环最长为 τ, 其中 $\tau = 2\left\lfloor \dfrac{k}{2} \right\rfloor$.

(2) 若 $\gamma - 1 \leqslant \alpha < 0$, 则 $\{y_n\}_{n=-k}^{\infty}$ 是负 (当 k 是偶数), 或 $\{y_n\}_{n=-k}^{\infty}$ 关于 $\bar{y}=0$ 振荡, 当 k 是奇数时, 其负半循环最长为 k, 当 k 是偶数时, 其负半循环最长为 $k-1$. 也就是说, $\{y_n\}_{n=-k}^{\infty}$ 关于 $\bar{y}=0$ 振荡, 其负半循环最长为 τ, 其中 $\tau = 2\left\lfloor \dfrac{k+1}{2} \right\rfloor - 1$. 证毕.

定理 7.17 设 $\alpha < 0 \leqslant \gamma - 1$ 或 $\alpha < \gamma - 1 < 0$. 如果存在 $j_0 (0 \leqslant j_0 \leqslant k)$ 和 $\bar{n} \in \mathbf{N}_0$, 使得

$$I_n = \begin{cases} 1 - \gamma + \alpha(1-\gamma^n), & n \in \mathbf{N}_0, \ \gamma \neq 1, \\ 1 + n\alpha, \ n \in \mathbf{N}_0, & \gamma = 1, \end{cases}$$

$$y_{-k+j} \begin{cases} < 0, & j = j_0, \\ > 0, & j \neq j_0 \end{cases}$$

及

$$\frac{I_n}{I_{n+1}} \begin{cases} < 0, & n = \bar{n}, \\ > 0, & n \neq \bar{n}, \end{cases}$$

其中 j_0 和 $\bar{n}$ 满足 $(\bar{n} - j_0 - 1) \bmod (k+1) = 0$, 则 $\{y_n\}_{n=-k}^{\infty}$ 是终于正的. 否则 $\{y_n\}_{n=-k}^{\infty}$ 关于 $\bar{y}=0$ 振荡.

证明 设 $\alpha < 0 \leqslant \gamma - 1$ 或 $\alpha < \gamma - 1 < 0$, 则由引理 7.8 知, 存在 $\bar{n} \in \mathbf{N}_0$, 使得

$$\frac{I_{\bar{n}}}{I_{\bar{n}+1}} < 0, \quad \frac{I_n}{I_{n+1}} > 0 \quad (n \neq \bar{n}).$$

因此, 对于 $m(k+1)+j+1 \geqslant \bar{n}$, 有

$$\begin{aligned} & \operatorname{sgn}\left(y_{m(k+1)+j+1}\right) \\ = & \operatorname{sgn}\left(y_{-k+j}\gamma^{m+1}\prod_{i=0}^{m}\frac{I_{i(k+1)+j}}{I_{i(k+1)+j+1}}\right) \\ = & \begin{cases} -\operatorname{sgn}\left(y_{-k+j}\right), & (m(k+1)+j+1-\bar{n}) \bmod (k+1) = 0, \\ \operatorname{sgn}\left(y_{-k+j}\right), & (m(k+1)+j+1-\bar{n}) \bmod (k+1) \neq 0. \end{cases} \end{aligned}$$

若存在 $j_0(0 \leqslant j_0 \leqslant k)$, 使得

$$y_{-k+j}\begin{cases} <0, & j=j_0, \\ >0, & j\neq j_0 \end{cases}$$

及 $(\bar{n}-j_0-1) \bmod (k+1)=0$. 则对于任意 $m(k+1)+j+1\geqslant \bar{n}$, 有

$$\begin{aligned} &\operatorname{sgn}\left(y_{m(k+1)+j+1}\right) \\ =&\begin{cases} -\operatorname{sgn}\left(y_{-k+j}\right), & j=j_0, \\ \operatorname{sgn}\left(y_{-k+j}\right), & j\neq j_0, \end{cases} \\ =&1. \end{aligned}$$

因此 $\{y_n\}_{n=-k}^{\infty}$ 是终于正的. 否则, $\{y_n\}_{n=-k}^{\infty}$ 关于 $\bar{y}=0$ 振荡. 证毕.

7.3　一类高阶有理差分方程组的收敛性

在这一节, 我们研究差分方程组

$$\begin{cases} x_{n+1}^{(i)}=\dfrac{x_{n-m+1}^{(i)}}{A_i\prod\limits_{j=0}^{m-1}x_{n-j}^{(i+j+1)}+\alpha_i}, \\ x_{n+1}^{(i+m)}=x_{n+1}^{(i)}, \\ x_{1-l}^{(i+l)}=a_{i,l}, \\ A_{i+m}=A_i, \\ \alpha_{i+m}=\alpha_i \end{cases} \quad (i,l\in\mathbf{Z}(1,m),\ n\in\mathbf{N}_0), \tag{7.41}$$

其中 $m\in\mathbf{N}$, A_i,α_i $(i\in\mathbf{Z}(1,m))$ 和初始条件 $a_{i,l}$ $(i,l\in\mathbf{Z}(1,m))$ 是正数.

设 $\{(x_n^{(1)},x_n^{(2)},\cdots,x_n^{(m)})\}_{n=-m+1}^{\infty}$ 是方程组 (7.41) 的一个正解, 若令

$$y_{n-m+1}^{(i)}=\frac{1}{x_{n-m+1}^{(i)}}\quad (i\in\mathbf{Z}(1,m),\ n\in\mathbf{N}_0), \tag{7.42}$$

则方程组 (7.41) 可转化为

$$\begin{cases} y_{n+1}^{(i)} = \alpha_i y_{n-m+1}^{(i)} + \dfrac{A_i}{\prod\limits_{j=0}^{m-2} y_{n-j}^{(i+j+1)}}, \\ y_{n+1}^{(i+m)} = y_{n+1}^{(i)}, \\ y_{1-l}^{(i+l)} = b_{i,l}, \\ A_{i+m} = A_i, \\ \alpha_{i+m} = \alpha_i, \end{cases} \tag{7.43}$$

其中 $b_{i,l} = \dfrac{1}{a_{i,l}}$ $(i, l \in \mathbf{Z}(1, m))$.

由 (7.41) 和 (7.43) 知

$$y_{n-m+1}^{(i+km)} = y_{n-m+1}^{(i)} \quad (i \in \mathbf{Z}(1, m),\ k, n \in \mathbf{N}_0). \tag{7.44}$$

为方便起见, 接下来我们将研究方程组 (7.43). 设

$$I_{i,n} = \prod_{l=0}^{m-1} y_{n-l}^{(i+l)}, \alpha = \prod_{l=0}^{m-1} \alpha_{i+l}\ (i \in \mathbf{Z}(1, m),\ n \in \mathbf{N}_0) \tag{7.45}$$

及

$$Q_{i,j} = \sum_{l=0}^{j-1} \left(\prod_{s=0}^{l-1} \alpha_{i+s} A_{i+l} \right) \quad (i, j \in \mathbf{Z}(1, m)), \tag{7.46}$$

其中规定 $\prod\limits_{s=0}^{-1} \alpha_{i+s} := 1$.

结合 (7.44) 和 (7.45) 可得

$$I_{i+km,n} = I_{i,n} \quad (i \in \mathbf{Z}(1, m), k, n \in \mathbf{N}_0). \tag{7.47}$$

由 (7.43), (7.45) 和 (7.46) 可知

$$Q_{i+km,j} = Q_{i,j} \quad (i, j \in \mathbf{Z}(1, m),\ k \in \mathbf{N}_0), \tag{7.48}$$

$$Q_{i,j+1} = \alpha_i Q_{i+1,j} + A_i \quad (i \in \mathbf{Z}(1, m),\ j \in \mathbf{Z}(1, m-1)), \tag{7.49}$$

$$Q_{i,m} + \alpha A_i = \alpha_i Q_{i+1,m} + A_i \quad (i \in \mathbf{Z}(1, m)). \tag{7.50}$$

引理 7.9　设 $\{(y_n^{(1)}, y_n^{(2)}, \cdots, y_n^{(m)})\}_{n=-m+1}^{\infty}$ 是方程 (7.43) 的一个正解, 则

$$I_{i,n+1} = \alpha_i I_{i+1,n} + A_i \quad (i \in \mathbf{Z}(1, m),\ n \in \mathbf{N}_0). \tag{7.51}$$

证明　由 (7.45) 知

$$
\begin{aligned}
I_{i,n+1} &= \prod_{l=0}^{m-1} y_{n-l+1}^{(i+l)} \\
&= \frac{y_{n+1}^{(i)}}{y_{n-m+1}^{(i+m)}} \prod_{l=0}^{m-1} y_{n-l}^{(i+l+1)} \\
&= \frac{y_{n+1}^{(i)}}{y_{n-m+1}^{(i)}} I_{i+1,n},
\end{aligned} \tag{7.52}
$$

由 (7.43) 可得

$$
\frac{y_{n+1}^{(i)}}{y_{n-m+1}^{(i)}} = \alpha_i + \frac{A_i}{I_{i+1,n}}, \tag{7.53}
$$

结合 (7.52) 和 (7.53) 知

$$
I_{i,n+1} = \alpha_i I_{i+1,n} + A_i \quad (i \in \mathbf{Z}(1,m),\ n \in \mathbf{N}_0).
$$

证毕.

引理 7.10　设 $\{(y_n^{(1)}, y_n^{(2)}, \cdots, y_n^{(m)})\}_{n=-m+1}^{\infty}$ 是方程 (7.43) 的一个正解, 则

$$
I_{i,(n+1)m+j-1} = \alpha I_{i,nm+j-1} + Q_{i,m} \quad (i,j \in \mathbf{Z}(1,m), n \in \mathbf{N}_0). \tag{7.54}
$$

证明　对于 $i,j \in \mathbf{Z}(1,m), n \in \mathbf{N}_0$, 由 (7.51), (7.46) 和 (7.47) 知

$$
\begin{aligned}
I_{i,(n+1)m+j-1} &= \alpha_i I_{i+1,(n+1)m+j-2} + A_i \\
&= \alpha_i \left(\alpha_{i+1} I_{i+2,(n+1)m+j-3} + A_{i+1}\right) + A_i \\
&= \prod_{l=0}^{1} \alpha_{i+l} I_{i+2,(n+1)m+j-3} + Q_{i,2} \\
&= \prod_{l=0}^{1} \alpha_{i+l} \left(\alpha_{i+2} I_{i+3,(n+1)m+j-4} + A_{i+2}\right) + Q_{i,2} \\
&= \prod_{l=0}^{2} \alpha_{i+l} I_{i+3,(n+1)m+j-4} + Q_{i,3} \\
&\quad \vdots \\
&= \prod_{l=0}^{m-1} \alpha_{i+l} I_{i+m,nm+j-1} + Q_{i,m} \\
&= \alpha I_{i,nm+j-1} + Q_{i,m},
\end{aligned}
$$

因此 (7.54) 成立. 证毕.

引理 7.11　设 $\{(y_n^{(1)}, y_n^{(2)}, \cdots, y_n^{(m)})\}_{n=-m+1}^{\infty}$ 是方程 (7.43) 的一个正解, 则

$$I_{i,nm+j-1} = \alpha^n I_{i,j-1} + \left(\sum_{l=0}^{n-1} \alpha^l\right) Q_{i,m} \quad (i,j \in \mathbf{Z}(1,m),\ n \in \mathbf{N}_0). \tag{7.55}$$

其中规定 $\sum\limits_{l=0}^{-1} \alpha^l := 0$.

证明　我们将用数学归纳法加以证明. 对于 $i,j \in \mathbf{Z}(1,m)$, $n=0$, 显然 (7.55) 成立. 对于 $i,j \in \mathbf{Z}(1,m)$, $n=1$, 由引理 7.10 知 (7.55) 也成立.

假设对于 $n=k$ 时, (7.55) 成立, 则对于 $n=k+1$, 由引理 7.10 知

$$\begin{aligned}
I_{i,(k+1)m+j-1} &= \alpha I_{i,km+j-1} + Q_{i,m} \\
&= \alpha^{k+1} I_{i,j-1} + \alpha \left(\sum_{l=0}^{k-1} \alpha^l\right) Q_{i,m} + Q_{i,m} \\
&= \alpha^{k+1} I_{i,j-1} + \left(\sum_{l=0}^{k} \alpha^l\right) Q_{i,m},
\end{aligned}$$

即对于 $n=k+1$ 时, (7.55) 也成立, 因此 (7.55) 对任意 $n \in \mathbf{N}_0$ 成立. 证毕.

注记 7.4　接下来设

$$r(n) = \begin{cases} 0, & n+1 \bmod m = 0, \\ (n+1 \bmod m) - m, & n+1 \bmod m \neq 0, \end{cases}$$

$$p_n = \begin{cases} \left\lfloor \dfrac{n+1}{m} \right\rfloor - 1, & n+1 \bmod m = 0, \\ \left\lfloor \dfrac{n+1}{m} \right\rfloor, & n+1 \bmod m \neq 0, \end{cases}$$

其中 $\lfloor \cdot \rfloor$ 为取整函数.

引理 7.12　设 $\{(y_n^{(1)}, y_n^{(2)}, \cdots, y_n^{(m)})\}_{n=-m+1}^{\infty}$ 是方程 (7.43) 的一个正解, 则

$$y_{n+1}^{(i)} = y_{r(n)}^{(i)} \prod_{l=0}^{p_n} \left(\alpha_i + \frac{A_i}{\alpha^l I_{i+1,m+r(n)-1} + \left(\sum\limits_{s=0}^{l-1} \alpha^s\right) Q_{i+1,m}} \right), \tag{7.56}$$

其中 $i \in \mathbf{Z}(1,m), n \in \mathbf{N}_0$.

证明　事实上, 对于 $i \in \mathbf{Z}(1,m)$, $n \in \mathbf{N}_0$, 由 (7.43) 和引理 7.11 知

$$\begin{aligned} y_{n+1}^{(i)} &= y_{n-m+1}^{(i)}\left(\alpha_i + \frac{A_i}{I_{i+1,n}}\right) \\ &= y_{n-2m+1}^{(i)}\left(\alpha_i + \frac{A_i}{I_{i+1,n-m}}\right)\left(\alpha_i + \frac{A_i}{I_{i+1,n}}\right) \\ &\ \ \vdots \\ &= y_{r(n)}^{(i)}\prod_{l=0}^{p_n}\left(\alpha_i + \frac{A_i}{I_{i+1,n-lm}}\right) \\ &= y_{r(n)}^{(i)}\prod_{l=0}^{p_n}\left(\alpha_i + \frac{A_i}{\alpha^l I_{i+1,m+r(n)-1} + \left(\sum_{s=0}^{l-1}\alpha^s\right)Q_{i+1,m}}\right), \end{aligned}$$

因此 (7.56) 成立. 证毕.

注记 7.5　接下来设

$$\sum_{l=0}^{\infty}\ln\left(\alpha_i + \frac{A_i}{\alpha^l I_{i+1,j-1} + \left(\sum_{s=0}^{l-1}\alpha^s\right)Q_{i+1,m}}\right) := \eta_{i,m-j}\quad (i,j \in \mathbf{Z}(1,m)), \qquad (7.57)$$

显然 $\eta_{i,m-j} \in \{-\infty\}\cup\mathbf{R}\cup\{+\infty\}$.

引理 7.13　对于 $i \in \mathbf{Z}(1,m)$, 下述结论成立.

(1) 若 $\alpha = 1$, $\alpha_i = 1$, 或 $\alpha \geqslant 1$, $\alpha_i > 1$, 或 $\alpha < 1$, $(\alpha_i - 1)Q_{i,m} + (1-\alpha)A_i > 0$, 则 $\eta_{i,m-j} = +\infty$.

(2) 若 $\alpha < 1$, $(\alpha_i - 1)Q_{i,m} + (1-\alpha)A_i = 0$, 或 $\alpha > 1$, $\alpha_i = 1$, 则 $\eta_{i,m-j} \in \mathbf{R}$.

(3) 若 $\alpha \geqslant 1$, $\alpha_i < 1$, 或 $\alpha < 1$, $(\alpha_i - 1)Q_{i,m} + (1-\alpha)A_i < 0$, 则 $\eta_{i,m-j} = -\infty$.

证明　(1) 下面分三种情形加以证明.

情形 1　$\alpha = 1$, $\alpha_i = 1$. 注意到

$$\ln\left(1 + \frac{A_i}{I_{i+1,j-1} + lQ_{i+1,m}}\right) \sim \frac{A_i}{I_{i+1,j-1} + lQ_{i+1,m}}\quad (l \to \infty)$$

及

$$\sum_{l=0}^{\infty}\frac{A_i}{I_{i+1,j-1} + lQ_{i+1,m}} = +\infty,$$

因而 $\eta_{i,m-j} = +\infty$.

情形 2　$\alpha \geqslant 1,\ \alpha_i > 1$. 注意到

$$\lim_{l\to+\infty} \ln\left(\alpha_i + \frac{A_i}{\alpha^l I_{i+1,j-1} + \left(\sum\limits_{s=0}^{l-1}\alpha^s\right) Q_{i+1,m}}\right) = \ln(\alpha_i) > 0,$$

因此 $\eta_{i,m-j} = +\infty$.

情形 3　$\alpha < 1,\ (\alpha_i - 1)Q_{i,m} + (1-\alpha)A_i > 0$. 由 (7.49) 和 (7.50) 知

$$\alpha_i + \frac{A_i(1-\alpha)}{Q_{i+1,m}} = \frac{\alpha_i Q_{i+1,m} + A_i - \alpha A_i}{Q_{i+1,m}} = \frac{Q_{i,m}}{Q_{i+1,m}} \tag{7.58}$$

及

$$\begin{aligned} Q_{i,m} - Q_{i+1,m} &= \sum_{l=0}^{m-1}\left(\prod_{p=0}^{l-1}\alpha_{i+p}A_{i+l}\right) - \sum_{l=0}^{m-1}\left(\prod_{p=0}^{l-1}\alpha_{i+p+1}A_{i+l+1}\right) \\ &= \left(1 - \frac{\alpha}{\alpha_i}\right)A_i + (\alpha_i - 1)\sum_{l=0}^{m-2}\left(\prod_{p=0}^{l-1}\alpha_{i+p+1}A_{i+l+1}\right) \\ &= \left(1 - \frac{\alpha}{\alpha_i}\right)A_i + (\alpha_i - 1)Q_{i+1,m-1} \\ &= \frac{1}{\alpha_i}[(\alpha_i - 1)Q_{i,m} + (1-\alpha)A_i], \end{aligned}$$

即

$$Q_{i,m} - Q_{i+1,m} = \frac{1}{\alpha_i}[(\alpha_i - 1)Q_{i,m} + (1-\alpha)A_i]. \tag{7.59}$$

当 $\alpha < 1,\ (\alpha_i - 1)Q_{i,m} + (1-\alpha)A_i > 0$ 时, 结合 (7.58) 和 (7.59) 可得

$$\begin{aligned} \lim_{l\to+\infty} \ln\left(\alpha_i + \frac{A_i}{\alpha^l I_{i+1,j-1} + \left(\sum\limits_{s=0}^{l-1}\alpha^s\right) Q_{i+1,m}}\right) &= \ln\left(\alpha_i + \frac{A_i(1-\alpha)}{Q_{i+1,m}}\right) \\ &> 0, \end{aligned}$$

因此 $\eta_{i,m-j} = +\infty$.

(2) 下面分两种情形加以证明.

情形 1　$\alpha < 1,\ (\alpha_i - 1)Q_{i,m} + (1-\alpha)A_i = 0$. 此时由 (7.59) 知 $Q_{i,m} = Q_{i,m+1}$ 及

$$\alpha_i + \frac{A_i}{\alpha^l I_{i+1,j-1} + \left(\sum\limits_{s=0}^{l-1}\alpha^s\right) Q_{i+1,m}} = 1 + \frac{(\alpha_i - 1)\alpha^l\left((1-\alpha)I_{i+1,j-1} + Q_{i+1,m}\right)}{(1-\alpha)\alpha^l I_{i+1,j-1} + (1-\alpha^l)Q_{i+1,m}},$$

因此

$$\ln\left(\alpha_i+\frac{A_i}{\alpha^l I_{i+1,j-1}+\left(\sum_{s=0}^{l-1}\alpha^s\right)Q_{i+1,m}}\right)$$
$$\sim\frac{(\alpha_i-1)\alpha^l\left((1-\alpha)I_{i+1,j-1}-Q_{i+1,m}\right)}{(1-\alpha)\alpha^l I_{i+1,j-1}+(1-\alpha^l)Q_{i+1,m}}\quad(l\to\infty).$$

注意到数列

$$\sum_{l=0}^{\infty}\frac{(\alpha_i-1)\alpha^l\left((1-\alpha)I_{i+1,j-1}-Q_{i+1,m}\right)}{(1-\alpha)\alpha^l I_{i+1,j-1}+(1-\alpha^l)Q_{i+1,m}}$$

收敛, 因而 $\eta_{i,m-j}\in\mathbf{R}$.

情形 2　$\alpha>1,\ \alpha_i=1$. 因为

$$\ln\left(1+\frac{A_i}{\alpha^l I_{i+1,j-1}+\left(\sum_{s=0}^{l-1}\alpha^s\right)Q_{i+1,m}}\right)$$
$$\sim\frac{A_i}{\alpha^l I_{i+1,j-1}+\left(\sum_{s=0}^{l-1}\alpha^s\right)Q_{i+1,m}}\quad(l\to\infty),$$

而数列

$$\sum_{l=0}^{\infty}\frac{A_i}{\alpha^l I_{i+1,j-1}+\left(\sum_{s=0}^{l-1}\alpha^s\right)Q_{i+1,m}}$$

收敛, 因而 $\eta_{i,m-j}\in\mathbf{R}$.

(3) 下面分两种情形加以证明.

情形 1　$\alpha\geqslant 1,\ \alpha_i<1$. 注意到

$$\lim_{l\to+\infty}\ln\left(\alpha_i+\frac{A_i}{\alpha^l I_{i+1,j-1}+\left(\sum_{s=0}^{l-1}\alpha^s\right)Q_{i+1,m}}\right)=\ln(\alpha_i)<0,$$

因此 $\eta_{i,m-j}=-\infty$.

情形 2　$\alpha < 1$, $(\alpha_i - 1)Q_{i,m} + (1-\alpha)A_i < 0$. 结合 (7.58) 和 (7.59) 知

$$\lim_{l\to+\infty} \ln\left(\alpha_i + \frac{A_i}{\alpha^l I_{i+1,j-1} + \left(\sum_{s=0}^{l-1}\alpha^s\right)Q_{i+1,m}}\right) = \ln\left(\alpha_i + \frac{A_i(1-\alpha)}{Q_{i+1,m}}\right) < 0,$$

因此 $\eta_{i,m-j} = -\infty$. 证毕.

定理7.18　设 $\{(y_n^{(1)}, y_n^{(2)}, \cdots, y_n^{(m)})\}_{n=-m+1}^{\infty}$ 是方程 (7.43) 的一个正解, 则下述结论成立.

(1) 若 $\alpha = 1$, $\alpha_i = 1$, 或 $\alpha \geqslant 1$, $\alpha_i > 1$, 或 $\alpha < 1$, $(\alpha_i - 1)Q_{i,m} + (1-\alpha)A_i > 0$, 则 $\lim\limits_{n\to\infty} y_{n+1}^{(i)} = +\infty$ $(i \in \mathbf{Z}(1,m))$.

(2) 若 $\alpha < 1$, $(\alpha_i - 1)Q_{i,m} + (1-\alpha)A_i = 0$, 或 $\alpha > 1$, $\alpha_i = 1$, 则 $\lim\limits_{k\to\infty} y_{km-j+1}^{(i)} = y_{-j+1}^{(i)}\ e^{\eta_{i,j-1}}$ $(i, j \in \mathbf{Z}(1,m))$.

(3) 若 $\alpha \geqslant 1$, $\alpha_i < 1$, 或 $\alpha < 1$, $(\alpha_i - 1)Q_{i,m} + (1-\alpha)A_i < 0$, 则 $\lim\limits_{n\to\infty} y_{n+1}^{(i)} = 0$ $(i \in \mathbf{Z}(1,m))$.

证明　由引理 7.12 和 (7.57) 知

$$\lim_{k\to\infty} \ln\left(y_{km-j+1}^{(i)}\right) = \ln\left(y_{-j+1}^{(i)}\right) + \eta_{i,j-1},$$

由引理 7.13 知结论成立. 证毕.

定理7.19　设 $\{(x_n^{(1)}, x_n^{(2)}, \cdots, x_n^{(m)})\}_{n=-m+1}^{\infty}$ 是方程 (7.41) 的一个正解, 则下述结论成立.

(1) 若 $\alpha = 1$, $\alpha_i = 1$, 或 $\alpha \geqslant 1$, $\alpha_i > 1$, 或 $\alpha < 1$, $(\alpha_i - 1)Q_{i,m} + (1-\alpha)A_i > 0$, 则 $\lim\limits_{n\to\infty} x_{n+1}^{(i)} = 0$ $(i \in \mathbf{Z}(1,m))$.

(2) 若 $\alpha < 1$, $(\alpha_i - 1)Q_{i,m} + (1-\alpha)A_i = 0$ 或 $\alpha > 1$, $\alpha_i = 1$, 则 $\lim\limits_{k\to\infty} x_{km-j+1}^{(i)} = x_{-j+1}^{(i)}\ e^{-\eta_{i,j-1}}$ $(i, j \in \mathbf{Z}(1,m))$.

(3) 若 $\alpha \geqslant 1$, $\alpha_i < 1$ 或 $\alpha < 1$, $(\alpha_i - 1)Q_{i,m} + (1-\alpha)A_i < 0$, 则 $\lim\limits_{n\to\infty} x_{n+1}^{(i)} = +\infty$ $(i \in \mathbf{Z}(1,m))$.

证明　由定理 7.17 和 (7.42) 易知结论成立. 证毕.

7.4　方程 $x_{n+1} = \dfrac{\alpha + \beta x_n + \gamma x_{n-1}}{A + Bx_n + Cx_{n-1}}$ 解的稳定性

在这一节, 我们研究下列差分方程

$$x_{n+1} = \frac{\alpha + \beta x_n + \gamma x_{n-1}}{A + Bx_n + Cx_{n-1}} \quad (n \in \mathbf{N}_0) \tag{7.60}$$

解的稳定性特征, 其中 $\alpha,\beta,\gamma,A,B,C\in\mathbf{R}_+$, 初始条件 $x_{-1},x_0\in\mathbf{R}_0$.

由 $\alpha>0$ 易知, 方程 (7.60) 存在正平衡点.

定理7.20　设方程 (7.60) 无基本 2 周期解且

$$\alpha\neq\frac{(\gamma-\beta-A)[B(\gamma-\beta-A)-C(\gamma+3\beta-A)]}{4C^2},$$

则方程 (7.60) 的正平衡点是渐近稳定的.

证明　假设方程 (7.60) 无基本 2 周期解且满足

$$\alpha\neq\frac{(\gamma-\beta-A)[B(\gamma-\beta-A)-C(\gamma+3\beta-A)]}{4C^2}.$$

由定理 1.6 知, $\gamma\leqslant\beta+A$ 或 $B\leqslant C$ 或

$$\alpha>\frac{(\gamma-\beta-A)[B(\gamma-\beta-A)-C(\gamma+3\beta-A)]}{4C^2}.$$

注意到

$$f(x_n,x_{n-1})=\frac{\alpha+\beta x_n+\gamma x_{n-1}}{A+Bx_n+Cx_{n-1}} \tag{7.61}$$

及方程 (7.60) 关于正平衡点 $\bar{x}$ 的线性化方程为

$$Z_{n+1}=\frac{\beta-B\bar{x}}{A+(B+C)\bar{x}}Z_n+\frac{\gamma-C\bar{x}}{A+(B+C)\bar{x}}Z_{n-1}, \tag{7.62}$$

其特征方程为

$$\lambda^2-\frac{\beta-B\bar{x}}{A+(B+C)\bar{x}}\lambda-\frac{\gamma-C\bar{x}}{A+(B+C)\bar{x}}=0. \tag{7.63}$$

由定理 1.1 和定理 1.5 知, 只需证明

$$|a_0|<1+a_1<2,$$

其中

$$\begin{cases} a_1=-\dfrac{\gamma-C\bar{x}}{A+(B+C)\bar{x}},\\ a_0=-\dfrac{\beta-B\bar{x}}{A+(B+C)\bar{x}}. \end{cases}$$

注意到 $\gamma+A+B\bar{x}>0$, 于是 $1-(\gamma-C\bar{x})/(A+(B+C)\bar{x})<2$, 从而可知 $1+a_1<2$.

下面我们证明 $a_0<1+a_1$. 注意到

$$\begin{aligned} a_0<1+a_1\Leftrightarrow&-\frac{\beta-B\bar{x}}{A+(B+C)\bar{x}}<1-\frac{\gamma-C\bar{x}}{A+(B+C)\bar{x}}\\ \Leftrightarrow&\gamma-(\beta+A)\\ &<2C\bar{x}. \end{aligned}$$

因而可分三种情形加以考虑.

情形 1　$\gamma \leqslant \beta + A$. 显然 $a_0 < 1 + a_1$ 成立.

情形 2　$\gamma > \beta + A$ 且 $B \leqslant C$. 因为方程 (7.60) 的正平衡点满足

$$\bar{x} = \frac{\alpha + \beta\bar{x} + \gamma\bar{x}}{A + B\bar{x} + C\bar{x}},$$

于是

$$(B+C)\bar{x} = \frac{\alpha}{\bar{x}} + (\beta + \gamma) - A.$$

因此

$$\begin{aligned}\frac{\alpha}{\bar{x}} + (\beta+\gamma) - A &= (B+C)\bar{x} \\ &\leqslant 2C\bar{x}.\end{aligned} \tag{7.64}$$

另一方面,

$$\begin{aligned}\gamma - (\beta + A) &< \frac{\alpha}{\bar{x}} + (\beta+\gamma) - A \\ &= (B+C)\bar{x}.\end{aligned} \tag{7.65}$$

由 (7.64) 和 (7.65) 知 $\gamma - (\beta + A) < 2C\bar{x}$, 从而 $a_0 < 1 + a_1$.

情形 3　$\gamma > \beta + A$, $B > C$ 且

$$\alpha > \frac{(\gamma - \beta - A)[B(\gamma - \beta - A) - C(\gamma + 3\beta - A)]}{4C^2}.$$

此时

$$\begin{aligned}\alpha &> \frac{(\gamma - \beta - A)[B(\gamma - \beta - A) - C(\gamma + 3\beta - A)]}{4C^2} \\ &= \frac{[B(\gamma - \beta - A) - 2\beta C]^2 - (\beta + \gamma - A)^2 C^2}{4(B+C)C^2},\end{aligned}$$

从而

$$\begin{aligned}&[(\beta + \gamma - A)^2 + 4\alpha(B+C)]C^2 \\ &> [B(\gamma - \beta - A) - 2\beta C]^2 \\ &= \{B(\gamma - \beta - A) + C[(\gamma - \beta - A) - (\beta + \gamma - A)]\}^2.\end{aligned}$$

于是

$$\begin{aligned}\bar{x} &= \frac{\beta + \gamma - A + \sqrt{(\beta + \gamma - A)^2 + 4\alpha(B+C)}}{2(B+C)} \\ &> \frac{\gamma - \beta - A}{2C},\end{aligned}$$

因此 $\gamma-\beta-A<2C\bar{x}$, 从而可得 $a_0<1+a_1$.

最后我们证明 $-1-a_1<a_0$. 因为 $\bar{x}$ 是方程 (7.60) 的正平衡点, 故

$$\begin{aligned}\bar{x}&=\frac{\beta+\gamma-A+\sqrt{(\beta+\gamma-A)^2+4\alpha(B+C)}}{2(B+C)}\\&>\frac{\beta+\gamma-A}{2(B+C)}.\end{aligned}$$

注意到

$$\begin{aligned}-a_0-a_1<1&\Leftrightarrow\frac{\beta-B\bar{x}}{A+(B+C)\bar{x}}+\frac{\gamma-C\bar{x}}{A+(B+C)\bar{x}}<1\\&\Leftrightarrow\beta+\gamma-(B+C)\bar{x}<A+(B+C)\bar{x}\\&\Leftrightarrow\bar{x}>\frac{\beta+\gamma-A}{2(B+C)},\end{aligned}$$

因此 $-1-a_1<a_0$. 证毕.

定理 7.21　设方程 (7.60) 存在正基本 2 周期解, 则方程 (7.60) 的正平衡点是不稳定的, 事实上是鞍点.

证明　令

$$f(\lambda)=\lambda^2-\frac{\beta-B\bar{x}}{A+(B+C)\bar{x}}\lambda-\frac{\gamma-C\bar{x}}{A+(B+C)\bar{x}},$$

并设 $\lambda_1,\ \lambda_2$ 是方程 $f(\lambda)=0$ 的两个根, 因此

$$|\lambda_1\lambda_2|=\left|\frac{\gamma-C\bar{x}}{A+(B+C)\bar{x}}\right|.$$

由鞍点的定义知, 只需证明 $f(1)>0,\ f(-1)<0$ 即可. 注意到

$$\begin{aligned}\bar{x}&=\frac{\beta+\gamma-A+\sqrt{(\beta+\gamma-A)^2+4\alpha(B+C)}}{2(B+C)}\\&>\frac{\beta+\gamma-A}{2(B+C)}\end{aligned}$$

及

$$\begin{aligned}f(1)&=\frac{A+(B+C)\bar{x}-\beta+B\bar{x}-\gamma+C\bar{x}}{A+(B+C)\bar{x}}\\&=\frac{1}{A+(B+C)\bar{x}}[\beta+\gamma-A\\&\quad+\sqrt{(\beta+\gamma-A)^2+4\alpha(B+C)}+A-\beta-\gamma]\\&=\frac{\sqrt{(\beta+\gamma-A)^2+4\alpha(B+C)}}{A+(B+C)\bar{x}},\end{aligned}$$

因此 $f(1) > 0$.

下面我们将证明 $f(-1) < 0$. 由定理 1.6 知, $\gamma > \beta + A$, $B > C$ 且

$$0 < \alpha < \frac{(\gamma-\beta-A)[B(\gamma-\beta-A)-C(\gamma+3\beta-A)]}{4C^2},$$

从而可得

$$B(\gamma-\beta-A) > C(\gamma+3\beta-A),$$

于是

$$B(\gamma-A-\beta)-2\beta C > 0.$$

因为

$$\begin{aligned}\alpha &< \frac{(\gamma-\beta-A)[B(\gamma-\beta-A)-C(\gamma+3\beta-A)]}{4C^2}\\ &= \frac{[B(\gamma-\beta-A)-2\beta C]^2-(\beta+\gamma-A)^2C^2}{4(B+C)C^2},\end{aligned}$$

从而

$$\begin{aligned}&[(\beta+\gamma-A)^2+4\alpha(B+C)]C^2\\ &< [B(\gamma-\beta-A)-2\beta C]^2\\ &= \{B(\gamma-\beta-A)+C[(\gamma-\beta-A)-(\beta+\gamma-A)]\}^2.\end{aligned}$$

于是

$$\begin{aligned}\bar{x} &= \frac{\beta+\gamma-A+\sqrt{(\beta+\gamma-A)^2+4\alpha(B+C)}}{2(B+C)}\\ &< \frac{\gamma-\beta-A}{2C},\end{aligned}$$

即 $A+\beta-\gamma+2C\bar{x} < 0$. 因此 $f(-1) < 0$. 证毕.

定理 7.22　设方程 (7.60) 无基本 2 周期解, 并设 $\gamma > \beta + A$, $B > C$ 且

$$\alpha = \frac{(\gamma-\beta-A)[B(\gamma-\beta-A)-C(\gamma+3\beta-A)]}{4C^2},$$

则下述结论成立.

(1) 方程 (7.60) 的正平衡点 $\bar{x}$ 是非双曲的.

(2) 对于方程 (7.60) 的每个非负解 $\{x_n\}_{n=-2}^{\infty}$. 若存在 $N \in \mathbf{N}_0$, 使得 $(x_{N+1}-\bar{x})(x_N-\bar{x}) \leqslant 0$, 则对任意 $n \geqslant N$, 有 $(x_{n+1}-\bar{x})(x_n-\bar{x}) \leqslant 0$.

证明　(1) 根据假设, 类似于定理 7.19 情形 3 的证明, 可得 $\bar{x} = (\gamma-\beta-A)/2C$ 及 $a_0 = 1 + a_1$. 因此 (7.63) 可简化为

$$\lambda^2 + (1+a_1)\lambda + a_1 = 0,$$

该方程有两个根 $\lambda_1 = -1$, $\lambda_2 = -a_1$, 其中 $-1 < a_1 < 0$. 因而方程 (7.60) 的正平衡点 $\bar{x}$ 是非双曲的.

(2) 设 $\{x_n\}_{n=-2}^{\infty}$ 是方程 (7.60) 的一个非负解. 若存在 $N \in \mathbf{N_0}$, 使得 $(x_{N+1} - \bar{x})(x_N - \bar{x}) \leqslant 0$, 不失一般性, 不妨设 $x_{N+1} - \bar{x} \geqslant 0, x_N - \bar{x} \leqslant 0$, 注意到

$$\beta - B\bar{x} < -\frac{\gamma+\beta-A}{2} < 0,$$

$$\gamma - C\bar{x} = \frac{\gamma+\beta+A}{2} > 0$$

及

$$\begin{aligned}
&x_{n+1} - \bar{x} \\
=&\frac{-[(B+C)\bar{x}^2 + (A-\beta-\gamma)\bar{x} - \alpha] + (\beta - B\bar{x})(x_n - \bar{x}) + (\gamma - C\bar{x})(x_{n-1} - \bar{x})}{A + Bx_n + Cx_{n-1}} \\
=&\frac{(\beta - B\bar{x})(x_n - \bar{x}) + (\gamma - C\bar{x})(x_{n-1} - \bar{x})}{A + Bx_n + Cx_{n-1}},
\end{aligned}$$

因此 $x_{N+2} - \bar{x} \leqslant 0$, 由归纳可得结论成立. 证毕.

第 8 章 极大型差分方程的动力学

8.1 方程 $x_n = \max\left\{\dfrac{1}{x_{n-m}}, \dfrac{A_n}{x_{n-r}}\right\}$ 的性质

在这一节, 我们研究极大型差分方程

$$x_n = \max\left\{\frac{1}{x_{n-m}}, \frac{A_n}{x_{n-r}}\right\} \quad (n \in \mathbf{N}_0) \tag{8.1}$$

的动力学性质, 其中 $A_n \in (0,1)$ 是一列正实数且 $\sup A_n = b < 1$, $m, r \in \mathbf{N}$ $(m \neq r)$, 初始值 $x_{-1}, \cdots, x_{-t} \in \mathbf{R}_+$ $(t = \max\{m, r\})$.

性质 8.1 设 $\{x_n\}_{n=-t}^{+\infty}$ 是方程 (8.1) 的一个正解, 则对任意的 $n \in \mathbf{N}_0$, 有 $x_n x_{n-m} \geqslant 1$ 成立.

证明 由方程 (8.1) 可知, 对任意的 $n \in \mathbf{N}_0$, 有 $x_n \geqslant 1/x_{n-m}$, 从而 $x_n x_{n-m} \geqslant 1$.

性质 8.2 设 $\{x_n\}_{n=-t}^{+\infty}$ 是方程 (8.1) 的一个正解, 则对任意的 $n \geqslant t$, 有

$$x_n \leqslant \max\left\{x_{n-2m}, A_n x_{n-m-r}\right\}. \tag{8.2}$$

证明 由性质 8.1 可知, 对任意的 $n \geqslant t$, 有

$$\begin{aligned} x_n &= \max\left\{\frac{x_{n-2m}}{x_{n-m}x_{n-2m}}, \frac{A_n x_{n-m-r}}{x_{n-m-r}x_{n-r}}\right\} \\ &\leqslant \max\left\{x_{n-2m}, A_n x_{n-m-r}\right\}. \end{aligned}$$

定义

$$p_n = \max\left\{x_{n-1}, x_{n-2}, \cdots, x_{n-m-t}\right\} \ (n \geqslant t), \tag{8.3}$$

由性质 8.2 可知,

$$x_n \leqslant \max\left\{x_{n-2m}, x_{n-m-r}\right\} \leqslant p_n \quad (n \geqslant t),$$

从而

$$p_{n+1} = \max\left\{x_n, x_{n-1}, \cdots, x_{n-m-t+1}\right\} \leqslant p_n,$$

由此, 我们有下面性质.

性质 8.3 设 $\{x_n\}_{n=-t}^{+\infty}$ 是方程 (8.1) 的一个正解, 则

(1) $x_n \leqslant p_n (n \geqslant t)$, 且 $\{p_n\}_{n=t}^{\infty}$ 是单调递减的.

(2) 存在常数 $M \geqslant M' > 0$, 使得 $x_n \in [M', M]$ $(n \geqslant -t)$.

以下总假定 $\{x_n\}_{n=-t}^{+\infty}$ 是方程 (8.1) 的一个正解, 设

$$\begin{cases} \lim\limits_{n\to\infty} p_n = S, \\ \liminf\limits_{n\to\infty} x_n = L. \end{cases}$$

由性质 8.3 可推出下面性质.

性质 8.4　存在序列 $n_k \to +\infty (k \to +\infty)$, 使得 $x_{n_k} \geqslant S$ 且 $n_{k+1} - n_k \leqslant m + t$.

性质 8.5　$S = \limsup_{n\to\infty} x_n$.

证明　由方程 (8.3) 可知, $\{p_n\}$ 是 $\{x_n\}$ 的一个子数列, 所以

$$S \leqslant \limsup_{n\to\infty} x_n.$$

另一方面, 取 $\{x_n\}$ 的子数列 $\{x_{n_k}\}$, 使得

$$\lim_{n_k\to\infty} x_{n_k} = \limsup_{n\to\infty} x_n,$$

由性质 8.3 知

$$\begin{aligned} S &= \lim_{n_k\to\infty} p_{n_k} \\ &\geqslant \lim_{n_k\to\infty} x_{n_k} \\ &= \limsup_{n\to\infty} x_n, \end{aligned}$$

所以 $S = \limsup_{n\to\infty} x_n$.

性质 8.6　设 $\varepsilon = (1-b)S/2$, 则存在常数 $N \in \mathbf{N}$, 使得当 $n - m - r \geqslant N$ 时,

$$x_n \leqslant \max\{x_{n-2m}, S - \varepsilon\}.$$

证明　取 $\varepsilon_1 = (1-b)S/2b$, 由性质 8.5 知, 存在 $N > 0$, 使得当 $n - m - r \geqslant N$ 时,

$$x_{n-m-r} < S + \varepsilon_1 = \frac{1+b}{2b} S,$$

所以

$$A_n x_{n-m-r} < \frac{1+b}{2} S = S - \varepsilon.$$

由方程 (8.1) 知 $x_n \leqslant \max\{x_{n-2m}, S - \varepsilon\}$.

性质 8.7　存在常数 $N_1 \in \mathbf{N}$, 使得对一切 $k \in \mathbf{N}_0$, 有

$$x_{N_1+2mk} \geqslant x_{N_1+2m(k+1)} \geqslant S.$$

证明　由性质 8.4 知, 存在严格递增数列 $n_k \to +\infty$, 使得 $x_{n_k} \geqslant S$. 对某个 $\tau (0 \leqslant \tau < 2m)$, 存在 $\{n_k\}$ 的子列 $\{n_{k_j}\}$ 满足 $n_{k_j} = 2ml_{k_j} + \tau$.

不妨设 $n_k = 2ml_k + \tau(0 \leqslant \tau < 2m)$. 由性质 8.6 知, 对 $\varepsilon = (1-b)S/2$, 存在常数 $N \in \mathbf{N}$, 使得当 $2m(l_k - j) + \tau - m - r \geqslant N$ 时,

$$x_n \leqslant \max\{x_{n-2m}, S - \varepsilon\},$$

从而

$$\begin{aligned} S \leqslant x_{n_k} &= x_{2ml_k+\tau} \\ &\leqslant \max\left\{x_{2m(l_k-1)+\tau}, S-\varepsilon\right\} \\ &= x_{2m(l_k-1)+\tau} \\ &\leqslant \max\left\{x_{2m(l_k-2)+\tau}, S-\varepsilon\right\} \\ &= x_{2m(l_k-2)+\tau} \\ &\leqslant \max\left\{x_{2m(l_k-3)+\tau}, S-\varepsilon\right\} \\ &\cdots\cdots \\ &= x_{2m(l_k-j)+\tau}. \end{aligned}$$

取 $N_1 = 2ml_1 + \tau \geqslant N + m + r$, 则对一切 $k \in \mathbf{N}_0$,

$$x_{N_1+2mk} \geqslant x_{N_1+2m(k+1)} \geqslant S.$$

由性质 8.7 知, $\{x_{N_1+2mk}\}$ 单调递减趋于 S.

性质 8.8　$SL = 1$.

证明　设 $m_k \to +\infty(k \to +\infty)$, 使得

$$x_{m_k} \to L, \quad x_{m_k-m} \to L_1,$$
$$x_{m_k-r} \to L_2, \quad A_{m_k} \to A,$$

则

$$x_{m_k} = \max\left\{\frac{1}{x_{m_k-m}}, \frac{A_{m_k}}{x_{m_k-r}}\right\},$$

上式两边取极限得

$$\begin{aligned} L &= \max\left\{\frac{1}{L_1}, \frac{A}{L_2}\right\} \\ &\geqslant \max\left\{\frac{1}{S}, \frac{A}{S}\right\} \\ &= \frac{1}{S}, \end{aligned}$$

即 $SL \geqslant 1$.

另一方面, 选取 $k_j \to +\infty(j \to +\infty)$, 使得

$$x_{N_1+2mk_j-m} \to L_1',$$

$$A_{N_1+2mk_j} \to A',$$
$$x_{N_1+2mk_j-r} \to L_2',$$

其中 N_1 如性质 8.7 所述. 显然 $\lim_{k_j\to\infty} x_{N_1+2mk_j} = S$, 由

$$x_{N_1+2mk_j} = \max\left\{\frac{1}{x_{N_1+2mk_j-m}}, \frac{A_{N_1+2mk_j}}{x_{N_1+2mk_j-r}}\right\},$$

两边取极限得

$$\begin{aligned} S &= \max\left\{\frac{1}{L_1'}, \frac{A'}{L_2'}\right\} \\ &\leqslant \max\left\{\frac{1}{L}, \frac{A'}{L}\right\} \\ &= \frac{1}{L}, \end{aligned}$$

即 $SL \leqslant 1$. 所以 $SL = 1$.

性质 8.9　存在常数 $N \in \mathbf{N}$, 使得下面两个结论成立.

(1) 对一切 $k \in \mathbf{N}_0$, $x_{N+2mk}x_{N+2mk-m} = 1$.

(2) 对一切 $k \in \mathbf{N}_0$, $x_{N+2mk+r}x_{N+2mk+r-m} = 1$.

证明　由性质 8.7 知, 存在常数 $N_1 \in \mathbf{N}$, 使得 x_{N_1+2mk} $(k \in \mathbf{N}_0)$ 单调递减趋于 S. 如果存在无穷多个 k_j, 使得

$$x_{N_1+2mk_j}x_{N_1+2mk_j-r} = A_{N_1+2mk_j},$$

不妨设

$$x_{N_1+2mk_j-r} \to L_1, \quad A_{N_1+2mk_j} \to A,$$

则有

$$1 = SL \leqslant SL_1 = A \leqslant b < 1,$$

矛盾. 因此一定存在某个 k_1, 使得对任意的 $k \in \mathbf{N}_0$,

$$x_{N_1+2mk_1+2mk}x_{N_1+2mk_1+2mk-m} = 1.$$

同理可证, 一定存在某个 k_2, 使得对任意的 $k \in \mathbf{N}_0$,

$$x_{N_1+2mk_2+2mk+r}x_{N_1+2mk_1+2mk+r-m} = 1.$$

取 $N = \max\{N_1 + 2mk_1, N_1 + 2mk_2\}$, 则结论 (1),(2) 同时成立.

由性质 8.7 和性质 8.9, 我们有下面性质.

性质 8.10　设 N 如性质 8.9 所述, 则 $\{x_{N+2mk-m}\}$ 单调递增趋于 $L = 1/S$.

设 N 如性质 8.9(2) 所述, 即

$$x_{N+2mk+r}x_{N+2mk+r-m} = 1 \quad (k \in \mathbf{N}_0).$$

由性质 8.2, 有

$$x_{N+2mk+r} \leqslant \max\{x_{N+2mk+r-2m}, bx_{N+2mk-m}\},$$

由于 $bx_{N+2mk-m}$ 单调递增趋于 $bL < L$, 故存在 p, 使得 $k \geqslant p$ 时,

$$x_{N+2mk+r-2m} > bx_{N+2mk-m},$$

从而存在 $N_3 = 2mp + N$, 使得当 $k \in \mathbf{N}_0$ 时,

$$x_{N_3+2mk+r} \leqslant x_{N_3+2m(k-1)+r},$$

所以 $\{x_{N_3+2mk+r}\}$ 单调递减. 因此, 我们有下面性质.

性质 8.11　存在 $N \in \mathbf{N}$, 使得对任意的 $k \in \mathbf{N}_0$, x_{N+2mk} 单调递减趋于 S, $x_{N+2mk-m}$ 单调递增趋于 $L = 1/S$, $x_{N+2mk+r}$单调递减, $x_{N+2mk+r-m}$单调递增.

当 $m = 1$ 时, 方程 (8.1) 变为

$$x_n = \max\left\{\frac{1}{x_{n-1}}, \frac{A_n}{x_{n-r}}\right\} \ (n \in \mathbf{N}_0). \tag{8.4}$$

设 $\{x_n\}_{n=-t}^{+\infty}$ 是方程 (8.4) 的一个正解, S 和 L 如上所述, 由性质 8.11 可得到下面的定理.

定理 8.1　存在常数 $N \in \mathbf{N}$, 使得对一切 $k \in \mathbf{N}_0$, x_{N+2k} 单调递减趋于 S, x_{N+2k-1} 单调递增趋于 $L = 1/S$, 且 $x_{N+2k}x_{N+2k-1} = 1$.

定理 8.2　若 r 是奇数, 则 $\{x_n\}_{n=-t}^{+\infty}$ 是终于 2 周期的.

证明　由定理 8.1 知, $x_{N+2k}x_{N+2k-1} = 1$ $(k \in \mathbf{N}_0)$, 下证存在 $N_1 \geqslant N$, 使 $x_{N_1+2k+1}x_{N_1+2k} = 1$ $(k \in \mathbf{N}_0)$.

否则, 若存在无穷多个 k_j, 使

$$\begin{aligned} x_{N+2k_j+1} &= \max\left\{\frac{1}{x_{N+2k_j}}, \frac{A_{N+2k_j+1}}{x_{N+2k_j-r+1}}\right\} \\ &= \frac{A_{N+2k_j+1}}{x_{N+2k_j-r+1}}, \end{aligned}$$

由定理 8.1 知

$$x_{N+2k_j+1} \to \frac{1}{S}.$$

而 $-r+1$ 为偶数, 即 $x_{N+2k_j-r+1} \to S$, 不妨设 $A_{N+2k_j+1} \to A$, 上式两边取极限得

$$\frac{1}{S} = \frac{A}{S} \leqslant \frac{b}{S} < \frac{1}{S},$$

矛盾. 所以存在 $N_1 \geqslant N$, 使得

$$x_{N_1+2k+1}x_{N_1+2k} = 1 \quad (k \in \mathbf{N}_0),$$

即 $\{x_n\}_{n=-t}^{+\infty}$ 是终于 2 周期的.

定理 8.3　设 A_n 是个周期序列, 则 $\{x_n\}_{n=-t}^{+\infty}$ 是终于 2 周期的.

证明　由定理 8.1 知, 存在自然数 N, 使得对一切 $k\in\mathbf{N}_0$, x_{N+2k} 单调递减趋于 S, x_{N+2k-1} 单调递增趋于 $L=1/S$, 且 $x_{N+2k}x_{N+2k-1}=1$.

反证法. 若 $\{x_n\}_{n=-t}^{+\infty}$ 不是终于 2 周期的, 则 $\{x_{N+2k-1}\}$ 就不是终于常数的, 且存在 $k_j\to\infty$, 使得

$$\begin{aligned}x_{N+2k_j+1}&=\max\left\{\frac{1}{x_{N+2k_j}},\frac{A_{N+2k_j+1}}{x_{N+2k_j-r+1}}\right\}\\&=\frac{A_{N+2k_j+1}}{x_{N+2k_j-r+1}}\\&>\frac{1}{x_{N+2k_j}},\end{aligned}$$

即

$$A_{N+2k_j+1}=x_{N+2k_j+1}x_{N+2k_j+1-r}.$$

而且由定理 8.2 知, r 一定是偶数, 即 $2k_j+1-r$ 是奇数. 从而 $x_{N+2k_j+1}x_{N+2k_j+1-r}$ 是个单调递增的非终于常数序列, 所以由上式知 A_{N+2k_j+1} 是个单调递增的非终于常数序列, 与已知矛盾. 故 $\{x_n\}_{n=-t}^{+\infty}$ 是终于 2 周期的.

注记 8.1　由定理 8.2 知, 当 r 是奇数时, 方程 (8.4) 的每个解是终于 2 周期的. 下面举例说明当 r 是偶数时, 方程 (8.4) 存在非终于 2 周期的解.

例 8.1　考虑下列方程

$$x_n=\max\left\{\frac{1}{x_{n-1}},\frac{A_n}{x_{n-2s}}\right\}\ (n\in\mathbf{N}_0),\tag{8.5}$$

其中, $s\in\mathbf{N}$, $A_{2sn+i}=(2-1/2^n)(2-1/2^{n+1})/16\ (n\in\mathbf{N}_0,i\in\mathbf{Z}(0,2s-1))$. 那么方程 (8.5) 由初值 $x_{-2i}=1/4,x_{-2i+1}=4(i\in\mathbf{Z}(1,s))$ 确定的解满足下列条件:

(1) 对任意 $n\geqslant-1$, $x_{2sn+2s-1}=x_{2sn+2s-3}=\cdots=x_{2sn+1}$.

(2) 对任意 $n\geqslant-1$, $x_{2sn+2s-2}=x_{2sn+2s-4}=\cdots=x_{2sn}<A_{2sn+2s}/x_{2sn}=x_{2sn+2s}$.

(3) 对任意 $n\geqslant-1, x_{2sn}x_{2sn+1}=x_{2sn+2}x_{2sn+3}=\cdots=x_{2sn+2s-2}x_{2sn+2s-1}=1$.

证明　通过简单计算, 有

$$\begin{aligned}A_{2sp}&=\frac{\left(2-\dfrac{1}{2^p}\right)\left(2-\dfrac{1}{2^{p+1}}\right)}{16}\\&>\begin{cases}x_{-2s}^2, & p=0,\\ \left(\dfrac{A_0}{x_{-2s}}\right)^2, & p=1,\\ \left(\dfrac{A_{2s(p-1)}A_{2s(p-3)}\cdots A_{2s}}{A_{2s(p-2)}A_{2s(p-4)}\cdots A_0}x_{-2s}\right)^2, & p\geqslant 2\text{ 是偶数},\\ \left(\dfrac{A_{2s(p-1)}A_{2s(p-3)}\cdots A_2A_0}{A_{2s(p-2)}A_{2s(p-4)}\cdots A_1x_{-2s}}\right)^2, & p\geqslant 2\text{ 是奇数}.\end{cases}\end{aligned}\tag{8.6}$$

下面用数学归纳法证明结论.

当 $n=-1$ 时, 由方程 (8.5) 和 (8.6) 可得

$$\begin{aligned}x_0 &= \max\left\{\frac{1}{x_{-1}}, \frac{A_0}{x_{-2s}}\right\}\\ &= \max\left\{x_{-2s}, \frac{A_0}{x_{-2s}}\right\}\\ &= \frac{A_0}{x_{-2s}} > x_{-2s}.\end{aligned}$$

再结合已知条件知, 当 $n=-1$ 时, 结论 (1)—(3) 成立.

假设当 $n\in\mathbf{Z}(-1,k)$ 时, 结论 (1)—(3) 成立.

当 $n=k+1$ 时, 有

$$\begin{aligned}x_{2sk+2s+1} &= \max\left\{\frac{1}{x_{2sk+2s}}, \frac{A_{2sk+2s+1}}{x_{2sk+1}}\right\}\\ &= \max\left\{\frac{x_{2sk}}{A_{2sk+2s}}, \frac{A_{2sk+2s+1}}{x_{2sk+1}}\right\}\\ &= \frac{x_{2sk}}{A_{2sk+2s}} = \frac{1}{x_{2sk+2s}}.\\ x_{2sk+2s+2} &= \max\left\{\frac{1}{x_{2sk+2s+1}}, \frac{A_{2sk+2s+2}}{x_{2sk+2}}\right\}\\ &= \max\left\{\frac{A_{2sk+2s}}{x_{2sk}}, \frac{A_{2sk+2s+2}}{x_{2sk+2}}\right\}\\ &= \frac{A_{2sk+2s}}{x_{2sk}} = \frac{1}{x_{2sk+2s+1}}\\ &= x_{2sk+2s}.\\ x_{2sk+2s+3} &= \max\left\{\frac{1}{x_{2sk+2s+2}}, \frac{A_{2sk+2s+3}}{x_{2sk+3}}\right\}\\ &= \max\left\{x_{2sk+2s+1}, \frac{A_{2sk+2s+3}}{x_{2sk+1}}\right\}\\ &= \max\left\{\frac{x_{2sk}}{A_{2sk+2s}}, \frac{A_{2sk+2s+3}}{x_{2sk+1}}\right\}\\ &= \frac{x_{2sk}}{A_{2sk+2s}} = \frac{1}{x_{2sk+2s+2}}\\ &= x_{2sk+2s+1}.\end{aligned}$$

类似地可以证明

$$\begin{aligned}&x_{2sk+4s-1}x_{2sk+4s-3} = \cdots = x_{2sk+2s+1},\\ &x_{2sk+4s-2} = x_{2sk+4s-4} = \cdots = x_{2sk+2s},\\ &x_{2sk+2s}x_{2sk+2s+1} = x_{2sk+2s+2}x_{2sk+2s+3} = \cdots\end{aligned}$$

$$= x_{2sk+4s-2}x_{2sk+4s-1} = 1.$$

另一方面, 由归纳假设可知

$$x_{2sk+2s}^2 = \left(\frac{A_{2sk+2s}}{x_{2sk}}\right)^2 = \left(\frac{A_{2sk+2s}}{A_{2sk}}x_{2sk-2s}\right)^2$$

$$= \begin{cases} \left(\dfrac{A_{2s(k+1)}A_{2s(k-1)}\cdots A_{2s}}{A_{2sk}A_{2s}\cdots A_0}x_{-2s}\right)^2, & k \geqslant -1 \text{ 是偶数}, \\ \left(\dfrac{A_{2s(k+1)}A_{2s(k-1)}\cdots A_0}{A_{2sk}A_{2s(k-2)}\cdots x_{-2s}}\right)^2, & k \geqslant -1 \text{ 是奇数}. \end{cases}$$

结合式 (8.6), 有 $x_{2sk+2s}^2 < A_{2sk+4s}$, 从而

$$\begin{aligned} x_{2sk+4s} &= \max\left\{\frac{1}{x_{2sk+4s-1}}, \frac{A_{2sk+4s}}{x_{2sk+2s}}\right\} \\ &= \max\left\{\frac{1}{x_{2sk+2s+1}}, \frac{A_{2sk+4s}}{x_{2sk+2s}}\right\} \\ &= \max\left\{x_{2sk+2s}, \frac{A_{2sk+4s}}{x_{2sk+2s}}\right\} \\ &= \frac{A_{2sk+4s}}{x_{2sk+2s}}. \end{aligned}$$

因此, 当 $n = k+1$ 时, 结论 (1)—(3) 成立. 证毕.

当 $m = 2$ 时, 方程 (8.1) 变为

$$x_n = \max\left\{\frac{1}{x_{n-2}}, \frac{A_n}{x_{n-r}}\right\} \quad (n \in \mathbf{N}_0). \tag{8.7}$$

设 $\{x_n\}_{n=-t}^{+\infty}$ 是方程 (8.7) 的一个正解, S 和 L 如上所述.

定理 8.4　(1) 若 $r = 4s+2(s \in \mathbf{N})$, 则 $\{x_n\}_{n=-t}^{+\infty}$ 是终于 4 周期的.

(2) 若 $r = 4s(s \in \mathbf{N})$, 则存在常数 $N \in \mathbf{N}$, 使得对一切 $k \in \mathbf{N}_0$, x_{N+4k} 单调递减趋于 S, x_{N+4k-2} 单调递增趋于 $L = 1/S$, x_{N+4k-1}与x_{N+4k-3} 也都是单调的.

证明　(1) 若 $r = 4s+2$ $(s \in \mathbf{N})$, 则 (8.7) 等价为

$$x_{2n} = \max\left\{\frac{1}{x_{2n-2}}, \frac{A_{2n}}{x_{2n-2(2s+1)}}\right\},$$

且

$$x_{2n+1} = \max\left\{\frac{1}{x_{2n-1}}, \frac{A_{2n+1}}{x_{2n+1-2(2s+1)}}\right\}.$$

令 $y_n = x_{2n}, y_n' = x_{2n+1}$, 则上式化为

$$y_n = \max\left\{\frac{1}{y_{n-1}}, \frac{A_{2n}}{y_{n-(2s+1)}}\right\} \tag{8.8}$$

和

$$y'_n = \max\left\{\frac{1}{y'_{n-1}}, \frac{A_{2n+1}}{y'_{n-(2s+1)}}\right\}. \tag{8.9}$$

由定理 8.2 知, 方程 (8.8),(8.9) 的每个解都是终于 2 周期的, 所以 $\{x_n\}_{n=-t}^{+\infty}$ 是终于 4 周期的.

(2) 若 $r = 4s$ $(s \in \mathbf{N})$, 则 (8.7) 为

$$x_n = \max\left\{\frac{1}{x_{n-2}}, \frac{A_n}{x_{n-4s}}\right\}.$$

令 $y_n = x_{2n}, y'_n = x_{2n+1}$, 则上式变为

$$y_n = \max\left\{\frac{1}{y_{n-1}}, \frac{A_{2n}}{y_{n-2s}}\right\} \tag{8.10}$$

和

$$y'_n = \max\left\{\frac{1}{y'_{n-1}}, \frac{A_{2n+1}}{y'_{n-2s}}\right\}. \tag{8.11}$$

由定理 8.1 知, 存在常数 $N_1 \in \mathbf{N}$, 使得对一切 $k \in \mathbf{N}_0$, y_{N_1+2k} 单调递减趋于 S, y_{N_1+2k-1} 单调递增趋于 $L = 1/S$, 存在常数 $N'_1 \in \mathbf{N}$, 使得对一切 $k \in \mathbf{N}_0$, $y_{N'_1+2k}$ 与 $y'_{N'_1+2k-1}$ 都单调. 这就意味着存在自然数 N, 使 x_{N+4k}单调递减趋于S, x_{N+4k-2} 单调递增趋于 $L = 1/S$, 且 x_{N+4k-1}与x_{N+4k-3} 都是单调的.

定理 8.5　若 $r = 2s$ $(s \geqslant 2)$, A_n 是个周期序列, 则 $\{x_n\}_{n=-t}^{+\infty}$ 是终于 4 周期的.

证明　若 $r = 2s$ $(s \geqslant 2)$, 则式 (8.7) 化为

$$x_n = \max\left\{\frac{1}{x_{n-2}}, \frac{A_n}{x_{n-2s}}\right\}.$$

令 $y_n = x_{2n}, y'_n = x_{2n+1}$, 则上式化为

$$y_n = \max\left\{\frac{1}{y_{n-1}}, \frac{A_{2n}}{y_{n-s}}\right\}$$

和

$$y'_n = \max\left\{\frac{1}{y'_{n-1}}, \frac{A_{2n+1}}{y'_{n-s}}\right\}.$$

由定理 8.3 知, 上述两个方程的解都是终于 2 周期的, 从而得出 $\{x_n\}_{n=-t}^{+\infty}$ 是终于 4 周期的.

定理 8.6　若 $r = 2s + 1$ $(s \in \mathbf{N}_0)$, 则存在常数 $N \in \mathbf{N}$, 使得对任意的 $k \in \mathbf{N}_0$, 有

(1) x_{N+4k} 单调递减趋于 S, x_{N+4k-2} 单调递增趋于 $1/S$, $x_{N+4k+2s+1}$ 单调递减, $x_{N+4k+2s-1}$ 单调递增.

(2) $x_{N+4k}x_{N+4k-2} = x_{N+4k+2s+1}x_{N+4k+2s-1} = 1$.

证明　若 $r = 2s+1$, 则

$$x_n = \max\left\{\frac{1}{x_{n-2}}, \frac{A_n}{x_{n-(2s+1)}}\right\},$$

由性质 8.9 和性质 8.11 易知, 结论 (1),(2) 成立.

定理 8.7　若 $r = 2s+1$ $(s \in \mathbf{N}_0)$, A_n 是个周期序列, 则 $\{x_n\}_{n=-t}^{+\infty}$ 是终于 4 周期的.

证明　由定理 8.6 知, 存在自然数 M, 使得 x_{M+4k} 单调递减趋于 S, x_{M+4k-2} 单调递增趋于 $1/S$, $x_{M+4k+2s+1}$ 单调递减, $x_{M+4k+2s-1}$ 单调递增, 且满足

$$x_{M+4k}x_{M+4k-2} = x_{M+4k+2s+1}x_{M+4k+2s-1} = 1 \tag{8.12}$$

(1) 考虑

$$x_{M+4k+2s+3} = \max\left\{\frac{1}{x_{M+4k+2s+1}}, \frac{A_{M+4k+2s+3}}{x_{M+4k+2}}\right\}.$$

(i) 若存在无穷多个 k_j, 使得

$$x_{M+4k_j+2s+3}x_{M+4k_j+2} = A_{M+4k_j+2s+3}.$$

由于 x_{M+4k_j+2} 单调递增趋于 $1/S$, x_{M+4k_j+2s+3} 单调递增, 且 A_n 是周期的, 所以 x_{M+4k_j+2s+3} 和 x_{M+4k_j+2} 都是终于常数序列, 即 $x_{M+4k+2s-3}$ 和 x_{M+4k+2} 都是终于常数序列. 由 (8.12) 式知, $x_{M+4k+2s+1}$ 和 x_{M+4k} 也是终于等于常数, 从而 $\{x_n\}_{n=-t}^{+\infty}$ 是终于 4 周期的.

(ii) 下设存在 $p \geqslant 0$, 使得当 $k \in \mathbf{N}_0$ 时,

$$x_{M+4p+4k+2s+3} = \frac{1}{x_{M+4p+4k+2s+1}}, \tag{8.13}$$

这时由 (8.12) 和 (8.13) 知, $\left\{x_{M+(2k-1)}\right\}$ 是终于 2 周期的.

(2) 考虑

$$x_{M+4k+2} = \max\left\{\frac{1}{x_{M+4k}}, \frac{A_{M+4k+2}}{x_{M+4k-2s+1}}\right\}.$$

(iii) 若存在无穷多个 k_j, 使得

$$x_{M+4k_j+2} \cdot x_{M+4k_j-2s+1} = A_{M+4k_j+2},$$

由 (ii) 知 x_{M+4k_j-2s+1} 终于等于某常数, 可推得 $x_{M+4k-2s+1}$ 终于等于此常数, 从而由 (8.12) 知 $x_{M+4k-2s+3}$ 终于等于常数. 因为 A_n 是个周期序列, 所以 x_{M+4k_j+2} 终于等于 $1/S$, 即 x_{M+4k+2} 终于等于 $1/S$. 由 (8.12) 知, x_{M+4k} 终于等于 S, 因此 $\{x_n\}_{n=-t}^{+\infty}$ 是终于 4 周期的.

(iv) 下设存在 $p\geqslant 0$, 使得当 $k\in\mathbf{N}_0$ 时,

$$x_{M+4p+4k+2}=\frac{1}{x_{M+4p+4k}},\tag{8.14}$$

这时由 (2.12) 和 (2.14) 知 $\{x_{M+2k}\}$ 是终于 2 周期的.

综合 (1) 和 (2) 得 $\{x_n\}_{n=-t}^{+\infty}$ 是终于 4 周期的. 证毕.

注记 8.2　(1) 通过定理 8.5 和定理 8.7 我们知道, 对于任意的 r, 若 A_n 是周期序列, 则方程 (8.7) 的每个解都是终于 4 周期的.

(2) 当 $r=4s$ $(s\in\mathbf{N})$ 时, 方程 (8.7) 存在非终于 4 周期的解, 请看例 8.2.

例 8.2　考虑下列方程

$$x_n=\max\left\{\frac{1}{x_{n-2}},\frac{A_n}{x_{n-4s}}\right\}\quad(n\in\mathbf{N}_0),\tag{8.15}$$

取 $y_n=x_{2n},y'_n=x_{2n+1},B_n=A_{2n},B'_n=A_{2n+1}$, 则上式等价于

$$y_n=\max\left\{\frac{1}{y_{n-1}},\frac{B_n}{y_{n-2s}}\right\}\tag{8.16}$$

和

$$y'_n=\max\left\{\frac{1}{y'_{n-1}},\frac{B'_n}{y'_{n-2s}}\right\}.\tag{8.17}$$

取 $B'_{2sn+i}=B_{2sn+i}=(2-1/2^n)(2-1/2^{n+1})/16$ $(n\in\mathbf{N}_0,i\in\mathbf{Z}(0,2s-1))$. 由例 8.1 知, 方程 (8.16) 和 (8.17) 有非终于 2 周期的解, 故方程 (8.15) 有非终于 4 周期的解.

例 8.3　考虑下列方程

$$x_n=\max\left\{\frac{1}{x_{n-2}},\frac{A_n}{x_{n-4s-1}}\right\}\ (n\in\mathbf{N}_0),\tag{8.18}$$

其中 $s\in\mathbf{N}$, $A_n=(2-1/2^n)/16$ $(n\in\mathbf{N}_0)$. 那么由初值 $x_{-2i+1}=x_{-4s-1}=1/4,x_{-2i}=4$ $(i\in\mathbf{Z}(1,2s))$ 确定的方程 (8.18) 的解满足下列条件: 对任 $k\in\mathbf{N}_0$,

$$x_{4k}=\frac{A_{4k}}{x_{-4s-1}},\ x_{4k+1}=\frac{1}{x_{-4s-1}},\ x_{4k+2}=\frac{1}{x_{4k}},\quad x_{4k+3}=\frac{1}{x_{4k+1}}.\tag{8.19}$$

证明　记 $a=x_{-4s-1}$. 由方程 (8.18) 得

$$x_0=\max\left\{\frac{1}{x_{-2}},\frac{A_0}{x_{-4s-1}}\right\}$$

$$
\begin{aligned}
&= \max\left\{a, \frac{A_0}{a}\right\} \\
&= \frac{A_0}{a}, \\
x_1 &= \max\left\{\frac{1}{x_{-1}}, \frac{A_1}{x_{-4s}}\right\} \\
&= \max\left\{\frac{1}{a}, \frac{A_1}{x_{-4s}}\right\} \\
&= \frac{1}{a}, \\
x_2 &= \max\left\{\frac{1}{x_0}, \frac{A_2}{x_{-4s+1}}\right\} \\
&= \max\left\{\frac{a}{A_0}, \frac{A_2}{a}\right\} \\
&= \frac{a}{A_0}, \\
x_3 &= \max\left\{\frac{1}{x_1}, \frac{A_3}{x_{-4s+2}}\right\} \\
&= \max\{a, aA_3\} \\
&= a.
\end{aligned}
$$

通过归纳法可得, 对任意 $k \in \mathbf{Z}(0, s-1)$,

$$
x_{4k} = \frac{A_{4k}}{a}, \quad x_{4k+1} = \frac{1}{a}, \quad x_{4k+2} = \frac{a}{A_{4k}}, \quad x_{4k+3} = a.
$$

从而

$$
\begin{aligned}
x_{4s} &= \max\left\{\frac{1}{x_{4s-2}}, \frac{A_{4s}}{x_{-1}}\right\} \\
&= \max\left\{\frac{A_{4s-4}}{a}, \frac{A_{4s}}{a}\right\} \\
&= \frac{A_{4s}}{a}, \\
x_{4s+1} &= \max\left\{\frac{1}{x_{4s-1}}, \frac{A_{4s+1}}{x_0}\right\} \\
&= \max\left\{\frac{1}{a}, \frac{aA_{4s+1}}{A_0}\right\} \\
&= \frac{1}{a}, \\
x_{4s+2} &= \max\left\{\frac{1}{x_{4s}}, \frac{A_{4s+2}}{x_1}\right\} \\
&= \max\left\{\frac{a}{A_{4s}}, aA_{4s+2}\right\}
\end{aligned}
$$

$$
\begin{aligned}
&= \frac{a}{A_{4s}}, \\
x_{4s+3} &= \max\left\{\frac{1}{x_{4s+1}}, \frac{A_{4s+3}}{x_2}\right\} \\
&= \max\left\{a, \frac{A_0 A_{4s+3}}{a}\right\} \\
&= a.
\end{aligned}
$$

假设对某个 $l \geqslant s$, 当 $k \in \mathbf{Z}(0,l)$ 时, (8.19) 成立, 则当 $k = l+1$ 时, 有

$$
\begin{aligned}
x_{4l+4} &= \max\left\{\frac{1}{x_{4l+2}}, \frac{A_{4l+4}}{x_{4l-4s+3}}\right\} \\
&= \max\left\{\frac{A_{4l}}{a}, \frac{A_{4l+4}}{a}\right\} \\
&= \frac{A_{4l+4}}{a}, \\
x_{4l+5} &= \max\left\{\frac{1}{x_{4l+3}}, \frac{A_{4l+5}}{x_{4l-4s+4}}\right\} \\
&= \max\left\{\frac{1}{a}, \frac{aA_{4l+5}}{A_{4l-4s+4}}\right\} \\
&= \frac{1}{a}, \\
x_{4l+6} &= \max\left\{\frac{1}{x_{4l+4}}, \frac{A_{4l+6}}{x_{4l-4s+5}}\right\} \\
&= \max\left\{\frac{a}{A_{4l+4}}, aA_{4l+6}\right\} \\
&= \frac{a}{A_{4l+4}}, \\
x_{4l+7} &= \max\left\{\frac{1}{x_{4l+5}}, \frac{A_{4l+7}}{x_{4l-4s+6}}\right\} \\
&= \max\left\{a, \frac{A_{4l-4s+4} A_{4l+7}}{a}\right\} \\
&= a.
\end{aligned}
$$

即当 $k = l+1$ 时, (8.19) 成立. 证毕.

注记 8.3　当 $s = 0$ 时, 取 $A_n = (2 - 1/2^n)/16$ $(n \in \mathbf{N}_0)$, 同理可证由初值 $x_{-1} = 1/4, x_{-2} = 4$ 确定的方程 (8.18) 的解也满足结论 (8.19).

例 8.4　考虑下列方程

$$
x_n = \max\left\{\frac{1}{x_{n-2}}, \frac{A_n}{x_{n-4s-3}}\right\} \quad (n \in \mathbf{N}_0), \tag{8.20}
$$

其中, $s \in \mathbf{N}$, $A_{(4s+3)n+i} = (2 - 1/2^n)/16$ $(n \in \mathbf{N}_0, i \in \mathbf{Z}(0, 4s+2))$. 那么由初值

$x_{-2i}=4, x_{-1}=x_{-2i-1}=1/4\ (i\in \mathbf{Z}(1,2s+1))$ 确定的方程 (8.20) 的解满足下列条件: 对任意的 $k\geqslant s$,

$$x_{4k+3}=\frac{A_{4k+3}x_{-4k-3}}{A_0},\ x_{4k+4}=\frac{A_0}{x_{-4s-3}},\ x_{4k+5}=\frac{1}{x_{4k+3}},\ x_{4k+6}=\frac{1}{x_{4k+4}}. \tag{8.21}$$

证明　记 $a=x_{-4s-3}$. 由方程 (8.20) 得

$$\begin{aligned}
x_0&=\max\left\{\frac{1}{x_{-2}},\frac{A_0}{x_{-4s-3}}\right\}\\
&=\max\left\{a,\frac{A_0}{a}\right\}\\
&=\frac{A_0}{a},\\
x_1&=\max\left\{\frac{1}{x_{-1}},\frac{A_1}{x_{-4s-2}}\right\}\\
&=\max\left\{\frac{1}{a},\frac{A_1}{x_{-4s-2}}\right\}\\
&=\frac{1}{a},\\
x_2&=\max\left\{\frac{1}{x_0},\frac{A_2}{x_{-4s-1}}\right\}\\
&=\max\left\{\frac{a}{A_0},\frac{A_2}{a}\right\}\\
&=\frac{a}{A_0},\\
x_3&=\max\left\{\frac{1}{x_1},\frac{A_3}{x_{-4s}}\right\}\\
&=\max\{a,aA_3\}\\
&=a.
\end{aligned}$$

通过归纳法可得, 对任意的 $k\in \mathbf{Z}(0,s-1)$,

$$x_{4k}=\frac{A_{4k}}{a},\quad x_{4k+1}=\frac{1}{a},\quad x_{4k+2}=\frac{a}{A_{4k}},\quad x_{4k+3}=a.$$

从而

$$\begin{aligned}
x_{4s}&=\max\left\{\frac{1}{x_{4s-2}},\frac{A_{4s}}{x_{-3}}\right\}\\
&=\max\left\{\frac{A_{4s-4}}{a},\frac{A_{4s}}{a}\right\}\\
&=\frac{A_{4s}}{a},
\end{aligned}$$

$$
\begin{aligned}
x_{4s+1} &= \max\left\{\frac{1}{x_{4s-1}}, \frac{A_{4s+1}}{x_{-2}}\right\} \\
&= \max\left\{\frac{1}{a}, aA_{4s+1}\right\} \\
&= \frac{1}{a}, \\
x_{4s+2} &= \max\left\{\frac{1}{x_{4s}}, \frac{A_{4s+2}}{x_{-1}}\right\} \\
&= \max\left\{\frac{a}{A_{4s}}, \frac{A_{4s+2}}{a}\right\} \\
&= \frac{a}{A_{4s}}, \\
x_{4s+3} &= \max\left\{\frac{1}{x_{4s+1}}, \frac{A_{4s+3}}{x_0}\right\} \\
&= \max\left\{a, \frac{aA_{4s+3}}{A_0}\right\} \\
&= \frac{aA_{4s+3}}{A_0}, \\
x_{4s+4} &= \max\left\{\frac{1}{x_{4s+2}}, \frac{A_{4s+4}}{x_1}\right\} \\
&= \max\left\{\frac{A_{4s}}{a}, aA_{4s+4}\right\} \\
&= \frac{A_{4s+4}}{a}, \\
x_{4s+5} &= \max\left\{\frac{1}{x_{4s+3}}, \frac{A_{4s+5}}{x_2}\right\} \\
&= \max\left\{\frac{A_0}{aA_{4s+3}}, \frac{A_0A_{4s+5}}{a}\right\} \\
&= \frac{A_0}{aA_{4s+3}}, \\
x_{4s+6} &= \max\left\{\frac{1}{x_{4s+4}}, \frac{A_{4s+6}}{x_3}\right\} \\
&= \max\left\{\frac{a}{A_{4s+4}}, \frac{A_{4s+6}}{a}\right\} \\
&= \frac{a}{A_{4s+4}}.
\end{aligned}
$$

再一次通过归纳法可得, 对任意 $k \in \mathbf{Z}(s, 2s-1)$,

$$
x_{4k+3} = \frac{A_{4k+3}a}{A_0}, \quad x_{4k+4} = \frac{A_0}{a}, \quad x_{4k+5} = \frac{A_0}{A_{4k+3}a}, \quad x_{4k+6} = \frac{a}{A_0}.
$$

从而

$$
\begin{aligned}
x_{8s+3} &= \max\left\{\frac{1}{x_{8s+1}}, \frac{A_{8s+3}}{x_{4s}}\right\} \\
&= \max\left\{\frac{aA_{4(2s-1)+3}}{A_0}, \frac{aA_{8s+3}}{A_{4s}}\right\} \\
&= \frac{aA_{8s+3}}{A_0}, \\
x_{8s+4} &= \max\left\{\frac{1}{x_{8s+2}}, \frac{A_{8s+4}}{x_{4s+1}}\right\} \\
&= \max\left\{\frac{A_0}{a}, aA_{8s+4}\right\} \\
&= \frac{A_0}{a}, \\
x_{8s+5} &= \max\left\{\frac{1}{x_{8s+3}}, \frac{A_{8s+5}}{x_{4s+2}}\right\} \\
&= \max\left\{\frac{A_0}{aA_{8s+3}}, \frac{A_0A_{8s+5}}{a}\right\} \\
&= \frac{A_0}{aA_{8s+3}}, \\
x_{8s+6} &= \max\left\{\frac{1}{x_{8s+4}}, \frac{A_{8s+6}}{x_{4s+3}}\right\} \\
&= \max\left\{\frac{a}{A_0}, \frac{A_0A_{8s+6}}{aA_{4s+3}}\right\} \\
&= \frac{a}{A_0}.
\end{aligned}
$$

假设对某个 $l \geqslant 2s$, 当 $k \in \mathbf{Z}(s, l)$ 时, (8.21) 成立. 那么当 $k = l + 1$ 时, 有

$$
\begin{aligned}
x_{4(l+1)+3} &= \max\left\{\frac{1}{x_{4(l+1)+1}}, \frac{A_{4(l+1)+3}}{x_{4(l+1-s)}}\right\} \\
&= \max\left\{\frac{aA_{4l+3}}{A_0}, \frac{aA_{4(l+1)+3}}{A_0}\right\} \\
&= \frac{aA_{4(l+1)+3}}{A_0}, \\
x_{4(l+1)+4} &= \max\left\{\frac{1}{x_{4(l+1)+2}}, \frac{A_{4(l+1)+4}}{x_{4(l+1-s)+1}}\right\} \\
&= \max\left\{\frac{A_0}{a}, \frac{aA_{4(l-s)+3}A_{4(l+1)+4}}{A_0}\right\} \\
&= \frac{A_0}{a}, \\
x_{4(l+1)+5} &= \max\left\{\frac{1}{x_{4(l+1)+3}}, \frac{A_{4(l+1)+5}}{x_{4(l+1-s)+2}}\right\}
\end{aligned}
$$

$$
\begin{aligned}
&= \max\left\{\frac{A_0}{aA_{4(l+1)+3}}, \frac{A_0A_{4(l+1)+5}}{a}\right\}\\
&= \frac{A_0}{aA_{4(l+1)+3}},\\
x_{4(l+1)+6} &= \max\left\{\frac{1}{x_{4(l+1)+4}}, \frac{A_{4(l+1)+6}}{x_{4(l+1-s)+3}}\right\}\\
&= \max\left\{\frac{a}{A_0}, \frac{A_0A_{4(l+1)+6}}{aA_{4(l+1-s)+3}}\right\}\\
&= \frac{a}{A_0}.
\end{aligned}
$$

即当 $k=l+1$ 时, (8.21) 成立. 证毕.

注记 8.4 当 $s=0$ 时, 取 $A_{3n}=A_{3n+1}=A_{3n+2}=(2-1/2^n)/16\ (n\in\mathbf{N}_0)$. 同理可证由初值 $x_{-1}=x_{-3}=1/4, x_{-2}=4$ 确定的方程 (8.20) 的解也满足结论 (8.21).

注记 8.5 由例 8.3 和例 8.4 及注记 8.3 和注记 8.4 说明, 当 $r=2s+1\ (s\in\mathbf{N}_0)$ 时, 方程 (8.7) 存在非终于 4 周期的解.

在文献 [17] 中, Bride 等研究了差分方程

$$
x_n = \max\left\{\frac{1}{x_{n-1}}, \frac{A_n}{x_{n-2}}\right\}\ (n\in\mathbf{N}_0) \tag{8.22}
$$

的解的终于周期性, 其中 $A_n\in\mathbf{R}_+$ 是个 2 周期序列, 初始值 $x_{-1}, x_0\in\mathbf{R}_+$. 在这里, 我们将运用上面的结果重新讨论方程 (8.22).

引理 8.1 差分方程

$$
x_n = \max\left\{\frac{1}{x_{n-1}}, \frac{1}{x_{n-2}}\right\}\ (n\in\mathbf{N}) \tag{8.23}
$$

的每个正解都是终于 3 周期的.

证明 首先我们断言: 存在 $N\geqslant -1$, 使得 $x_Nx_{N+1}=1$. 否则, 若对任意的 $n\geqslant -1$, $x_nx_{n+1}\neq 1$, 则由方程 (8.23) 可推出

$$
\begin{aligned}
&x_{n+1}x_{n-1}=1,\\
&x_nx_{n+2}=1,\\
&x_{n-1}x_n>1,\\
&x_{n+1}x_{n+2}>1.
\end{aligned}
$$

从而得到

$$
1 = x_{n-1}x_nx_{n+1}x_{n+2} > 1,
$$

矛盾. 所以存在 $N\geqslant -1$, 使得 $x_Nx_{N+1}=1$.

不妨设 $x_{-1}x_0 = 1$, 当 $x_{-1} < 1$ 时,

$$
\begin{aligned}
x_1 &= \max\left\{\frac{1}{x_0}, \frac{1}{x_{-1}}\right\} \\
&= \frac{1}{x_{-1}} = x_0, \\
x_2 &= \max\left\{\frac{1}{x_1}, \frac{1}{x_0}\right\} \\
&= \frac{1}{x_0} = x_{-1}, \\
x_3 &= \max\left\{\frac{1}{x_2}, \frac{1}{x_1}\right\} \\
&= \frac{1}{x_1} = x_0, \\
x_4 &= \max\left\{\frac{1}{x_3}, \frac{1}{x_2}\right\} \\
&= \max\left\{\frac{1}{x_0}, \frac{1}{x_{-1}}\right\} = x_1, \\
&\cdots\cdots
\end{aligned}
$$

由数学归纳法可证方程 (8.23) 的解是终于 3 周期的. 当 $x_{-1} \geqslant 1$ 时, 同理可证方程 (8.23) 的解是终于 3 周期的. 证毕.

定理 8.8 ([17])　(1) 当 $A_1A_2 = 1$ 时, 方程 (8.22) 的每个解都是终于 6 周期的.

(2) 当 $A_1A_2 > 1$ 时, 方程 (8.22) 的每个解都是终于 4 周期的.

(3) 当 $A_1A_2 < 1$ 时, 方程 (8.22) 的每个解都是终于 2 周期的.

证明　记 $A_{-1} = A_1, A_0 = A_2$, 设 $x_n = \sqrt{A_n}y_n$, 代入方程 (8.22) 得

$$
y_n = \max\left\{\frac{1}{\sqrt{A_nA_{n-1}}y_{n-1}}, \frac{1}{y_{n-2}}\right\} \ (n \in \mathbf{N}). \tag{8.24}
$$

(1) 当 $A_nA_{n-1} = A_1A_2 = 1$ 时, 方程 (8.24) 等价于

$$
y_n = \max\left\{\frac{1}{y_{n-1}}, \frac{1}{y_{n-2}}\right\},
$$

由引理 8.1 知, 上述方程的每个解都是终于 3 周期的, 从而方程 (8.22) 的每个解都是终于 6 周期的.

(2) 当 $A_nA_{n-1} = A_1A_2 > 1$ 时, 令 $\dfrac{1}{\sqrt{A_nA_{n-1}}} = a$, 则 $a < 1$, 方程 (8.24) 等价于

$$
y_n = \max\left\{\frac{1}{y_{n-2}}, \frac{a}{y_{n-1}}\right\},
$$

由定理 8.7 知, 上述方程的每个解都是终于 4 周期的, 所以方程 (8.22) 的每个解都是终于 4 周期的.

(3) 当 $A_nA_{n-1}=A_1A_2<1$ 时, 令 $\dfrac{1}{\sqrt{A_nA_{n-1}}}=a$, 则 $a>1$, 取 $y_n=\sqrt{a}z_n$ 代入方程 (8.24) 得

$$z_n=\max\left\{\frac{1}{z_{n-1}},\frac{\frac{1}{a}}{z_{n-2}}\right\},$$

由定理 8.3 知, 上述方程的每个解都是终于 2 周期的, 所以方程 (8.22) 的每个解都是终于 2 周期的. 证毕.

8.2 方程 $x_n=\max\left\{\dfrac{1}{x_{n-m}^{\alpha}},\dfrac{A_n}{x_{n-r}^{\beta}}\right\}$ 的性质

在这一节, 我们研究极大型差分方程

$$x_n=\max\left\{\frac{1}{x_{n-m}^{\alpha}},\frac{A_n}{x_{n-r}^{\beta}}\right\}\ (n\in\mathbf{N}_0)$$

的性质, 其中, $A_n\in(0,1], 0<\alpha<1, 0<\beta\leqslant 1, m,r\in\mathbf{N}\ (m\neq r)$, 初始值 $x_{-1},\cdots,x_{-t}\in\mathbf{R}_+\ (t=\max\{m,r\})$.

8.2.1 $0<\alpha<1=\beta$ 时方程的收敛性

在本节中, 我们研究方程

$$x_n=\max\left\{\frac{1}{x_{n-m}^{\alpha}},\frac{A_n}{x_{n-r}}\right\}\ (n\in\mathbf{N}_0) \tag{8.25}$$

的性质, 其中 $0<\alpha<1$. 我们将证明 (8.25) 的每个正解都收敛于 1.

引理 8.2 设 $\{x_n\}_{n=-t}^{+\infty}$ 是方程 (8.25) 的一个正解, 则

(1) $x_nx_{n-m}^{\alpha}\geqslant 1\ (n\in\mathbf{N}_0)$.

(2) $x_n\leqslant\max\left\{x_{n-2m}^{\alpha^2},x_{n-m-r}^{\alpha}\right\}(n\geqslant t)$. (8.26)

证明 (1) 由式 (8.26) 易得.

(2) 由 (1) 得, 对任意的 $n\geqslant t$, 有

$$\begin{aligned}x_n&=\max\left\{\frac{x_{n-2m}^{\alpha^2}}{x_{n-m}^{\alpha}x_{n-2m}^{\alpha^2}},\frac{A_nx_{n-m-r}^{\alpha}}{x_{n-r}x_{n-m-r}^{\alpha}}\right\}\\&\leqslant\max\left\{x_{n-2m}^{\alpha^2},A_nx_{n-m-r}^{\alpha}\right\}\end{aligned}$$

$$\leqslant \max\left\{x_{n-2m}^{\alpha^2}, x_{n-m-r}^{\alpha}\right\}.$$

证毕.

引理 8.3　定义

$$p_n = \max\left\{x_{n-1}^{\alpha}, x_{n-2}^{\alpha}, \cdots, x_{n-m-t}^{\alpha}, 1\right\} \ (n \geqslant t), \tag{8.27}$$

设 $\{x_n\}_{n=-t}^{+\infty}$ 是方程 (8.25) 的一个正解, 则下面结论成立.

(1) $x_n \leqslant p_n (n \geqslant t)$.

(2) $\{p_n\}_{n=t}^{\infty}$ 是单调递减数列.

(3) 存在常数 $B > C > 0$, 使得 $x_n \in [C, B]\ (n \geqslant -t)$.

证明　(1) 显然 $x_{n-m-r}^{\alpha} \leqslant p_n$, 由引理 8.2(2) 知要证 $x_n \leqslant p_n\ (n \geqslant t)$, 只需证 $x_{n-2m}^{\alpha^2} \leqslant p_n\ (n \geqslant t)$.

若 $p_n = 1$, 则 $0 < x_{n-2m}^{\alpha} \leqslant 1$, 即 $x_{n-2m}^{\alpha^2} \leqslant 1 = p_n$.

若 $p_n = x_{n-j}^{\alpha} (j \in \mathbf{Z}(1, m+t))$, 则 $x_{n-j}^{\alpha} > 1$ 且 $x_{n-j}^{\alpha} \geqslant x_{n-2m}^{\alpha}$, 所以

$$x_{n-2m}^{\alpha^2} \leqslant \left\{\begin{array}{ll} 1 < x_{n-j}^{\alpha}, & x_{n-2m}^{\alpha} \leqslant 1 \\ x_{n-2m}^{\alpha} \leqslant x_{n-j}^{\alpha}, & x_{n-2m}^{\alpha} > 1 \end{array}\right\} = p_n,$$

故 $x_n \leqslant p_n (n \geqslant t)$.

(2) $p_{n+1} = \max\left\{x_n^{\alpha}, x_{n-1}^{\alpha}, \cdots, x_{n-m-t+1}^{\alpha}, 1\right\}$, 显然有

$$\max\left\{x_{n-1}^{\alpha}, x_{n-2}^{\alpha}, \cdots, x_{n-m-t+1}^{\alpha}, 1\right\} \leqslant p_n,$$

只需证 $x_n^{\alpha} \leqslant p_n$. 若 $x_n \geqslant 1$, 则 $x_n^{\alpha} \leqslant x_n \leqslant p_n$. 若 $0 < x_n < 1$, 则 $x_n^{\alpha} < 1 \leqslant p_n$. 所以都有 $x_n^{\alpha} \leqslant p_n$, 故 $p_{n+1} \leqslant p_n$.

(3) 显然成立. 证毕.

以下总假定 $\{x_n\}_{n=-t}^{+\infty}$ 是方程 (8.25) 的一个正解且

$$\left\{\begin{array}{l} \lim\limits_{n\to\infty} p_n = S, \\ \liminf\limits_{n\to\infty} x_n^{\alpha} = L. \end{array}\right.$$

显然 $S \geqslant 1$.

引理 8.4　(1) 存在序列 $n_k \to +\infty\ (k \to +\infty)$, 使得 $x_{n_k}^{\alpha} \geqslant S$ 且 $n_{k+1} - n_k \leqslant m + t$.

(2) $S = \limsup_{n\to\infty} x_n^{\alpha}$.

证明　证明过程同性质 8.4 和性质 8.5 的证明类似.

引理 8.5　若 $S > 1$, 则存在常数 $N_1 \in \mathbf{N}$, 使得对一切 $k \in \mathbf{N}_0$,

$$S \leqslant x_{N_1+(k+1)(m+r)}^{\alpha} \leqslant x_{N_1+k(m+r)}^{\alpha}. \tag{8.28}$$

证明　由引理 8.4(2) 知, 若取 $\varepsilon>0$, 满足 $S+\varepsilon<S^{\alpha^{-2}}$, 则存在 $N_1'\in\mathbf{N}$, 使得 $n-2m\geqslant N_1'$ 时,

$$x_{n-2m}<S+\varepsilon<S^{\alpha^{-2}},$$

即 $x_{n-2m}^{\alpha^2}<S$. 由 (8.26) 式得

$$x_n\leqslant\max\left\{S,x_{n-r-m}^{\alpha}\right\}\quad(n-2m\geqslant N_1'). \tag{8.29}$$

由引理 8.4(1) 知, 存在严格递增数列 $n_k\to+\infty$, 使得

$$x_{n_k}^{\alpha}\geqslant S>1.$$

不妨设 $n_k=(m+r)l_k+\tau(\tau\in\mathbf{Z}(0,m+r-1))$. 由 (8.29) 知, 当 $(m+r)(l_k-j)+\tau-2m\geqslant N_1'$ 时,

$$\begin{aligned}
S\leqslant x_{n_k}^{\alpha}&=x_{(m+r)l_k+\tau}^{\alpha}\\
&<x_{(m+r)l_k+\tau}\\
&\leqslant\max\left\{S,x_{(m+r)(l_k-1)+\tau}^{\alpha}\right\}\\
&=x_{(m+r)(l_k-1)+\tau}^{\alpha}\\
&<x_{(m+r)(l_k-1)+\tau}\\
&\leqslant\max\left\{S,x_{(m+r)(l_k-2)+\tau}^{\alpha}\right\}\\
&=x_{(m+r)(l_k-2)+\tau}^{\alpha}\\
&<x_{(m+r)(l_k-2)+\tau}\\
&\leqslant\max\left\{S,x_{(m+r)(l_k-3)+\tau}^{\alpha}\right\}\\
&\qquad\cdots\cdots\\
&=x_{(m+r)(l_k-j)+\tau}^{\alpha},
\end{aligned}$$

取 $N_1=(m+r)l_1+\tau\geqslant N_1'+2m$, 则式 (8.26) 成立. 证毕.

引理 8.6　$S^{\alpha}L\geqslant1$.

证明　设 $m_k\to+\infty(k\to+\infty)$, 使得

$$x_{m_k}^{\alpha}\to L,\quad x_{m_k-m}^{\alpha}\to L_1,$$
$$x_{m_k-r}^{\alpha}\to L_2,\quad A_{m_k}\to A,$$

则

$$x_{m_k}^{\alpha}=\max\left\{\frac{1}{x_{m_k-m}^{\alpha^2}},\frac{A_{m_k}^{\alpha}}{x_{m_k-r}^{\alpha}}\right\}.$$

两边取极限得

$$\begin{aligned}L&=\max\left\{\frac{1}{L_1^\alpha},\frac{A^\alpha}{L_2}\right\}\\&\geqslant\max\left\{\frac{1}{S^\alpha},\frac{A^\alpha}{S}\right\}\\&\geqslant\frac{1}{S^\alpha},\end{aligned}$$

即 $S^\alpha L\geqslant 1$. 证毕.

定理 8.9　设 $\{x_n\}_{n=-t}^{+\infty}$ 是方程 (8.25) 的一个正解, 则 $\lim_{n\to\infty}x_n=1$.

证明　要证 $\lim_{n\to\infty}x_n=1$, 只需证 $\lim_{n\to\infty}x_n^\alpha=1$, 由引理 8.6 知, 只需证 $S=1$.

用反证法. 若 $S>1$, 则由引理 8.5 知, 存在常数 $N_1\in\mathbf{N}$, 使得

$$\lim_{k\to\infty}x^\alpha_{N_1+(m+r)k}=S>1,$$

即

$$\lim_{k\to\infty}x_{N_1+(m+r)k}=S^{\alpha^{-1}}>1.$$

因此当 k 充分大时,

$$x^\alpha_{N_1+(m+r)k}\geqslant x^{\alpha^2}_{N_1+(m+r)k+r-m}.$$

从而

$$\begin{aligned}x^\alpha_{N_1+(m+r)k+r}&=\max\left\{\frac{1}{x^{\alpha^2}_{N_1+(m+r)k+r-m}},\frac{A^\alpha_{N_1+(m+r)k+r}}{x^\alpha_{N_1+(m+r)k}}\right\}\\&=\frac{1}{x^{\alpha^2}_{N_1+(m+r)k+r-m}}.\end{aligned}$$

所以

$$\begin{aligned}x_{N_1+(m+r)(k+1)}&=\max\left\{\frac{1}{x^\alpha_{N_1+(m+r)k+r}},\frac{A_{N_1+(m+r)(k+1)}}{x_{N_1+(m+r)k+m}}\right\}\\&=\max\left\{x^{\alpha^2}_{N_1+(m+r)k+r-m},\frac{A_{N_1+(m+r)(k+1)}}{x_{N_1+(m+r)k+m}}\right\}.\end{aligned}\tag{8.30}$$

不妨设存在子列 k_i, 使

$$\begin{aligned}&x^\alpha_{N_1+(m+r)k_i+r-m}\to L_1,\\&x^\alpha_{N_1+(m+r)k_i+m}\to L_2,\\&A_{N_1+(m+r)(k_i+1)}\to A.\end{aligned}$$

(8.30) 式两边取极限得

$$S^{\alpha^{-1}}=\max\left\{L_1^\alpha,\frac{A}{L_2^{\alpha^{-1}}}\right\}.$$

由于

$$\begin{cases} S^{\alpha^{-1}} > S \geqslant L_1 \geqslant L_1^{\alpha}, & L_1 \geqslant 1, \\ S^{\alpha^{-1}} > 1 > L_1^{\alpha}, & L_1 < 1, \end{cases}$$

所以

$$1 \geqslant A = S^{\alpha^{-1}} L_2^{\alpha^{-1}} > (SL)^{\alpha^{-1}} \geqslant 1,$$

这是一个矛盾. 即 $\lim_{n\to\infty} x_n = 1$. 证毕.

8.2.2 $\alpha, \beta \in (0,1)$ 时方程的收敛性

在本节, 我们研究 $\alpha, \beta \in (0,1)$ 时方程

$$x_n = \max\left\{\frac{1}{x_{n-m}^{\alpha}}, \frac{A_n}{x_{n-r}^{\beta}}\right\} \ (n \in \mathbf{N}_0) \tag{8.31}$$

的性质, 将证明此方程的每个正解也收敛于 1.

引理 8.7 设 $\{x_n\}_{n=-t}^{+\infty}$ 是方程 (8.31) 的一个正解, 则

(1) $x_n x_{n-m}^{\alpha} \geqslant 1 \ (n \geqslant 0)$.

(2) $x_n \leqslant \max\left\{x_{n-2m}^{\alpha^2}, x_{n-m-r}^{\alpha\beta}\right\} \ (n \geqslant t)$. (8.32)

证明 证明过程类似引理 8.2 的证明.

引理 8.8 设 $\{x_n\}_{n=-t}^{+\infty}$ 是方程 (8.31) 的一个正解. 定义

$$p_n = \max\left\{x_{n-1}^{\alpha}, x_{n-2}^{\alpha}, \cdots, x_{n-m-t}^{\alpha}, 1\right\} \ (n \geqslant t), \tag{8.33}$$

则下面结论成立.

(1) $x_n \leqslant p_n \ (n \geqslant t)$.

(2) $\{p_n\}_{n=t}^{\infty}$ 是单调递减数列.

(3) 存在常数 $B > C > 0$, 使得 $x_n \in [C, B] \ (n \geqslant -t)$.

证明 (1) 若 $p_n = 1$, 则

$$0 < x_{n-2m}^{\alpha}, x_{n-m-r}^{\alpha} \leqslant 1,$$

即

$$0 < x_{n-2m}^{\alpha^2}, x_{n-m-r}^{\alpha\beta} \leqslant 1 = p_n.$$

若 $p_n = x_{n-j}^{\alpha} (j \in \mathbf{Z}(1, m+t))$, 则 $x_{n-j}^{\alpha} > 1$, 且

$$x_{n-j}^{\alpha} \geqslant \max\left\{x_{n-2m}^{\alpha}, x_{n-m-r}^{\alpha}\right\}.$$

所以

$$x_{n-2m}^{\alpha^2} \leqslant \begin{Bmatrix} x_{n-2m}^{\alpha} \leqslant x_{n-j}^{\alpha}, & x_{n-2m}^{\alpha} \geqslant 1 \\ 1 \leqslant x_{n-j}^{\alpha}, & x_{n-2m}^{\alpha} < 1 \end{Bmatrix} = p_n,$$

$$x_{n-m-r}^{\alpha\beta} \leqslant \left\{\begin{array}{ll} x_{n-m-r}^{\alpha} \leqslant x_{n-j}^{\alpha}, & x_{n-m-r}^{\alpha} \geqslant 1 \\ 1 \leqslant x_{n-j}^{\alpha}, & x_{n-m-r}^{\alpha} < 1 \end{array}\right\} = p_n.$$

因此 $x_n \leqslant \max\left\{x_{n-2m}^{\alpha^2}, x_{n-m-r}^{\alpha\beta}\right\} \leqslant p_n\ (n \geqslant t)$.

(2) $p_{n+1} = \max\left\{x_n^{\alpha}, x_{n-1}^{\alpha}, \cdots, x_{n-m-t+1}^{\alpha}, 1\right\}$, 而

$$x_n^{\alpha} \leqslant \left\{\begin{array}{ll} x_n, & x_n \geqslant 1 \\ 1, & x_n < 1 \end{array}\right\} \leqslant p_n,$$

所以 $x_n^{\alpha} \leqslant p_n$, 故 $p_{n+1} \leqslant p_n$.

(3) 显然成立. 证毕.

以下总假定 $\{x_n\}_{n=-t}^{+\infty}$ 是方程 (8.31) 的一个正解且

$$\left\{\begin{array}{l} \lim\limits_{n\to\infty} p_n = S, \\ \liminf\limits_{n\to\infty} x_n^{\alpha} = L. \end{array}\right.$$

显然 $S \geqslant 1$.

引理 8.9　(1) 存在序列 $n_k \to +\infty\ (k \to +\infty)$, 使得 $x_{n_k}^{\alpha} \geqslant S$ 且 $n_{k+1} - n_k \leqslant m + t$.

(2) $S = \limsup_{n\to\infty} x_n^{\alpha}$.

证明　证明过程与性质 8.4 及性质 8.5 的证明类似.

引理 8.10　若 $S > 1$, 则存在常数 $N_1 \in \mathbf{N}$, 使得对一切 $k \in \mathbf{N}_0$,

$$S \leqslant x_{N_1+2(k+1)m}^{\alpha} \leqslant x_{N_1+2km}^{\alpha}. \tag{8.34}$$

证明　由引理 8.9(2) 知, 若取 $\varepsilon > 0$ 满足 $S + \varepsilon < S^{(\alpha\beta)^{-1}}$, 则存在 $N_1' \in \mathbf{N}$, 使得 $n - m - r \geqslant N_1'$ 时,

$$x_{n-m-r} < S + \varepsilon < S^{(\alpha\beta)^{-1}},$$

即 $x_{n-m-r}^{\alpha\beta} < S$. 由 (8.32) 式得

$$x_n \leqslant \max\left\{x_{n-2m}^{\alpha^2}, S\right\}\ (n - 2m \geqslant N_1'). \tag{8.35}$$

由引理 8.9(1) 知存在严格递增数列 $n_k \to +\infty$, 使得 $x_{n_k}^{\alpha} \geqslant S > 1$. 不妨设 $n_k = 2ml_k + \tau(\tau \in \mathbf{Z}(0, m+r-1))$. 由 (8.35) 知, 当 $2m(l_k - j) + \tau - m - r \geqslant N_1'$ 时,

$$\begin{aligned} S \leqslant x_{n_k}^{\alpha} &= x_{2ml_k+\tau}^{\alpha} < x_{2ml_k+\tau} \\ &\leqslant \max\left\{x_{2m(l_k-1)+\tau}^{\alpha^2}, S\right\} \\ &< \max\left\{x_{2m(l_k-1)+\tau}^{\alpha}, S\right\} \end{aligned}$$

$$
\begin{aligned}
&= x^{\alpha}_{2m(l_k-1)+\tau} < x_{2m(l_k-1)+\tau} \\
&\leqslant \max\left\{x^{\alpha^2}_{2m(l_k-2)+\tau}, S\right\} \\
&< \max\left\{x^{\alpha}_{2m(l_k-2)+\tau}, S\right\} \\
&= x^{\alpha}_{2m(l_k-2)+\tau} < x_{2m(l_k-2)+\tau} \\
&\leqslant \max\left\{x^{\alpha^2}_{2m(l_k-3)+\tau}, S\right\} \\
&< \max\left\{x^{\alpha}_{2m(l_k-3)+\tau}, S\right\} \\
&\quad \cdots\cdots \\
&= x^{\alpha}_{2m(l_k-j)+\tau},
\end{aligned}
$$

只需取 $N_1 = 2ml_1 + \tau \geqslant N_1' + m + r$, 有 (8.34) 式成立. 证毕.

引理 8.11　$SL \geqslant 1$.

证明　设 $m_k \to +\infty (k \to +\infty)$, 使得

$$
\begin{aligned}
&x^{\alpha}_{m_k} \to L,\ x^{\alpha}_{m_k-m} \to L_1, \\
&x^{\alpha}_{m_k-r} \to L_2,\ A_{m_k} \to A,
\end{aligned}
$$

则

$$
x^{\alpha}_{m_k} = \max\left\{\frac{1}{x^{\alpha^2}_{m_k-m}}, \frac{A^{\alpha}_{m_k}}{x^{\alpha\beta}_{m_k-r}}\right\}.
$$

两边取极限得

$$
\begin{aligned}
L &= \max\left\{\frac{1}{L_1^{\alpha}}, \frac{A^{\alpha}}{L_2^{\beta}}\right\} \\
&\geqslant \max\left\{\frac{1}{S^{\alpha}}, \frac{A^{\alpha}}{S^{\beta}}\right\} \\
&\geqslant \frac{1}{S},
\end{aligned}
$$

即 $SL \geqslant 1$. 证毕.

定理 8.10　设 $\{x_n\}_{n=-t}^{+\infty}$ 是方程 (8.31) 的一个正解, 则 $\lim_{n\to\infty} x_n = 1$.

证明　要证 $\lim_{n\to\infty} x_n = 1$, 只需证 $\lim_{n\to\infty} x_n^{\alpha} = 1$, 由引理 8.11 知, 只需证 $S = 1$.

用反证法. 若 $S > 1$, 则由引理 8.10 知, 存在常数 $N_1 \in \mathbf{N}$, 使得

$$
\lim_{k\to\infty} x^{\alpha}_{N_1+2mk} = S > 1.
$$

对于

$$
x_{N_1+2mk} = \max\left\{\frac{1}{x^{\alpha}_{N_1+2mk-m}}, \frac{A_{N_1+2mk}}{x^{\beta}_{N_1+2mk-r}}\right\}, \tag{8.36}
$$

不妨设存在子列 k_i, 使

$$\begin{aligned} & x^{\alpha}_{N_1+2mk_i-m} \to L_1, \\ & x^{\alpha}_{N_1+2mk_i-r} \to L_2, \\ & A_{N_1+2mk_i} \to A. \end{aligned}$$

(8.36) 式两边取极限得

$$S^{\alpha^{-1}} = \max\left\{\frac{1}{L_1}, \frac{A}{L_2^{\beta\alpha^{-1}}}\right\}.$$

由于

$$S^{\alpha^{-1}} L_1 > SL_1 \geqslant SL \geqslant 1,$$

所以

$$1 \geqslant A = (SL_2^{\beta})^{\alpha^{-1}} = \begin{cases} S^{\alpha^{-1}} L_2^{\beta\alpha^{-1}} \geqslant S^{\alpha^{-1}} > 1, & L_2 \geqslant 1, \\ S^{\alpha^{-1}} L_2^{\beta\alpha^{-1}} > (SL_2)^{\alpha^{-1}} \geqslant (SL)^{\alpha^{-1}} \geqslant 1, & L_2 < 1. \end{cases}$$

这是一个矛盾. 所以 $\lim_{n\to\infty} x_n = 1$. 证毕.

8.3　方程 $x_{n+1} = \max\left\{C_n, \dfrac{x_{n-2}}{x_n}\right\}$ 的有界性

在这一节, 我们研究差分方程

$$x_{n+1} = \max\left\{C_n, \frac{x_{n-2}}{x_n}\right\} \ (n \in \mathbf{N}_0) \tag{8.37}$$

正解的有界性, 其中 $\{C_n\}_{n=0}^{\infty}$ 是周期为 k 的序列, $\gcd(3,k) = 1$, 且 $C_n \in \mathbf{R}_+$ $(n \in \mathbf{N}_0)$, 初始值 $x_{-2}, x_{-1}, x_0 \in \mathbf{R}_+$. 我们将证明方程 (8.37) 的每一个正解都有界.

引理 8.12　设 $\gcd(3,k) = 1$, 则对任意的 $0 \leqslant r \leqslant 2$ 和 $n \geqslant 3k-3+r$, $\prod_{l=0}^{k-1} C_{n-(3l+r)} = \prod_{l=0}^{k-1} C_l = C$.

证明　设 $m, u \in \mathbf{Z}(0,k-1)$ (且 $m \leqslant u$), $t \in \mathbf{Z}(0,k-1)$, $p, q \in \mathbf{Z}$, 满足

$$\begin{cases} n-(3m+r) = kp+t, \\ n-(3u+r) = kq+t, \end{cases} \tag{8.38}$$

则

$$3(u-m) = k(p-q).$$

由 $\gcd(k,3) = 1$ 和 $u - m < k$, 故有 $m = u$ 和 $p = q$. 从而

$$\{n-(3l+r) : l \in \mathbf{Z}(0,k-1)\} = \mathbf{Z}(0,k-1) \mod k.$$

证毕.

引理 8.13　设 $\{x_n\}_{n=-2}^{\infty}$ 是方程(8.37)的一个正解, 则对任意的 $j \in \mathbf{Z}(0, k-1)$, $l \in \mathbf{N}_0$ 和 $n \geqslant 3(kl+j)$, 有

$$x_{n+1} \leqslant \max\left\{A_j^l, B_j^l \frac{x_{n-3(kl+j+1)+1}}{x_{n-(3kl+3j+1)+1}}\right\}, \tag{8.39}$$

其中

$$\begin{aligned}
A_j^l &= M \max\left\{\max\left\{1, \frac{1}{C}, \frac{1}{C^2}, \cdots, \frac{1}{C^{l-1}}\right\}T, \frac{1}{C^l}\max\left\{1, \frac{1}{m}, \frac{1}{m^2}, \cdots, \frac{1}{m^j}\right\}\right\},\\
T &= \max\left\{1, \frac{1}{m}, \frac{1}{m^2}, \cdots, \frac{1}{m^{k-1}}\right\},\\
B_j^l &= \frac{1}{C^l m^j},\\
M &= \max_{0 \leqslant i \leqslant k-1} C_i,\\
m &= \min_{0 \leqslant i \leqslant k-1} C_i.
\end{aligned}$$

证明　由公式 (8.37) 及引理 8.12 可知

$$\begin{aligned}
x_{n+1} &= \max\left\{C_n, \frac{x_{n-2}}{x_n}\right\}\\
&\leqslant \max\left\{C_n, \frac{x_{n-2}}{C_{n-1}}\right\}\\
&= \max\left\{C_n, \frac{C_{n-3}}{C_{n-1}}, \frac{x_{n-5}}{C_{n-1}x_{n-3}}\right\}\\
&\leqslant \cdots\\
&= \max\left\{C_n, \frac{C_{n-3}}{C_{n-1}}, \frac{C_{n-6}}{C_{n-1}C_{n-4}}, \cdots, \frac{C_{n-3(kl+j)}}{C_{n-1}C_{n-4}C_{n-7}\cdots C_{n-(3kl+3j-2)}},\right.\\
&\qquad \left.\frac{x_{n-3(kl+j+1)+1}}{C_{n-1}C_{n-4}C_{n-7}\cdots C_{n-(3kl+3j-2)}x_{n-(3kl+3j+1)+1}}\right\}\\
&\leqslant \max\left\{M, \frac{M}{C_{n-1}}, \frac{M}{C_{n-1}C_{n-4}}, \cdots, \frac{M}{C_{n-1}C_{n-4}C_{n-7}\cdots C_{n-(3kl+3j-2)}},\right.\\
&\qquad \left.\frac{x_{n-3(kl+j+1)+1}}{C_{n-1}C_{n-4}C_{n-7}\cdots C_{n-(3kl+3j-2)}x_{n-(3kl+3j+1)+1}}\right\}\\
&= \max\left\{M\max\left\{1, \frac{1}{C}, \frac{1}{C^2}, \cdots, \frac{1}{C^{l-1}}\right\}, M\max\left\{\frac{1}{m}, \frac{1}{mC}, \frac{1}{mC^2}, \cdots, \frac{1}{mC^{l-1}}\right\},\right.\\
&\qquad M\max\left\{\frac{1}{m^2}, \frac{1}{m^2C}, \frac{1}{m^2C^2}, \cdots, \frac{1}{m^2C^{l-1}}\right\}, \cdots,\\
&\qquad M\max\left\{\frac{1}{m^{k-1}}, \frac{1}{m^{k-1}C}, \frac{1}{m^{k-1}C^2}, \cdots, \frac{1}{m^{k-1}C^{l-1}}\right\},\\
&\qquad \left. M\max\left\{\frac{1}{C^l}, \frac{1}{C^l m}, \frac{1}{C^l m^2}, \cdots, \frac{1}{C^l m^j}\right\}, \frac{x_{n-3(kl+j+1)+1}}{C^l m^j x_{n-(3kl+3j+1)+1}}\right\}
\end{aligned}$$

$$
\begin{aligned}
&=\max\left\{M\max\left\{1,\frac{1}{C},\frac{1}{C^2},\cdots,\frac{1}{C^{l-1}}\right\},\frac{M}{m}\max\left\{1,\frac{1}{C},\frac{1}{C^2},\cdots,\frac{1}{C^{l-1}}\right\},\right.\\
&\quad\frac{M}{m^2}\max\left\{1,\frac{1}{C},\frac{1}{C^2},\cdots,\frac{1}{C^{l-1}}\right\},\cdots,\frac{M}{m^{k-1}}\max\left\{1,\frac{1}{C},\frac{1}{C^2},\cdots,\frac{1}{C^{l-1}}\right\},\\
&\quad\left.\frac{M}{C^l}\max\left\{1,\frac{1}{m},\frac{1}{m^2},\cdots,\frac{1}{m^j}\right\},\frac{x_{n-3(kl+j+1)+1}}{C^l m^j x_{n-(3kl+3j+1)+1}}\right\}\\
&=\max\left\{M\max\left\{\max\left\{1,\frac{1}{C},\frac{1}{C^2},\cdots,\frac{1}{C^{l-1}}\right\}\max\left\{1,\frac{1}{m},\frac{1}{m^2},\cdots,\frac{1}{m^{k-1}}\right\},\right.\right.\\
&\quad\left.\left.\frac{1}{C^l}\max\left\{1,\frac{1}{m},\frac{1}{m^2},\cdots,\frac{1}{m^j}\right\}\right\},\frac{x_{n-3(kl+j+1)+1}}{C^l m^j x_{n-(3kl+3j+1)+1}}\right\}.
\end{aligned}
$$

证毕.

定理 8.11　方程 (8.37) 的每一个正解都有界.

证明　设 $\{x_n\}_{n=-2}^{\infty}$ 是方程 (8.37) 的一个正解. 分下面两种情形考虑.

情形 1　$C>1$. 设 $A=\max\{x_{-2},x_{-1},x_0\}$, $a=\min\{x_0,x_1,x_2\}$. 由引理 8.13 可知, 对任意 $n\in\mathbf{N}_0$, 存在 $0\leqslant r\leqslant 2$, 使得

$$
\begin{aligned}
x_{n+1}&\leqslant\max\left\{MT,\frac{x_{r-2}}{m^{k-1}x_r}\right\}\\
&\leqslant\max\left\{MT,\frac{A}{am^{k-1}}\right\},
\end{aligned}
$$

所以 $\{x_n\}_{n=-2}^{\infty}$ 有界.

情形 2　$C\leqslant 1$. 用反证法. 设 $\{x_{n_i+1}\}$ 是 $\{x_n\}$ 的子序列, 满足

$$\lim_{n_i\to\infty}x_{n_i+1}=\infty \tag{8.40}$$

和

$$x_{n_i+1}>x_k\quad(k\leqslant n_i,i\in\mathbf{N}_0). \tag{8.41}$$

由式 (8.39) 可知, 对任意 $j\in\mathbf{N}_0$,

$$\lim_{n_i\to\infty}x_{n_i-3(j+1)+1}=\infty.$$

断言 1　对任意 $j\in\mathbf{N}_0$, $x_{n_i-(3j+1)+1}$ 有界.

断言 1 的证明　事实上, 若对某 $j\in\mathbf{N}_0$, 有 $x_{n_i-(3j+1)+1}$ 无界, 则存在 $r\in\mathbf{Z}(0,k-1)$ 和 $l\in\mathbf{N}_0$, 使得 $j=kl+r$, 故存在 n_i, 使得

$$
\begin{cases}
x_{n_i-(3j+1)+1}\geqslant 2B_r^l,\\
x_{n_i-3(j+1)+1}>2A_r^l.
\end{cases}
$$

由 (8.39) 可知,

$$x_{n_i+1}\leqslant\max\left\{A_r^l,B_r^l\frac{x_{n_i-3(j+1)+1}}{x_{n_i-(3j+1)+1}}\right\}$$

$$\leqslant \max\left\{A_r^l, \frac{x_{n_i-3(j+1)+1}}{2}\right\}$$
$$\leqslant x_{n_i-3(j+1)+1},$$

与 (8.41) 矛盾, 这就证明了断言 1.

设

$$\limsup_{n_i\to\infty} x_{n_i-3} = B. \tag{8.42}$$

断言 2　对任意 $j \in \mathbf{N}_0$, $x_{n_i-(3j+5)+1}$ 有界.

断言 2 的证明　设对某 $j \in \mathbf{N}_0$, $x_{n_i-(3j+5)+1}$ 无界, 则存在某 $r \in \mathbf{Z}(0, k-1)$ 和 $l \in \mathbf{N}_0$, 使得 $j = kl + r$. 由 (8.37) 可知,

$$x_{n_i-(3j+5)+1} = \max\left\{C_{n_i-(3j+5)}, \frac{x_{n_i-(3j+8)+1}}{x_{n_i-(3j+5)}}\right\},$$

从而存在 $n_i > 3j+4$, 使得

$$x_{n_i-(3j+8)+1} > \max\left\{\frac{2B_{n+1}^l x_{n_i-(3j+5)}}{C_{n_i-(3j+4)}}, 2A_{r+1}^l\right\}.$$

因此由 (8.39), 有

$$\begin{aligned}
x_{n_i+1} &\leqslant \max\left\{A_{r+1}^l, B_{r+1}^l \frac{x_{n_i-3(j+2)+1}}{x_{n_i-(3j+4)+1}}\right\} \\
&\leqslant \max\left\{A_{r+1}^l, B_{r+1}^l \frac{x_{n_i-(3j+5)}}{C_{n_i-(3j+4)}}\right\} \\
&\leqslant \max\left\{A_{r+1}^l, \frac{C_{n_i-(3j+4)}}{2C_{n_i-(3j+4)}} x_{n_i-(3j+8)+1}\right\} \\
&\leqslant \max\left\{A_{r+1}^l, \frac{x_{n_i-(3j+8)+1}}{2}\right\} \\
&< x_{n_i-(3j+8)+1}.
\end{aligned}$$

这也与 (8.41) 矛盾. 由断言 1, 断言 2 及引理 8.12 可知, 对任意 $j \in \mathbf{N}_0$,

$$\begin{aligned}
&\lim_{n_i\to\infty} \prod_{l=0}^{k-1} x_{n_i-(3j+3l+2)+1} \\
=& \lim_{n_i\to\infty} \prod_{l=0}^{k-1} \max\left\{C_{n_i-(3j+3l+2)}, \frac{x_{n_i-(3j+3l+5)+1}}{x_{n_i-(3j+3l+3)+1}}\right\} \\
=& \prod_{l=0}^{k-1} \max\left\{\lim_{n_i\to\infty} C_{n_i-(3j+3l+2)}, \lim_{n_i\to\infty} \frac{x_{n_i-(3j+3l+5)+1}}{x_{n_i-(3j+3l+3)+1}}\right\} \\
=& \prod_{l=0}^{k-1} C_{n_i-(3j+3l+2)} = C \leqslant 1.
\end{aligned}$$

选取正整数 q 使得 $q > \log_C \frac{m}{B}$. 则存在充分大的 n_i, 使得

$$\begin{aligned}
x_{n_i-3} &= \max\left\{C_{n_i-4}, \frac{x_{n_i-6}}{x_{n_i-4}}\right\} \\
&= \max\left\{C_{n_i-4}, \frac{C_{n_i-7}}{x_{n_i-4}}, \frac{x_{n_i-9}}{x_{n_i-4}x_{n_i-7}}\right\} \\
&= \cdots \\
&\geqslant \max\left\{C_{n_i-4}, \frac{C_{n_i-7}}{x_{n_i-4}}, \cdots, \frac{C_{n_i-(4+3t)}}{\prod_{t=1}^{j} x_{n_i-(2+3t)+1}}\right\} \\
&\geqslant m\max\left\{1, \frac{1}{x_{n_i-4}}, \cdots, \frac{1}{\prod_{t=1}^{kq} x_{n_i-(2+3t)+1}}\right\} \\
&\geqslant m\max\left\{1, \frac{1}{\prod_{t=1}^{k} x_{n_i-(2+3t)+1}}, \frac{1}{\prod_{t=1}^{2k} x_{n_i-(2+3t)+1}},\right. \\
&\qquad \left.\cdots, \frac{1}{\prod_{t=1}^{qk} x_{n_i-(2+3t)+1}}\right\}.
\end{aligned}$$

从而有

$$\limsup_{n_i\to\infty} x_{n_i-3} \geqslant m\frac{1}{C^q} > B,$$

与 (8.42) 矛盾. 这就证明了 $\{x_n\}_{n=-2}^{\infty}$ 是有界的. 证毕.

8.4　方程 $x_n = \max\left\{\dfrac{A_n}{x_{n-r}}, x_{n-k}\right\}$ 的周期性

在这一节, 我们考虑极大型差分方程

$$x_n = \max\left\{\frac{A_n}{x_{n-r}}, x_{n-k}\right\} \quad (n \in \mathbf{N}) \tag{8.43}$$

的周期性, 其中 $\{A_n\}_{n=1}^{+\infty}$ 是周期为 p 的数列, $k, r \in \mathbf{N}$ 且 $\gcd(k, r) = 1$ 和 $k \neq r$, 初始值 $x_{1-d}, x_{2-d}, \cdots, x_0 \in \mathbf{R}$ $(d = \max\{r, k\})$.

定理 8.12　设 $\{A_n\}_{n=1}^{+\infty}$ 是周期为 p 的数列, $k, r \in \mathbf{N}$ 且 $\gcd(k, r) = 1$ 和 $k \neq r$.

(1) 若 $p \geqslant 2$ 且 k 是奇数, 则 (8.43) 的每一个解都是终于 k 周期的.

(2) 若 $p = 1$, 则 (8.43) 的每一个解都是终于 k 周期的.

证明　设 $\{x_n\}_{n=1-d}^{+\infty}$ 是 (8.43) 的一个解. 由 (8.43) 可知, 对任意的 $n, i \in \mathbf{N}_0$, 有

$$x_{(n+1)k+i} = \max\left\{\frac{A_{(n+1)k+i}}{x_{(n+1)k+i-r}}, x_{nk+i}\right\} \geqslant x_{nk+i}.$$

从而对每一个 $i \in \mathbf{N}_0$, $\{x_{nk+i}\}_{n=0}^{+\infty}$ 是递增的且对所有 $n \in \mathbf{N}_0$, $x_{nk+i} < 0$ 或者存在 $N_i > 0$, 使得对所有 $n \geqslant N_i$, 有 $x_{nk+i} > 0$.

我们断言 $\{x_{nk}\}_{n=0}^{+\infty}$ 是终于常数序列. 若 $\{x_{nk}\}_{n=0}^{+\infty}$ 不是终于常数序列, 则存在 $kr < n_1 < n_2 < \cdots$, 使得 $x_{n_ik} > x_{(n_i-1)k}$ 且对所有 $i \in \mathbf{N}$, A_{n_ik} 是常数列 (因为 $\{A_n\}_{n=1}^{+\infty}$ 是周期序列). 从而有

$$\begin{aligned} x_{n_{i+1}k} &= \max\left\{\frac{A_{n_{i+1}k}}{x_{n_{i+1}k-r}}, x_{(n_{i+1}-1)k}\right\} \\ &= \frac{A_{n_{i+1}k}}{x_{n_{i+1}k-r}} \\ &> x_{(n_{i+1}-1)k} \\ &\geqslant x_{n_ik} \\ &= \max\left\{\frac{A_{n_ik}}{x_{n_ik-r}}, x_{(n_i-1)k}\right\} \\ &= \frac{A_{n_ik}}{x_{n_ik-r}}. \end{aligned}$$

由此可知, 对所有 $i \in \mathbf{N}$,

$$\frac{A_{n_ik}(x_{n_{i+1}k-r} - x_{n_ik-r})}{x_{n_{i+1}k-r}x_{n_ik-r}} < 0.$$

从而对所有 $i \in \mathbf{N}$,

$$x_{n_ik}x_{n_ik-r} = A_{n_ik} < 0$$

和

$$x_{n_{i+1}k-r} > x_{n_ik-r}.$$

因此 $x_{nk}x_{nk-r} < 0$. 由归纳法知, 对所有 $i \in \mathbf{Z}(1, k-1)$, $x_{nk-ir}x_{nk-(i+1)r} < 0$ 且每个 $\{x_{nk-ir}\}_{n=r}^{+\infty}$ $(i \in \mathbf{Z}(1, k-1))$ 是非终于常数序列.

若 $p \geqslant 2$ 且 k 是奇数, 则 $x_{nk}x_{nk-kr}\prod_{i=1}^{k-1} x_{nk-ir}x_{nk-ir} < 0$ 终于. 这是矛盾的.

若 $p = 1$, 则记 $A_n = A$ $(n \in \mathbf{N})$, 选取 $m_0 \geqslant m_1 \geqslant \cdots \geqslant m_{2k}$, 使得

$$x_{m_jk-jr} < x_{(m_j+1)k-jr}$$

和

$$x_{(m_j+1)k-(j+1)r} = x_{(m_{j+1}+1)k-(j+1)r} \quad (j \in \mathbf{Z}(0, 2k-1)).$$

从而

$$\begin{aligned} x_{(m_0+1)k} &= \max\left\{\frac{A}{x_{(m_0+1)k-r}}, x_{m_0k}\right\} \\ &= \frac{A}{x_{(m_0+1)k-r}} \\ &= \frac{A}{x_{(m_1+1)k-r}} \end{aligned}$$

$$
\begin{aligned}
&= \frac{A}{\max\left\{\dfrac{A}{x_{(m_1+1)k-2r}}, x_{m_1k-r}\right\}} \\
&= x_{(m_1+1)k-2r} \\
&= x_{(m_2+1)k-2r} \\
&\quad \cdots\cdots \\
&= x_{(m_{2k}+1)k-2kr} \\
&\leqslant x_{m_0k},
\end{aligned}
$$

这是矛盾的, 这就完成了断言的证明.

由断言可选取 $N \in \mathbf{N}$, 使得当 $n \geqslant N$ 时, $x_{nk} = x_{Nk}$. 因为 A_n 是周期序列, 所以可选取 $N_1 > N$, 使得

$$
\frac{A_{N_1k+r}}{x_{Nk}} = \max\left\{\frac{A_{nk+r}}{x_{Nk}} : n \geqslant N\right\}.
$$

因此对所有 $n \geqslant N_1$,

$$
x_{nk+r} = \max\left\{\frac{A_{nk+r}}{x_{Nk}}, x_{(n-1)k+r}\right\}.
$$

我们断言: $x_{nk+r} = x_{(n-1)k+r}$(当 $n \geqslant N_1 + 1$ 时). 否则, 若对某 $m \geqslant N_1 + 1$, 有

$$
x_{mk+r} > x_{(m-1)k+r},
$$

则有

$$
\begin{aligned}
x_{mk+r} &= \frac{A_{mk+r}}{x_{Nk}} \\
&> x_{(m-1)k+r} \\
&\geqslant x_{N_1k+r} \\
&\geqslant \frac{A_{N_1k+r}}{x_{Nk}},
\end{aligned}
$$

这是矛盾的. 由归纳法可证, 对每一个 $j \in \mathbf{Z}(1,k)$, x_{nk+jr} 是终于常数序列. 注意到由于 $\gcd(k,r) = 1$, 故有

$$
\{jr : j \in \mathbf{Z}(1,k)\} = \mathbf{Z}(0, k-1) \bmod k.
$$

从而对每一个 $i \in \mathbf{Z}(0, k-1)$, x_{nk+i} 是终于常数序列, 所以 $\{x_n\}_{n=1-d}^{+\infty}$ 是终于 k 周期的. 证毕.

从上面定理我们得到下面推论.

推论 8.1　设 $k, r \in \mathbf{N}$ 且 $k \neq r$. 若 $\{A_n\}_{n=1}^{+\infty}$ 是周期序列, 则 (8.43) 的每一个正 (或负) 解是终于 k 周期的.

定理 8.13　设 $\{A_n\}_{n=1}^{+\infty}$ 是周期序列, 周期 $p \geqslant 2$, $k, r \in \mathbf{N}$ 且 $\gcd(k, r) = 1$ 和 $k \neq r$. 若对某 $s \in \mathbf{Z}(1, p)$, 有 $A_s \geqslant 0$, 则 (8.43) 的每一个解都是终于 k 周期的.

证明　设 $\{x_n\}_{n=1-d}^{+\infty}$ 是 (8.43) 的一个解. 类似定理 8.12 的证明过程可得, 对每一个 $i \in \mathbf{N}_0$, $\{x_{nk+i}\}_{n=0}^{+\infty}$ 是递增的, 且对所有 $n \in \mathbf{N}_0$, $x_{nk+i} < 0$, 或者存在 $N_i > 0$, 使得对 $n \geqslant N_i$, 有 $x_{nk+i} > 0$.

不失一般性, 设 $A_1 \geqslant 0$. 我们断言 $\{x_{nk}\}_{n=0}^{+\infty}$ 是终于常数序列. 否则若 $\{x_{nk}\}_{n=0}^{+\infty}$ 不是常数序列, 则存在 $kr < n_1 < n_2 < \cdots$, 使得 $x_{n_i k} > x_{(n_i-1)k}$ 且对所有 $i \in \mathbf{N}$, $A_{n_i k}$ 是常数序列. 因此有

$$\begin{aligned} x_{n_{i+1}k} &= \max\left\{\frac{A_{n_{i+1}k}}{x_{n_{i+1}k-r}}, x_{(n_{i+1}-1)k}\right\} \\ &= \frac{A_{n_{i+1}k}}{x_{n_{i+1}k-r}} \\ &> x_{(n_{i+1}-1)k} \\ &\geqslant x_{n_i k} \\ &= \max\left\{\frac{A_{n_i k}}{x_{n_i k-r}}, x_{(n_i-1)k}\right\} \\ &= \frac{A_{n_i k}}{x_{n_i k-r}} \end{aligned}$$

且

$$\begin{aligned} x_{npk} &= \max\left\{\frac{A_{npk}}{x_{npk-r}}, x_{(np-1)k}\right\} \\ &\geqslant \frac{A_{npk}}{x_{npk-r}}. \end{aligned}$$

由此可知, 对所有 $i \in \mathbf{N}$,

$$x_{n_i k} x_{n_i k-r} = A_{n_i k}$$

且

$$x_{npk} x_{npk-r} \geqslant A_1 \geqslant 0.$$

从而 $A_{n_i k} \geqslant 0$ 且

$$\frac{A_{n_i k}(x_{n_{i+1}k-r} - x_{n_i k-r})}{x_{n_{i+1}k-r} x_{n_i k-r}} < 0.$$

因而对所有 $i \in \mathbf{N}$,

$$x_{n_{i+1}k-r} < x_{n_i k-r}.$$

这是矛盾的.

类似定理 8.12 的证明过程, 我们还可证明, 对每一个 $j \in \mathbf{Z}(1, k)$, x_{nk+jr} 是终于常数序列. 注意到由于 $\gcd(k, r) = 1$, 故有

$$\{jr : j \in \mathbf{Z}(1,k)\} = \mathbf{Z}(0,k-1) \bmod k.$$

从而对每一个 $\{i \in \mathbf{Z}(0,k-1)\}$, x_{nk+i} 是常数序列, 这说明 $\{x_n\}_{n=1-d}^{+\infty}$ 是终于 k 周期的. 证毕.

下面构造一个 $p \geqslant 2$ 且 k 是偶数的方程, 使得其解不是终于周期的.

例 8.5　考虑极大型差分方程

$$x_n = \max\left\{\frac{A_n}{x_{n-r}}, x_{n-k}\right\} \ (n \in \mathbf{N}), \tag{8.44}$$

其中 $k, r \in \mathbf{N}$ (k 是偶数, $\gcd(k,r)=1$, $k \neq r$), A_n 满足 $A_{2i} = A < A_{2i-1} = B < 0$ ($i \in \mathbf{N}$). 选取初始值 $x_{-i} = B$ (对奇数 $i \in \mathbf{Z}(0,d)$) 和 $x_{-i} = 1$ (对偶数 $i \in \mathbf{Z}(0,d)$) 且 $d = \max\{r,k\}$, 可得到 (8.44) 的一个解 $\{x_n\}_{n=1-d}^{\infty}$, 使得

(1) 若 $r < k$, 则

$$x_{nk+i} = \begin{cases} \left\{\dfrac{B}{A}\right\}^{n} B, & i \in \{1,3,\cdots,r\}, \\ \left\{\dfrac{B}{A}\right\}^{n+1} B, & i \in \{r+2,\cdots,k-1\}, \\ \left\{\dfrac{A}{B}\right\}^{n+1}, & i \in \{2,\cdots,k\}. \end{cases}$$

易证 $\lim_{n\to\infty} x_{2n} = \infty$ 且 $\lim_{n\to\infty} x_{2n-1} = 0$.

(2) 若 $r > k$, 则

$$x_{n2r+i} = \begin{cases} \left\{\dfrac{B}{A}\right\}^{n} B, & i \in \{1,3,\cdots,r\}, \\ \left\{\dfrac{B}{A}\right\}^{n+1} B, & i \in \{r+2,\cdots,2r-1\}, \\ \left\{\dfrac{A}{B}\right\}^{n+1}, & i \in \{2,\cdots,2r\}. \end{cases}$$

易证 $\lim_{n\to\infty} x_{2n} = \infty$ 且 $\lim_{i\to\infty} x_{2n-1} = 0$.

注记 8.6　考虑极大型差分方程

$$x_n = \max\left\{\frac{A_n}{x_{n-sr}}, x_{n-sk}\right\} \ (n \in \mathbf{N}), \tag{8.45}$$

其中 $\{A_n\}_{n=1}^{+\infty}$ 是周期为 ps 的数列, $s,k,r \in \mathbf{N}\,(\gcd(k,r)=1,\ k \neq r)$, $p=1$ (或 $p \geqslant 2$), 初始值 $x_{1-d}, x_{2-d}, \cdots, x_0 \in \mathbf{R}$ ($d = \max\{sr, sk\}$). 记 $y_n^i = x_{ns+i}$ ($i \in \mathbf{Z}(1,s)$, $n \in \mathbf{N}_0$). 则 (8.45) 可化为方程

$$y_n^i = \max\left\{\frac{A_{ns+i}}{y_{n-r}^i}, y_{n-k}^i\right\} \ (i \in \mathbf{Z}(1,s),\ n \in \mathbf{N}_0). \tag{8.46}$$

(1) 若 $p=1$ (或 $p\geqslant 2$ 且 k 是奇数), 则由定理 8.12 可知, 对每一个 $i\in\mathbf{Z}(1,s)$, 方程 $y_n^i=\max\left\{\dfrac{A_{ns+i}}{y_{n-r}^i},y_{n-k}^i\right\}$ 的每一个解都是终于 k 周期的. 因此 (8.45) 的每一个解都是终于 sk 周期的.

(2) 若 $p\geqslant 2$, 对每一个 $i\in\mathbf{Z}(1,s)$, 存在 j_i 满足 $A_{j_is+i}\geqslant 0$, 则由定理 8.13 可知, 对每一个 $i\in\mathbf{Z}(1,s)$, 方程 $y_n^i=\max\left\{\dfrac{A_{ns+i}}{y_{n-r}^i},y_{n-k}^i\right\}$ 的每一个解都是终于 k 周期的. 因此, (8.45) 的每一个解都是终于 sk 周期的.

(3) 若 $p\geqslant 2$ 且 k 是偶数, 则由例 8.5 可知, 对每一个 $i\in\mathbf{Z}(1,s)$, 可构造方程 $y_n^i=\max\left\{\dfrac{A_{ns+i}}{y_{n-r}^i},y_{n-k}^i\right\}$, 使得它有非终于周期的解. 因此, 可构造方程

$$x_n=\max\left\{\frac{A_n}{x_{n-sr}},x_{n-sk}\right\}\quad (n\in\mathbf{N}),$$

使得它有非终于周期的解.

8.5　方程 $x_n=\max\left\{\dfrac{1}{x_{n-m}},\dfrac{A_n}{x_{n-r}}\right\}$ 进一步讨论

在这一节, 我们进一步讨论极大型差分方程

$$x_n=\max\left\{\frac{1}{x_{n-m}},\frac{A_n}{x_{n-r}}\right\}\quad (n\in\mathbf{N}_0),\tag{8.47}$$

其中 $m,r\in\mathbf{N}$. 在本节, 我们假设 $\{A_n\}_{n\geqslant 0}$ 是正数序列, $A_n\in(0,1)$ $(n\in\mathbf{N}_0)$ 且 $\sup A_n<1$. 设 $\{x_n\}_{n\geqslant -d}$ 是 (8.47) 的一个正解, 且初始值 $x_{-d},x_{-d+1},\cdots,x_{-1}\in\mathbf{R}_+$ $(d=\max\{m,r\})$.

引理 8.14　下面几个结论成立.

(1) 对所有 $n\geqslant 0$, $x_nx_{n-m}\geqslant 1$.

(2) 对所有 $n\geqslant d$, $x_n\leqslant\max\{x_{n-2m},A_nx_{n-m-r}\}$.

(3) 若对某 $n\geqslant m$, $x_n=1/x_{n-m}$, 则 $x_n\leqslant x_{n-2m}$. 若对某 $n\geqslant d$, $x_n=A_n/x_{n-r}>1/x_{n-m}$, 则 $x_n>x_{n-2m}$.

证明　(1) 因为对所有的 $n\in\mathbf{N}_0$, $x_n\geqslant 1/x_{n-m}$.

(2) 由 (1) 可知, 对任意的 $n\geqslant d$,

$$\begin{aligned}x_n&=\max\left\{\frac{x_{n-2m}}{x_{n-m}x_{n-2m}},\frac{A_nx_{n-m-r}}{x_{n-m-r}x_{n-r}}\right\}\\&\leqslant\max\{x_{n-2m},A_nx_{n-m-r}\}.\end{aligned}$$

(3) 若对某 $n \geqslant m$, $x_n = 1/x_{n-m}$, 则由 (1) 可知,

$$x_n = \frac{x_{n-2m}}{x_{n-m}x_{n-2m}} \leqslant x_{n-2m}.$$

若对某 $n \geqslant d$, $x_n = A_n/x_{n-r} > 1/x_{n-m}$, 则由 (1) 可知,

$$\begin{aligned}
1 &< x_n x_{n-m} \\
&= \max\left\{\frac{x_n}{x_{n-2m}}, \frac{x_n x_{n-r} A_{n-m}}{x_{n-r-m} x_{n-r}}\right\} \\
&\leqslant \max\left\{\frac{x_n}{x_{n-2m}}, A_n A_{n-m}\right\} \\
&= \frac{x_n}{x_{n-2m}}.
\end{aligned}$$

从而有 $x_n > x_{n-2m}$. 证毕.

引理 8.15　定义

$$p_n = \max\{x_{n-1}, x_{n-2}, \cdots, x_{n-m-d}\}\ (n \geqslant d). \tag{8.48}$$

则下面两个结论成立.

(1) 对任意 $n \geqslant d$, $x_n \leqslant p_n$ 且 $\{p_n\}_{n \geqslant d}$ 单调递减.

(2) 存在常数 $M \geqslant M' > 0$, 使得对任意 $n \geqslant -d$, 都有 $x_n \in [M', M]$.

证明　(1) 由引理 8.14(2) 可知,

$$x_n \leqslant \max\{x_{n-2m}, x_{n-m-r}\} \leqslant p_n\ (n \geqslant d),$$

因此有

$$p_{n+1} = \max\{x_n, x_{n-1}, \cdots, x_{n-m-d+1}\} \leqslant p_n.$$

(2) 记

$$M = \max\{p_d, x_{d-1}, \cdots, x_{-d}\}\ (\geqslant 1)$$

及

$$M' = \min\{1/M, x_{-1}, \cdots, x_{-d}\}\ (> 0).$$

则对任意 $n \geqslant -d$, $x_n \in [M', M]$. 证毕.

以下假定

$$\begin{cases} \lim\limits_{n\to\infty} p_n = S, \\ \liminf\limits_{n\to\infty} x_n = L \end{cases}$$

和 $b = \sup A_n$. 则有下面的推论.

推论 8.2　存在序列 $1 < n_1 < n_2 < \cdots < n_k < \cdots$, 满足 $n_{k+1} - n_k \leqslant m + d$, 使得 $x_{n_k} \geqslant S$.

证明　由引理 8.15(1) 可知, 对任意 $n \geqslant d$,

$$p_n = \max\{x_{n-1}, x_{n-2}, \cdots, x_{n-m-d}\} \geqslant S,$$

从而存在 $j \in \mathbf{Z}(n-m-d, n-1)$, 使得 $x_j \geqslant S$. 再次运用引理 8.15(1), 有

$$p_{j+m+d+1} = \max\{x_{j+m+d}, x_{j+m+d-1}, \cdots, x_{j+1}\} \geqslant S,$$

故存在 $i \in \mathbf{Z}(j+1, j+m+d)$, 使得 $x_i \geqslant S$, 其中 $1 \leqslant i-j \leqslant m+d$. 因此, 存在序列 $1 < n_1 < n_2 < \cdots < n_k < \cdots$, 满足 $n_{k+1} - n_k \leqslant m+d$, 使得 $x_{n_k} \geqslant S$. 证毕.

引理 8.16　下面几个结论成立.

(1) $S = \limsup_{n\to\infty} x_n$.

(2) $\{n : S \leqslant x_n = A_n/x_{n-r}\}$ 是有限集.

(3) 存在 $N \in \mathbf{N}$, 使得

(i) $x_{N+2m\mu} \geqslant S$, $x_{N+2m\mu} = 1/x_{N+2m\mu-m}$ $(\mu \in \mathbf{N}_0)$, 且 $x_{N+2m\mu}$ 单调递减.

(ii) $\lim_{\mu\to\infty} x_{N+2m\mu-m} = L = 1/S$.

证明　(1) 由 (8.48) 可知, p_n 是 x_n 的子序列. 因此

$$S \leqslant \limsup_{n\to\infty} x_n.$$

另一方面, 由于对所有 $n \geqslant d$, $x_n \leqslant p_n$, 所以

$$\limsup_{n\to\infty} x_n \leqslant \limsup_{n\to\infty} p_n = S.$$

(2) 用反证法. 设存在序列 $r < n_1 < n_2 < \cdots < n_\mu < \cdots$, 使得

$$\begin{aligned} S \leqslant x_{n_\mu} &= \frac{A_{n_\mu}}{x_{n_\mu - r}} \\ &\leqslant A_{n_\mu} x_{n_\mu - r - m} \\ &\leqslant b x_{n_\mu - r - m}. \end{aligned}$$

不失一般性, 设

$$\lim_{\mu\to\infty} x_{n_\mu - r - m} = L_1,$$

则

$$\begin{aligned} S &= \lim_{\mu\to\infty} x_{n_\mu} \\ &\leqslant \lim_{\mu\to\infty} b x_{n_\mu - r - m} \\ &= bL_1 < S. \end{aligned}$$

矛盾.

(3) 由 (2) 可知, 存在 $N_1 \in \mathbf{N}$, 使得若 $n \geqslant N_1$ 且 $x_n \geqslant S$, 则 $x_n = 1/x_{n-m}$. 由推论 8.2 可知, 存在序列 $N_1 \leqslant n_1 < n_2 < \cdots < n_k < \cdots$ 满足 $n_{k+1} - n_k = 0 \pmod{2m}$,

使得 $x_{n_k} \geqslant S$ $(k \in \mathbf{N})$ 及 $\lim_{k\to\infty} x_{n_k} = S$, 从而 $x_{n_k} = 1/x_{n_k-m}$. 记 $N = n_1$. 由引理 8.14(3) 可知, 对任意 $\mu \in \mathbf{N}_0$, 有

$$x_{N+2m\mu} \geqslant S$$

和

$$\begin{aligned}\frac{1}{x_{N+2m\mu-m}} &= x_{N+2m\mu} \\ &\geqslant x_{N+2m(\mu+1)} \\ &= \frac{1}{x_{N+2m(\mu+1)-m}}.\end{aligned}$$

设 $l_k \to +\infty$, 使得 $x_{l_k} \to L$ 且 $x_{l_k-m} \to L_1$. 则

$$\begin{aligned}\frac{1}{S} &= \lim_{\mu\to\infty} \frac{1}{x_{N+2m\mu}} \\ &= \lim_{\mu\to\infty} x_{N+2m\mu-m} \\ &\geqslant L = \lim_{k\to\infty} x_{l_k} \\ &\geqslant \lim_{k\to\infty} \frac{1}{x_{l_k-m}} \\ &= \frac{1}{L_1} \geqslant \frac{1}{S},\end{aligned}$$

从而有

$$\lim_{\mu\to\infty} x_{N+2m\mu-m} = L = \frac{1}{S}.$$

证毕.

引理 8.17　设 $M, p, q \in \mathbf{N}$ 且 $q \geqslant 2$, 使得

(1) $\{x_{M+2m\mu}\}_{\mu\geqslant 0}$ 是单调的.

(2) $x_{M+2mp+r} = A_{M+2mp+r}/x_{M+2mp} > 1/x_{M+2mp+r-m}$.

(3) $x_{M+2m(p+q)+r} = A_{M+2m(p+q)+r}/x_{M+2m(p+q)} > 1/x_{M+2m(p+q)+r-m}$.

(4) $x_{M+2m(p+\lambda)+r} = 1/x_{M+2m(p+\lambda)+r-m}$ $(\lambda \in \mathbf{Z}(1, q-1))$.

则 $x_{M+2m(p+\lambda)+r} = x_{M+2m(p+\lambda+1)+r}$ $(\lambda \in \mathbf{Z}(0, q-2))$.

证明　设 $\lambda \in \mathbf{Z}(1, q-1)$.

若 $\{x_{M+2m\mu}\}_{\mu\geqslant 0}$ 单调递减, 则由引理 8.14(3) 和

$$A_{M+2mp+r}A_{M+2m(p+\lambda)+r-m} < 1 \leqslant x_{M+2m(p+\lambda)}x_{M+2m(p+\lambda)-m}$$

可知,

$$\begin{aligned}&\frac{A_{M+2mp+r}}{x_{M+2m(p+\lambda)}} \\ \geqslant &\frac{A_{M+2mp+r}}{x_{M+2mp}} \\ = &x_{M+2mp+r}\end{aligned}$$

$$
\begin{aligned}
&\geqslant x_{M+2m(p+\lambda)+r}\\
&=\frac{1}{x_{M+2m(p+\lambda)+r-m}}\\
&=\min\left\{x_{M+2m(p+\lambda-1)+r},\frac{x_{M+2m(p+\lambda)-m}}{A_{M+2m(p+\lambda)+r-m}}\right\}\\
&=x_{M+2m(p+\lambda-1)+r}\\
&\geqslant x_{M+2m(p+\lambda)+r}.
\end{aligned}
$$

所以对每一个 $\lambda\in\mathbf{Z}(1,q-1)$, 有 $x_{M+2m(p+\lambda-1)+r}=x_{M+2m(p+\lambda)+r}$.

若 $\{x_{M+2m\mu}\}_{\mu\geqslant 0}$ 单调递增, 则由引理 8.14(3) 和

$$A_{M+2m(p+q)+r}A_{M+2m(p+q-1)+r-m}<1\leqslant x_{M+2m(p+q-1)}x_{M+2m(p+q-1)-m}$$

可知,

$$
\begin{aligned}
&\frac{A_{M+2m(p+q)+r}}{x_{M+2m(p+q-1)}}\\
\geqslant&\frac{A_{M+2m(p+q)+r}}{x_{M+2m(p+q)}}\\
=&x_{M+2m(p+q)+r}\\
>&x_{M+2m(p+q-1)+r}\\
=&\frac{1}{x_{M+2m(p+q-1)+r-m}}\\
=&\min\left\{x_{M+2m(p+q-2)+r},\frac{x_{M+2m(p+q-1)-m}}{A_{M+2m(p+q-1)+r-m}}\right\}\\
=&x_{M+2m(p+q-2)+r}\\
\geqslant&x_{M+2m(p+q-1)+r}.
\end{aligned}
$$

所以

$$x_{M+2m(p+q-1)+r}=x_{M+2m(p+q-2)+r}.$$

同理可证, 对每一个 $\lambda\in\mathbf{Z}(0,q-2)$, 有

$$x_{M+2m(p+q-1)+r}=x_{M+2m(p+\lambda)+r}.$$

证毕.

引理 8.18　设存在 $M\in\mathbf{N}$, 使得 $\{x_{M+2m\mu}\}_{\mu\geqslant 0}$ 是单调的, 则 $\{x_{M+2m\mu+r}\}_{\mu\geqslant 0}$ 也是终于单调的.

证明　设存在 $K\in\mathbf{N}$, 使得对所有 $\mu\geqslant K$,

$$x_{M+2m\mu+r}=1/x_{M+2m\mu+r-m}$$

(或

$$x_{M+2m\mu+r}=A_{M+2m\mu+r}/x_{M+2m\mu}>1/x_{M+2m\mu+r-m}),$$

则由引理 8.14(3) 可知, 对所有 $\mu \geqslant K$,

$$x_{M+2m\mu+r} \leqslant x_{M+2m(\mu-1)+r}$$

(或

$$x_{M+2m\mu+r} > x_{M+2m(\mu-1)+r}),$$

因此 $\{x_{M+2m\mu+r}\}_{\mu\geqslant K}$ 是单调的.

若存在 $1 < n_1 < m_1 < n_2 < m_2 < \cdots < n_\mu < m_\mu < \cdots$, 使得

$$x_{M+2mk+r} = \frac{A_{M+2mk+r}}{x_{M+2mk}} > \frac{1}{x_{M+2mk+r-m}} \quad (n_i \leqslant k < m_i)$$

及

$$x_{M+2mk+r} = \frac{1}{x_{M+2mk+r-m}} \quad (m_i \leqslant k < n_{i+1}),$$

则由引理 8.14(3) 和引理 8.17 可知,

$$x_{M+2m(k-1)+r} < x_{M+2mk+r} \quad (n_i \leqslant k < m_i)$$

且

$$x_{M+2m(k-1)+r} = x_{M+2mk+r} \quad (m_i \leqslant k < n_{i+1}),$$

所以 $\{x_{M+2m\mu+r}\}_{\mu\geqslant n_1}$ 单调递增. 证毕.

定理 8.14　设 $\{A_n\}_{n\geqslant 0}$ 是正数序列且 $A_n \in (0,1)$ $(n \in \mathbf{N}_0, \sup A_n < 1, m, r \in \mathbf{N}, d = \max\{m,r\})$, 设 $\{x_n\}_{n\geqslant -d}$ 是 (8.47) 的一个正解, 初始值 $x_{-d}, x_{-d+1}, \cdots, x_{-1} \in \mathbf{R}_+$, 则对每一个 $k \in \mathbf{Z}(0, 2m-1)$, $\{x_{2mn+k}\}_{n\geqslant 0}$ 是终于单调的.

证明　首先假设 $\gcd(r,m) = 1$, 则由引理 8.16(3) 可知, 存在 $N \in \mathbf{N}$, 使得下面结论成立.

(1) $x_{N+2mn}x_{N+2mn-m} = 1$ $(n \in \mathbf{N}_0)$.

(2) $x_{N+2mn}(n \in \mathbf{N}_0)$ 单调递减且 $\lim_{n\to\infty} x_{N+2mn} = S$.

(3) $x_{N+2mn-m}(n \in \mathbf{N}_0)$ 单调递增且 $\lim_{n\to\infty} x_{N+2mn-m} = L = 1/S$.

我们反复运用引理 8.18 可知, 对任意 $i \in \mathbf{Z}(1, m-1)$, $\{x_{N+2mn+ir}\}_{n\geqslant 0}$ 及 $\{x_{N+2mn-m+ir}\}_{n\geqslant 0}$ 均是终于单调的. 由于 $\gcd(r,m) = 1$, 所以对每一个 $j \in \mathbf{Z}(0, m-1)$, 都存在 $i_j \in \mathbf{Z}(0, m-1)$ 及 $\lambda_j \in \mathbf{Z}$, 使得 $i_j r = \lambda_j m + j$, 且 $i_j r - m = (\lambda_j - 1)m + j$. 因此对每一个 $j \in \mathbf{Z}(0, m-1)$, $\left\{x_{N-2mn+\lambda_j m+j}\right\}_{n\geqslant 0}$ 和 $\left\{x_{N+2mn+(\lambda_j-1)m+j}\right\}_{n\geqslant 0}$ 均是终于单调的, 从而可推出对每一个 $k \in \mathbf{Z}(0, 2m-1)$, $\{x_{2mn+k}\}_{n\geqslant 0}$ 是终于单调的.

若 $\gcd(r,m) = s > 1$, 考虑极大型差分方程

$$x_n = \max\left\{\frac{1}{x_{n-sm_1}}, \frac{A_n}{x_{n-sr_1}}\right\} \quad (n \in \mathbf{N}_0), \tag{8.49}$$

其中 $m = sm_1$, $r = sr_1$, $\gcd(m_1, r_1) = 1$. 记 $y_n^i = x_{ns+i}$ $(i \in \mathbf{Z}(0, s-1),\ n \in \mathbf{N}_0)$, 则 (8.49) 可化为方程

$$y_n^i = \max\left\{\frac{1}{y_{n-m_1}^i}, \frac{A_{ns+i}}{y_{n-r_1}^i}\right\} \quad (i \in \mathbf{Z}(0, s-1),\ n \in \mathbf{N}_0). \tag{8.50}$$

类似上面的证明可知, y_n^i 是方程

$$y_n^i = \max\left\{\frac{1}{y_{n-m_1}^i}, \frac{A_{ns+i}}{y_{n-r_1}^i}\right\} \quad (0 \leqslant i \leqslant s-1)$$

的一个正解, 则对每一个 $k \in \mathbf{Z}(0, 2m_1 - 1)$, $\{y_{2m_1 n+k}^i\}_{n \geqslant 0}$ 是终于单调的. 因此对每一个 $k \in \mathbf{Z}(0, 2m-1)$, $\{x_{2mn+k}\}_{n \geqslant 0}$ 也是终于单调的, 证毕.

注记 8.7　条件 $\gcd(r, m) = 1$ 在文献 [18, 19] 中也经常用到.

定理 8.15　设 $A_n \in (0, 1)$ 是正周期序列, $m, r \in \mathbf{N}$, 则 (8.47) 的每一个正解都是终于 $2m$ 周期的.

证明　首先假设 $\gcd(r, m) = 1$. 设 $\{x_n\}_{n \geqslant -d}$ 为 (8.47) 的一个正解, 则由引理 8.16(3) 及定理 8.14 可知, 存在 $N \in \mathbf{N}$, 使得下面结论成立.

(1) 对任意 $n \in \mathbf{N}$, $x_{N+2mn} x_{N+2mn-m} = 1$.

(2) x_{N+2mn} $(n \in \mathbf{N}_0)$ 单调递减, $\lim_{n\to\infty} x_{N+2mn} = S$. $x_{N+2mn-m}$ $(n \in \mathbf{N}_0)$ 单调递增, $\lim_{n\to\infty} x_{N+2mn-m} = L = 1/S$.

(3) 对每一个 $k \in \mathbf{Z}(0, 2m-1)$, $\{x_{N+2mn+k}\}_{n \geqslant 0}$ 是终于单调的.

我们断言 $x_{N+2mk+r}$ 及 $x_{N+2mk+r-m}$ $(k \in \mathbf{N}_0)$ 是终于常数序列.

事实上, 因为

$$\frac{A_{N+2mk+r}}{x_{N+2mk}} \leqslant b x_{N+2mk-m}$$

及

$$\lim_{k\to\infty} b x_{N+2mk-m} = bL < L \leqslant \lim_{k\to\infty} x_{N+2mk+r},$$

则存在 $p \in \mathbf{N}$, 使得对任意 $k \geqslant p$, 有

$$\begin{aligned} x_{N+2mk+r} &= \max\left\{\frac{1}{x_{N+2mk+r-m}}, \frac{A_{N+2mk+r}}{x_{N+2mk}}\right\} \\ &= \frac{1}{x_{N+2mk+r-m}}. \end{aligned}$$

因此由引理 8.14(3) 可知, $x_{N+2mk+r}$ $(k \geqslant p)$ 单调递减. 若存在序列 $p \leqslant k_1 < k_2 < \cdots < k_i < \cdots$, 使得对每一个 $i \in \mathbf{N}$, 有

$$x_{N+2mk_i+r-m} = \frac{A_{N+2mk_i+r-m}}{x_{N+2mk_i-m}},$$

则

$$x_{N+2mk_i+r} = \frac{x_{N+2mk_i-m}}{A_{N+2mk_i+r-m}}. \tag{8.51}$$

由于 A_n 是周期序列, 故可选取子列 A_{N+2mk_i+r-m} 是常数序列, 由 (8.51) 可知, $x_{N+2mk+r}$ $(k \geqslant 0)$ 及 $x_{N+2mk+r-m}$ $(k \geqslant 0)$ 是终于常数序列.

若 $x_{N+2mk+r-m} = 1/x_{N+2mk+r-2m}$ 终于, 则 $x_{N+2mk+r} = x_{N-2m(k-1)+r}$ 终于, 且 $x_{N+2mk+r-m} = x_{N+2m(k-1)+r-m}$ 终于, 从而 $x_{N+2mk+r}$ 及 $x_{N+2mk+r-m}$ $(k \in \mathbf{N}_0)$ 是终于常数序列.

我们也断言 $x_{N+2mk+2r}$ 及 $x_{N+2mk+2r-m}$ $(k \in \mathbf{N}_0)$ 是终于常数序列.

事实上, 若存在序列 $1 \leqslant k_1 < k_2 < \cdots < k_i < \cdots$, 使得

$$x_{N+2mk_i+2r} = \frac{A_{N+2mk_i+2r}}{x_{N+2mk_i+r}} \quad (i \in \mathbf{N}).$$

因为 A_n 是周期序列, $x_{N+2mk+r}$ $(k \in \mathbf{N}_0)$ 是终于常数序列, 所以 $x_{N+2mk+2r}$ $(k \in \mathbf{N}_0)$ 是终于常数序列.

若 $x_{N+2mk+2r} = 1/x_{N+2mk+2r-m}$ 终于, 存在序列 $1 \leqslant k_1 < k_2 < \cdots < k_i < \cdots$, 使得

$$x_{N+2mk_i+2r-m} = \frac{A_{N+2mk_i+2r-m}}{x_{N+2mk_i+r-m}} \quad (i \in \mathbf{N}).$$

因为 A_n 是周期序列, $x_{N+2mk+r-m}(k \in \mathbf{N}_0)$ 是终于常数序列, 所以 $x_{N+2mk+2r-m}$ $(k \in \mathbf{N}_0)$ 是终于常数序列, 因而 $x_{N+2mk+2r}(k\in\mathbf{N}_0)$ 是终于常数序列. 若 $x_{N+2mk+2r} = 1/x_{N+2mk+2r-m}$ 终于且 $x_{N+2mk+2r-m} = 1/x_{N+2mk+2r-2m}$ 终于, 则 $x_{N+2mk+2r}$ $(k \in \mathbf{N}_0)$ 是终于常数序列.

注意到

$$x_{N+2mk+2r-m} = \max\left\{\frac{1}{x_{N+2mk+2r-2m}}, \frac{A_{N+2mk+2r-m}}{x_{N+2mk+r-m}}\right\},$$

由此可知, $x_{N+2mk+2r-m}$ $(k \in \mathbf{N}_0)$ 是终于常数序列.

由归纳可证, 对每一个 $j \in \mathbf{Z}(1, m)$, $x_{N+2mk+jr}$ $(k \in \mathbf{N}_0)$ 和 $x_{N+2mk+jr-m}$ $(k \in \mathbf{N}_0)$ 都是终于常数序列.

由于 $\gcd(r, m) = 1$, 故对每一个 $\{j \in \mathbf{Z}(0, m-1)\}$, 存在 $i_j \in \mathbf{Z}(0, m-1)$ 及整数 λ_j, 使得 $i_j r = \lambda_j m + j$ 和 $i_j r - m = (\lambda_j - 1)m + j$. 因此对每一个 $k \in \mathbf{Z}(0, 2m-1)$, $\{x_{2mn+k}\}_{n\geqslant 0}$ 是终于常数序列, 从而可知 $\{x_n\}_{n\geqslant -d}$ 是终于 $2m$ 周期的.

若 $\gcd(r, m) = s > 1$, 则由 (8.49) 和 (8.50) 可知, $\{x_n\}_{n\geqslant -d}$ 是终于 $2m$ 周期的, 证毕.

注记 8.8　由文献 [20] 的例 3.1 可知, 若 $\sup A_n < 1$, $A_n \in (0, 1)$ 是非正周期序列, $m = 1$, $r = 2$, 则存在 (8.47) 的正解是非终于周期的.

8.6 方程 $z_n=\max\left\{\dfrac{1}{z_{n-s}},\dfrac{P_n}{z_{n-t}^{\alpha_n}}\right\}$ 的周期性

在本节, 我们研究极大型差分方程

$$z_n=\max\left\{\frac{1}{z_{n-s}},\frac{P_n}{z_{n-t}^{\alpha_n}}\right\}\ (n\in\mathbf{N}_0) \tag{8.52}$$

的周期性, 有界性以及收敛性, 其中 $s,t\in\mathbf{N}(s\neq t)$, $\alpha_n\in(0,1)$ 是 s 周期点列, $\{P_n\}_{n=0}^{+\infty}$ 是常数列满足 $P_n\in(0,1]$ $(n\in\mathbf{N}_0)$. 接下来, 假设 $\{z_n\}_{n=-r}^{+\infty}$ $(r=\max\{s,t\})$ 是 (8.52) 的一个正数解. 为得到本节的主要结果, 需要下面的一些性质.

性质 8.12 (1) $z_nz_{n-s}\geqslant 1(n\in\mathbf{N}_0)$.

(2) 对任意 $n\geqslant r$, $z_n\leqslant\max\left\{z_{n-2s},P_nz_{n-s-t}^{\alpha_n}\right\}$.

(3) 若对某 $n\geqslant r$, $z_n=P_n/z_{n-t}^{\alpha_n}>1/z_{n-s}$, 则 $z_n>z_{n-2s}$. 若对某 $n\geqslant s$, $z_n=1/z_{n-s}$, 则 $z_n\leqslant z_{n-2s}$.

证明 (1) 由于对任意 $n\geqslant 0$, $z_n\geqslant 1/z_{n-s}$, 因此 $z_nz_{n-s}\geqslant 1$.

(2) 由 (1) 可知, 对每一个 $n\geqslant r$,

$$\begin{aligned}z_n&=\max\left\{\frac{z_{n-2s}}{z_{n-s}z_{n-2s}},\frac{P_nz_{n-s-t}^{\alpha_n}}{z_{n-s-t}^{\alpha_n}z_{n-t}^{\alpha_n}}\right\}\\&\leqslant\max\left\{z_{n-2s},P_nz_{n-s-t}^{\alpha_n}\right\}.\end{aligned}$$

(3) 若对某 $n\geqslant r$, 使得 $z_n=P_n/z_{n-t}^{\alpha_n}>1/z_{n-s}$, 则由 (1) 可知,

$$\begin{aligned}1&<z_nz_{n-s}\\&=\max\left\{\frac{z_n}{z_{n-2s}},\frac{z_nz_{n-t}^{\alpha_n}P_{n-s}}{z_{n-t-s}^{\alpha_{n-s}}z_{n-t}^{\alpha_n}}\right\}\\&\leqslant\max\left\{\frac{z_n}{z_{n-2s}},P_nP_{n-s}\right\}\\&=\frac{z_n}{z_{n-2s}}.\end{aligned}$$

从而有 $z_n>z_{n-2s}$. 若对某 $n\geqslant s$, $z_n=1/z_{n-s}$, 则由 (1) 可知,

$$z_n=\frac{z_{n-2s}}{z_{n-s}z_{n-2s}}\leqslant z_{n-2s}.$$

证毕.

定义

$$U_n=\max\{z_{n-1},z_{n-2},\cdots,z_{n-s-r}\}\quad(n\geqslant r). \tag{8.53}$$

由性质 8.12(1) 可知, $\max\{z_{n-1},z_{n-s-1}\}\geqslant 1$, 从而对任意 $n\geqslant r$, 有 $U_n\geqslant 1$.

性质 8.13　(1) 设 U_n 与 (8.53) 一样, 则对任意的 $n \geqslant r$, $z_n \leqslant U_n$, 且 $\{U_n\}_{n=r}^{+\infty}$ 单调递减.

(2) 存在常数 $R \geqslant R' > 0$, 使得对任意的 $n \geqslant -r$, $R' \leqslant z_n \leqslant R$.

证明　(1) 若 $z_{n-s-t} \leqslant 1$, 则 $z_{n-s-t}^{\alpha_n} \leqslant 1$. 若 $z_{n-s-t} \geqslant 1$, 则 $z_{n-s-t}^{\alpha_n} \leqslant z_{n-s-t}$. 由性质 8.12(2) 可知, 对任意的 $n \geqslant r$, 有

$$\begin{aligned} z_n &\leqslant \max\left\{z_{n-2s}, z_{n-s-t}^{\alpha_n}\right\} \\ &\leqslant \max\left\{z_{n-1}, z_{n-2}, \cdots, z_{n-s-r}\right\} \\ &= U_n. \end{aligned}$$

进一步, 可得

$$U_{n+1} = \max\left\{z_n, z_{n-1}, \cdots, z_{n-s-r+1}\right\} \leqslant U_n.$$

(2) 设 $R = \max\{U_r, z_{r-1}, \cdots, z_{-r}\}$ 和 $R' = \min\{1/U_r, z_{r-1}, \cdots, z_{-r}\}$, 则对任意的 $n \geqslant -r$, 有 $R' \leqslant z_n \leqslant R$. 证毕.

现设

$$\lim_{n\to\infty} U_n = U, \quad \liminf_{n\to\infty} z_n = u.$$

由性质 8.13(1), 可得下面的推论.

推论 8.3　存在 $1 < n_1 < n_2 < \cdots < n_k < \cdots$, 使得 $z_{n_k} \geqslant U$ 及 $n_{k+1} - n_k \leqslant s + r$.

性质 8.14　下面的结论成立.

(1) $U = \limsup_{n\to\infty} z_n$.

(2) 设 $U > 1$, 则 $\left\{n : U \leqslant z_n = P_n/z_{n-t}^{\alpha_n}\right\}$ 是有限集. 进一步, 存在 $N \in \mathbf{N}$, 使得:

(i) 对任意 $k \in \mathbf{N}_0$, 有 $z_{N+2ks} \geqslant U$ 和 $z_{N+2ks} = 1/z_{N+(2k-1)s}$, 且 z_{N+2ks} 单调递减.

(ii) $\lim_{k\to\infty} z_{N+(2k-1)s} = u = 1/U$.

证明　(1) 由 (8.53) 可知, U_n 是 z_n 的子列, 因此

$$U \leqslant \limsup_{n\to\infty} z_n.$$

进一步, 因为对所有 $n \geqslant r$, 有 $z_n \leqslant U_n$, 所以

$$\limsup_{n\to\infty} z_n \leqslant \limsup_{n\to\infty} U_n = U.$$

(2) 若 $\left\{n : U \leqslant z_n = P_n/z_{n-t}^{\alpha_n}\right\}$ 是无限集, 则存在点列 $t < n_1 < n_2 < \cdots < n_k < \cdots$, 使得

$$U \leqslant z_{n_k} = \frac{P_{n_k}}{z_{n_k-t}^{\alpha_{n_k}}}$$

$$\leqslant P_{n_k} z_{n_k-t-s}^{\alpha_{n_k}}$$
$$\leqslant z_{n_k-t-s}^{\alpha_{n_k}}.$$

不失一般性, 设 $\lim_{k\to\infty} z_{n_k-t-s} = u_1$ 和 $\lim_{k\to\infty} \alpha_{n_k} = \alpha < 1$, 则由于 $U > 1$, 有

$$\begin{aligned}U &= \lim_{k\to\infty} z_{n_k} \\ &\leqslant u_1^{\alpha} \leqslant U^{\alpha} \\ &< U.\end{aligned}$$

矛盾.

由上讨论可知, 存在 $M \in \mathbf{N}$, 使得若 $n \geqslant M$ 和 $z_n \geqslant U$, 则 $z_n = 1/z_{n-s}$. 由推论 8.3 可知, 存在点列 $1 < n_1 < n_2 < \cdots < n_k < \cdots$, 使得 $z_{n_k} \geqslant U$ 和 $\lim_{k\to\infty} z_{n_k} = U$. 不失一般性, 设对所有的 $k \in \mathbf{N}$, $n_k = 2sr_k + \tau > M$ 且 $0 \leqslant \tau < 2s$, 则 $z_{n_k} = 1/z_{n_k-s}$. 记 $N = 2sr_1 + \tau$. 由性质 8.12(3) 可知, 对任意 $k \in \mathbf{N}_0$, $z_{N+2ks} \geqslant U$ 和

$$\begin{aligned}\frac{1}{z_{N+2ks-s}} &= z_{N+2ks} \\ &\geqslant z_{N+2(k+1)s} \\ &= \frac{1}{z_{N+2(k+1)s-s}}.\end{aligned}$$

设 $i_k \to +\infty$, 使得 $z_{i_k} \to u$ 和 $z_{i_k-s} \to u_1$, 则

$$\begin{aligned}\frac{1}{U} &= \lim_{k\to\infty} \frac{1}{z_{N+2ks}} \\ &= \lim_{k\to\infty} z_{N+(2k-1)s} \\ &\geqslant u = \lim_{k\to\infty} z_{i_k} \\ &\geqslant \lim_{k\to\infty} \frac{1}{z_{i_k-s}} \\ &= \frac{1}{u_1} \geqslant \frac{1}{U},\end{aligned}$$

从而有 $\lim_{k\to\infty} z_{N+(2k-1)s} = u = 1/U$. 证毕.

性质 8.15 设 $N, p, q \in \mathbf{N}$, $q \geqslant 2$, 使得:

(1) $\{z_{N+2ks}\}_{k=0}^{+\infty}$ 单调.

(2) 对每一个 $\lambda \in \{0, q\}$, $z_{N+2s(p+\lambda)+t} = P_{N+2s(p+\lambda)+t}/z_{N+2s(p+\lambda)}^{\alpha_{N+2s(p+\lambda)+t}} > 1/z_{N+2s(p+\lambda)+t-s}$.

(3) 对每一个 $\lambda \in \mathbf{Z}(1, q-1)$, $z_{N+2s(p+\lambda)+t} = 1/z_{N+2s(p+\lambda)+t-s}$.

则对每一个 $\lambda \in \mathbf{Z}(0, q-2)$, 有 $z_{N+2s(p+\lambda)+t} = z_{N+2s(p+\lambda+1)+t}$.

证明 分两种情形考虑.

情形 1　$\{z_{N+2sk}\}_{k=0}^{+\infty}$ 单调递减. 我们断言: 对任意 $\lambda \in \mathbf{Z}(1, q-1)$,

$$z_{N+2s(p+\lambda)+t-s} = 1/z_{N+2s(p+\lambda-1)+t}.$$

否则, 若存在 $\lambda \in \mathbf{Z}(1, q-1)$, 使得

$$\begin{aligned} z_{N+2s(p+\lambda)+t-s} &= \frac{P_{N+2s(p+\lambda)+t-s}}{z_{N+2s(p+\lambda)-s}^{\alpha_{N+2s(p+\lambda)+t-s}}} \\ &> 1/z_{N+2s(p+\lambda-1)+t}, \end{aligned}$$

则由性质 8.12(3) 可知,

$$\begin{aligned} &\frac{P_{N+2sp+t}}{z_{N+2s(p+\lambda)}^{\alpha_{N+2s(p+\lambda)+t}}} \\ \geqslant &\frac{P_{N+2sp+t}}{z_{N+2sp}^{\alpha_{N+2sp+t}}} = z_{N+2sp+t} \\ \geqslant &z_{N+2s(p+\lambda-1)+t} \\ > &\frac{1}{z_{N+2s(p+\lambda)+t-s}} \\ = &\frac{z_{N+2s(p+\lambda)-s}^{\alpha_{N+2s(p+\lambda)+t-s}}}{P_{N+2s(p+\lambda)+t-s}}. \end{aligned}$$

从而有

$$\begin{aligned} 1 &\geqslant P_{N+2sp+t}P_{N+2s(p+\lambda)+t-s} \\ &> z_{N+2s(p+\lambda)}^{\alpha_{N+2s(p+\lambda)+t}} z_{N+2s(p+\lambda)-s}^{\alpha_{N+2s(p+\lambda)+t-s}} \\ &\geqslant 1, \end{aligned}$$

这是一个矛盾. 从上面的断言可知,

$$\begin{aligned} z_{N+2s(p+\lambda)+t} &= \frac{1}{z_{N+2s(p+\lambda)+t-s}} \\ &= z_{N+2s(p+\lambda-1)+t} \\ &\geqslant z_{N+2s(p+\lambda)+t}. \end{aligned}$$

因此对每一个 $\lambda \in \mathbf{Z}(1, q-1)$, $z_{N+2s(p+\lambda-1)+t} = z_{N+2s(p+\lambda)+t}$.

情形 2　$\{z_{N+2ks}\}_{k=0}^{+\infty}$ 单调递增. 由性质 8.12(3) 以及

$$P_{N+2s(p+q)+t}P_{N+2s(p+q-1)+r-s} \leqslant 1 \leqslant z_{N+2s(p+q-1)}^{\alpha_{N+2s(p+q-1)+t}} z_{N+2s(p+q-1)-s}^{\alpha_{N+2s(p+q-1)+t-s}}$$

可知,

$$\frac{P_{N+2s(p+q)+t}}{z_{N+2s(p+q-1)}^{\alpha_{N+2s(p+q-1)+t}}}$$

$$
\begin{aligned}
&\geqslant \frac{P_{N+2s(p+q)+t}}{z_{N+2s(p+q)}^{\alpha_{N+2s(p+q)+t}}} \\
&= z_{N+2s(p+q)+t} \\
&> z_{N+2s(p+q-1)+t} \\
&= \frac{1}{z_{N+2s(p+q-1)+t-s}} \\
&= \min\left\{ z_{N+2s(p+q-2)+t}, \frac{z_{N+2s(p+q-1)-s}^{\alpha_{N+2s(p+q-1)+t-s}}}{P_{N+2s(p+q-1)+t-s}} \right\} \\
&= z_{N+2s(p+q-2)+t} \\
&\geqslant z_{N+2s(p+q-1)+t},
\end{aligned}
$$

所以

$$z_{N+2s(p+q-1)+t} = z_{N+2s(p+q-2)+t}.$$

类似可得, 对每一个 $\lambda \in \mathbf{Z}(0, q-2)$, 有 $z_{N+2s(p+q-1)+t} = z_{N+2s(p+\lambda)+t}$. 证毕.

性质 8.16　若存在 $N \in \mathbf{N}$, 使得 $\{z_{N+2ks}\}_{k=0}^{+\infty}$ 是单调的, 则 $\{z_{N+t+2ks}\}_{k=0}^{+\infty}$ 是终于单调的.

证明　若存在 $K \in \mathbf{N}$, 使得对所有 $k \geqslant K$, 有

$$z_{N+2ks+t} = \frac{1}{z_{N+2sk+t-s}}$$

(或对所有 $k \geqslant K$, 有

$$z_{N+2ks+t} = \frac{P_{N+2ks+t}}{z_{N+2ks}^{\alpha_{N+2ks+t}}} > \frac{1}{z_{N+2ks+t-s}}),$$

则由性质 8.12(3) 可知, 对所有 $k \geqslant K$, 有

$$z_{N+2ks+t} \leqslant z_{N+2(k-1)s+t}$$

(或对所有 $k \geqslant K$, 有

$$z_{N+2ks+t} > z_{N+2(k-1)s+t}),$$

因此 $\{z_{N+t+2ks}\}_{k=K}^{+\infty}$ 单调.

若存在序列 $1 < p_1 < q_1 < p_2 < q_2 < \cdots < p_k < q_k < \cdots$, 使得对每一个 $p_i \leqslant r < q_i$, 有

$$z_{N+2rs+t} = \frac{P_{N+2rs+t}}{z_{N+2rs}^{\alpha_{N+2rs+t}}} > \frac{1}{z_{N+2rs+t-s}}$$

且对每一个 $q_i \leqslant r < p_{i+1}$, 有

$$z_{N+2rs+t} = \frac{1}{z_{N+2rs+t-s}},$$

则由性质 8.12(3) 及性质 8.15 可知, 对每一个 $p_i \leqslant r < q_i$, 有

$$z_{N+2(r-1)s+t} < z_{N+2rs+t};$$

对每一个 $q_i \leqslant r < p_{i+1}$, 有

$$z_{N+2(r-1)s+t} = z_{N+2rs+t},$$

所以 $\{z_{N+t+2rs}\}_{r=p_1}^{+\infty}$ 单调递增. 证毕.

定理 8.16　设 $\{z_n\}_{n=-r}^{+\infty}$ 是 (8.52) 的一个正解, 则 $\lim_{n\to\infty} z_n = 1$, 或对每一个 $k \in \mathbf{Z}(0, 2s-1)$, $\{z_{2ns+k}\}_{n=0}^{+\infty}$ 都是终于单调的.

证明　若 $U = \limsup_{n\to\infty} z_n = 1$, 则令 $i_k \to +\infty$, 使得

$$z_{i_k} \to u = \liminf_{n\to\infty} z_n, \quad z_{i_k-s} \to u_1,$$

因而有

$$\begin{aligned} 1 \geqslant u &= \lim_{k\to\infty} z_{i_k} \\ &\geqslant \lim_{k\to\infty} \frac{1}{z_{i_k-s}} \\ &= \frac{1}{u_1} \geqslant \frac{1}{U} = 1. \end{aligned}$$

从而有 $\lim_{n\to\infty} z_n = 1$. 现假设 $U = \limsup_{n\to\infty} z_n > 1$.

首先设 $\gcd(s,t) = 1$, 则由性质 8.14(3) 可知, 存在 $N \in \mathbf{N}$, 使得下面几个结论成立.

(1) $z_{N+2ns} z_{N+(2n-1)s} = 1$ $(n \in \mathbf{N}_0)$.

(2) $z_{N+2ns} (n \in \mathbf{N}_0)$ 单调递减且 $\lim_{n\to\infty} z_{N+2ns} = U$; $x_{N+(2n-1)s}$ $(n \in \mathbf{N}_0)$ 单调递增且 $\lim_{n\to\infty} z_{N+(2n-1)s} = u = 1/U$.

反复运用性质 8.16 可知, 对每一个 $i \in \mathbf{Z}(1, s-1)$, $\{z_{N+2ns+it}\}_{n=0}^{+\infty}$ 与 $\left\{z_{N+(2n-1)s+it}\right\}_{n=0}^{+\infty}$ 都是终于单调的. 由于 $\gcd(s,t) = 1$, 则对每一个 $j \in \mathbf{Z}(0, s-1)$, 存在 $i_j \in \mathbf{Z}(0, s-1)$ 及整数 λ_j, 使得 $i_j t = \lambda_j s + j$ 及 $i_j t - s = (\lambda_j - 1)s + j$. 因此对每一个 $j \in \mathbf{Z}(0, s-1)$, $\left\{z_{N+2ns+\lambda_j s+j}\right\}_{n=0}^{+\infty}$ 和 $\left\{z_{N+2ns+(\lambda_j-1)s+j}\right\}_{n=0}^{+\infty}$ 是终于单调的, 从而可知对每一个 $k \in \mathbf{Z}(0, 2s-1)$, $\{z_{2ns+k}\}_{n=0}^{+\infty}$ 也是终于单调的.

若 $\gcd(s,t) = d > 1$, 则考虑极大型差分方程

$$z_n = \max\left\{\frac{1}{z_{n-ds_1}}, \frac{P_n}{z_{n-dt_1}^{\alpha_n}}\right\} \quad (n \in \mathbf{N}_0), \tag{8.54}$$

其中, $s = ds_1, t = dt_1$ 且 $\gcd(s_1, t_1) = 1$. 记 $y_n^i = z_{nd+i}$ $(i \in \mathbf{Z}(0, d-1),\ n \in \mathbf{N}_0)$, 则 (8.54) 可变形为方程

$$y_n^i = \max\left\{\frac{1}{y_{n-s_1}^i}, \frac{P_{nd+i}}{(y_{n-t_1}^i)^{\alpha_{nd+i}}}\right\} \ (i \in \mathbf{Z}(0, d-1),\ n \in \mathbf{N}_0) \tag{8.55}$$

类似上面的方法可得, 对每一个 $i \in \mathbf{Z}(0, d-1)$, y_n^i 是方程

$$y_n^i = \max\left\{\frac{1}{y_{n-s_1}^i}, \frac{P_{nd+i}}{(y_{n-t_1}^i)^{\alpha_{nd+i}}}\right\}$$

的一个解, 则对每一个 $k \in \mathbf{Z}(0, 2s_1-1)$, $\{y_{2s_1n+k}^i\}_{n=0}^{+\infty}$ 是终于单调的, 从而可知, 对每一个 $k \in \mathbf{Z}(0, 2s-1)$, $\{z_{2ns+k}\}_{n=0}^{+\infty}$ 也是终于单调的. 证毕.

定理 8.17　设 $s=1$, t 是偶数, P_n 是周期序列. 设 $\{z_n\}_{n=-t}^{+\infty}$ 是 (8.52) 的一个正解, 则 $\lim_{n\to\infty} z_n = 1$ 或者 $\{z_n\}_{n=-t}^{+\infty}$ 是终于 2 周期的.

证明　若 $U = \limsup_{n\to\infty} z_n = 1$, 则类似定理 8.16 的证明过程可知, $\lim_{n\to\infty} z_n = 1$. 现设 $U = \limsup_{n\to\infty} z_n > 1$.

由性质 8.14(3) 和定理 8.16 可知, 存在 $N \in \mathbf{N}$, 使得下面几个结论成立.

(1) $z_{N+2n}z_{N+2n-1} = 1$ $(n \in \mathbf{N}_0)$.

(2) $z_{N+2n}(n \in \mathbf{N}_0)$ 单调递减, 且 $\lim_{n\to\infty} z_{N+2n} = U$. $z_{N+2n-1}(n \in \mathbf{N}_0)$ 单调递增, 且 $\lim_{n\to\infty} z_{N+2n-1} = u = 1/U$.

我们断言 $z_{N+2n+1} = 1/z_{N+2n}$ 终于. 事实上, 若存在 $1 \leqslant k_1 < k_2 < \cdots < k_i < \cdots$, 使得

$$z_{N+2k_i+1} = \frac{P_{N+2k_i+1}}{z_{N+2k_i+1-t}^{\alpha_{N+2k_i+1}}},$$

则由于 P_n 和 α_n 是周期序列, 可选取 P_{N+2k_i+1} 和 α_{N+2k_i+1} 为常数列, 又因为 $z_{N+2k_i+1-t}^{\alpha_{N+2k_i+1}}$ 单调递增, 则 z_{N+2k_i+1} 单调递减, 这是矛盾的. 从上可知, $\{z_n\}_{n=-t}^{+\infty}$ 是终于 2 周期的. 证毕.

例 8.6　设 $s=1$, t 是奇数. 设 $P_n = P \in (0,1)$, $\alpha_n = \alpha \in (0,1)$ $(n \in \mathbf{N}_0)$, 则存在 (8.52) 的一个非终于周期的正解 $\{z_n\}_{n=-t}^{\infty}$, 使得 $\lim_{n\to\infty} z_n \neq 1$.

证明　选取初始值 $z_{-t}, z_{1-t}, \cdots, z_{-1} \in \mathbf{R}_+$ 满足

$$z_{-t} < z_{2-t} < \cdots < z_{-1} < z_{-t}/P, \quad z_{-t} < P^{2/(1-\alpha)}$$

和

$$z_{k-t} = 1/z_{k-t-1}, k \in \{1, 3, \cdots, t-2\}.$$

以下将证明, 对任意 $k \in \mathbf{N}$, 有 $z_{2k-1} < z_{2k+1}$ 及 $z_{2k} < z_{2k-2}$.

由 $z_{-1} < z_{-t}/P$ 及 $z_{-t} < P^{2/(1-\alpha)}$ 可知, $z_{-1} < z_{-t}/P < Pz_{-t}^{\alpha}$, 从而有

$$\begin{aligned}z_0 &= \max\left\{\frac{1}{z_{-1}}, \frac{P}{z_{-t}^{\alpha}}\right\}\\ &= \frac{1}{z_{-1}} < \frac{1}{z_{-3}}\\ &= z_{-2}.\end{aligned}$$

$$z_1 = \max\left\{\frac{1}{z_0}, \frac{P}{z_{1-t}^{\alpha}}\right\}$$

$$
\begin{aligned}
&= \max\left\{z_{-1}, Pz_{-t}^{\alpha}\right\}\\
&= Pz_{-t}^{\alpha} > z_{-1}.
\end{aligned}
$$

$$
\begin{aligned}
z_2 &= \max\left\{\frac{1}{z_1}, \frac{P}{z_{2-t}^{\alpha}}\right\}\\
&= \max\left\{\frac{1}{Pz_{-t}^{\alpha}}, \frac{P}{z_{2-t}^{\alpha}}\right\}\\
&= \frac{1}{Pz_{-t}^{\alpha}} = \frac{1}{z_1}\\
&< \frac{1}{z_{-1}} = z_0.
\end{aligned}
$$

$$
\begin{aligned}
z_3 &= \max\left\{\frac{1}{z_2}, \frac{P}{z_{3-t}^{\alpha}}\right\}\\
&= \max\left\{z_1, Pz_{2-t}^{\alpha}\right\}\\
&= \max\left\{Pz_{-t}^{\alpha}, Pz_{2-t}^{\alpha}\right\}\\
&= Pz_{2-t}^{\alpha} > \frac{1}{z_2} = z_1.
\end{aligned}
$$

$$
\begin{aligned}
z_4 &= \max\left\{\frac{1}{z_3}, \frac{P}{z_{4-t}^{\alpha}}\right\}\\
&= \max\left\{\frac{1}{Pz_{2-t}^{\alpha}}, \frac{P}{z_{4-t}^{\alpha}}\right\}\\
&= \frac{1}{Pz_{2-t}^{\alpha}} = \frac{1}{z_3}\\
&< \frac{1}{z_1} = z_2.
\end{aligned}
$$

设存在 $m \in \mathbf{N}$, 使得

(1) 对任意 $(-t+1)/2 \leqslant k \leqslant m$, 有 $z_{2k-1} < z_{2k+1}$ 和 $z_{2k+2} < z_{2k}$.

(2) 对任意 $0 \leqslant k \leqslant m$, $z_{2k+1} = Pz_{2k-t}^{\alpha}$; 对任意 $(-t+1)/2 \leqslant k \leqslant m$, $z_{2k+2}z_{2k+1} = 1$.

则有

$$
\begin{aligned}
z_{2m+3} &= \max\left\{\frac{1}{z_{2m+2}}, \frac{P}{z_{2m+3-t}^{\alpha}}\right\}\\
&= \max\left\{z_{2m+1}, Pz_{2m+2-t}^{\alpha}\right\}\\
&= \max\left\{Pz_{2m-t}^{\alpha}, Pz_{2m+2-t}^{\alpha}\right\}\\
&= Pz_{2m+2-t}^{\alpha} > Pz_{2m-t}^{\alpha}\\
&= z_{2m+1},
\end{aligned}
$$

$$
z_{2m+4} = \max\left\{\frac{1}{z_{2m+3}}, \frac{P}{z_{2m+4-t}^{\alpha}}\right\}
$$

$$\begin{aligned}&= \max\left\{\frac{1}{Pz^{\alpha}_{2m+2-t}}, \frac{P}{z^{\alpha}_{2m+4-t}}\right\}\\&= \frac{1}{Pz^{\alpha}_{2m+2-t}} = \frac{1}{z_{2m+3}}\\&< \frac{1}{z_{2m+1}} = z_{2m+2}.\end{aligned}$$

因此对任意 $k \geqslant (-t+1)/2$, $z_{2k-1} < z_{2k+1}$ 及 $z_{2k+2} < z_{2k}$, 从而可知 $\{z_n\}_{n=-t}^{\infty}$ 是非终于周期的. 由于 $z_{2n+1} = Pz^{\alpha}_{2n-t}$ $(n \in \mathbf{N})$, 从而有 $\lim_{n\to\infty} z_n \neq 1$. 证毕.

8.7 方程组 (8.56) 的周期性

在本节, 我们研究极大型差分方程组

$$x_n = \max\left\{\frac{1}{y_{n-m}}, \quad \frac{\alpha_n}{x_{n-r}}\right\}, \ y_n = \max\left\{\frac{1}{x_{n-m}}, \frac{\beta_n}{y_{n-r}}\right\} \ (n \in \mathbf{N}_0) \tag{8.56}$$

的周期性, 其中, $\alpha_n, \beta_n \in (0,1)$ 是两个数列, $\sup\{\max\{\alpha_n, \beta_n\} : n \in \mathbf{N}_0\} < 1$, $r, m \in \mathbf{N}$ 且 $r \neq m$, 初始值 $x_{-d}, y_{-d}, x_{-d+1}, y_{-d+1}, \cdots, x_{-1}, y_{-1} \in \mathbf{R}_+$ $(d = \max\{r, m\})$.

现设 $\{(x_n, y_n)\}_{n\geqslant -d}$ 是 (8.56) 的一个解且初始值 $x_{-d}, y_{-d}, x_{-d+1}, y_{-d+1}, \cdots, x_{-1}, y_{-1} \in \mathbf{R}_+$.

引理 8.19　下面几个结论成立.

(1) 对所有 $n \in \mathbf{N}_0$, $x_n y_{n-m} \geqslant 1$(或相应的 $y_n x_{n-m} \geqslant 1$).

(2) 对所有 $n \geqslant d$, $x_n \leqslant \max\{x_{n-2m}, \alpha_n y_{n-m-r}\}$(或相应的 $y_n \leqslant \max\{y_{n-2m}, \beta_n x_{n-m-r}\}$).

(3) 若存在 $n \geqslant d$, 使得 $x_n = 1/y_{n-m}$ (或相应的 $y_n = 1/x_{n-m}$), 则 $x_n \leqslant x_{n-2m}$ (或相应的 $y_n \leqslant y_{n-2m}$). 若存在 $n \geqslant d$, 使得 $x_n = \alpha_n/x_{n-r} > 1/y_{n-m}$(或相应的 $y_n = \beta_n/y_{n-r} > 1/x_{n-m}$), 则 $x_n > x_{n-2m}$ (或相应的 $y_n > y_{n-2m}$).

证明　(1) 由于对所有的 $n \in \mathbf{N}_0$, $x_n \geqslant 1/y_{n-m}$(或相应的 $y_n \geqslant 1/x_{n-m}$), 所以结论成立.

(2) 由 (1) 可知, 对所有 $n \geqslant d$,

$$\begin{aligned}x_n &= \max\left\{\frac{x_{n-2m}}{y_{n-m}x_{n-2m}}, \frac{\alpha_n y_{n-m-r}}{y_{n-m-r}x_{n-r}}\right\}\\&\leqslant \max\{x_{n-2m}, \alpha_n y_{n-m-r}\}.\end{aligned}$$

相应的另一种情形, 类似可得, 因而结论成立.

(3) 若对某 $n \geqslant d$, 有 $x_n = 1/y_{n-m}$, 则由 (1) 可知,

$$x_n = \frac{x_{n-2m}}{y_{n-m}x_{n-2m}} \leqslant x_{n-2m}.$$

若对某 $n \geqslant d$, 有 $x_n = \alpha_n/x_{n-r} > 1/y_{n-m}$, 则由 (1) 可知,

$$\begin{aligned}1 &< x_n y_{n-m} \\ &= \max\left\{\frac{x_n}{x_{n-2m}}, \frac{x_n x_{n-r}\beta_{n-m}}{y_{n-r-m}x_{n-r}}\right\} \\ &\leqslant \max\left\{\frac{x_n}{x_{n-2m}}, \alpha_n\beta_{n-m}\right\} \\ &= \frac{x_n}{x_{n-2m}},\end{aligned}$$

从而有 $x_n > x_{n-2m}$. 相应的另一种情形, 类似可得, 因而结论成立. 证毕.

定义

$$\Phi_n = \max\{\max\{x_i, y_i\} : i \in \mathbf{Z}(n-m-d, n-1)\} \ (n \geqslant d). \tag{8.57}$$

引理 8.20　下面几个结论成立:

(1) $\max\{x_n, y_n\} \leqslant \Phi_n \ (n \geqslant d\ )$, $\{\Phi_n\}_{n \geqslant d}$ 单调递减.

(2) 存在常数 $A \geqslant B > 0$, 使得 $x_n, y_n \in [B, A] \ (n \geqslant -d)$.

证明　(1) 由引理 8.19(2) 可知 $\max\{x_n, y_n\} \leqslant \Phi_n \ (n \geqslant d)$, 因此

$$\Phi_{n+1} = \max\{\max\{x_i, y_i\} : i \in \mathbf{Z}(n-m-d+1, n)\} \leqslant \Phi_n.$$

(2) 取

$$A = \max\{\Phi_d, y_{d-1}, x_{d-1}, \cdots, y_{-d}, x_{-d}\} \ (\geqslant 1)$$

和

$$B = \min\{1/A, y_{-1}, x_{-1}, \cdots, y_{-d}, x_{-d}\} \ (> 0),$$

则对所有 $n \geqslant -d$, $y_n, x_n \in [B, A]$. 证毕.

现设 $\lim_{n\to\infty}\Phi_n = \Phi$, 且有无穷多个 $n \in \mathbf{N}$, 使 $\Phi_n \in \{x_k : k \in \mathbf{N}\}$.

引理 8.21　下面几个结论成立.

(1) $\Phi = \limsup_{n\to\infty} x_n \geqslant \limsup_{n\to\infty} y_n$.

(2) $\mathrm{Card}(\{n : \Phi \leqslant x_n = \alpha_n/x_{n-r}\}) < \infty$, 其中 $\mathrm{Card}(M)$ 表示集 M 的基数.

(3) 存在 $N \in \mathbf{N}$, 使得对任意 $s \in \mathbf{N}_0$, 有 $x_{N+2ms} \geqslant \Phi$, $x_{N+2ms}y_{N+2ms-m} = 1$, x_{N+2ms} 单调递减, 且 $\lim_{s\to\infty} x_{N+2ms} = \Phi$.

证明　(1) 由于 $x_n \leqslant \Phi_n \ (n \geqslant d\ )$, 且有无穷多个 $n \in \mathbf{N}$, 使 $\Phi_n \in \{x_k : k \in \mathbf{N}\}$, 所以

$$\begin{aligned}\limsup_{n\to\infty} y_n \leqslant \Phi &\leqslant \limsup_{n\to\infty} x_n \\ &\leqslant \limsup_{n\to\infty} \Phi_n\end{aligned}$$

$$= \Phi.$$

(2) 考虑反面. 设存在序列 $r < n_1 < n_2 < \cdots < n_k < \cdots$, 满足

$$\begin{aligned}\Phi \leqslant x_{n_k} &= \frac{\alpha_{n_k}}{x_{n_k-r}} \\ &= \frac{\alpha_{n_k} y_{n_k-r-m}}{x_{n_k-r} y_{n_k-r-m}} \\ &\leqslant \alpha_{n_k} y_{n_k-r-m},\end{aligned}$$

则可选取子列使得 $\lim_{k\to\infty} y_{n_k-r-m} = L$. 因此 $L \leqslant \Phi$, 从而有

$$\begin{aligned}\Phi &= \lim_{k\to\infty} x_{n_k} \\ &\leqslant \lim_{k\to\infty} y_{n_k-r-m} \max\{\alpha_n : n \in \mathbf{N}\} \\ &= \max\{\alpha_n : n \in \mathbf{N}\} L \\ &< \Phi.\end{aligned}$$

矛盾.

(3) 由 (2) 可知, 存在 $\tau \in \mathbf{N}$, 使得若 $n \geqslant \tau$ 且 $x_n \geqslant \Phi$, 则有 $x_n = 1/y_{n-m}$. 可选取子列 $\tau \leqslant n_1 < n_2 < \cdots < n_k < \cdots$, 满足 $n_{k+1} - n_k = 0 \pmod{2m}$ 且 $x_{n_k} \geqslant \Phi$(对所有 $k \in \mathbf{N}$), $\lim_{k\to\infty} x_{n_k} = \Phi$, 则有 $x_{n_k} = 1/y_{n_k-m}$. 设 $N = n_1$. 由引理 8.19(3) 可知, 对任意 $s \in \mathbf{N}_0$, $x_{N+2ms} \geqslant \Phi$ 且

$$\begin{aligned}\frac{1}{y_{N+2ms-m}} &= x_{N+2ms} \\ &\geqslant x_{N+2m(s+1)} \\ &= \frac{1}{y_{N+2m(s+1)-m}}.\end{aligned}$$

证毕.

若 r 是偶数, m 是奇数, 则定义

$$\Psi_{2n} = \max\{\max\{x_{N+2i-1}, y_{N+2i}\} : i \in \mathbf{Z}(n-m-r, n)\} \quad (n \geqslant m+r). \tag{8.58}$$

类似引理 8.21 的证明, 有引理 8.21′.

引理 8.21′　下面的结论成立.

(1) $\max\{x_{N+2n-1}, y_{N+2n}\} \leqslant \Psi_{2n}$ $(n \geqslant r+m)$, $\{\Psi_{2n}\}_{n\geqslant r+m}$ 单调递减.

(2) 设 $\lim_{n\to\infty} \Psi_{2n} = \Psi$, 存在无穷多个 $n \in \mathbf{N}$, 使得 $\Psi_{2n} \in \{x_k : k \in \mathbf{N}\}$, 则

(i) $\Psi = \limsup_{n\to\infty} x_{N+2n-1} \geqslant \limsup_{n\to\infty} y_{N+2n}$.

(ii) $\mathrm{Card}(\{n : \Psi \leqslant x_{N+2n-1} = \alpha_{N+2n-1}/x_{N+2n-1-r}\}) < \infty$.

(iii) 存在 $N' \in \mathbf{N}$, 使得对所有 $s \in \mathbf{N}_0$, $x_{2N'+N+2ms-1} \geqslant \Psi$, $x_{2N'+N+2ms-1} \cdot y_{2N'+N+2ms-1-m} = 1$, $x_{2N'+N+2ms-1}$ 单调递减, $\lim_{s\to\infty} x_{2N'+N+2ms-1} = \Psi$.

引理 8.22　设 $M, s, t \in \mathbf{N}(t \geqslant 2)$, 使得

(1) $\{x_{M+2mk}\}_{k\geqslant 0}$ 单调.

(2) 对每一个 $\lambda \in \{s, s+t\}$, $x_{M+2m\lambda+r} = \alpha_{M+2m\lambda+r}/x_{M+2m\lambda} > 1/y_{M+2m\lambda+r-m}$.

(3) 对每一个 $\lambda \in \mathbf{Z}(s+1, s+t-1)$, $x_{M+2m\lambda+r} = 1/y_{M+2m\lambda+r-m}$.

则对每一个 $\lambda \in \mathbf{Z}(s, s+t-2)$, $x_{M+2m\lambda+r} = x_{M+2m(\lambda+1)+r}$.

证明　由条件 (2) 和 (3) 及引理 8.19(3) 可知, 对每一个 $\lambda \in \mathbf{Z}(s+1, s+t-1)$, 有 $x_{M+2m\lambda+r} \leqslant x_{M+2m(\lambda-1)+r}$, 以及对每一个 $\lambda \in \{s, s+t\}$, 有 $x_{M+2m\lambda+r} > x_{M+2m(\lambda-1)+r}$.

若 $\{x_{M+2mk}\}_{k\geqslant 0}$ 单调递减, 则由

$$\alpha_{M+2ms+r}\beta_{M+2m(s+\lambda)+r-m} < 1 \leqslant x_{M+2m(s+\lambda)}y_{M+2m(s+\lambda)-m}$$

可知, 对每一个 $\lambda \in \mathbf{Z}(1, t-1)$, 有

$$\begin{aligned}
&\frac{\alpha_{M+2ms+r}}{x_{M+2m(s+\lambda)}}\\
\geqslant &\frac{\alpha_{M+2ms+r}}{x_{M+2ms}}\\
= &x_{M+2ms+r}\\
\geqslant &x_{M+2m(s+\lambda)+r}\\
= &\frac{1}{y_{M+2m(s+\lambda)+r-m}}\\
= &\min\left\{x_{M+2m(s+\lambda-1)+r}, \frac{y_{M+2m(s+\lambda)-m}}{\beta_{M+2m(s+\lambda)+r-m}}\right\}\\
= &x_{M+2m(s+\lambda-1)+r}\\
\geqslant &x_{M+2m(s+\lambda)+r}.
\end{aligned}$$

因此 $x_{M+2m(s+\lambda-1)+r} = x_{M+2m(s+\lambda)+r}$.

若 $\{x_{M+2mk}\}_{k\geqslant 0}$ 单调递增, 则由

$$\alpha_{M+2m(s+t)+r}\beta_{M+2m(s+t-1)+r-m} < 1 \leqslant x_{M+2m(s+t-1)}y_{M+2m(s+t-1)-m}$$

可知,

$$\begin{aligned}
&\frac{\alpha_{M+2m(s+t)+r}}{x_{M+2m(s+t-1)}}\\
\geqslant &\frac{\alpha_{M+2m(s+t)+r}}{x_{M+2m(s+t)}}\\
= &x_{M+2m(s+t)+r}\\
> &x_{M+2m(s+t-1)+r}\\
= &\frac{1}{y_{M+2m(s+t-1)+r-m}}\\
= &\min\left\{x_{M+2m(s+t-2)+r}, \frac{y_{M+2m(s+t-1)-m}}{\beta_{M+2m(s+t-1)+r-m}}\right\}
\end{aligned}$$

$$= x_{M+2m(s+t-2)+r}$$
$$\geqslant x_{M+2m(s+t-1)+r}.$$

因此 $x_{M+2m(s+t-1)+r} = x_{M+2m(s+t-2)+r}$. 类似于上述的证明过程可得, 对每一个 $\lambda \in \mathbf{Z}(0, t-2)$, 有

$$x_{M+2m(s+t-1)+r} = x_{M+2m(s+\lambda)+r}.$$

证毕.

类似引理 8.22 的证明, 有引理 8.22′.

引理 8.22′ 设 $M, s, t \in \mathbf{N}$ $(t \geqslant 2)$, 使得

(1) $\{y_{M+2mk}\}_{k\geqslant 0}$ 单调.

(2) 对每一个 $\lambda \in \{s, s+t\}$, $y_{M+2m\lambda+r} = \beta_{M+2m\lambda+r}/y_{M+2m\lambda} > 1/x_{M+2m\lambda+r-m}$.

(3) 对每一个 $\lambda \in \mathbf{Z}(s+1, s+t-1)$, $y_{M+2m\lambda+r} = 1/x_{M+2m\lambda+r-m}$.

则对每一个 $\lambda \in \mathbf{Z}(s, s+t-2)$, $y_{M+2m\lambda+r} = y_{M+2m(\lambda+1)+r}$.

引理 8.23 若存在 $M \in \mathbf{N}$, 使得 $\{x_{M+2mk}\}_{k\geqslant 0}$(或相应的 $\{y_{M+2mk}\}_{k\geqslant 0}$) 单调, 则 $\{x_{M+2mk+r}\}_{k\geqslant 0}$ (或相应的 $\{y_{M+2mk+r}\}_{k\geqslant 0}$) 也单调.

证明 若存在 $L \in \mathbf{N}$, 使得对所有 $k \geqslant L$, 有 $x_{M+2mk+r} = 1/y_{M+2mk+r-m}$, 则由引理 8.19(3) 可知, 对所有 $k \geqslant L$, 有 $x_{M+2mk+r} \leqslant x_{M+2m(k-1)+r}$. 因此 $\{x_{M+2mk+r}\}_{k\geqslant L}$ 是单调的.

若存在序列 $\{\lambda_i\}$ 和 $\{\tau_i\}$ $(1 < \lambda_1 < \tau_1 < \lambda_2 < \tau_2 < \cdots < \lambda_\mu < \tau_\mu < \cdots)$, 使得

$$x_{M+2mk+r} = \frac{\alpha_{M+2mk+r}}{x_{M+2mk}} > \frac{1}{y_{M+2mk+r-m}} \quad (\lambda_i \leqslant k < \tau_i),$$

以及

$$x_{M+2mk+r} = \frac{1}{y_{M+2mk+r-m}} \quad (\tau_i \leqslant k < \lambda_{i+1}),$$

则由引理 8.19(3) 与引理 8.22 可知,

$$x_{M+2m(k-1)+r} < x_{M+2mk+r} \quad (\lambda_i \leqslant k < \tau_i),$$

以及

$$x_{M+2m(k-1)+r} = x_{M+2mk+r} \quad (\tau_i \leqslant k < \lambda_{i+1}),$$

从而可知 $\{x_{M+2mk+r}\}_{k\geqslant \lambda_1}$ 单调递增. 另一种情形类似可证. 证毕.

定理 8.18 对每一个 $i \in \mathbf{Z}(0, 2m-1)$, $\{x_{2nm+i}\}_{n\geqslant 0}$ 和 $\{y_{2nm+i}\}_{n\geqslant 0}$ 都是终于单调的.

证明 首先设 $\gcd(r, m) = 1$. 由引理 8.21 和引理 8.21′ 可知, 存在 $N', N \in \mathbf{N}$, 使得下面结论成立.

(1) $x_{N+2mn}y_{N+2mn-m}=1\ (n\in\mathbf{N}_0)$, $x_{N+2mn}(n\in\mathbf{N}_0)$ 单调递减, 且

$$\begin{aligned}\lim_{n\to\infty}x_{N+2mn}=\Phi&=\limsup_{n\to\infty}x_n\\&\geqslant\limsup_{n\to\infty}y_n.\end{aligned}$$

(2) 若r是偶数, m是奇数, 则对每一个$n\in\mathbf{N}_0$, $x_{2N'+N+2mn-1}y_{2N'+N+2mn-1-m}=1$, $x_{2N'+N+2mn-1}\ (n\in\mathbf{N}_0)$ 单调递减, 且

$$\begin{aligned}\lim_{n\to\infty}x_{2N'+N+2mn-1}=\Psi&=\limsup_{n\to\infty}x_{N+2n-1}\\&\geqslant\limsup_{n\to\infty}y_{N+2n}.\end{aligned}$$

反复运用引理 8.23 可知, 对每一个 $i\in\mathbf{Z}(0,2m-1)$, $\{x_{N+2mn+ir}\}_{n\geqslant0}$ 和 $\{y_{N+2mn-m+ir}\}_{n\geqslant0}$ 终于单调. 进一步, 若 r 是偶数, m 是奇数, 则对每一个 $i\in\mathbf{Z}(0,m-1)$, $\{x_{2N'+N+2mn-1+ir}\}_{n\geqslant0}$ 和 $\{y_{2N'+N+2mn-m-1+ir}\}_{n\geqslant0}$ 终于单调.

若 r 是奇数, 则 $\gcd(r,2m)=1$, 对每一个 $j\in\mathbf{Z}(0,2m-1)$, 存在某 $i_j\in\mathbf{Z}(0,2m-1)$ 及整数 λ_j, 使得 $i_jr=\lambda_j2m+j$ (由于 $\{ir:i\in\mathbf{Z}(0,2m-1)\}=\mathbf{Z}(0,2m-1)\pmod{2m}$), 从上可知, 对每一个 $j\in\mathbf{Z}(0,2m-1)$, $\left\{x_{N+2mn+\lambda_j2m+j}\right\}_{n\geqslant0}$ 和 $\left\{y_{N+2mn+\lambda_j2m-m+j}\right\}_{n\geqslant0}$ 终于单调. 因此对每一个 $k\in\mathbf{Z}(0,2m-1)$, $\{x_{2mn+k}\}_{n\geqslant0}$ 和 $\{y_{2mn+k}\}_{n\geqslant0}$ 终于单调.

若 r 是偶数, 则 m 是奇数, 对每一个 $\{j\in\mathbf{Z}(0,m-1)\}$, 存在某 $i_j\in\mathbf{Z}(0,m-1)$ 及整数 λ_j, 使得 $i_jr=\lambda_jm+j$ (由于 $\{ir:i\in\mathbf{Z}(0,m-1)\}=\mathbf{Z}(0,m-1)\pmod{m}$), 从上可知, 对每一个 $j\in\mathbf{Z}(0,m-1)$, $\left\{x_{N+2mn+\lambda_jm+j}\right\}_{n\geqslant0}$, $\left\{y_{N+2mn+\lambda_jm-m+j}\right\}_{n\geqslant0}$, $\left\{x_{2N'+N+2mn+\lambda_jm+j-1}\right\}_{n\geqslant0}$,$\left\{y_{2N'+N+2mn+\lambda_j2m-m+j-1}\right\}_{n\geqslant0}$ 终于单调. 因此对每一个 $k\in\mathbf{Z}(0,2m-1)$, $\{x_{2mn+k}\}_{n\geqslant0}$ 和 $\{y_{2mn+k}\}_{n\geqslant0}$ 终于单调.

若 $\gcd(r,m)=s>1$, 则我们考虑极大型差分方程组

$$x_n=\max\left\{\frac{1}{y_{n-sm_1}},\frac{\alpha_n}{x_{n-sr_1}}\right\},\quad y_n=\max\left\{\frac{1}{x_{n-sm_1}},\frac{\beta_n}{y_{n-sr_1}}\right\}\ (n\in\mathbf{N}_0),\tag{8.59}$$

其中 $m=sm_1$, $r=sr_1$, $\gcd(m_1,r_1)=1$. 记 $x_n^i=x_{ns+i}$ 和 $y_n^i=y_{ns+i}$ $(i\in\mathbf{Z}(0,m-1),\ n\in\mathbf{N}_0)$, 则 (8.59) 可化为极大型差分方程组

$$x_n^i=\max\left\{\frac{1}{y_{n-m_1}^i},\frac{\alpha_{ns+i}}{x_{n-r_1}^i}\right\},\quad y_n^i=\max\left\{\frac{1}{x_{n-m_1}^i},\frac{\beta_{ns+i}}{y_{n-r_1}^i}\right\}\ (i\in\mathbf{Z}(0,s-1),\ n\in\mathbf{N}_0).\tag{8.60(i)}$$

类似上面证明的方法可知, 对每一个 $i\in\mathbf{Z}(0,s-1)$, $\left\{(x_n^i,y_n^i)\right\}_{n\geqslant0}$ 是 (8.60(i)) 的一个正解. 则对每一个 $k\in\mathbf{Z}(0,2m_1-1)$, $\left\{x_{2m_1n+k}^i\right\}_{n=0}^{+\infty}$ 和 $\left\{y_{2m_1n+k}^i\right\}_{n=0}^{+\infty}$ 终于单调. 因此对每一个 $k\in\mathbf{Z}(0,2m-1)$, $\{x_{2nm+k}\}_{n=0}^{+\infty}$ 和 $\{y_{2nm+k}\}_{n=0}^{+\infty}$ 终于单调. 证毕.

定理 8.19　设 α_n, β_n 是两周期序列, 则 $\{(x_n, y_n)\}_{n\geqslant -d}$ 是终于 $2m$ 周期的.

证明　首先设 $\gcd(r, m) = 1$. 由定理 8.18 可知, 对每一个 $k \in \mathbf{Z}(0, 2m-1)$, $\{x_{2mn+k}\}_{n\geqslant 0}$, $\{y_{2mn+k}\}_{n\geqslant 0}$ 是终于单调的.

断言 1　$x_{N+2mk+r}$ 和 $y_{N+2mk+r-m}$ $(k \in \mathbf{N}_0)$ 是终于常数序列.

断言 1 的证明　由于

$$\frac{\alpha_{N+2mk+r}}{x_{N+2mk}} \leqslant \max\{\alpha_n : n \in \mathbf{N}\}\, y_{N+2mk-m}$$

和

$$\begin{aligned}
&\lim_{k\to\infty} \max\{\alpha_n : n \in \mathbf{N}\}\, y_{N+2mk-m}\\
=&\frac{\max\{\alpha_n : n \in \mathbf{N}\}}{\Phi} < \frac{1}{\Phi}\\
\leqslant&\lim_{k\to\infty} x_{N+2mk+r}.
\end{aligned}$$

故存在 $L \in \mathbf{N}$, 使得对每一个 $k \geqslant L$, 有

$$\begin{aligned}
x_{N+2mk+r} &= \max\left\{\frac{1}{y_{N+2mk+r-m}}, \frac{\alpha_{N+2mk+r}}{x_{N+2mk}}\right\}\\
&= \frac{1}{y_{N+2mk+r-m}},
\end{aligned}$$

从而由引理 8.19(3) 可知, $x_{N+2mk+r}$ $(k \geqslant L)$ 单调递减.

若存在序列 $L \leqslant s_1 < s_2 < \cdots < s_i < \cdots$, 使得对每一个 $i \in \mathbf{N}$,

$$y_{N+2ms_i+r-m} = \frac{\beta_{N+2ms_i+r-m}}{y_{N+2ms_i-m}},$$

则

$$x_{N+2ms_i+r} = \frac{y_{N+2ms_i-m}}{\beta_{N+2ms_i+r-m}}. \tag{8.61}$$

由于 β_n 是周期序列, 故可取子列 β_{N+2mk_i+r-m} 为常数列. 由 (8.61) 可知, $x_{N+2mk+r}$ 和 $y_{N+2mk+r-m}$ $(k \in \mathbf{N}_0)$ 是终于常数序列 (由于 $y_{N+2mk+r-m} = y_{N+2m(k-1)+r-m}$ 单调递增).

若 $y_{N+2mk+r-m} = 1/x_{N+2mk+r-2m}$ 终于, 则 $x_{N+2mk+r} = x_{N+2m(k-1)+r}$ 和 $y_{N+2mk+r-m} = y_{N+2m(k-1)+r-m}$ 终于. 这就完成了断言 1 的证明.

断言 2　$x_{N+2mk+2r}$ 和 $y_{N+2mk+2r-m}$ $(k \in \mathbf{N}_0)$ 为终于常数序列.

断言 2 的证明　注意到 α_n 和 β_n 为周期列, $x_{N+2mk+r}$ 和 $y_{N+2mk+r-m}(k \in \mathbf{N}_0)$ 为终于常数序列.

若存在序列 $1 \leqslant s_1 < s_2 < \cdots < s_i < \cdots$, 使得对每一个 $i \in \mathbf{N}$, 有

$$x_{N+2ms_i+2r} = \frac{\alpha_{N+2ms_i+2r}}{x_{N+2ms_i+r}},$$

则 $x_{N+2mk+2r}$ $(k\in\mathbf{N}_0)$ 为终于常数序列.

若 $x_{N+2mk+2r}=1/y_{N+2mk+2r-m}$ 终于, 且存在序列 $1\leqslant t_1<t_2<\cdots<t_i<\cdots$, 使得对每一个 $i\in\mathbf{N}$, 有

$$y_{N+2mt_i+2r-m}=\frac{\beta_{N+2mt_i+2r-m}}{y_{N+2mt_i+r-m}},$$

则 $y_{N+2mk+2r-m}$ $(k\in\mathbf{N}_0)$ 是终于常数序列, 因此 $x_{N+2mk+2r}$ $(k\in\mathbf{N}_0)$ 也是终于常数序列.

若 $x_{N+2mk+2r}=1/y_{N+2mk+2r-m}$ 且 $y_{N+2mk+2r-m}=1/x_{N+2mk+2r-2m}$ 终于, 则 $x_{N+2mk+2r}$ $(k\in\mathbf{N}_0)$ 是终于常数序列.

注意到

$$y_{N+2mk+2r-m}=\max\left\{\frac{1}{x_{N+2mk+2r-2m}},\frac{\beta_{N+2mk+2r-m}}{y_{N+2mk+r-m}}\right\},$$

从而可知 $y_{N+2mk+2r-m}$ $(k\in\mathbf{N}_0)$ 是终于常数序列. 这就完成了断言 2 的证明.

由归纳可证, 对每一个 $j\in\mathbf{Z}(1,2m)$, $y_{N+2mk+jr}$ 和 $y_{N+2mk+jr-m}$ $(k\in\mathbf{N}_0)$ 为终于常数序列.

类似上面的证明过程可知, 若 r 是偶数, m 是奇数, 则对每一个 $j\in\mathbf{Z}(0,m-1)$,

$$\{x_{N+2mn+jr}\}_{n\geqslant0},\quad\{y_{N+2mn+jr-m}\}_{n\geqslant0},$$

$$\{x_{2N'+N+2mn+jr-1}\}_{n\geqslant0},\quad\{y_{2N'+N+2mn-m+jr-1}\}_{n\geqslant0}$$

都是终于常数序列.

由上面的证明过程可知, 对每一个 $k\in\mathbf{Z}(0,2m-1)$, $\{x_{2mn+k}\}_{n\geqslant0}$, $\{y_{2mn+k}\}_{n\geqslant0}$ 都是终于常数序列. 因此, $\{(x_n,y_n)\}_{n\geqslant-d}$ 是终于 $2m$ 周期的.

若 $\gcd(r,m)=s>1$, 则由 (8.59) 和 (8.60(i)) 可知, $\{(x_n,y_n)\}_{n\geqslant0}$ 也是终于 $2m$ 周期的. 证毕.

8.8 方程组 (8.62) 的周期性

在本节, 我们将研究极大型差分方程组

$$\begin{cases} x_n=\max\left\{\dfrac{1}{x_{n-m}},\min\left\{1,\dfrac{A}{y_{n-r}}\right\}\right\},\\ y_n=\max\left\{\dfrac{1}{y_{n-m}},\min\left\{1,\dfrac{B}{x_{n-t}}\right\}\right\},\end{cases}\quad n\in\mathbf{N}_0 \tag{8.62}$$

的周期性. 其中, $A, B \in \mathbf{R}_+$, $m, r, t \in \mathbf{N}$ 且 $r \neq m$, $t \neq m$, 初始值 $x_{-d}, y_{-d}, x_{-d+1}, y_{-d+1}, \cdots, x_{-1}, y_{-1} \in \mathbf{R}_+$ $(d = \max\{m, r, t\})$. 我们将证明 (8.62) 的每一个正解是终于 $2m$ 周期的.

设 $\{(x_n, y_n)\}_{n \geqslant -d}$ 是 (8.62) 的一个解, 初始值 $x_{-d}, y_{-d}, x_{-d+1}, y_{-d+1}, \cdots, x_{-1}, y_{-1} \in \mathbf{R}_+$. 记

$$p_n = \min\left\{1, \frac{A}{y_{n-r}}\right\}, \quad q_n = \min\left\{1, \frac{B}{x_{n-t}}\right\},$$

则有 $p_n \leqslant 1$ 和 $q_n \leqslant 1$ $(n \in \mathbf{N}_0)$.

引理 8.24　下面几个结论成立.

(1) 对所有 $n \in \mathbf{N}_0$, 有 $x_n x_{n-m} \geqslant 1$ (或相应的 $y_n y_{n-m} \geqslant 1$).

(2) 对所有 $n \geqslant d$, 有 $x_n \leqslant \max\{x_{n-2m}, p_n\}$ (或相应的 $y_n \leqslant \max\{y_{n-2m}, q_n\}$).

(3) 若对某 $n \geqslant d$, $x_n = 1/x_{n-m}$(或相应的 $y_n = 1/y_{n-m}$), 则 $x_n \leqslant x_{n-2m}$(或相应的 $y_n \leqslant y_{n-2m}$). 若对某 $n \geqslant d$, 有 $x_n = p_n > 1/x_{n-m}$(或相应的 $y_n = q_n > 1/y_{n-m}$), 则 $x_n > x_{n-2m}$(或相应的 $y_n > y_{n-2m}$).

证明　(1) 由于对所有 $n \in \mathbf{N}_0$, 有 $x_n \geqslant 1/x_{n-m}$(或相应的 $y_n \geqslant 1/y_{n-m}$), 从而有 $x_n x_{n-m} \geqslant 1$(或相应的 $y_n y_{n-m} \geqslant 1$).

(2) 由 (1) 可知, 对所有 $n \geqslant d$,

$$\begin{aligned} x_n &= \max\left\{\frac{x_{n-2m}}{x_{n-m}x_{n-2m}}, p_n\right\} \\ &\leqslant \max\{x_{n-2m}, p_n\}. \end{aligned}$$

另一种情形类似可得.

(3) 若对某 $n \geqslant d$, 有 $x_n = 1/x_{n-m}$, 则由 (1) 可知,

$$x_n = \frac{x_{n-2m}}{x_{n-m}x_{n-2m}} \leqslant x_{n-2m}.$$

若对某 $n \geqslant d$, 有 $x_n = p_n > 1/x_{n-m}$, 则由 (1) 可知,

$$\begin{aligned} 1 &< x_n x_{n-m} \\ &= \max\left\{\frac{x_n}{x_{n-2m}}, x_n p_{n-m}\right\} \\ &= \max\left\{\frac{x_n}{x_{n-2m}}, p_n p_{n-m}\right\} \\ &= \frac{x_n}{x_{n-2m}}, \end{aligned}$$

从而有 $x_n > x_{n-2m}$. 另一种情形类似可得. 证毕.

引理 8.25　设 $M, k, l \in \mathbf{N}(l \geqslant 2)$, 使得

(1) $x_{M+2m\lambda} = p_{M+2m\lambda} > 1/x_{M+2m\lambda-m}$ $(\lambda \in \{k, k+l\})$.

(2) $x_{M+2m\lambda} = 1/x_{M+2m\lambda-m}$ $(\lambda \in \mathbf{Z}(k+1, k+l-1))$.

则对每一个 $\lambda \in \mathbf{Z}(k, k+l-2)$, 有 $x_{M+2m\lambda} = x_{M+2m(\lambda+1)} < x_{M+2m(k+l)}$.

证明　由条件 (1), (2) 及引理 8.24(3) 可知, 对每一个 $\lambda \in \mathbf{Z}(k+1, k+l-1)$, 有 $x_{M+2m\lambda} \leqslant x_{M+2m(\lambda-1)}$, 对每一个 $\lambda \in \{k, k+l\}$, 有 $x_{M+2m\lambda} > x_{M+2m(\lambda-1)}$.

考虑反面, 若对某 $\lambda \in \mathbf{Z}(k, k+l-2)$, 有 $x_{M+2m\lambda} > x_{M+2m(\lambda+1)}$, 则由

$$p_{M+2mk} p_{M+2m(\lambda+1)-m} \leqslant 1$$

可知,

$$\begin{aligned} x_{M+2mk} &= p_{M+2mk} \\ &\geqslant x_{M+2m\lambda} > x_{M+2m(\lambda+1)} \\ &= \frac{1}{x_{M+2m(\lambda+1)-m}} \\ &= \frac{1}{\max\left\{\dfrac{1}{x_{M+2m\lambda}}, p_{M+2m(\lambda+1)-m}\right\}} \\ &= x_{M+2m\lambda}. \end{aligned}$$

矛盾. 证毕.

引理 8.25′　设 $M, k, l \in \mathbf{N}$　$(l \geqslant 2)$, 使得

(1) $y_{M+2m\lambda} = q_{M+2m\lambda} > 1/y_{M+2m\lambda-m}$ $(\lambda \in \{k, k+l\})$.

(2) $y_{M+2m\lambda} = 1/y_{M+2m\lambda-m}$ $(\lambda \in \mathbf{Z}(k+1, k+l-1))$.

则对每一个 $\lambda \in \mathbf{Z}(k, k+l-2)$, 有 $y_{M+2m\lambda} = y_{M+2m(\lambda+1)} < y_{M+2m(k+l)}$.

由引理 8.25, 引理 8.25′ 和引理 8.24(3), 可得引理 8.26.

引理 8.26　设 $M, L \in \mathbf{N}$.

(1) 若对所有 $k \geqslant L$, 有 $x_{M+2mk} = 1/x_{M+2mk-m}$ (或相应的 $y_{M+2mk} = 1/y_{M+2mk-m}$), 则 x_{M+2mk} (或相应的 y_{M+2mk}) 终于单调递减. 若对所有 $k \geqslant L$, 有 $(1 \geqslant)$ $x_{M+2mk} = p_{M+2mk} > 1/x_{M+2mk-m}$ (或相应的 $(1 \geqslant)$ $y_{M+2mk} = q_{M+2mk} > 1/y_{M+2mk-m}$), 则 x_{M+2mk} (或相应的 y_{M+2mk}) 终于单调递增.

(2) 若对所有 $k \geqslant L$, 有 x_{M+2mk} (或相应的 y_{M+2mk}) 终于单调递减, $x_{M+2mk} < 1$ (或相应的 $y_{M+2mk} < 1$), 则 x_{M+2mk} (或相应的 y_{M+2mk}) 为终于常数列.

(3) 若存在序列 $1 < \lambda_1 < \tau_1 < \lambda_2 < \tau_2 < \cdots < \lambda_\mu < \tau_\mu < \cdots$, 使得对每一个 $\lambda_i \leqslant k < \tau_i$, 有

$$x_{M+2mk} = p_{M+2mk} > \frac{1}{x_{M+2mk-r}} \quad \left(\text{或相应的 } y_{M+2mk} = q_{M+2mk} > \frac{1}{y_{M+2mk-t}}\right),$$

且对每一个 $\tau_i \leqslant k < \lambda_{i+1}$, 有

$$x_{M+2mk}=\frac{1}{x_{M+2mk-m}}\quad\left(\text{或相应的 } y_{M+2mk}=\frac{1}{y_{M+2mk-m}}\right),$$

则 x_{M+2mk}(或相应的 y_{M+2mk}) 终于单调递增, 且 $x_{M+2mk}<1$ (或相应的 $y_{M+2mk}<1$) 终于.

证明 (1) 由引理 8.24(3) 可得.

(2) 由于 $1/x_{M+2mk}>1\geqslant p_{M+2mk+m}$ 终于, 故有

$$\begin{aligned}x_{M+2mk+m}&=\max\left\{\frac{1}{x_{M+2mk}},p_{M+2mk+m}\right\}\\&=\frac{1}{x_{M+2mk}}\text{ 终于},\end{aligned}$$

从而可推出 $x_{M+2mk+m}$ 终于单调递增. 另一方面, 由 (1) 可知 $x_{M+2mk+m}$ 终于单调递减. 因此 $x_{M+2mk+m}$ 和 x_{M+2mk} 是终于常数序列. 另一种情形类似可证.

(3) 由引理 8.24(3) 和引理 8.25 可知, 对每一个 $\lambda_i\leqslant k<\tau_i$, 有 $x_{M+2m(k-1)}<x_{M+2mk}$, 对每一个 $\tau_i\leqslant k<\lambda_{i+1}$, 有 $x_{M+2m(k-1)}=x_{M+2mk}$. 从而可知 $\{x_{M+2mk}\}_{k\geqslant\lambda_1}$ 单调递增, 且 $x_{M+2mk}<1$ 终于. 另一种情形类似可证. 证毕.

定理 8.20 设 $A>0$, $B>0$, 则 $\{(x_n,y_n)\}_{n\geqslant-d}$ 是终于 $2m$ 周期的.

证明 仅需要证明 $\{x_{2mk+i}\}_{k\geqslant1}$ 和 $\{y_{2mk+i}\}_{k\geqslant1}$ $(i\in\mathbf{Z}(0,2m-1))$ 是终于常数列.

反过来, 设对某 $i\in\mathbf{Z}(0,2m-1)$, $\{x_{2mk+i}\}_{k\geqslant1}$(或相应的 $\{y_{2mk+i}\}_{k\geqslant1}$) 不是终于常数列, 则由引理 8.26 可知, x_{2mk+i}(或相应的 y_{2mk+i}) 终于单调.

我们断言: x_{2mk+i} 不是终于单调递减. 的确, 若 x_{2mk+i} 终于单调递减, 则 $x_{2mk+i}>1$ 终于且

$$\begin{aligned}x_{2mk+i}&=\max\left\{\frac{1}{x_{2mk+i-m}},p_{2mk+i}\right\}\\&=\frac{1}{x_{2mk+i-m}}\text{ 终于}.\end{aligned}$$

因此 $x_{2mk+i-m}$ 终于单调递增, $x_{2mk+i-m}<1$ 终于. 由引理 8.26 可知, 存在序列 $k_{11}<k_{12}<\cdots<k_{1n}<\cdots$, 使得

$$\begin{aligned}x_{2mk_{1n}+i-m}&=\max\left\{\frac{1}{x_{2mk_{1n}+i-2m}},p_{2mk_{1n}+i-m}\right\}\\&=p_{2mk_{1n}+i-m}\\&=\frac{A}{y_{2mk_{1n}+i-m-r}}\\&>\frac{1}{x_{2mk_{1n}+i-2m}}.\end{aligned}$$

从而推出 $y_{2mk+i-m-r}$ 终于单调递减, $y_{2mk+i-m-r}>1$ 终于, 且

$$\begin{aligned}y_{2mk+i-m-r}&=\max\left\{\frac{1}{y_{2mk+i-2m-r}},q_{2mk+i-m-r}\right\}\\&=\frac{1}{y_{2mk+i-2m-r}}\text{ 终于}.\end{aligned}$$

因此 $y_{2mk+i-2m-r}$ 终于单调递增, 且 $y_{2mk+i-2m-r}<1$ 终于. 由引理 8.26 可知, 存在序列 $\lambda_{11}<\lambda_{12}<\cdots<\lambda_{1n}<\cdots$, 使得

$$\begin{aligned}y_{2m\lambda_{1n}+i-2m-r}&=\max\left\{\frac{1}{y_{2m\lambda_{1n}+i-3m-r}},q_{2m\lambda_{1n}+i-2m-r}\right\}\\&=q_{2m\lambda_{1n}+i-2m-r}\\&=\frac{B}{x_{2m\lambda_{1n}+i-2m-r-t}}\\&>\frac{1}{y_{2m\lambda_{1n}+i-3m-r}}.\end{aligned}$$

从而推出 $x_{2mk+i-2m-r-t}$ 终于单调递减, 且 $x_{2mk+i-2m-r-t}>1$ 终于.

由归纳可知:

(1) 对每一个 $l\in\mathbf{Z}(0,2m-1)$, $x_{2mk+i-l(2m+r+t)}=1/x_{2mk+i-m-l(2m+r+t)}$ 终于单调递减, $x_{2mk+i-l(2m+r+t)}>1$ 终于.

$$y_{2mk+i-l(2m+r+t)-m-r}=1/y_{2mk+i-l(2ms+r+t)-2m-r}$$

终于单调递减, $y_{2mk+i-l(2m+r+t)-m-r}>1$ 终于.

(2) 对每一个 $l\in\mathbf{Z}(1,2m)$, $x_{2mk+i-(l-1)(2m+r+t)-m}$ 终于单调递增且 $x_{2mk+i-(l-1)(2m+r+t)-m}<1$ 终于, 存在序列 $k_{l1}<k_{l2}<\cdots<k_{ln}<\cdots$, 使得

$$\begin{aligned}&x_{2mk_{ln}+i-(l-1)(2m+r+t)-m}\\&=\max\left\{\frac{1}{x_{2mk_{ln}+i-(l-1)(2m+r+t)-2m}},p_{2mk_{ln}+i-(l-1)(2m+r+t)-m}\right\}\\&=p_{2mk_{ln}+i-(l-1)(2m+r+t)-m}\\&=\frac{A}{y_{2mk_{ln}+i-(l-1)(2m+r+t)-m-r}}\\&>\frac{1}{x_{2mk_{ln}+i-(l-1)(2m+r+t)-2m}}.\end{aligned}$$

(3) 对每一个 $l\in\mathbf{Z}(1,2m)$, $y_{2mk+i-(l-1)(2m+r+t)-2m-r}$ 终于单调递增且 $y_{2mk+i-(l-1)(2m+r+t)-2m-r}<1$ 终于, 存在序列 $\lambda_{l1}<\lambda_{l2}<\cdots<\lambda_{ln}<\cdots$, 使得

$$y_{2m\lambda_{ln}+i-(l-1)(2m+r+t)-2m-r}$$

$$
\begin{aligned}
&= \max\left\{\frac{1}{y_{2m\lambda_{ln}+i-(l-1)(2m+r+t)-3m-r}}, q_{2m\lambda_{ln}+i-(l-1)(2m+r+t)-2m-r}\right\}\\
&= q_{2m\lambda_{ln}+i-(l-1)(2m+r+t)-2m-r}\\
&= \frac{B}{x_{2m\lambda_{ln}+i-(l-1)(2m+r+t)-2m-r-t}}\\
&> \frac{1}{y_{2m\lambda_{ln}+i-(l-1)(2m+r+t)-3m-r}}.
\end{aligned}
$$

不失一般性, 可设 $k_{ln} > \lambda_{ln} > k_{l+1,n} > \lambda_{l+1,n}$ $(l \in \mathbf{Z}(1, 2m-1))$. 令

$$
\tau_{1n} = \max\left\{k \leqslant k_{1n} : y_{2mk+i-2m-r} = q_{2mk+i-2m-r} > \frac{1}{y_{2mk+i-3m-r}}\right\}.
$$

对于 $l \in \mathbf{Z}(2, 2m)$, 令

$$
\begin{aligned}
\gamma_{ln} = \max\Bigg\{&k \leqslant \tau_{l-1,n} : x_{2mk+i-(l-1)(2m+r+t)-m}\\
&= p_{2mk+i-(l-1)(2m+r+t)-m} > \frac{1}{x_{2mk+i-(l-1)(2m+r+t)-2m}}\Bigg\}
\end{aligned}
$$

和

$$
\begin{aligned}
\tau_{ln} = \max\Bigg\{&k \leqslant \gamma_{ln} : y_{2mk+i-(l-1)(2m+r+t)-2m-r}\\
&= q_{2mk+i-(l-1)(2m+r+t)-2m-r} > \frac{1}{y_{2mk+i-(l-1)(2m+r+t)-3m-r}}\Bigg\}.
\end{aligned}
$$

则 $\tau_{l,n} \geqslant \lambda_{ln}$, $\gamma_{ln} \geqslant k_{ln}$. 由引理 8.25 和引理 8.25′ 可知,

$$
\begin{aligned}
x_{2mk_{1n}+i} &= \frac{1}{x_{2mk_{1n}+i-m}}\\
&= \frac{1}{p_{2mk_{1n}+i-m}}\\
&= \frac{y_{2mk_{1n}+i-m-r}}{A}\\
&= \frac{1}{Ay_{2mk_{1n}+i-2m-r}}\\
&= \frac{1}{Ay_{2m\tau_{1n}+i-2m-r}}\\
&= \frac{x_{2m\tau_{1n}+i-2m-r-t}}{AB}\\
&= \frac{1}{ABx_{2m\tau_{1n}+i-3m-r-t}}\\
&= \frac{1}{ABx_{2m\gamma_{2n}+i-3m-r-t}}
\end{aligned}
$$

$$
\begin{aligned}
&= \frac{y_{2m\gamma_{2n}+i-3m-2r-t}}{A^2B} \\
&= \frac{1}{A^2By_{2m\gamma_{2n}+i-4m-2r-t}} \\
&= \frac{1}{A^2By_{2m\tau_{2n}+i-4m-2r-t}} \\
&= \frac{x_{2m\tau_{2n}+i-4m-2r-2t}}{A^2B^2} \\
&= \cdots \\
&= \frac{x_{2m\tau_{2m,n}+i-2m(2m+r+t)}}{(AB)^{2m}}.
\end{aligned}
$$

设 $\lim_{k\to\infty} x_{2mk+i} = A_i$, 则 $A_i \geqslant 1$. 对式子

$$
x_{2mk_{1n}+i} = \frac{x_{2m\tau_{2m,n}+i-2m(2m+r+t)}}{(AB)^{2m}}
$$

取极限, 可得 $A_i = A_i/(AB)^{2m}$, 从而有 $AB = 1$ 和

$$
\begin{aligned}
x_{2mk_{1n}+i} &= x_{2m\tau_{2m,n}+i-2m(2m+r+t)} \\
&\geqslant x_{2m(k_{1n}-1)+i} \\
&> x_{2mk_{1n}+i},
\end{aligned}
$$

这是矛盾的. 类似可证 y_{2mk+i} 不是终于单调递减. 由上面的断言可知, x_{2mk+i} 是终于单调递增的, 因此 $x_{2mk+i} < 1$ 终于, 且存在序列 $\lambda_1 < \lambda_2 < \cdots < \lambda_n < \cdots$, 使得

$$
\begin{aligned}
x_{2m\lambda_n+i} &= \max\left\{\frac{1}{x_{2m\lambda_n+i-m}}, p_{2m\lambda_n+i}\right\} \\
&= p_{2m\lambda_n+i} \\
&= \frac{A}{y_{2m\lambda_n+i-r}} \\
&> \frac{1}{x_{2m\lambda_n+i-m}}.
\end{aligned}
$$

因此 $y_{2mk+i-r}$ 终于单调递减, 且 $y_{2mk+i-r} > 1$ 终于. 这是矛盾的. 类似可证 y_{2mk+i} 也不是终于单调递增的. 证毕.

8.9　方程组 (8.63) 的周期性

在这一节, 我们将研究极大型差分方程组

$$\begin{cases} x_n = \max\left\{A, \dfrac{y_{n-k}}{x_{n-1}}\right\}, \\ y_n = \max\left\{B, \dfrac{x_{n-k}}{y_{n-1}}\right\}, \end{cases} \quad n \in \mathbf{N}_0 \tag{8.63}$$

的性质. 其中, $A \geqslant B > 0$, $k \geqslant 2$, 初始条件 $x_{-k}, y_{-k}, x_{-k+1}, y_{-k+1}, \cdots, x_{-1}, y_{-1} \in \mathbf{R}_+$.

下设 $\{(x_n, y_n)\}_{n \geqslant -k}$ 是 (8.63) 的具有初始条件 $x_{-k}, y_{-k}, x_{-k+1}, y_{-k+1}, \cdots, x_{-1}, y_{-1} \in \mathbf{R}_+$ 的解.

引理 8.27　若 $x_n = A$ 终于, 则 y_n 是一个终于 2 周期的数列. 若 $y_n = B$ 终于, 则 x_n 是一个终于 2 周期的数列.

证明　设 $x_n = A$ 终于. 由 (8.63) 可知

$$y_n = \max\left\{B, \frac{A}{y_{n-1}}\right\} \quad 终于,$$

从而 $y_n y_{n-1} \geqslant A$ 终于且

$$\begin{aligned} B \leqslant y_n &= \max\left\{B, \frac{A}{y_{n-1}}\right\} \\ &= \max\left\{B, \frac{A y_{n-2}}{y_{n-1} y_{n-2}}\right\} \\ &\leqslant \max\{B, y_{n-2}\} \\ &\leqslant y_{n-2} \quad 终于. \end{aligned}$$

因此对任 $0 \leqslant i \leqslant 1$, y_{2n+i} 是终于非递增的.

我们断言, 对任 $0 \leqslant i \leqslant 1$, y_{2n+i} 是终于常数列. 若不然, 设对某 $0 \leqslant i \leqslant 1$, y_{2n+i} 不是终于常数列, 则存在正整数列 $k_1 < k_2 < \cdots$, 使得对任 $n \in \mathbf{N}$, 有

$$\begin{aligned} B < y_{2k_{n+1}+i} &= \frac{A}{y_{2k_{n+1}+i-1}} \\ < y_{2k_n+i} &= \frac{A}{y_{2k_n+i-1}}, \end{aligned}$$

从而对任 $n \in \mathbf{N}$, $y_{2k_{n+1}+i-1} > y_{2k_n+i-1}$, 这是矛盾的. 因此 y_n 是终于 2 周期数列. 另一种情形同理可证. 证毕.

引理 8.28　若 $AB \geqslant 1$, 则对任意 $n \geqslant k+1$ 和 $i \in \mathbf{N}_0$, $x_{2(n+1)k+i} \leqslant x_{2nk+i}$.

证明　设 $AB \geqslant 1$. 由 (8.63) 可知, 对任 $n \in \mathbf{N}_0$, 有 $x_n \geqslant A$, $y_n \geqslant B$ 且

$$x_{2(n+1)k+i} = \max\left\{A, \frac{B}{x_{2(n+1)k+i-1}}, \frac{x_{2nk+i}}{x_{2(n+1)k+i-1} y_{2(n+1)k+i-k-1}}\right\}.$$

因对 $2(n+1)k+i \geqslant k+1$, 有

$$\frac{B}{x_{2(n+1)k+i-1}} \leqslant \frac{B}{A} \leqslant 1 \leqslant A$$

和

$$x_{2(n+1)k+i-1} y_{2(n+1)k+i-k-1} \geqslant AB \geqslant 1,$$

从而

$$x_{2(n+1)k+i} \leqslant \max\{A, x_{2nk+i}\} \leqslant x_{2nk+i}.$$

证毕.

定理 8.21　设 $AB>1$, 则 $x_n = A$ 终于且 y_n 是终于 2 周期的数列.

证明　设 $AB>1$. 对任意 $i \in \mathbf{Z}(0, 2k-1)$ 和 $n \in \mathbf{N}_0$, 有

$$A \leqslant x_{2(n+1)k+i} = \max\left\{A, \frac{x_{2nk+i}}{x_{2(n+1)k-1+i} y_{2(n+1)k-k-1+i}}\right\}.$$

设 $\lim_{n\to\infty} x_{2nk+i} = A_i$. 注意到

$$\lim_{n\to\infty} \frac{x_{2nk+i}}{x_{2(n+1)k-1+i} y_{2(n+1)k-k-1+i}} \leqslant \lim_{n\to\infty} \frac{x_{2nk+i}}{AB} = \frac{A_i}{AB} < A_i$$

和

$$\lim_{n\to\infty} x_{2(n+1)k+i} = A_i,$$

因此 $x_n = A$ 终于. 由引理 8.27 可知, y_n 是终于 2 周期的数列. 证毕.

现设 $AB=1$. 由引理 8.28, 我们可设对任意 $i \in \mathbf{N}_0$,

$$\lim_{n\to\infty} x_{2nk+i} = A_i.$$

则 $A_i \geqslant A$ 且对任意 $i \in \mathbf{N}_0$, 有 $A_{2k+i} = A_i$.

引理 8.29　若 $AB=1$ 且对某 $i \in \mathbf{N}_0$, $A_i > A$, 则对任意 $s \in \mathbf{N}$, $x_{2nk+s+i}$ 和 $y_{2nk-k+s+i}$ 是终于常数列.

证明　设 $AB=1$ 且对某 $i \in \mathbf{N}_0$, $A_i > A$. 因 $A_i > A$, 由引理 8.28 和 (8.63) 可知,

$$\begin{aligned} x_{2nk+i} &= \max\left\{A, \frac{x_{2(n-1)k+i}}{x_{2nk-1+i} y_{2nk-k-1+i}}\right\} \\ &= \frac{x_{2(n-1)k+i}}{x_{2nk-1+i} y_{2nk-k-1+i}} \text{ 终于} \end{aligned}$$

和

$$B \leqslant \lim_{n\to\infty} y_{2nk-k-1+i}$$

$$
\begin{aligned}
&= \lim_{n\to\infty} \frac{x_{2(n-1)k+i}}{x_{2nk+i}x_{2nk-1+i}} \\
&= \frac{1}{A_{-1+i+2k}} \leqslant \frac{1}{A} = B,
\end{aligned}
$$

从而有

$$
\lim_{n\to\infty} x_{2nk-1+i} = A
$$

和

$$
\lim_{n\to\infty} y_{2nk-k-1+i} = B
$$

及

$$
\lim_{n\to\infty} y_{2nk-k+i} = \lim_{n\to\infty} x_{2nk+i}x_{2nk-1+i} = A_i A.
$$

因为

$$
x_{2nk+1+i} = \max\left\{A, \frac{x_{2(n-1)k+1+i}}{x_{2nk+i}y_{2nk-k+i}}\right\}
$$

和

$$
\lim_{n\to\infty} \frac{x_{2(n-1)k+1+i}}{x_{2nk+i}y_{2nk-k+i}} = \frac{A_{1+i}}{A_i^2 A} < A_{1+i},
$$

我们知道 $x_{2nk+1+i} = A$ 终于. 注意到

$$
\lim_{n\to\infty} \frac{x_{2(n-1)k+1+i}}{y_{2nk-k+i}} = \frac{A}{AA_i} < B,
$$

由此可得

$$
\begin{aligned}
y_{2nk-k+1+i} &= \max\left\{B, \frac{x_{2(n-1)k+1+i}}{y_{2nk-k+i}}\right\} \\
&= B \text{ 终于}
\end{aligned}
$$

和

$$
\begin{aligned}
y_{2nk-k+2+i} &= \max\left\{B, \frac{x_{2(n-1)k+2+i}}{y_{2nk-k+1+i}}\right\} \\
&= \frac{x_{2(n-1)k+2+i}}{B} \text{ 终于}
\end{aligned}
$$

及

$$
\begin{aligned}
x_{2nk+2+i} &= \max\left\{A, \frac{y_{2nk-k+2+i}}{x_{2nk+1+i}}\right\} \\
&= \max\left\{A, x_{2(n-1)k+2+i}\right\} \\
&= x_{2(n-1)k+2+i} \text{ 终于}.
\end{aligned}
$$

若 $x_{2nk+2+i} > A$ 终于, 则同理可得

(1) $x_{2nk+3+i}=A$ 终于且 $y_{2nk-k+3+i}=B$ 终于.

(2) $x_{2nk+4+i}$ 和 $y_{2nk-k+4+i}$ 是终于常数列.

若 $x_{2nk+2+i}=A$ 终于, 则 $y_{2nk-k+2+i}=A/B$ 终于且

$$\begin{aligned}y_{2nk-k+3+i}&=\max\left\{B,\frac{x_{2(n-1)k+3+i}}{y_{2nk-k+2+i}}\right\}\\&=\max\left\{B,\frac{x_{2(n-1)k+3+i}B}{A}\right\}\\&=\frac{x_{2(n-1)k+3+i}B}{A}\quad\text{终于}\end{aligned}$$

且

$$\begin{aligned}x_{2nk+3+i}&=\max\left\{A,\frac{y_{2nk-k+3+i}}{x_{2nk+2+i}}\right\}\\&=\max\left\{A,\frac{x_{2(n-1)k+3+i}B}{A^2}\right\}\quad\text{终于}.\end{aligned}$$

从这里我们知道, 若 $A=B$, 则

$$x_{2nk+3+i}=x_{2(n-1)k+3+i}\quad\text{终于}.$$

若 $A>B$, 则因

$$\lim_{n\to\infty}\frac{x_{2(n-1)k+3+i}B}{A^2}=\frac{A_{3+i}B}{A^2}<A_{3+i},$$

故有

$$x_{2nk+3+i}=A\ \text{终于}.$$

同理可证, 对任 $s\in\mathbf{N}$, $x_{2nk+s+i}$ 和 $y_{2nk-k+s+i}$ 是终于常数列. 证毕.

定理 8.22　设 $A=1/B>B$. 则下面结论之一成立.

(1) x_n,y_n 是终于 $2k$ 周期数列.

(2) $x_n=A$ 终于且 y_n 是终于 2 周期数列.

证明　设 $A=1/B>B$. 若对某个 $i\in\mathbf{N}_0$, 有 $A_i>A$, 则由引理 8.29 知, 对任 $s\in\mathbf{N}$, $x_{2nk+s+i}$ 和 $y_{2nk-k+s+i}$ 是终于常数列, 从而 x_n,y_n 是终于 $2k$ 周期数列. 下面设对任意 $i\in\mathbf{N}_0$, 有 $A_i=A$.

我们断言 $x_n=A$ 终于. 否则, 若对某 $i\in\mathbf{N}_0$, $x_{2nk+i}>A$, 则由 (8.63) 知,

$$\begin{aligned}x_{2nk+i}&=\max\left\{A,\frac{y_{2nk-k+i}}{x_{2nk-1+i}}\right\}\\&=\frac{y_{2nk-k+i}}{x_{2nk-1+i}}\quad\text{终于}\end{aligned}$$

和

$$x_{2nk+1+i}=\max\left\{A,\frac{x_{2(n-1)k+1+i}}{x_{2nk+i}y_{2nk-k+i}}\right\}$$

及

$$\lim_{n\to\infty}\frac{x_{2(n-1)k+1+i}}{x_{2nk+i}y_{2nk-k+i}}=\lim_{n\to\infty}\frac{x_{2(n-1)k+1+i}}{x_{2nk+i}^2x_{2nk-1+i}}$$
$$\leqslant\frac{A_{1+i}}{A^3}<A_{1+i}.$$

因此 $x_{2nk+1+i}=A$ 终于. 结合 $y_{2nk-k+i}\geqslant A^2$ 终于, 可以推出

$$\begin{aligned}y_{2nk-k+1+i}&=\max\left\{B,\frac{x_{2(n-1)k+1+i}}{y_{2nk-k+i}}\right\}\\&=\max\left\{B,\frac{A}{y_{2nk-k+i}}\right\}\\&=B\ \text{终于}\end{aligned}$$

和

$$\begin{aligned}y_{2nk-k+2+i}&=\max\left\{B,\frac{x_{2(n-1)k+2+i}}{y_{2nk-k+1+i}}\right\}\\&=\frac{x_{2(n-1)k+2+i}}{B}\ \text{终于}\end{aligned}$$

及

$$\begin{aligned}x_{2nk+2+i}&=\max\left\{A,\frac{y_{2nk-k+2+i}}{x_{2nk+1+i}}\right\}\\&=\max\left\{A,x_{2(n-1)k+2+i}\right\}\\&=x_{2(n-1)k+2+i}\ \text{终于}.\end{aligned}$$

这样 $x_{2nk+2+i}$ 和 $y_{2nk-k+2+i}$ 是终于常数列. 使用与引理 2.3 类似的方法, 我们能证明, 对任意 $s\in\mathbf{N}$, $x_{2nk+s+i}$ 和 $y_{2nk-k+s+i}$ 是终于常数列. 这样 $x_{2nk+i}=A_i=A$ 终于, 这就产生矛盾.

由引理 8.27 可知, $x_n=A$ 终于且 y_n 是终于 2 周期数列. 证毕.

定理 8.23　若 $A\leqslant 1$ 且 $B\leqslant 1$, 则 (8.63) 存在非终于周期的解.

证明　我们断言:

$$z_n=\frac{z_{n-k}}{z_{n-1}}\tag{8.64}$$

有一个递减的解. 事实上, 记

$$M=\{(x_1,\cdots,x_k):x_1\geqslant\cdots\geqslant x_k\geqslant\sqrt{x_1}>0\}$$

和

$$E=\left\{(x_1,\cdots,x_k):x_1\geqslant\cdots\geqslant x_k\geqslant\frac{x_1}{x_{k-1}}>0\right\}.$$

容易证明 $M \subset E$ (因对任 $(x_1,\cdots,x_k) \in M$, 有 $x_1 \geqslant \cdots \geqslant x_k \geqslant \sqrt{x_1}$ 和 $x_k \geqslant x_k^2/x_{k-1} \geqslant x_1/x_{k-1}$). 定义 $F: M \to E$ 为, 对一切 $(x_1,\cdots,x_k) \in M$,

$$F(x_1,\cdots,x_k) = (u_1,\cdots,u_k) \equiv \left(x_2,\cdots,x_k,\frac{x_1}{x_k}\right). \tag{8.65}$$

我们断言: F 是定义好的. 事实上, 由 (8.65) 和 M 的定义可知,

$$\begin{cases} u_i = x_{i+1}, \text{ 对 } i \in \mathbf{Z}(1,k-1), \\ u_k = \dfrac{x_1}{x_k} \end{cases} \tag{8.66}$$

和

$$u_1 \geqslant \cdots \geqslant u_{k-1} = x_k \geqslant \frac{x_1}{\sqrt{x_1}} \geqslant \frac{x_1}{x_k} = u_k \geqslant \frac{u_1}{u_{k-1}}.$$

从而 $(u_1,\cdots,u_k) \in E$.

我们也断言: F 是从 M 到 E 上的双射. 事实上, 设 $z = (z_1,\cdots,z_k), y = (y_1,\cdots,y_k) \in M$ 且 $z \neq y$, 则有 $F(y) \neq F(z)$. 另一方面, 对任 $u = (u_1,\cdots,u_k) \in E$, 有

$$u_1 \geqslant \cdots \geqslant u_k \geqslant \frac{u_1}{u_{k-1}}. \tag{8.67}$$

选取

$$x = (x_1,\cdots,x_k) \equiv (u_k u_{k-1}, u_1,\cdots,u_{k-1}). \tag{8.68}$$

由 (8.67) 和 (8.68) 得

$$\begin{aligned} x_1 &= u_k u_{k-1} \geqslant u_1 = x_2 \geqslant \cdots \geqslant u_{k-1} = x_k \\ &= \frac{u_{k-1}u_k}{u_k} \geqslant \frac{u_{k-1}u_k}{\sqrt{u_{k-1}u_k}} = \sqrt{x_1}, \end{aligned}$$

从而 $x \in M$. 由 (8.65) 知 $F(x) = u$.

进一步, 因为 $F^{-1}(u_1,\cdots,u_k) = (u_k u_{k-1}, u_1,\cdots,u_{k-1})$ 是连续的, 所以 F 是从 M 到 E 上的同胚.

因 $M \subset E$ 且 F 是从 M 到 E 上的同胚, 故有 $F^{-1}(M) \subset F^{-1}(E) = M$. 通过归纳, 我们可得, 对每个 $n \in \mathbf{N}$,

$$p = (1,1,\cdots,1) \in F^{-n}(M) \subset F^{-n+1}(M).$$

因为 M 是个无界连通闭集, 所以对每个 $n \in \mathbf{N}$, $F^{-n}(M)$ 是个无界连通闭集. 记

$$S = \bigcap_{i=0}^{\infty} F^{-i}(M).$$

则 S 也是个无界连通闭集.

现设 $\{z_n\}_{n=-k}^{\infty}$ 是 (8.64) 的具有初始值 $(z_{-k},\cdots,z_{-1})\in S-\{p\}$ 的解, 则对任 $n\in\mathbf{N}$,

$$F^n(z_{-k},\cdots,z_{-1})=(z_{n-k},\cdots,z_{n-1})\in M-\{p\}.$$

从而对任意 $n\geqslant -k$, $z_n\geqslant z_{n+1}>1$ 且 $\lim_{n\to\infty}z_n=1$. 容易证明 $\{(z_n,z_n)\}_{n=-k}^{\infty}$ 也是 (8.63) 的一个解. 证毕.

定理 8.24　若 $AB<1<A$, 则 (8.63) 有一个无界解.

证明　设 $\{(x_n,y_n)\}_{n=-k}^{\infty}$ 是 (8.63) 的具有初始值 $x_i=A$ 和 $y_i=B$ $(i\in\mathbf{Z}(-k,-1))$ 的解.

若 $k=2m$ (对某 $m\in\mathbf{N}$), 则可以计算出, 对 $i\in\mathbf{Z}(0,m-1)$, 有 $(x_{2i},y_{2i})=\left(A,\dfrac{A}{B}\right)$, $(x_{2i+1},y_{2i+1})=(A,B)$. 从而

$$\begin{aligned}
(x_k,y_k)&=\left(\max\left\{A,\frac{y_0}{x_{k-1}}\right\},\max\left\{B,\frac{x_0}{y_{k-1}}\right\}\right)\\
&=\left(\max\left\{A,\frac{1}{B}\right\},\max\left\{B,\frac{A}{B}\right\}\right)\\
&=\left(\frac{1}{B},\frac{A}{B}\right),\\
(x_{k+1},y_{k+1})&=\left(\max\left\{A,\frac{y_1}{x_k}\right\},\max\left\{B,\frac{x_1}{y_k}\right\}\right)\\
&=\left(\max\left\{A,B^2\right\},\max\{B,B\}\right)\\
&=(A,B),\\
(x_{k+2},y_{k+2})&=\left(\max\left\{A,\frac{y_2}{x_{k+1}}\right\},\max\left\{B,\frac{x_2}{y_{k+1}}\right\}\right)\\
&=\left(\max\left\{A,\frac{1}{B}\right\},\max\left\{B,\frac{A}{B}\right\}\right)\\
&=\left(\frac{1}{B},\frac{A}{B}\right),\\
(x_{k+3},y_{k+3})&=\left(\max\left\{A,\frac{y_3}{x_{k+3}}\right\},\max\left\{B,\frac{x_3}{y_{k+3}}\right\}\right)\\
&=\left(\max\left\{A,B^2\right\},\max\{B,B\}\right)\\
&=(A,B),\\
&\cdots\cdots\\
(x_{2k-2},y_{2k-2})&=\left(\max\left\{A,\frac{y_{k-2}}{x_{2k-3}}\right\},\max\left\{B,\frac{x_{k-2}}{y_{k-3}}\right\}\right)\\
&=\left(\max\left\{A,\frac{1}{B}\right\},\max\left\{B,\frac{A}{B}\right\}\right)
\end{aligned}$$

$$
\begin{aligned}
&= \left(\frac{1}{B}, \frac{A}{B}\right),\\
(x_{2k-1}, y_{2k-1}) &= \left(\max\left\{A, \frac{y_{k-1}}{x_{2k-2}}\right\}, \max\left\{B, \frac{x_{k-1}}{y_{2k-2}}\right\}\right)\\
&= \left(\max\left\{A, B^2\right\}, \max\left\{B, B\right\}\right)\\
&= (A, B),\\
(x_{2k}, y_{2k}) &= \left(\max\left\{A, \frac{y_k}{x_{2k-1}}\right\}, \max\left\{B, \frac{x_k}{y_{2k-1}}\right\}\right)\\
&= \left(\max\left\{A, \frac{1}{B}\right\}, \max\left\{B, \frac{1}{B^2}\right\}\right)\\
&= \left(\frac{1}{B}, \frac{1}{B^2}\right),\\
(x_{2k+1}, y_{2k+1}) &= \left(\max\left\{A, \frac{y_{k+1}}{x_{2k}}\right\}, \max\left\{B, \frac{x_{k+1}}{y_{2k}}\right\}\right)\\
&= \left(\max\left\{A, B^2\right\}, \max\left\{B, B^2 A\right\}\right)\\
&= (A, B),\\
(x_{2k+2}, y_{2k+2}) &= \left(\max\left\{A, \frac{y_{k+2}}{x_{2k+1}}\right\}, \max\left\{B, \frac{x_{k+2}}{y_{2k+1}}\right\}\right)\\
&= \left(\max\left\{A, \frac{1}{B}\right\}, \max\left\{B, \frac{1}{B^2}\right\}\right)\\
&= \left(\frac{1}{B}, \frac{1}{B^2}\right),\\
(x_{2k+3}, y_{2k+3}) &= \left(\max\left\{A, \frac{y_{k+3}}{x_{2k+2}}\right\}, \max\left\{B, \frac{x_{k+3}}{y_{2k+2}}\right\}\right)\\
&= \left(\max\left\{A, B^2\right\}, \max\left\{B, B^2 A\right\}\right)\\
&= (A, B),\\
&\qquad \cdots\cdots\\
(x_{3k-2}, y_{3k-2}) &= \left(\max\left\{A, \frac{y_{2k-2}}{x_{3k-3}}\right\}, \max\left\{B, \frac{x_{2k-2}}{y_{3k-3}}\right\}\right)\\
&= \left(\max\left\{A, \frac{1}{B}\right\}, \max\left\{B, \frac{1}{B^2}\right\}\right)\\
&= \left(\frac{1}{B}, \frac{1}{B^2}\right),\\
(x_{3k-1}, y_{3k-1}) &= \left(\max\left\{A, \frac{y_{2k-1}}{x_{3k-2}}\right\}, \max\left\{B, \frac{x_{2k-1}}{y_{3k-2}}\right\}\right)\\
&= \left(\max\left\{A, B^2\right\}, \max\left\{B, B^2 A\right\}\right)\\
&= (A, B).
\end{aligned}
$$

通过归纳可得, 对任 $n \in \mathbf{N}$ 和 $i \in \mathbf{Z}(0, m-1)$,

$$
\begin{aligned}
(x_{(2n-1)k+2i}, y_{(2n-1)k+2i}) &= \left(\frac{1}{A^{n-1}B^n}, \frac{1}{A^{n-2}B^n}\right), \\
(x_{2nk+2i}, y_{2nk+2i}) &= \left(\frac{1}{A^{n-1}B^n}, \frac{1}{A^{n-1}B^{n+1}}\right), \\
(x_{nk+2i+1}, y_{nk+2i+1}) &= (A, B).
\end{aligned}
$$

若 $k = 2m+1$ (对某个 $m \in \mathbf{N}$), 同样可以通过计算得到, 对任 $n \in \mathbf{N}$,

$$
\begin{aligned}
(x_{(2n-1)k+2i}, y_{(2n-1)k+2i}) &= \left(\frac{1}{A^{n-1}B^n}, B\right) \ (i \in \mathbf{Z}(0, m)), \\
(x_{(2n-1)k+2i+1}, y_{(2n-1)k+2i+1}) &= \left(A, \frac{1}{A^{n-2}B^n}\right) \ (i \in \mathbf{Z}(0, m-1)), \\
(x_{2nk+2i}, y_{2nk+2i}) &= \left(A, \frac{1}{A^{n-1}B^{n+1}}\right) \ (i \in \mathbf{Z}(0, m)), \\
(x_{2nk+2i+1}, y_{2nk+2i+1}) &= \left(\frac{1}{A^{n-1}B^n}, B\right) \ (i \in \mathbf{Z}(0, m-1)).
\end{aligned}
$$

证毕.

第 9 章　模糊差分方程的动力学

9.1　模糊数的有关概念

在本节, 我们给出一些定义和概念. 称函数 $P:\mathbf{R}\to[0,1]$ 是一个模糊数, 若下面几个条件成立 (见 [21]):

(1) P 是正规的 (即对某个 $t\in\mathbf{R}$, $P(t)=1$).

(2) P 是凸的 (即对任意 $\lambda\in[0,1]$ 和 $t_1,t_2\in\mathbf{R}$, 有 $P(\lambda t_1+(1-\lambda)t_2)\geqslant\min\{P(t_1),P(t_2)\}$).

(3) P 是上半连续的.

(4) $\operatorname{supp} P=\overline{\bigcup_{c\in(0,1]}[P]_c}=\overline{\{t:P(t)>0\}}$ 是紧致的.

其中 $[P]_c=\{t\in\mathbf{R}:P(t)\geqslant c\}$ $(c\in(0,1])$, 称为模糊数 P 的 c-切割集. 由文献 [22] 中的定理 3.1.5 和定理 3.1.8 可知, 每一个模糊数 P 的 c-切割集都是闭区间.

若 $\min\{\operatorname{supp} P\}>0$, 称模糊数 P 是正的. 若 $P\in\mathbf{R}_+$, 则 $[P]_c=[P,P]$ $(c\in(0,1])$, P 是正模糊的 (也被称作平凡模糊数).

对某个 $k\in\mathbf{N}$, 令 $P_1,P_2,\cdots,P_k$ 是模糊数, $c\in(0,1]$ 且

$$[P_i]_c=[P_{i,l,c},P_{i,r,c}]\quad(\text{对任意的 } i\in\mathbf{Z}(0,k)).\tag{9.1}$$

记

$$Q_{l,c}=\max\{P_{i,l,c}:\ i\in\mathbf{Z}(0,k)\}\ \text{和}\quad Q_{r,c}=\max\{P_{i,r,c}:\ i\in\mathbf{Z}(0,k)\}.\tag{9.2}$$

则由文献 [23] 定理 2.1 可知, 存在模糊数 Q, 使得

$$[Q]_c=[Q_{l,c},Q_{r,c}]\quad(\text{对任意的 } c\in(0,1]).\tag{9.3}$$

由文献 [24, 25] 知, 可定义

$$Q=\max\{P_i:\ i\in\mathbf{Z}(0,k)\}.\tag{9.4}$$

一列正模糊数 $\{z_n\}_{n=-d}^{\infty}$ 被称为是方程 $z_n=f(z_{n-1},\cdots,z_{n-d})$ 的一个解, 若它满足 $z_n=f(z_{n-1},\cdots,z_{n-d})$. $\{z_n\}_{n=-d}^{\infty}$ 被称为是周期为 T 的终于周期解, 若存在 $M\in\mathbf{N}$, 使得对所有 $n\geqslant M$, $z_{n+T}=z_n$ 成立.

9.2　模糊差分方程 $z_n=\max\left\{\dfrac{1}{z_{n-m}},\dfrac{\alpha_n}{z_{n-r}}\right\}$ 的解的性质

在这一节, 我们讨论模糊差分方程

$$z_n=\max\left\{\frac{1}{z_{n-m}},\frac{\alpha_n}{z_{n-r}}\right\}\ (n\in\mathbf{N}_0) \tag{9.5}$$

的解的周期性, 其中 $m,r\in\mathbf{N}$, α_n 是正模糊数的周期序列, $z_{-d},z_{-d+1},\cdots,z_0$ 是正模糊数 $(d=\{m,r\})$.

性质 9.1　设 $z_{-d},z_{-d+1},\cdots,z_0$ 是正模糊数, 则 (9.5) 存在唯一的正解 $\{z_n\}_{n=-d}^{\infty}$, 其初始值为 $z_{-d},z_{-d+1},\cdots,z_0$.

证明　设对任意 $c\in(0,1]$ 和 $n\in\mathbf{N}_0$, $[\alpha_n]_c=[\alpha_{n,l,c},\alpha_{n,r,c}]$,

$$[z_i]_c=[p_{i,c},q_{i,c}]\quad(i\in\mathbf{Z}(-d,0)), \tag{9.6}$$

$\{(p_{n,c},q_{n,c})\}_{n=-d}^{\infty}\,(c\in(0,1])$ 是方程组

$$p_{n,c}=\max\left\{\frac{1}{q_{n-m,c}},\frac{\alpha_{n,l,c}}{q_{n-r,c}}\right\},\quad q_{n,c}=\max\left\{\frac{1}{p_{n-m,c}},\frac{\alpha_{n,r,c}}{p_{n-r,c}}\right\}, \tag{9.7}$$

其初始值为 $(p_{i,c},q_{i,c})(i\in\mathbf{Z}(-d,0))$ 的唯一正解. 类似文献 [26] 性质 3.1 可证明, $\{(p_{n,c},q_{n,c})\}_{n=-d}^{\infty}\,(c\in(0,1])$ 确定的正模糊数序列 $\{z_n\}_{n=-d}^{\infty}$, 使得

$$[z_n]_c=[p_{n,c},q_{n,c}]\ (n\geqslant -d,\quad c\in(0,1]), \tag{9.8}$$

且 $\{z_n\}_{n=-d}^{\infty}$ 是 (9.5) 初始值为 $z_{-d},z_{-d+1},\cdots,z_0$ 的唯一正解. 证毕.

本节的主要定理如下.

定理 9.1　若 $\max\{\mathrm{supp}\ \alpha_n\}<1$, 则 (9.5) 的每一个正解都是终于 $2m$ 周期的.

为证明主要定理 9.1, 我们考虑方程组

$$y_n=\max\left\{\frac{1}{z_{n-m}},\frac{\alpha_n}{z_{n-r}}\right\},\ z_n=\max\left\{\frac{1}{y_{n-m}},\frac{\beta_n}{y_{n-r}}\right\},\ n\in\mathbf{N}_0, \tag{9.9}$$

其中 $\alpha_n,\beta_n\in(0,1)$ 是周期序列. 设 $\{(y_n,z_n)\}_{n\geqslant -d}$ 为 (9.9) 的一个解, 初始值 $y_{-d},z_{-d},y_{-d+1},z_{-d+1},\cdots,y_{-1},z_{-1}\in\mathbf{R}_+$.

引理 9.1　下面几个结论成立.

(1) 对所有 $n\in\mathbf{N}_0$, 有 $y_nz_{n-m}\geqslant 1$, $z_ny_{n-m}\geqslant 1$.

(2) 对所有 $n\geqslant d$, 有 $y_n\leqslant\max\{y_{n-2m},\alpha_ny_{n-m-r}\}$, $z_n\leqslant\max\{z_{n-2m},\beta_nz_{n-m-r}\}$.

(3) 若对某 $n \geqslant m$, 有 $y_n = 1/z_{n-m}$ (或相应的 $z_n = 1/y_{n-m}$), 则 $y_n \leqslant y_{n-2m}$(或相应的 $z_n \leqslant z_{n-2m}$). 若对某 $n \geqslant d$, 有 $y_n = \alpha_n/z_{n-r} > 1/z_{n-m}$ (或相应的 $z_n = \beta_n/y_{n-r} > 1/y_{n-m}$), 则 $y_n > y_{n-2m}$ (或相应的 $z_n > z_{n-2m}$).

证明　(1) 由于对所有 $n \in \mathbf{N}_0$, $y_n \geqslant 1/z_{n-m}$ (或相应的 $z_n \geqslant 1/y_{n-m}$), 结论显然成立.

(2) 由 (1) 可知, 对任意 $n \geqslant d$, 有

$$\begin{aligned} y_n &= \max\left\{\frac{y_{n-2m}}{z_{n-m}y_{n-2m}}, \frac{\alpha_n y_{n-m-r}}{y_{n-m-r}z_{n-r}}\right\} \\ &\leqslant \max\left\{y_{n-2m}, \alpha_n y_{n-m-r}\right\}. \end{aligned}$$

相应的另一种情形, 类似可证.

(3) 若对某 $n \geqslant m$, $y_n = 1/z_{n-m}$, 则由 (1) 可知,

$$y_n = \frac{y_{n-2m}}{z_{n-m}y_{n-2m}} \leqslant y_{n-2m}.$$

若对某 $n \geqslant d$, $y_n = \alpha_n/z_{n-r} > 1/z_{n-m}$, 则由 (1) 可知,

$$\begin{aligned} 1 < y_n z_{n-m} &= \max\left\{\frac{y_n}{y_{n-2m}}, \frac{y_n z_{n-r}\beta_{n-m}}{y_{n-r-m}z_{n-r}}\right\} \\ &\leqslant \max\left\{\frac{y_n}{y_{n-2m}}, \alpha_n\beta_{n-m}\right\} \\ &= \frac{y_n}{y_{n-2m}}. \end{aligned}$$

从而有 $y_n > y_{n-2m}$, 相应的另一种情形, 类似可证. 证毕.

引理 9.2　定义

$$\Phi_n = \max\left\{y_{n-1}, y_{n-2}, \cdots, y_{n-m-d}\right\} \quad (n \geqslant d) \tag{9.10}$$

及

$$\Upsilon_n = \max\left\{z_{n-1}, z_{n-2}, \cdots, z_{n-m-d}\right\} \quad (n \geqslant d). \tag{9.11}$$

则下面几个结论成立.

(1) $y_n \leqslant \Phi_n$, $z_n \leqslant \Upsilon_n$ $(n \geqslant d)$, 且 $\{\Phi_n\}_{n\geqslant d}$ 与 $\{\Upsilon_n\}_{n\geqslant d}$ 单调递减.

(2) 存在常数 $M \geqslant M' > 0$, 使得对任意 $n \geqslant -d$, 有 $y_n, z_n \in [M', M]$.

证明　(1) 由引理 9.1 可知, $y_n \leqslant \Phi_n$ (或相应的 $z_n \leqslant \Upsilon_n$) $(n \geqslant d)$, 因而有

$$\Phi_{n+1} = \max\left\{y_n, y_{n-1}, \cdots, y_{n-m-d+1}\right\} \leqslant \Phi_n$$

和

$$\Upsilon_{n+1} = \max\left\{z_n, z_{n-1}, \cdots, z_{n-m-d+1}\right\} \leqslant \Upsilon_n.$$

(2) 选取

$$M = \max\{\Phi_d, \Upsilon_d, y_{d-1}, z_{d-1}, \cdots, y_{-d}, y_{-d}\}\ (\geqslant 1)$$

和

$$M' = \min\{1/M, y_{-1}, z_{-1}, \cdots, y_{-d}, z_{-d}\}\ (> 0).$$

则对任意 $n \geqslant -d$, 有 $y_n, z_n \in [M', M]$. 证毕.

接下来, 设

$$\lim_{n\to\infty} \Phi_n = \Phi, \quad \lim_{n\to\infty} \Upsilon_n = \Upsilon$$

和

$$\liminf_{k\to\infty} y_n = \phi, \quad \liminf_{k\to\infty} z_n = \gamma,$$

则有下面的推论.

推论 9.1　存在序列 $1 < n_1 < n_2 < \cdots < n_k < \cdots$, 满足 $n_{k+1} - n_k \leqslant m + d$, 且 $y_{n_k} \geqslant \Phi$(或相应的 $z_{n_k} \geqslant \Upsilon$).

证明　由引理 9.2(1) 可知, 对任意 $n \geqslant d$,

$$\Phi_n = \max\{y_{n-1}, y_{n-2}, \cdots, y_{n-m-d}\} \geqslant \Phi$$

或相应的

$$\Upsilon_n = \max\{z_{n-1}, z_{n-2}, \cdots, z_{n-m-d}\} \geqslant \Upsilon,$$

故存在 $j \in \mathbf{Z}(n-1, n-m-d)$, 使得 $y_j \geqslant \Phi$ (或相应的 $z_j \geqslant \Upsilon$). 再运用引理 9.2(1) 可知,

$$\Phi_{j+m+d+1} = \max\{y_{j+m+d}, y_{j+m+d-1}, \cdots, y_{j+1}\} \geqslant \Phi$$

或相应的

$$\Upsilon_{j+m+d+1} = \max\{z_{j+m+d}, z_{j+m+d-1}, \cdots, z_{j+1}\} \geqslant \Upsilon,$$

从而可知, 存在 $i \in \mathbf{Z}(j+m+d, j+1)$, 使得 $y_i \geqslant \Phi$ (或相应的 $z_i \geqslant \Upsilon$) 且 $1 \leqslant i-j \leqslant m+d$. 因此存在序列 $1 < n_1 < n_2 < \cdots < n_k < \cdots$, 满足 $n_{k+1} - n_k \leqslant m + d$, 使得 $y_{n_k} \geqslant \Phi$ (或相应的 $z_{n_k} \geqslant \Upsilon$). 证毕.

引理 9.3　下面几个结论成立.

(1) $\Phi = \limsup_{n\to\infty} y_n$, $\Upsilon = \limsup_{n\to\infty} z_n$.

(2) $\mathrm{Card}(\{n : \Phi \leqslant y_n = \alpha_n/z_{n-r}\}) < \infty$ (或相应的 $\mathrm{Card}(\{n : \Upsilon \leqslant z_n = \beta_n/z_{n-r}\}) < \infty$).

(3) 存在 $N \in \mathbf{N}$, 使得: ① 对任意 $\lambda \in \mathbf{N}_0$, 有 $y_{N+2m\lambda} \geqslant \Phi$, $y_{N+2m\lambda} = 1/z_{N+2m\lambda-m}$, 且 $y_{N+2m\lambda}$ 单调递减. ② $\lim_{\lambda\to\infty} z_{N+2m\lambda-m} = \gamma = 1/\Phi$ (或相应的 ① 对任意 $\lambda \in \mathbf{N}_0$, $z_{N+2m\lambda} \geqslant \Upsilon$, $z_{N+2m\lambda} = 1/y_{N+2m\lambda-m}$, 且 $z_{N+2m\lambda}$ 单调递减. ② $\lim_{\lambda\to\infty} y_{N+2m\lambda-m} = \phi = 1/\Upsilon$).

证明　(1) 由于对所有 $n \geqslant d$, 有 $y_n \leqslant \Phi_n$, $z_n \leqslant \Upsilon_n$. 又由推论 9.1 可知,

$$\Phi \leqslant \limsup_{n\to\infty} y_n \leqslant \limsup_{n\to\infty} \Phi_n = \Phi$$

及

$$\Upsilon \leqslant \limsup_{n\to\infty} z_n \leqslant \limsup_{n\to\infty} \Upsilon_n = \Upsilon.$$

(2) 考虑反面. 存在序列 $r < n_1 < n_2 < \cdots < n_\mu < \cdots$, 使得

$$\Phi \leqslant y_{n_\mu} = \frac{\alpha_{n_\mu}}{z_{n_\mu - r}} \leqslant \alpha_{n_\mu} y_{n_\mu - r - m}.$$

通过取子序列, 设 $\lim_{\mu\to\infty} y_{n_\mu - r - m} = L$, 从而有

$$\begin{aligned}\Phi &= \lim_{\mu\to\infty} y_{n_\mu}\\ &\leqslant \lim_{\mu\to\infty} y_{n_\mu - r - m} \max\{\alpha_n : n \in \mathbf{N}\}\\ &= \max\{\alpha_n : n \in \mathbf{N}\} L\\ &< \Phi,\end{aligned}$$

矛盾. 相应的另一种情形, 类似可证.

(3) 由 (2) 可知, 存在 $N_1 \in \mathbf{N}$, 使得若 $n \geqslant N_1$ 且 $y_n \geqslant \Phi$, 则 $y_n = 1/z_{n-m}$. 可选取子列 $N_1 \leqslant n_1 < n_2 < \cdots < n_k < \cdots$, 满足 $n_{k+1} - n_k = 0 \pmod{2m}$, 使得 $y_{n_k} \geqslant \Phi$ $(k \in \mathbf{N})$ 且 $\lim_{k\to\infty} y_{n_k} = \Phi$. 因此 $y_{n_k} = 1/z_{n_k - m}$. 记 $N = n_1$. 由引理 9.1 (3) 可知, 对任意 $\lambda \in \mathbf{N}_0$,

$$\begin{aligned}&y_{N+2m\lambda} \geqslant \Phi,\\ &\frac{1}{z_{N+2m\lambda-m}} = y_{N+2m\lambda} \geqslant y_{N+2m(\lambda+1)}\\ &\qquad\qquad\quad = \frac{1}{z_{N+2m(\lambda+1)-m}}.\end{aligned}$$

设 $s_k \to +\infty$, 使得 $z_{s_k} \to \gamma$ 和 $y_{s_k - m} \to U$, 则

$$\begin{aligned}\frac{1}{\Phi} &= \lim_{\lambda\to\infty} \frac{1}{y_{N+2m\lambda}}\\ &= \lim_{\lambda\to\infty} z_{N+2m\lambda-m}\\ &\geqslant \gamma = \lim_{k\to\infty} z_{s_k}\\ &\geqslant \lim_{k\to\infty} \frac{1}{y_{s_k - m}} = \frac{1}{U}\\ &\geqslant \frac{1}{\Phi},\end{aligned}$$

从而有 $\lim_{\lambda\to\infty} z_{N+2m\lambda-m} = \gamma = 1/\Phi$. 对于另一种情形, 类似可证. 证毕.

引理 9.4　设 $M, p, q \in \mathbf{N}$ $(q \geqslant 2)$, 使得

(1) $\{z_{M+2m\mu}\}_{\mu\geqslant 0}$ 单调.

(2) $y_{M+2m(p+\lambda)+r} = \alpha_{M+2m(p+\lambda)+r}/z_{M+2m(p+\lambda)} > 1/z_{M+2m(p+\lambda)+r-m}$ $(\lambda \in \{0, q\})$.

(3) $y_{M+2m(p+\lambda)+r} = 1/z_{M+2m(p+\lambda)+r-m}$ $(\lambda \in \mathbf{Z}(1, q-1))$.

则 $y_{M+2m(p+\lambda)+r} = y_{M+2m(p+\lambda+1)+r}$ $(\lambda \in \mathbf{Z}(0, q-2))$.

证明　对于 $\lambda \in \mathbf{Z}(1, q-1)$.

若 $\{z_{M+2m\mu}\}_{\mu\geqslant 0}$ 单调递减, 则由

$$\alpha_{M+2mp+r}\beta_{M+2m(p+\lambda)+r-m} < 1 \leqslant z_{M+2m(p+\lambda)}y_{M+2m(p+\lambda)-m}$$

及引理 9.1(3) 可知,

$$\begin{aligned}\frac{\alpha_{M+2mp+r}}{z_{M+2m(p+\lambda)}} &\geqslant \frac{\alpha_{M+2mp+r}}{z_{M+2mp}} \\ &= y_{M+2mp+r} \\ &\geqslant y_{M+2m(p+\lambda)+r} \\ &= \frac{1}{z_{M+2m(p+\lambda)+r-m}} \\ &= \min\left\{y_{M+2m(p+\lambda-1)+r}, \frac{y_{M+2m(p+\lambda)-m}}{\beta_{M+2m(p+\lambda)+r-m}}\right\} \\ &= y_{M+2m(p+\lambda-1)+r} \\ &\geqslant y_{M+2m(p+\lambda)+r}.\end{aligned}$$

因此对每一个 $\lambda \in \mathbf{Z}(1, q-1)$, 有 $y_{M+2m(p+\lambda-1)+r} = y_{M+2m(p+\lambda)+r}$.

若 $\{z_{M+2m\mu}\}_{\mu\geqslant 0}$ 单调递增, 则由

$$\alpha_{M+2m(p+q)+r}\beta_{M+2m(p+q-1)+r-m} < 1 \leqslant y_{M+2m(p+q-1)}z_{M+2m(p+q-1)-m}$$

及引理 9.1(3) 可知,

$$\begin{aligned}\frac{\alpha_{M+2m(p+q)+r}}{z_{M+2m(p+q-1)}} &\geqslant \frac{\alpha_{M+2m(p+q)+r}}{z_{M+2m(p+q)}} \\ &= y_{M+2m(p+q)+r} \\ &> y_{M+2m(p+q-1)+r} \\ &= \frac{1}{z_{M+2m(p+q-1)+r-m}} \\ &= \min\left\{y_{M+2m(p+q-2)+r}, \frac{y_{M+2m(p+q-1)-m}}{\beta_{M+2m(p+q-1)+r-m}}\right\}\end{aligned}$$

$$
\begin{aligned}
&= y_{M+2m(p+q-2)+r} \\
&\geqslant y_{M+2m(p+q-1)+r}.
\end{aligned}
$$

因此, $y_{M+2m(p+q-1)+r} = y_{M+2m(p+q-2)+r}$. 类似可证, 对每一个 $\lambda \in \mathbf{Z}(0, q-2)$, 有 $y_{M+2m(p+q-1)+r} = y_{M+2m(p+\lambda)+r}$. 证毕.

引理 9.4′　设 $M, p, q \in \mathbf{N}$ $(q \geqslant 2)$, 使得

(1) $\{y_{M+2m\mu}\}_{\mu \geqslant 0}$ 单调.

(2) $z_{M+2m(p+\lambda)+r} = \beta_{M+2m(p+\lambda)+r}/y_{M+2m(p+\lambda)} > 1/y_{M+2m(p+\lambda)+r-m}$ $(\lambda \in \{0, q\})$.

(3) $z_{M+2m(p+\lambda)+r} = 1/y_{M+2m(p+\lambda)+r-m}$ $(\lambda \in \mathbf{Z}(1, q-1))$.

则 $z_{M+2m(p+\lambda)+r} = z_{M+2m(p+\lambda+1)+r}$ $(\lambda \in \mathbf{Z}(0, q-2))$.

引理 9.5　若存在 $M \in \mathbf{N}$, 使得 $\{y_{M+2m\mu}\}_{\mu \geqslant 0}$ 单调, 则 $\{z_{M-2m\mu+r}\}_{\mu \geqslant 0}$ 终于单调.

证明　若存在 $K \in \mathbf{N}$, 使得对所有 $\mu \geqslant K$, 有 $z_{M+2m\mu+r} = 1/y_{M+2m\mu+r-m}$ (或对所有 $\mu \geqslant K$, 有 $z_{M+2m\mu+r} = \beta_{M+2m\mu+r}/y_{M+2m\mu} > 1/y_{M+2m\mu+r-m}$), 则由引理 9.1(3) 可知, 对所有 $\mu \geqslant K$, 有 $z_{M+2m\mu+r} \leqslant z_{M+2m(\mu-1)+r}$ (或对所有 $\mu \geqslant K$, 有 $z_{M+2m\mu+r} > z_{M+2m(\mu-1)+r}$), 因而 $\{z_{M+2m\mu+r}\}_{\mu \geqslant K}$ 单调.

若存在 $1 < s_1 < t_1 < s_2 < t_2 < \cdots < s_\mu < t_\mu < \cdots$, 使得

$$
z_{M+2mk+r} = \frac{\beta_{M+2mk+r}}{y_{M+2mk}} > \frac{1}{y_{M+2mk+r-m}} \quad (s_i \leqslant k < t_i)
$$

和

$$
z_{M+2mk+r} = \frac{1}{z_{M+2mk+r-m}} \quad (t_i \leqslant k < s_{i+1}),
$$

则由引理 9.1(3) 及引理 9.4′ 可知,

$$
z_{M+2m(k-1)+r} < z_{M+2mk+r} \quad (s_i \leqslant k < t_i)
$$

和

$$
z_{M+2m(k-1)+r} = z_{M+2mk+r} \quad (t_i \leqslant k < s_{i+1}),
$$

从而可知 $\{z_{M+2m\mu+r}\}_{\mu \geqslant s_1}$ 单调递增. 证毕.

引理 9.5′　若存在 $M \in \mathbf{N}$, 使得 $\{z_{M+2m\mu}\}_{\mu \geqslant 0}$ 单调, 则 $\{y_{M+2m\mu+r}\}_{\mu \geqslant 0}$ 终于单调.

引理 9.6　$\{(y_n, z_n)\}_{n \geqslant -d}$ 是终于 $2m$ 周期的.

证明　首先假设 $\gcd(r, m) = 1$. 由引理 9.3(3) 可知, 存在 $N \in \mathbf{N}$, 使得下面结论成立.

(1) $y_{N+2mn} z_{N+2mn-m} = z_{N+2mn} y_{N+2mn-m} = 1$ $(n \in \mathbf{N}_0)$.

(2) y_{N+2mn} $(n \in \mathbf{N}_0)$ 单调递减, $\lim_{n\to\infty} y_{N+2mn} = \Phi$. $z_{N+2mn-m}$ $(n \geqslant 0)$ 单调递增, $\lim_{n\to\infty} z_{N+2mn-m} = \gamma = 1/\Phi$. $z_{N+2mn}(n \in \mathbf{N}_0)$ 单调递减, $\lim_{n\to\infty} z_{N+2mn} = \Upsilon$. $y_{N+2mn-m}$ $(n \in \mathbf{N}_0)$ 单调递增, $\lim_{n\to\infty} y_{N+2mn-m} = \phi = 1/\Upsilon$.

反复运用引理 9.5 和引理 9.5′ 可知, 对每一个 $i \in \mathbf{Z}(0, m-1)$,

$$\{y_{N+2mn+ir}\}_{n\geqslant 0}, \quad \{y_{N+2mn-m+ir}\}_{n\geqslant 0},$$
$$\{z_{N+2mn+ir}\}_{n\geqslant 0}, \quad \{z_{N+2mn-m+ir}\}_{n\geqslant 0}$$

都是终于单调的. 由于 $\gcd(r, m) = 1$, 所以对每一个 $j \in \mathbf{Z}(0, m-1)$, 存在 $i_j \in \mathbf{Z}(0, m-1)$ 及整数 λ_j, 使得 $i_j r = \lambda_j m + j$ 和 $i_j r - m = (\lambda_j - 1)m + j$, 从而对每一个 $j \in \mathbf{Z}(0, m-1)$,

$$\left\{y_{N+2mn+\lambda_j m+j}\right\}_{n\geqslant 0}, \quad \left\{y_{N+2mn+(\lambda_j-1)m+j}\right\}_{n\geqslant 0},$$
$$\left\{z_{N+2mn+\lambda_j m+j}\right\}_{n\geqslant 0}, \quad \left\{z_{N+2mn+(\lambda_j-1)m+j}\right\}_{n\geqslant 0}$$

是终于单调的. 因此, 对每一个 $k \in \mathbf{Z}(0, 2m-1)$, $\{y_{2mn+k}\}_{n\geqslant 0}$ 和 $\{z_{2mn+k}\}_{n\geqslant 0}$ 也是终于单调的.

断言 1　$y_{N+2mk+r}$ $(k \in \mathbf{N}_0)$, $z_{N+2mk+r-m}$ $(k \in \mathbf{N}_0)$, $z_{N+2mk+r}$ $(k \in \mathbf{N}_0)$ 和 $y_{N+2mk+r-m}(k \in \mathbf{N}_0)$ 是终于常数序列.

断言 1 的证明　由于

$$\frac{\alpha_{N+2mk+r}}{z_{N+2mk}} \leqslant \max\{\alpha_n : n \in \mathbf{N}\}\, y_{N+2mk-m}$$

和

$$\begin{aligned}
&\lim_{k\to\infty} \max\{\alpha_n : n \in \mathbf{N}\}\, y_{N+2mk-m} \\
&= \max\{\alpha_n : n \in \mathbf{N}\}\, \phi \\
&< \phi \leqslant \lim_{k\to\infty} y_{N+2mk+r},
\end{aligned}$$

故存在 $p \in \mathbf{N}$, 使得对任意 $k \geqslant p$, 有

$$\begin{aligned}
y_{N+2mk+r} &= \max\left\{\frac{1}{z_{N+2mk+r-m}}, \frac{\alpha_{N+2mk+r}}{z_{N+2mk}}\right\} \\
&= \frac{1}{z_{N+2mk+r-m}}.
\end{aligned}$$

从而由引理 9.1(3) 可知, $y_{N+2mk+r}$ $(k \geqslant p)$ 单调递减.

若存在序列 $p \leqslant s_1 < s_2 < \cdots < s_i < \cdots$, 使得对每一个 $i \in \mathbf{N}$, 有

$$z_{N+2ms_i+r-m} = \frac{\beta_{N+2ms_i+r-m}}{y_{N+2ms_i-m}},$$

则有

$$y_{N+2ms_i+r}=\frac{y_{N+2ms_i-m}}{\beta_{N+2ms_i+r-m}}. \tag{9.12}$$

由于 β_n 是周期列, 通过取子列, 可设 β_{N+2ms_i+r-m} 是常数序列. 由 (9.12) 可知, $y_{N+2mk+r}$ $(k\in\mathbf{N}_0)$ 和 $z_{N+2mk+r-m}$ $(k\in\mathbf{N}_0)$ 是终于常数序列.

若 $z_{N+2mk+r-m}=1/y_{N+2mk+r-2m}$ 终于, 则 $y_{N+2mk+r}=y_{N+2m(k-1)+r}$ 和 $z_{N+2mk+r-m}=z_{N+2m(k-1)+r-m}$ 终于.

类似可证, $z_{N+2mk+r}$ $(k\in\mathbf{N}_0)$ 和 $y_{N+2mk+r-m}$ $(k\in\mathbf{N}_0)$ 是终于常数序列. 证毕.

断言 2　$y_{N+2mk+2r}$ $(k\in\mathbf{N}_0)$, $z_{N+2mk+2r-m}$ $(k\in\mathbf{N}_0)$, $z_{N+2mk+2r}$ $(k\in\mathbf{N}_0)$ 和 $y_{N+2mk+2r-m}$ $(k\in\mathbf{N}_0)$ 是终于常数序列.

断言 2 的证明　若存在序列 $1\leqslant s_1<s_2<\cdots<s_i<\cdots$, 使得对每一个 $i\in\mathbf{N}$, 有

$$y_{N+2ms_i+2r}=\frac{\alpha_{N+2ms_i+2r}}{z_{N+2ms_i+r}},$$

则由于 α_n 是周期序列, $y_{N+2mk+2r}$ $(k\in\mathbf{N}_0)$ 是终于常数序列, 所以 $z_{N+2mk+r}$ $(k\in\mathbf{N}_0)$ 也是终于常数序列.

若 $y_{N+2mk+2r}=1/z_{N+2mk+2r-m}$ 终于, 存在序列 $1\leqslant t_1<t_2<\cdots<t_i<\cdots$, 使得

$$z_{N+2mt_i+2r-m}=\frac{\beta_{N+2mt_i+2r-m}}{y_{N+2mt_i+r-m}}\quad (i\in\mathbf{N}),$$

则由于 β_n 是周期序列知, $z_{N+2mk+2r-m}(k\in\mathbf{N}_0)$ 是终于常数序列, 因而 $y_{N+2mk+r-m}$ $(k\in\mathbf{N}_0)$ 是终于常数列. 因此 $y_{N+2mk+2r}$ $(k\in\mathbf{N}_0)$ 是终于常数序列.

若 $y_{N+2mk+2r}=1/z_{N+2mk+2r-m}$ 和 $z_{N+2mk+2r-m}=1/y_{N+2mk+2r-2m}$ 终于, 则 $y_{N+2mk+2r}$ $(k\in\mathbf{N}_0)$ 是终于常数序列.

注意到

$$z_{N+2mk+2r-m}=\max\left\{\frac{1}{y_{N+2mk+2r-2m}},\frac{\beta_{N+2mk+2r-m}}{y_{N+2mk+r-m}}\right\},$$

从而可知 $z_{N+2mk+2r-m}$ $(k\in\mathbf{N}_0)$ 也是终于常数序列.

类似可证, $z_{N+2mk+2r}$ $(k\in\mathbf{N}_0)$ 和 $y_{N+2mk+2r-m}$ $(k\in\mathbf{N}_0)$ 是终于常数序列. 证毕.

由归纳可证, 对每一个 $j\in\mathbf{Z}(1,m)$,

$$\begin{aligned}&y_{N+2mk+jr}\ (k\in\mathbf{N}_0),\quad y_{N+2mk+jr-m}\ (k\in\mathbf{N}_0),\\&z_{N+2mk+jr}\ (k\in\mathbf{N}_0),\quad z_{N+2mk+jr-m}\ (k\in\mathbf{N}_0)\end{aligned}$$

都是终于常数序列. 从而可知, 对每一个 $k\in\mathbf{Z}(0,2m-1)$, $\{y_{2mn+k}\}_{n\geqslant 0}$ 和 $\{z_{2mn+k}\}_{n\geqslant 0}$ 都是终于常数列, 因此 $\{(y_n,z_n)\}_{n\geqslant -d}$ 是终于 $2m$ 周期的.

若 $\gcd(r,m)=s>1$, 则考虑极大型差分方程组

$$y_n=\max\left\{\frac{1}{z_{n-sm_1}},\frac{\alpha_n}{z_{n-sr_1}}\right\},\quad z_n=\max\left\{\frac{1}{y_{n-sm_1}},\frac{\beta_n}{y_{n-sr_1}}\right\},\ n\in\mathbf{N}_0,\qquad(9.13)$$

其中 $m=sm_1$, $r=sr_1$ 且 $\gcd(m_1,r_1)=1$. 记 $y_n^i=y_{ns+i}$ 和 $z_n^i=z_{ns+i}$ $(i\in\mathbf{Z}(0,s-1),\ n\in\mathbf{N}_0)$, 则 (9.13) 可化为

$$y_n^i=\max\left\{\frac{1}{z_{n-m_1}^i},\frac{\alpha_{ns+i}}{z_{n-r_1}^i}\right\},\ z_n^i=\max\left\{\frac{1}{y_{n-m_1}^i},\frac{\beta_{ns+i}}{y_{n-r_1}^i}\right\},\ i\in\mathbf{Z}(0,s-1),\ n\in\mathbf{N}_0.\qquad(9.14(\mathrm{i}))$$

类似上面的讨论可知, 对每一个 $i\in\mathbf{Z}(0,s-1)$, $\left\{(y_n^i,z_n^i)\right\}_{n\geqslant0}$ 是 (9.14(i)) 的一个正解, 则 $\left\{(y_n^i,z_n^i)\right\}_{n\geqslant0}$ 是终于 $2m_1$ 周期的, 因此 $\{(y_n,z_n)\}_{n\geqslant0}$ 是终于 $2m$ 周期的. 证毕.

定理 9.1 的证明　设 $\{x_n\}_{n=-d}^{\infty}$ 是 (9.5) 的一个正解, 初始值 $x_{-d},x_{-d+1},\cdots,x_0$ 满足 (9.7), 设 (9.8) 成立. 则由性质 9.1 可知, $\{(p_{n,c},q_{n,c})\}_{n=-d}^{\infty}$ $(c\in(0,1])$ 满足 (9.7), 运用引理 9.6 可知, $\{(p_{n,c},q_{n,c})\}_{n=-d}^{\infty}$ 是终于 $2m$ 周期的. 因此由 (9.7) 和引理 9.6 可知, $\{x_n\}_{n=-d}^{\infty}$ 是终于 $2m$ 周期的. 这就完成定理 9.1 的证明.

9.3　模糊差分方程 $x_{n+1}=\max\left\{\dfrac{A_n}{x_{n-m}},x_{n-k}\right\}$ 的解的性质

在这一节, 我们讨论模糊差分方程

$$x_{n+1}=\max\left\{\frac{A_n}{x_{n-m}},x_{n-k}\right\}\quad(n\in\mathbf{N}_0)\qquad(9.15)$$

的解的周期性, 其中 $k,m\in\mathbf{N}$, A_n 是模糊数的周期序列, 初始值 $x_{-d},x_{-d+1},\cdots,x_0$ 是正模糊数 $(d=\max\{m,k\})$. 我们的主要结果是下面的定理.

定理 9.2　设 $k,m\in\mathbf{N}$, A_n 是模糊数的周期序列, 则 (9.15) 的每一个正解都是终于 $k+1$ 周期的.

为证明定理 9.2, 我们先做以下准备.

性质 9.2　设 $x_{-d},x_{-d+1},\cdots,x_0$ 是正模糊数, 则方程 (9.15) 存在唯一的以 $x_{-d},x_{-d+1},\cdots,x_0$ 为初始值的正解 $\{x_n\}_{n=-d}^{\infty}$.

证明　设 $[A_n]_a=[A_{n,l,a},A_{n,r,a}]$ $(a\in(0,1])$, 又设 $x_{-d},x_{-d+1},\cdots,x_0$ 是正模糊数, 使得

$$[x_i]_a=[L_{i,a},R_{i,a}]\quad(i\in\mathbf{Z}(-d,0),\ a\in(0,1])\qquad(9.16)$$

和 $\{(L_{n,a}, R_{n,a})\}_{n=-d}^{\infty} (a \in (0,1])$ 是下面方程组

$$L_{n+1,a} = \max\left\{\frac{A_{n,l,a}}{R_{n-m,a}}, L_{n-k,a}\right\},\ R_{n+1,a} = \max\left\{\frac{A_{n,r,a}}{L_{n-m,a}}, R_{n-k,a}\right\} \tag{9.17}$$

具有初始值 $(L_{i,a}, R_{i,a})(i \in \mathbf{Z}(-d,0))$ 的唯一解. 类似 [26] 性质 3.1, 我们可以证明 $\{(L_{n,a}, R_{n,a})\}_{n=-d}^{\infty} (a \in (0,1])$ 确定了一列正模糊数 x_n, 使得

$$[x_n]_a = [L_{n,a}, R_{n,a}]\ \ (n \geqslant -d,\ a \in (0,1]) \tag{9.18}$$

及 $\{x_n\}_{n=-d}^{\infty}$ 是方程 (9.15) 唯一的以 $x_{-d}, x_{-d+1}, \cdots, x_0$ 为初始值的正解. 证毕.

引理 9.7 考虑差分方程组

$$y_{n+1} = \max\left\{\frac{C_n}{z_{n-m}}, y_{n-k}\right\},\quad z_{n+1} = \max\left\{\frac{B_n}{y_{n-m}}, z_{n-k}\right\},\quad n \in \mathbf{N}_0, \tag{9.19}$$

其中, B_n, C_n 是两列正实数周期序列, 初始值 $y_{-d}, z_{-d}, \cdots, y_0, z_0 \in \mathbf{R}_+$, 则 (9.19) 的每一个正解都是终于 $k+1$ 周期的.

证明 设 $\{(y_n, z_n)\}_{n=-d}^{\infty}$ 是 (9.19) 的一个正解, 由 (9.19) 可知, 对任意 $n \in \mathbf{N}_0$ 和 $i \in \mathbf{N}_0$, 有

$$\begin{aligned} y_{(n+1)(k+1)+i} &= \max\left\{\frac{C_{(n+1)(k+1)+i-1}}{z_{(n+1)(k+1)+i-m-1}}, y_{n(k+1)+i}\right\} \\ &\geqslant y_{n(k+1)+i} \end{aligned}$$

和

$$\begin{aligned} z_{(n+1)(k+1)+i} &= \max\left\{\frac{B_{(n+1)(k+1)+i-1}}{y_{(n+1)(k+1)+i-m-1}}, z_{n(k+1)+i}\right\} \\ &\geqslant z_{n(k+1)+i}. \end{aligned}$$

则对每一个 $i \in \mathbf{Z}(0,k)$, $\left\{y_{n(k+1)+i}\right\}_{n=0}^{\infty}$ 和 $\left\{z_{n(k+1)+i}\right\}_{n=0}^{\infty}$ 单调递增.

我们将证明, 对每一个 $i \in \mathbf{Z}(0,k)$, $\left\{y_{n(k+1)+i}\right\}_{n=0}^{+\infty}$ 是终于常数序列. 否则, 若存在某 $r \in \mathbf{Z}(0,k)$, 使得 $\left\{y_{n(k+1)+r}\right\}_{n=0}^{+\infty}$ 是非终于常数列, 则存在 $km < n_1 < n_2 < \cdots$, 使得对所有 $i \in \mathbf{N}$, $y_{n_i(k+1)+r} > y_{(n_i-1)(k+1)+r}$ 及 $C_{n_i(k+1)+r-1}$ 是常数列 (因为 C_n 是周期序列). 因此, 有

$$\begin{aligned} y_{n_{i+1}(k+1)+r} &= \max\left\{\frac{C_{n_{i+1}(k+1)+r-1}}{z_{n_{i+1}(k+1)+r-m-1}}, y_{(n_{i+1}-1)(k+1)+r}\right\} \\ &= \frac{C_{n_{i+1}(k+1)+r-1}}{z_{n_{i+1}(k+1)+r-m-1}} \\ &> y_{(n_{i+1}-1)(k+1)+r} \\ &\geqslant y_{n_i(k+1)+r} \end{aligned}$$

$$
\begin{aligned}
&= \max\left\{\frac{C_{n_i(k+1)+r-1}}{z_{n_i(k+1)+r-m-1}}, y_{(n_i-1)(k+1)+r}\right\} \\
&= \frac{C_{n_i(k+1)+r-1}}{z_{n_i(k+1)+r-m-1}}.
\end{aligned}
$$

由此可知, 对所有 $i \in \mathbf{N}$,

$$
z_{n_i(k+1)+r-m-1} > z_{n_{i+1}(k+1)+r-m-1},
$$

矛盾.

类似可证, 对每一个 $i \in \mathbf{Z}(0,k)$, $\left\{z_{n(k+1)+i}\right\}_{n=0}^{+\infty}$ 也是常数列. 由上面的讨论可知, $\{(y_n, z_n)\}_{n=-d}^{\infty}$ 是终于 $k+1$ 周期的. 证毕.

定理 9.2 的证明　设 $\{x_n\}_{n=-d}^{\infty}$ 是 (9.15) 的一个正解且初始值 $x_{-d}, x_{-d+1}, \cdots, x_0$, 使得 (9.16) 和 (9.18) 成立. 由性质 9.2 可知, $\{(L_{n,a}, R_{n,a})\}_{n=-d}^{\infty}$ $(a \in (0,1])$ 满足 (9.17). 由引理 9.7 可知, $\{(L_{n,a}, R_{n,a})\}_{n=-d}^{\infty}$ 是周期为 $k+1$ 的终于周期解, 因此由 (9.17) 和引理 9.7 可知, $\{x_n\}_{n=-d}^{\infty}$ 是终于 $k+1$ 周期的. 这就完成了定理 9.2 的证明.

参考文献

[1] 赵静, 但琦. 数学建模与数学实验 [M]. 3 版. 北京：高等教育出版社, 2003.

[2] 徐利治, 廖晓昕. 现代数学手册 (经典数学卷引言)[M]. 武汉：华中科技大学出版社, 2001.

[3] Kelley W G, Peterson A C. Difference Equations with Applications [M]. New York: Academic Press, 1991.

[4] Kocic V L, Ladas G. Global Asymptotic Behavior of Nonlinear Difference Equation of Higher Order with Applications[M]. Dordrect: Kluwer, 1993.

[5] Kulenovic M R S, Ladas G. Dynamics of the Second Rational Difference Equations with Open Problems and Conjectures[M]. Boca Raton: Chapman and Hall/CRC, 2001.

[6] 张广, 高英. 差分方程的振动理论 [M]. 北京: 高等教育出版社, 2001.

[7] Grove E A, Ladas G. Periodicities in Nonlinear Difference Equations[M]. Boca Raton: Chapman and Hall/CRC, 2001.

[8] Agarwal R P. Difference Equations and Inequalities[M]. 2nd ed. New York: Marcel Dekker, 2002.

[9] Camouzis E, Ladas G. Dynamics of Third-order Rational Difference Equations with Open Problems and Conjectures[M]. Boca Raton: Chapman and Hall/CRC, 2005.

[10] Niven I, Zuckerman H S, Montgomery H L. An Introduction to the Theory of Numbers[M]. 5th ed. New York, NY: John Wiley & Sons, Inc, 1991.

[11] Thompson A C. On certain contraction mappings in a partially ordered vector space[J]. Proc. Amer. Math. Soc., 1963, 14: 438-443.

[12] Krause U, Nussbaum R D. A limit set trichotomy for self-mappings of normal cones in Banach spaces[J]. Nonlinear Anal., 1993, 20: 855-870.

[13] Kruse N, Nesemann T. Global asymptotic stability in some discrete dynamical system[J]. J. Math. Anal. Appl., 1999, 235: 151-158.

[14] El-Morshedy H A. The global attractivity of difference equations of nonincreasing nonlinearties with applications[J]. Comput. Math. Appl., 2003, 45: 749-758.

[15] Camouzis E, Ladas G. When does local asymptotic stability imply global attractivity in rational equations[J]. J. Diff. Equ. Appl., 2006, 12: 863-885.

[16] Stevic S. The boundedness character of positive solutions of the difference equation $x_n = A + x_{n-1}^p / x_{n-k}^p$[J]. Nonlinear Anal., 2014, 41: 1057-1071.

[17] Bride W J, Grove E A, Ladas G, Mcgrath L C. On the nonautonomous equation $x_{n+1} = \max\{A_n/x_n, B_n/x_{n-1}\}$[R]//Proceedings of the Third International Conference on Difference Eqautions and Applications. Taipei (New York: Gordon and Breach

Science Publishers), 1997: 49-73.

[18] Stevic S. A global convergence result[J]. Indian J. Math., 2002, 44: 361-368.

[19] Stevic S. On the recursive sequence $x_n = (\alpha + \sum_{i=1}^{k} \alpha_i x_{n-p_i})/(1 + \sum_{i=1}^{m} \beta_j x_{n-q_j})$[J]. J. Diff. Equ. Appl., 2007, 13: 41-46.

[20] Sun T, Qin B, Xi H, Han C. Global behavior of the max-type difference equation $x_{n+1} = \max\{1/x_n, A_n/x_{n-1}\}$[J]. Abstr. Appl. Anal., 2009, 2009: 1-10.

[21] Papaschinopoulos G, Papadopoulos B K. On the fuzzy difference equation $x_{n+1} = A + x_n/x_{n-m}$[J]. Fuzzy Sets Sys., 2002, 129: 73-81.

[22] Nguyen H T, Walker E A. A First Course in Fuzzy Logic[M]. Florida: CRC Press, 1997.

[23] Wu C, Zhang B. Embedding problem of noncompact fuzzy number space $E^-(I)$[J]. Fuzzy Sets Sys., 1999, 105: 165-169.

[24] Klir G J, Yuan B. Fuzzy Sets and Fuzzy Logic[M]. New Jersey: Prentice-Hall PTR, 1995.

[25] Papaschinopoulos G, Papadopoulos B K. On the fuzzy difference equation $x_{n+1} = A + B/x_n$[J]. Soft Comput., 2002, 6: 456-461.

[26] Stefanidou G, Papaschinopoulos G. Behavior of the positive solutions of fuzzy max-difference equations[J]. Adv. Diff. Equ., 2005, 2: 153-172.

[27] Amleh A M, Georgiou D A, Grove E A, et al. On the recursive sequence $x_{n+1} = \alpha + x_{n-1}/x_n$[J]. J. Math. Anal. Appl., 1999, 233: 790-798.

[28] Amleh A M, Kruse N, Ladas G. On a class of difference equations with strong negative feedback[J]. J. Diff. Equ. Appl., 1999, 5: 497-515.

[29] Berenhaut K, Foley J, Stevic S. Quantitative bound for the recursive sequence $y_{n+1} = A + y_n/y_{n-k}$[J]. Appl. Math. Lett., 2006, 19: 983-989.

[30] Berenhaut K, Stevic S. The behavior of the positive solutions of the difference equation $x_n = A + (x_{n-2}/x_{n-1})^p$[J]. J. Diff. Equ. Appl., 2006, 12: 909-918.

[31] Camouzis E. Global analysis of solutions of $x_{n+1} = (\beta x_n + \delta x_{n-2})/(A + Bx_n + Cx_{n-1})$[J]. J. Math. Anal. Appl., 2006, 316: 616-627.

[32] Camouzis E, Devault R, Ladas G. On the recursive sequence $x_{n+1} = p + x_{n-1}/x_n$[J]. J. Diff. Equ. Appl., 2001, 7: 477-482.

[33] Camouzis E, Ladas G. On third-order rational difference equations (Part 5)[J]. J. Diff. Equ. Appl., 2005, 11: 553-562.

[34] Camouzis E, Ladas G, Quinn E P. On third-order rational difference equations (Part 6)[J]. J. Diff. Equ. Appl., 2005, 11: 759-778.

[35] Cinar C, Stevic S, Yalcinkaya I. A note on global asymptotic stability of a family of rational equations[J]. Rostock. Math. Kolloq., 2004, 59: 40-48.

[36] Devault R, Galminas L, Janowski E J, et al. On the recursive sequence $x_{n+1} = A/x_n + B/x_{n-1}$[J]. J. Diff. Equ. Appl., 2000, 6: 121-125.

[37] Devault R, Kent C, Kosmala W. On the recursive sequence $x_{n+1} = p + x_{n-k}/x_n$[J]. J. Diff. Equ. Appl., 2003, 9: 721-730.

[38] Devault R, Kocic V L, Stuson D. Global behavior of solutions of nonlinear difference equation $x_{n+1} = p_n + x_{n-1}/x_n$[J]. J. Diff. Equ. Appl., 2005, 11: 1-13.

[39] Devault R, Ladas G, Schultz S W. On the recursive sequence $x_{n+1} = A/x_n + 1/x_{n-2}$[J]. Proc. Amer. Math. Soc., 1998, 126: 3257-3261.

[40] Feuer J. On the behavior of solutions of $x_{n+1} = p + x_{n-1}/x_n$[J]. Appl. Anal., 2004, 83: 599-606.

[41] Gibbons C H, Kulenovic M R S, Ladas G. On the recursive sequence $x_{n+1} = (p + qx_{n-1})/(r + x_n)$[J]. Math. Sci. Res. Hot-Line, 2000, 4: 1-11.

[42] He Q, Sun T. Dynamics of a family of nonlinear delay difference equations [J]. Abstr. Appl. Anal., 2013, 2013: 1-4.

[43] He Q, Tao C, Sun T, Liu X, Su D. Periodicity of the positive solutions of a fuzzy max-difference equation $x_{n+1} = \max\{A/x_n, x_{n-k}\}$[J]. Abstr. Appl. Anal., 2014, 2014: 1-4.

[44] Hong L, Sun T. On the dynamics of the difference equation $x_{n+1} = 1/(B_n x_n + x_{n-1})$[J]. Appl. Math.Comput., 2010, 216: 337- 340.

[45] Kalikow S, Knopf P M, Huang Y S, et al. Convergence properties in the nonhyperbolic case $x_{n+1} = x_{n-1}/(1 + f(x_n))$[J]. J. Math. Anal. Appl., 2007, 326: 456-467.

[46] Kent C M. Convergence of solutions in a nonhyperbolic case[J]. Nonlinear Anal., 2001, 47: 4651-4665.

[47] Kulenovic M R S, Ladas G, Overdeep C B. On the dynamics of $x_{n+1} = p_n + x_{n-1}/x_n$[J]. J. Diff. Equ. Appl., 2003, 9: 1053-1056.

[48] Kulenovic M R S, Ladas G, Overdeep C B. On the dynamics of $x_{n+1} = p_n + x_{n-1}/x_n$ with a period-two coefficient[J]. J. Diff. Equ. Appl., 2004, 10: 905-914.

[49] Kulenovic M R S, Ladas G, Prokup N R. On the recursive sequence $x_{n+1} = (\alpha x_n + \beta x_{n-1})/(1 + x_n)$[J]. J. Diff. Equ. Appl., 2000, 6: 563-576.

[50] Kulenovic M R S, Ladas G, Prokup N R. On the recursive sequence $y_{n+1} = (py_n + qy_{n-1})/(1 + y_n)$[J]. J. Diff. Equ. Appl., 2000, 251: 571-586.

[51] Kulenovic M R S, Merino O. Global attractivity of the equilibrium of $x_{n+1} = (px_n + x_{n-1})/(qx_n + x_{n-1})(q < p)$[J]. J. Diff. Equ. Appl., 2006, 12: 101-108.

[52] Li X, Zhu D. Global asymptotic stability in a rational equation[J]. J. Diff. Equ. Appl., 2003, 9: 833-839.

[53] Li X, Zhu D. Global asymptotic stability for two recursive difference equations[J]. Appl. Math. Comput., 2004, 150: 481-492.

[54] Papaschinopoulos G, Schinas C J. Global asymptotic stability and oscillation of a family of difference equations[J]. J. Math. Anal. Appl., 2004, 294: 614-620.

[55] Qin B, Sun T. Dynamics of the max-type difference equation $x_{n+1} = \max\{A/x_n, x_{n-k}\}$[J]. J. Comput. Anal. Appl., 2012, 14: 856-861.

[56] Su Y, Li W. Global attractivity of a higher order nonlinear difference equation[J]. J. Diff. Equ. Appl., 2005, 11: 947-958.

[57] Sun T. Global asymptotic stability of a family of difference equations[J]. J. Math. Anal. Appl., 2005, 309: 724-728.

[58] Sun T. On nonoscillatory solutions of the recursive sequence $x_{n+1} = p + x_{n-k}/x_n$[J]. J. Diff. Equ. Appl., 2005, 11: 483-485.

[59] Sun T, Xi H. On the solutions of a class of difference equations[J]. J. Math. Anal. Appl., 2005, 311: 766-770.

[60] Sun T. Global behavior of the nonlinear difference equation $x_{n+1} = f(x_{n-s}, x_{n-t})$[J]. J. Math. Anal. Appl., 2005, 311: 760-765.

[61] Sun T. On solutions of the nonlinear difference equation $x_{n+1} = f(p_n, x_{n-2s}, x_{n-2t-1})$[J]. J. Diff. Eq. Appl., 2005, 11: 1273-1280.

[62] Sun T. On the global behavior of the nonlinear difference equation $x_{n+1} = f(p_n, x_{n-m}, x_{n-t(k+1)+1})$[J]. Discr. Dynam. Nat. Soc., 2006, 2006: 1-12.

[63] Sun T. On the periodic character of positive solutions of the difference equation $x_{n+1} = f(x_n, x_{n-k})$[J]. Comp. Math. Appl., 2006, 51: 1431-1436.

[64] Xi H, Sun T. Global behavior of a higher order rational difference equation[J]. Adv. Diff. Equ., 2006, 2006: 1-7.

[65] Sun T, Xi H. On the system of rational differences $x_{n+1} = f(y_{n-q}, x_{n-s}), y_{n+1} = g(x_{n-t}, y_{n-p})$[J]. Adv. Diff. Equ., 2006, 2006; 1-8.

[66] Sun T. On convergence of the solutions of the difference equation $x_{n+1} = 1+x_{n-1}/x_n$[J]. J. Math. Anal. Appl., 2007, 325: 1491-1494.

[67] Sun T. Global asymptotic stability of a higher order rational difference equation[J]. J. Math. Anal. Appl., 2007, 330: 462-466.

[68] Sun T. Global attractivity for a family of nonlinear difference equations[J]. Appl. Math. Letters, 2007, 20: 741-745.

[69] Sun T. On the basin of attraction of the two cycle of the difference equation $x_{n+1} = x_{n-1}/(p + qx_n + x_{n-1})$[J]. J. Diff. Equ. Appl., 2007, 13: 945 - 952.

[70] Sun T. The Periodic character of the difference equation $x_{n+1} = f(x_{n-ls+1}, x_{n-2ks+1})$[J]. Adv. Diff. Equ., 2008, 2008: 1-6.

[71] Sun T, Chen Z. Global asymptotic stability of a family of nonlinear recursive sequences[J]. J. Diff. Eq. Appl., 2005, 11: 1165-1168.

[72] Sun T, Han C. Stability of solutions for a family of nonlinear difference equations[J]. Adv. Diff. Equ., 2008, 2008: 1-6.

[73] Sun T, Han C. Dynamics of the max-type difference equation $x_n = \max\{1/x_{n-m}, A_n/x_{n-r}\}$[J]. J. Appl. Math. Comput., 2012, 38: 173-180.

[74] Sun T, He Q. On boundedness of the difference equation $x_{n+1} = p_n + x_{n-3s+1}/x_{n-s+1}$ with period-k coefficients[J]. Appl. Math. Comput., 2011, 217: 5994-5997.

[75] Sun T, Hong L. On the system of rational difference equations $x_{n+1} = f(x_n, y_{n-k})$, $y_{n+1} = f(y_n, x_{n-k})$[J]. Adv. Diff. Equ., 2006, 2006: 1-7.

[76] Sun T, Liu J, He Q, Liu X, Tao Q. Eventually periodic solutions of a max-typedifference equation[J]. The Sci. World, 2014, 2014: 1-5.

[77] Sun T, Quan W. Existence of monotone solutions of a difference equation[J]. Discr. Dynam. Nat. Soc., 2008, 2008: 1-8.

[78] Sun T, Su G. Dynamics of a difference equation with maximum[J]. J. Comput. Anal. Appl., 2017, 23: 401-407.

[79] Sun T, Wu H. On boundedness of the solutions of the difference equation $x_{n+1} = x_{n-1}/(p + x_n)$[J]. Discr. Dynam. Nat. Soc., 2006, 2006: 1-7.

[80] Sun T, Wu H, Han C. Global behavior of the difference equation $x_{n+1} = (p + x_{n-1})/(qx_n + x_{n-1})$[J]. Abstr. Appl. Anal., 2010, 2010: 1-6.

[81] Sun T, Wu X, He Q. On boundedness of solutions of the difference for $x_{n+1} = p + x_{n-1}/x_n$[J]. J. Appl. Math. Comput., 2014, 44: 61-68.

[82] Sun T, Wu X, He Q. Global behavior of the max-type difference equation $x_n = \max\{1/x_{n-m}, A_n/x_{n-r}\}$[J]. Appl. Math. Comput., 2014, 248: 687-692.

[83] Sun T, Xi H. Dynamics of a max-type system of difference equations[J]. Anal. Math. Phys., 2016, 6:321-329.

[84] Sun T, Xi H. On the solutions of a system of difference equations with maximum[J]. Appl. Math. Comput., 2016, 290: 292-297.

[85] Sun T, Xie M. Global stability for a delay difference equation[J]. J. Appl. Math. Comput., 2009, 29: 367-372.

[86] Xi H, Sun T, Qin B, Wu H. Global behavior of the difference equation $x_{n+1} = x_{n-1} \cdot g(x_n)$[J]. Abstr. Appl. Anal., 2014, 2014: 1-5.

[87] Xi H, Sun T, Yu W, Zhao J. On boundedness of solutions of the difference equ ation $x_{n+1} = (px_n + qx_{n-1})/(1 + x_n)$ for $q > 1 + p > 1$[J]. Adv. Diff. Equ., 2009, 2009: 1-11.

[88] Yang X F, Evans D J, Megson G M. Global asymptotic stability in a class of Putnam-type equations[J]. Nonlinear Anal., 2006, 64: 42-50.

索 引